Oliver Sacks

Eine Anthropologin auf dem Mars

Sieben paradoxe Geschichten

Deutsch von Hainer Kober,
Alexandre Métraux
und Jutta Schust

Rowohlt

Die Originalausgabe erschien 1995 unter dem Titel
«An Anthropologist on Mars: Seven Paradoxical Tales»
im Verlag Alfred A. Knopf, New York
Umschlaggestaltung Andrea Lühr, Büro Hamburg
Umschlagillustration Jan Rieckhoff

Das Vorwort, «Der farbenblinde Maler», «Der letzte Hippie»,
«Sehen oder nicht sehen» und den Dank übersetzte
Alexandre Métraux, «Das Leben eines Chirurgen», «Wunderkinder»
und die Literaturempfehlungen Hainer Kober, «Die
Landschaft seiner Träume» und «Eine Anthropologin auf dem
Mars» Jutta Schust.

1. Auflage April 1995
Copyright © 1995 by Rowohlt Verlag GmbH,
Reinbek bei Hamburg
«An Anthropologist on Mars»
Copyright © 1995 by Oliver Sacks
Alle deutschen Rechte vorbehalten
Frühere Fassungen der Essays erschienen in The New York Review
of Books («Der farbenblinde Maler» und «Der letzte Hippie»),
The New Yorker («Eine Anthropologin auf dem Mars»,
«Die Landschaft seiner Träume», «Wunderkinder»,
«Sehen oder nicht sehen» und «Das Leben eines Chirurgen»).
Satz aus der Meridien und Futura (Linotronic 500)
Gesamtherstellung Clausen & Bosse, Leck
Printed in Germany
ISBN 3 498 06297 2

Den sieben Menschen gewidmet,
deren Geschichten hier erzählt werden

Inhalt

Die Welt ist nicht nur sonderbarer, als wir es uns vorstellen; sie ist auch sonderbarer, als wir es uns vorstellen können.

J. B. S. Haldane

Frage nicht, welche Krankheit die Person hat, sondern welche Person die Krankheit hat.

William Osler zugeschrieben

Vorwort

Ich schreibe gerade mit der linken Hand, obgleich ich weitgehend rechtshändig orientiert bin. Vor einem Monat wurde ich an der rechten Schulter operiert und darf – und kann – jetzt den rechten Arm nicht bewegen. Ich schreibe langsam, unbeholfen – aber von Tag zu Tag auch leichter, fließender. Ich passe mich an, lerne – nicht nur das Schreiben mit der linken Hand, sondern auch Dutzende anderer linkshändiger Fertigkeiten. Inzwischen sind auch die Zehen geschickt geworden – sie helfen bei Greifhandlungen und kompensieren so den Ausfall des unbeweglichen Arms. Ich bin ziemlich aus dem Gleichgewicht geraten, als ich die ersten Tage ohne den rechten Arm auskommen mußte, aber jetzt gehe ich anders, habe eine andere Balance entdeckt. Ich entwickle andere Verhaltensmuster, andere Gewohnheiten – eine andere Identität, könnte man sagen, jedenfalls in dieser einen Lebenssphäre. Einige Programme und Schaltkreise in meinem Gehirn müssen Veränderungen durchlaufen, Modifikationen der synaptischen Gewichtungen und Verbindungen und Signale (so feiner Natur allerdings, daß sie mittels unserer heutigen Aufnahmeverfahren noch nicht sichtbar gemacht werden können).

Einige meiner Anpassungsleistungen erfolgten gezielt und nach Plan, andere ergaben sich durch Versuch und Irrtum (in der ersten Woche nach der Operation verletzte ich mich an allen fünf Fingern der linken Hand) – doch die meisten traten von selbst ein, unbewußt, durch Umprogrammierungen, von denen ich nichts weiß (so wie ich nicht weiß und wissen kann, wie ich normalerweise gehe). Wenn alles gutgeht, werde ich im kommenden Monat anfangen können, mich wieder auf den vollen (und «natürlichen») Gebrauch des rechten Arms einzustellen, ihn wieder in mein Körperbild, mein Selbst, zu integrieren, und so erneut zum Rechtshänder werden.

Doch ist Genesung unter solchen Umständen keineswegs ein so einfacher, automatischer Vorgang wie die Vernarbung von Gewebe – sie erfordert viele ineinandergreifende Muskel- und Haltungsanpassungen, ganze Sequenzen neuer Bewegungsmuster (und ihre Synthese); ich werde lernen, experimentieren, mich auf die Suche nach einem Weg zur Gesundheit begeben müssen. Mein Chirurg, ein verständnisvoller Mensch, der sich der gleichen Operation hat unterziehen müssen, sagte mir: «Es gibt *allgemeine* Regeln, Einschränkungen und Empfehlungen. Aber alle Besonderheiten müssen Sie selbst herausfinden.» Jay, mein Physiotherapeut, äußerte sich auf ähnliche Weise: «Die Anpassung geht bei jedem anders vor sich. Das Nervensystem schafft sich seine eigenen Wege. Sie sind Neurologe – Sie müssen das doch Tag für Tag erleben.»

Die Phantasie der Natur, schreibt Freeman Dyson, ist reicher als unsere eigene, und er spricht von der Vielfalt der unbelebten und belebten Welten, der unüberschaubaren Fülle der physischen und der Lebensformen. Als Arzt studiere ich den Reichtum der Natur an den Phänomenen von Gesundheit und Erkrankung, an den unendlich vielen individuellen Arten der Anpassung, durch die Menschen, menschliche Organismen, konfrontiert mit den Herausforderungen und Wechselfällen des Lebens, sich selbst wiederherstellen.

Ausfälle, Störungen, Krankheiten können in diesem Sinne eine paradoxe Rolle spielen, denn sie bringen latente

Kräfte, Entwicklungen, Evolutionen zum Vorschein, Formen des Lebens, die wir sonst nicht wahrnehmen, ja uns noch nicht einmal vorstellen könnten. Das Paradox der Krankheit, ihr «schöpferisches» Potential, ist das zentrale Thema dieses Buches.

Die Verwüstungen, die Entwicklungsstörungen oder Krankheiten anrichten, mögen uns erschrecken, und doch kann man in ihnen zuweilen etwas Schöpferisches entdekken. Denn wenn sie auch einzelne Wege zerstören, einzelne Arten von Tätigkeiten, so können sie andererseits das Nervensystem dazu veranlassen, andere Wege und Handlungsmöglichkeiten zu schaffen, und es so zu unerwartetem Wachstum nötigen. Diese andere Seite von Fehlentwicklungen und Erkrankungen entdecke ich potentiell bei fast jedem Patienten, und sie zu beschreiben ist mein wichtigstes Ziel.

Ähnliche Überlegungen hat Alexander Lurija angestellt, der wie kein anderer Neurologe seiner Zeit die Langzeitentwicklung von Patienten, die an den Folgen von Hirntumoren, Hirnverletzungen oder Schlaganfällen litten, ebenso untersucht hat wie die Anpassungsleistungen, die sie vollbrachten, um zu überleben. Als junger Forscher befaßte er sich auch (gemeinsam mit seinem Mentor Lew Wygotskij) mit gehörlosen und blinden Kindern. In einem Bericht über diese Untersuchungen hebt Wygotskij die intakten Fähigkeiten dieser Kinder gegenüber ihren Defiziten hervor:

Ein behindertes Kind repräsentiert einen qualitativ anderen, einmaligen Entwicklungstyp... Erreicht ein blindes oder gehörloses Kind die gleiche Entwicklungsstufe wie ein gesundes, geschieht dies beim behinderten Kind *auf eine andere Weise, auf anderen Wegen und mit anderen Mitteln*, und es ist für den Pädagogen besonders wichtig, daß er den einzigartigen Kurs kennt, auf den er das Kind führen muß. Dank seiner Einzigartigkeit verwandelt sich das Minus der Behinderung in ein Plus der Kompensation.

Die Tatsache, daß solche radikalen Adaptionen stattfinden können, veranlaßte Lurija, eine neue Auffassung vom Gehirn zu entwickeln, es nicht als fest programmiertes und statisches, sondern als dynamisches und aktives Organ zu betrachten, als ein überaus effizientes, anpassungsfähiges System, das auf Entwicklungen und Veränderungen eingerichtet ist und sich unentwegt auf die Bedürfnisse des Organismus einstellt – vor allem das Bedürfnis, eine kohärente Welt und eine stabile Identität zu schaffen, so beeinträchtigt die Hirnfunktionen auch sein mögen. Daß das Gehirn bis ins feinste differenziert ist, liegt auf der Hand: Es gibt Hunderte winziger Regionen, die für jeden Aspekt der Wahrnehmung und des Verhaltens unabdingbar sind (von der Farb- oder Bewegungswahrnehmung bis hin – möglicherweise – zur geistigen Orientierung eines Individuums). Das Rätsel ist, wie sie zusammenarbeiten, wie sie aufeinander abgestimmt sind, das Selbst, die Identität eines Menschen hervorzubringen.[1]

Dieser Aspekt der Plastizität, der enormen Anpassungsbereitschaft unseres Gehirns auch unter den besonderen (und oft grauenhaften) Bedingungen neuraler oder sensorischer Komplikationen, bestimmt mehr und mehr meine

1 Dies ist in der Tat *die* Kernfrage aller Neurowissenschaften, und sie läßt sich grundsätzlich nur im Rahmen einer globalen Theorie der Hirnfunktionen beantworten, die in der Lage sein müßte, die Interaktionen zwischen allen Ebenen zu beschreiben, von den Mikromustern einzelner neuronaler Reaktionen bis zu den Makromustern eines Menschenlebens. Eine solche Theorie, eine neurale Theorie der personalen Identität, hat in jüngster Zeit Gerald M. Edelman mit seinem «neuralen Darwinismus» vorgeschlagen, der Lehre von der Selektion neuronaler Gruppen.

eigene Wahrnehmung von meinen Patienten. Er ist so dominant geworden, daß ich mich gelegentlich frage, ob es
nicht dringend notwendig sei, die Begriffe «Gesundheit»
und «Krankheit» selbst neu zu definieren, sie mehr unter
dem Gesichtspunkt der Fähigkeit eines Organismus zu betrachten, eine neue, den veränderten Dispositionen und
Bedürfnissen entsprechende Organisation und Ordnung
aufzubauen, als aus dem Blickwinkel einer streng definier-
ten «Norm».

Krankheit impliziert eine Beengung des Lebens, doch zu
solchen Beengungen muß es nicht kommen. Fast alle
meine Patienten, so scheint es mir, welche Probleme auch
immer sie haben, greifen nach dem Leben – nicht nur trotz
ihrer Umstände, sondern oft gerade wegen ihrer und mit
ihrer Hilfe.

Es folgen nun sieben Erzählungen von natürlichen Verläu-
fen – und der menschlichen Seele –, die unerwartet aus der
Bahn geworfen wurden. Die Menschen in diesem Buch
sind von neurologischen Ausfällen so verschiedener Art
wie dem Touretteschen Syndrom, dem Autismus, der Amnesie, der totalen Farbenblindheit heimgesucht worden.
Sie sind exemplarische Beispiele für diese Syndrome, sie
sind «Fälle» im traditionellen medizinischen Sinne – doch
gleichermaßen sind sie einzigartige Individuen, von denen
ein jedes eine eigene Welt bewohnt (und gewissermaßen
geschaffen hat).

Es sind Geschichten vom Überleben, einem Überleben
unter veränderten, manchmal radikal veränderten Bedingungen, einem Überleben, das durch unsere wunderbaren
(wenn auch zuweilen gefährlichen) Fähigkeiten zur Wiederherstellung und Anpassung ermöglicht wird. In früheren Büchern habe ich über die «Erhaltung» und (seltener)
über den «Verlust» des Selbst bei neurologischen Störun-

gen geschrieben. Inzwischen bin ich zu der Überzeugung gelangt, daß diese Bezeichnungen zu einfach sind – daß sich in solchen Situationen weder eine Erhaltung noch ein Verlust, sondern vielmehr eine Anpassung oder, bei tiefgreifend veränderter Hirntätigkeit und «Realität», eine Umbildung der Identität einstellt.

Wenn ein Arzt eine Krankheit ergründen will, muß er die Identität erkunden, die inneren Welten, die die Patienten unter dem Druck der Symptome erschaffen. Aber die Realitäten der Patienten, die Arten, wie sie und ihre Gehirne ihre eigenen Welten konstruieren, lassen sich über Verhaltensbeobachtungen – also von außen – nicht vollständig erschließen. Zusätzlich zum objektiven Ansatz des Wissenschaftlers und Naturforschers müssen wir uns einer intersubjektiven Vorgehensweise bedienen, um so, wie Foucault schreibt, «in das Innere des kranken Bewußtseins vorzudringen» und «die pathologische Welt mit den Augen des Patienten zu sehen». Keiner hat klüger über das Wesen und die Notwendigkeit einer solchen Anschauung oder Empathie geschrieben als Gilbert Keith Chesterton in Ausführungen, die er seinem gläubigen Detektiv Father Brown in den Mund legt. Als Father Brown nach seiner Methode, seinem «Geheimnis», gefragt wird, antwortet er:

Wissenschaft ist etwas Großartiges, wenn man mit ihr umgehen kann; in ihrem wirklichen Sinn eines der großartigsten Worte auf Erden. Was aber meinen die Leute neun von zehn Mal, wenn sie es heutigentags verwenden? Wenn sie sagen, Verbrechensaufklärung ist eine Wissenschaft? Wenn sie sagen, Kriminologie ist eine Wissenschaft? Sie meinen, daß sie sich außerhalb des Mannes begeben und ihn studieren, als sei er ein riesiges Insekt; sie würden sagen: in einem kalten unparteiischen Licht; ich sage: in einem toten und entmenschlichten Licht. Sie meinen, daß sie sich weit von ihm fort begeben, als wäre er ein fernes prähistorisches Monstrum; daß sie auf die Form seines «kriminellen Schädels» starren, als handele es sich um einen unheimlichen Auswuchs wie das Horn auf der Nase des Nashorns. Wenn ein Wissenschaftler von einem Typus spricht, meint er niemals sich selbst, sondern immer seinen Nachbarn; und wahrscheinlich seinen ärmeren Nachbarn. Ich leugne nicht, daß das kalte Licht manchmal sein Gutes haben mag; obwohl es in gewissser Weise das genaue Gegenteil von Wissenschaft ist. Es ist nicht nur von jedem Wissen fern, es unterdrückt in Wahrheit, was wir wissen. Es ist wie einen Freund als einen Fremden behandeln und so tun, als ob etwas Vertrautes in Wirklichkeit fern und geheimnisvoll sei. Es ist wie behaupten, daß ein Mann einen Rüssel zwischen den Augen habe oder daß er alle vierundzwanzig Stunden in einen Anfall von Fühllosigkeit stürze. Das, was Sie «das Geheimnis» nennen, ist genau das Gegenteil. Ich versuche nicht, mich außerhalb des Menschen zu begeben. Ich versuche vielmehr, in den Mörder hineinzukommen.

Die Exploration tiefgreifend veränderter Identitäten und Welten läßt sich nicht einfach in einer Praxis oder einem Büro durchführen. Der französische Neurologe François Lhermitte geht in dieser Hinsicht besonders sensibel vor. Statt seine Patienten nur in der Klinik zu beobachten, sucht er sie zu Hause auf, geht mit ihnen in Restaurants oder Theater, macht mit ihnen Ausflüge im Auto und nimmt so weit wie möglich an ihrem Leben teil. (Ähnlich verhält oder verhielt es sich mit den Hausärzten. Als sich mein Vater auch als Neunzigjähriger noch nicht mit dem Gedanken anfreunden konnte, sich aus dem Berufsleben zurückzuziehen, sagten wir ihm: «Gib wenigstens die Hausbesuche auf», aber er antwortete: «Nein, ich behalte die Hausbesuche bei und gebe dafür alles andere auf.»)

Mit diesen Vorstellungen im Kopf zog ich meinen weißen Kittel aus, vermied alles in allem die Kliniken, in denen
ich die vergangenen zwanzig Jahre verbracht hatte, und
erkundete die Lebenswelten meiner Protagonisten, wobei
ich mir teils wie ein Naturforscher vorkam, der seltene Lebensformen analysiert, teils wie ein Anthropologe, wie ein
Neuroanthropologe, der Feldforschung betreibt. Vor allem
aber fühlte ich mich als Arzt, der von hier und dort zu Hausbesuchen geholt wurde, Hausbesuchen in den fernen
Grenzbezirken der menschlichen Erfahrung.

Dies sind also Geschichten von Metamorphosen, die
durch neurologischen Zufall zustande kamen, aber Metamorphosen zu anderen Seinszuständen und Lebensformen, die bei all ihrer Andersartigkeit nichts von ihrer
menschlichen Natur verlieren.

Der farbenblinde Maler

Anfang März 1986 erhielt ich den folgenden Brief:

Ich bin Maler, ziemlich erfolgreich sogar, und kürzlich fünfundsechzig geworden. Am 2. Januar dieses Jahres hatte ich einen Unfall – ein kleiner Lastwagen rammte mein Auto auf der Beifahrerseite. In der Notaufnahme eines regionalen Krankenhauses teilte man mir mit, daß ich eine Gehirnerschütterung erlitten habe. Bei Sehtests wurde dann festgestellt, daß ich weder Buchstaben noch Farben erkennen konnte. Die Buchstaben glichen griechischen Lettern. Was auch immer ich anschaute, es sah aus wie auf einem Schwarzweiß-Fernsehschirm. Nach einigen Tagen konnte ich Buchstaben wiedererkennen, und ich bekam Adleraugen – ich kann einen Wurm sehen, der sich einen Häuserblock von mir entfernt auf dem Boden windet. Die Sehschärfe ist unglaublich. ABER – ICH BIN ABSOLUT FARBENBLIND. Ich bin von einem Augenarzt zum anderen gelaufen – keiner weiß mit dieser Farbenblindheit etwas anzufangen. Ich habe Neurologen aufgesucht – ohne Erfolg. Selbst unter Hypnose kann ich keine Farben mehr wahrnehmen. Alle möglichen Tests sind durchgeführt worden – was Sie sich nur denken können. Mein brauner Hund ist dunkelgrau. Tomatensaft ist schwarz. Und die Farbfernsehbilder sind ein grauer Mischmasch...

Ob mir je zuvor ein derartiger Fall bekannt geworden sei, wollte der Verfasser des Briefes wissen. Könne ich erklären, was da mit ihm geschehe – und könne ich irgend etwas für ihn tun?

Das war ein höchst ungewöhnlicher Brief. Farbenblindheit ist nach herkömmlichem Verständnis etwas Angeborenes – die Schwierigkeit, Rot und Grün (oder andere Farben) zu unterscheiden, oder (in sehr seltenen Fällen) das Unvermögen, überhaupt Farben wahrzunehmen, das durch Schädigungen der farbempfindlichen Zapfenzellen der Netzhaut verursacht wird. Bei dem Verfasser des Briefes, Jonathan I., dagegen lag der Fall offensichtlich anders. Sein ganzes Leben lang hatte er mit gesunden Augen in die Welt geblickt, seine Zapfenzellen waren von Geburt an intakt gewesen. Und erst nach fünfundsechzig Jahren normaler Farbwahrnehmung war er farbenblind *geworden* – *total* farbenblind, als schaue er «auf einen Schwarzweiß-Fernsehschirm». Die Plötzlichkeit der Veränderung vertrug sich nicht mit den gewöhnlich langsam voranschreitenden Degenerationsprozessen, von denen die Zapfen in der Netzhaut betroffen sein können. So deutete der Befund auf einen Ausfall auf höherer Ebene hin, in jenen Hirnregionen, die auf die Farbwahrnehmung spezialisiert sind.

Die durch eine Hirnschädigung verursachte totale Farbenblindheit, die sogenannte zerebrale Achromatopsie, gehört, obwohl bereits vor dreihundert Jahren erstmals beschrieben, zu den seltenen Krankheitsbildern. Sie hat die Neurologen erregt, weil sie – wie andere Auflösungs- und Zerstörungsprozesse des Nervensystems auch – Einblick in die Mechanismen neuraler Konstruktion gewährt, hier: in die Mechanismen, mittels deren das Gehirn Farben «sieht» (oder schafft). Die Neugier wächst natürlich, wenn dieser Ausfall bei einem Künstler auftritt, einem Maler, für den Farbe eine zentrale Rolle gespielt hat und der über die Fähigkeit verfügt, unmittelbar bildlich umzusetzen wie auch zu beschreiben, was ihm widerfahren ist, und auf diese Weise die Fremdartigkeit und die mit der Behinderung einhergehende Bedrängnis wirklichkeitsnah zu vermitteln.

Farbe ist keine triviale Erscheinung. Vielmehr hat sie seit Jahrhunderten das leidenschaftliche Interesse großer Künstler, Philosophen und Naturwissenschaftler entfacht. Die erste Abhandlung des jungen Spinoza beschäftigte sich mit dem Regenbogen; die freudigste Entdeckung des jungen Newton war die Zerlegung des weißen Lichts in die Spektralfarben; Goethes Farbenlehre entspringt, wie Newtons Theorie des Lichts, Experimenten mit einem Prisma; Schopenhauer, Young, Helmholtz und Maxwell standen im 19. Jahrhundert gleichermaßen im Banne des Farbenproblems; und Wittgensteins letztes Werk waren die *Bemerkungen über die Farben*. Dennoch verdrängen wir fast alle fast ständig ihre Rätselhaftigkeit. An einem Fall wie dem des Jonathan I. können wir nicht nur die der Farbwahrnehmung zugrunde liegenden Hirnmechanismen und deren Physiologie untersuchen, sondern auch die Phänomenologie der Farben und ihre Bedeutsamkeiten für den einzelnen.

Nachdem ich I.s Brief erhalten hatte, rief ich meinen guten Freund und Kollegen Robert Wasserman, einen Augenspezialisten, an. Ich war davon überzeugt, daß wir I.s vielschichtige Situation gemeinsam erkunden und ihm, wenn möglich, helfen sollten. Wir trafen I. zum erstenmal im April 1986. Er war ein hochgewachsener, hagerer Mann mit einem kantigen, Intelligenz ausstrahlenden Gesicht. Obwohl ihn sein Zustand tief deprimierte, taute er bald auf und berichtete uns lebhaft und mit einigem Humor über sich. Dabei rauchte er unaufhörlich; seine unruhigen Finger waren von Nikotin gefärbt. Er berichtete über sein erfülltes, produktives Künstlerleben, das bei Georgia

O'Keeffe in New Mexico begonnen, ihn in den vierziger Jahren als Bühnenmaler nach Hollywood, in den fünfziger Jahren zu den Abstrakten Expressionisten nach New York geführt hatte; später war er auch als Art Director und kommerziell arbeitender Kunstmaler tätig gewesen.

Wir erfuhren auch, daß der Verkehrsunfall eine vorübergehende Erinnerungslücke verursacht hatte. Noch am Spätnachmittag jenes 2. Januar hatte er der Polizei offenbar klar und detailliert über sich selbst und den Unfallhergang berichten können, war aber dann wegen der sich verstärkenden Kopfschmerzen nach Hause gefahren. Seiner Frau gegenüber klagte er, daß er Kopfschmerzen habe und sich verwirrt fühle, erwähnte aber den Unfall mit keinem Wort. Danach fiel er in einen tiefen, beinahe stuporösen Schlaf. Erst am nächsten Morgen, als seine Frau den Schaden am Auto entdeckte, fragte sie ihn, was geschehen sei. Als sie keine klare Antwort erhielt («Ich weiß nicht – vielleicht ist mir jemand reingefahren»), wußte sie, daß etwas Ernsthaftes vorgefallen sein mußte.

Dann fuhr I. in sein Atelier und fand dort einen Durchschlag des von der Polizei angefertigten Unfallberichts. Er hatte also einen Unfall gehabt, doch bizarrerweise war ihm die Erinnerung daran irgendwie abhanden gekommen. Vielleicht konnte der Bericht sein Gedächtnis wecken. Doch was sich seinen Blicken bot, war ihm fremd. Er sah nur verschiedene Buchstaben unterschiedlicher Größe; er sah sie deutlich – doch sie kamen ihm wie «Griechisch» oder «Hebräisch» vor.[1] Eine Lupe half auch nicht –

1 Später fragte ich I., ob er griechische oder hebräische Sprachkenntnisse besitze. Er verneinte die Frage – was er wahrnahm, sah eben aus wie eine unverständliche fremde Sprache; vielleicht, bemerkte er ergänzend, sei die Bezeichnung «Keilschrift» angemessener. Er sah also bestimmte Formen, er wußte, daß sie irgendeine Bedeutung haben mußten, nur konnte er sich darauf keinen Reim machen.

nun setzte sich das Geschriebene aus *großen* griechischen oder hebräischen Buchstaben zusammen. (Diese Alexie oder Leseunfähigkeit dauerte fünf Tage und verschwand dann.)

Nun dämmerte es Jonathan I., daß er durch den Unfall einen Schlaganfall oder eine Hirnschädigung erlitten hatte, und er rief seinen Arzt an, der für ihn eine Untersuchung in der Klinik vereinbarte. Obwohl in dieser Phase, wie aus seinem Brief hervorgeht, Farberkennungsschwierigkeiten festgestellt wurden, die mit der Leseunfähigkeit einhergingen, blieb die Veränderung der Farbwahrnehmung bis zum nächsten Tag seinem subjektiven Erleben verschlossen.

Auch an jenem Morgen beschloß er, zur Arbeit zu gehen. Es war ein wolkenloser, sonniger Vormittag, doch obwohl er sich dessen bewußt war, kam es ihm vor, als fahre er im Nebel. Alles erschien ihm dunstig, gebleicht, grau, unscharf. Kurz vor seinem Atelier wurde er von der Polizei angehalten: Er habe rote Ampeln mißachtet – ob ihm das nicht aufgefallen sei. Nein, sagte er, er sei sich nicht bewußt, überhaupt eine rote Ampel gesehen zu haben. Die Polizisten forderten ihn auf, aus dem Wagen zu steigen. Betrunken war er nicht, wie sie feststellten, wohl aber wirr und in schlechter Verfassung. So händigten sie ihm einen Strafzettel aus und empfahlen ihm, einen Arzt aufzusuchen.

Erleichtert erreichte I. sein Atelier und hoffte nun, der schreckliche Dunst werde sich endlich auflösen und alles werde wieder klar zu sehen sein. Doch als er die Tür öffnete, fand er das Atelier, dessen Wände mit Bildern in grellen Farben behängt waren, grau und farblos vor. Die abstrakten Farbbilder, die ihn berühmt gemacht hatten, waren grau getönt oder schwarzweiß. Seine Werke, die ihm noch vor kurzem eine Fülle von Gedanken und Gefühlen beschert hatten, traten ihm nun fremd entgegen

23

und hatten ihre Bedeutung für ihn verloren. Dies war der Moment, in dem er von der Schwere seines Verlustes überwältigt wurde. Er hatte ein Künstlerleben geführt; nun war seine Kunst sinnlos geworden, und er konnte sich nicht mehr vorstellen, worauf er seine Zukunft gründen sollte.

Die folgenden Wochen waren äußerst schwierig. «Man kann sich fragen», sagte I., «der Verlust der Farbwahrnehmung – was ist denn daran so schlimm? Einige meiner Freunde stellten diese Frage, und auch meiner Frau ging sie manchmal durch den Kopf, aber für mich war das alles furchtbar und abstoßend.» Er *kannte* die Farben aller Dinge, kannte sie sogar überaus genau (er konnte sie nicht nur benennen, sondern auch deren Nummer auf einer Farbskala, die er viele Jahre lang verwendet hatte, angeben). Er identifizierte das von van Gogh für den Billardtisch verwendete Grün ohne Zögern. Er *kannte* alle Farben seiner Lieblingsbilder, sah sie aber nicht mehr – weder wenn er sie betrachtete noch vor seinem geistigen Auge. Und vielleicht kannte er sie nunmehr auch nur aufgrund seines Sprachgedächtnisses.

Ihn plagte aber nicht nur die Abwesenheit von Farben, sondern auch das unappetitliche, «schmutzige» Aussehen dessen, was er sah – jedes Weiß schlierig, wie verschimmelt oder verwaschen, jedes Schwarz wie verstaubt. Alles sah falsch, unnatürlich, verschmutzt und unrein aus.[2]

Auch konnte Jonathan I. weder die veränderte Erscheinung anderer Menschen («wie belebte graue Statuen») noch die des eigenen Spiegelbildes ertragen. Er ging Begegnungen aus dem Weg und verabscheute Geschlechts-

2 Ein von Antonio Damasio untersuchter Patient mit einer tumorbedingten Achromatopsie empfand auf ähnliche Weise alles als «schmutzig» – selbst Neuschnee sah für ihn unangenehm verdreckt aus.

verkehr. Die Haut anderer Menschen, seiner Frau, auch seine eigene Haut nahm er in einem abstoßenden Grauton wahr; «fleischfarben» erschien ihm nun «rattenfarben», und das änderte sich auch nicht, wenn er die Augen schloß, denn sein lebhaftes Vorstellungsvermögen war ihm erhalten geblieben, nur hatte es ebenfalls jegliche Farbigkeit verloren.

Die «Falschheit» aller Dinge störte ihn, rief sogar Ekel in ihm hervor – und dies in allen Momenten des täglichen Lebens. Jedes Nahrungsmittel war eklig, weil es grau und tot aussah. I. mußte also mit geschlossenen Augen essen. Das half ihm allerdings nicht viel, denn das mentale Bild einer Tomate war ebenso schwarz wie das Bild einer wirklichen Tomate in seinem Blickfeld. So ging er, unfähig, die inneren Bilder zu korrigieren, mehr und mehr dazu über, schwarze und weiße Nahrungsmittel zu bevorzugen – schwarze Oliven und weißen Reis, schwarzen Kaffee und Joghurt. Sie sahen wenigstens verhältnismäßig natürlich aus, wogegen ihm die meisten anderen, üblicherweise farbigen Nahrungsmittel abstoßend unnatürlich erschienen. Sein eigener brauner Hund kam ihm nun so fremd vor, daß er erwog, einen Dalmatiner zu kaufen.

Schwierigkeiten und Behinderungen aller Art machten ihm zu schaffen – von Verwechslungen der Ampelfarben (er mußte sich nun an der Position der Lichter orientieren) bis hin zur Unfähigkeit, sich passend zu kleiden. Seine Frau traf statt seiner die Wahl, doch diese Abhängigkeit ertrug er kaum; später wurden alle Kleidungsstücke in den Schränken und Schubladen geordnet – hier die grauen Socken, dort die gelben, die Krawatten durch Etiketten gekennzeichnet, die Jacken und Anzüge nach Kategorien sortiert, wodurch sich Verwechslungen und Dissonanzen vermeiden ließen. Feststehende ritualisierte Praktiken wurden für die Mahlzeiten ersonnen, denn sonst hätte er Senf mit Mayonnaise verwechselt oder, sofern er sich überwinden

konnte, den schwärzlichen Mus zu sich zu nehmen,
Ketchup mit Konfitüre.[3]

3 Robert Boyle beschreibt in seinem 1688 erschienenen Buch *Some
Uncommon Observations about Vitiated Sight* eine junge Frau in den frühen Zwanzigern, deren Sehvermögen normal entwickelt gewesen
war, bis sie mit achtzehn Jahren an einem Fieber erkrankte, am ganzen Körper «von Blasen geplagt» und, damit einhergehend, «in ihrer
Sehkraft geschwächt» wurde. Als Boyle ihr einen roten Gegenstand
zeigte, «betrachtete sie ihn aufmerksam und sagte mir sodann, daß er
ihr nicht rot erscheine, sondern eine andere Farbe besitze, die ihr, aus
ihren Angaben zu schließen, dunkel oder schmutzig vorkam». Als
man ihr «fein gefärbte Seidentücher» zur Betrachtung gab, konnte
sie nur feststellen, «daß sie von heller Farbe waren, aber von welcher,
vermochte sie nicht anzugeben». Fragte man sie, ob «die Wiesen ihr
in ein Grün gekleidet schienen», verneinte sie die Frage – sie seien
vielmehr «von garstig dunkler Farbe» –, und sie wies darauf hin, daß
sie beim Veilchenpflücken die Blumen «nicht an der Farbe, sondern
nur aufgrund der Form oder durch Tasten vom Gras unterscheiden»
könne. Boyle beobachtete zudem eine Veränderung ihres Verhaltens: Sie ging nur noch in den Abendstunden spazieren, und dies «tat
sie mit großer Wonne».
Im neunzehnten Jahrhundert wurden einige interessante Fallgeschichten veröffentlicht – einige von ihnen hat Mary Collins in ihrem
Buch *Colour-Blindness* zusammengestellt –, zu denen auch der sehr
lebendige Bericht über einen Arzt gehört, der bei einem Sturz von
seinem Pferd eine Kopfverletzung und eine Gehirnerschütterung da-
vontrug. «Als er wieder zu sich kam und die Dinge um ihn herum
wahrnehmen konnte», schreibt George Wilson 1853,

stellte er fest, daß sein zuvor normales und fein ausgebildetes Farb-
wahrnehmungsvermögen geschwächt und verwandelt war... Alle
farbigen Gegenstände... kamen ihm nunmehr fremdartig vor...
Ehemals hatte er sich in Edinburgh als überaus begabter Anatomie-
student einen Namen gemacht; heute ist er nicht mehr in der Lage,
eine Arterie aufgrund der Tönung von einer Vene zu unterscheiden... Blumen haben für ihn einen Großteil ihrer Schönheit verloren, und er erinnert sich an das Entsetzen, das ihm der Anblick
einer jener von ihm so geliebten Damaszenerrosen beim ersten
Gang durch seinen Garten nach der Rekonvaleszenz verursachte:
Die Blüten, die Blätter, der Stengel – alle Teile waren von eintöni-
ger, matter Farbe.

Monate vergingen. Im Frühjahr vermißte er die besonders leuchtenden Farben – er hatte Blumen immer gemocht, und nun konnte er sie nur an ihren Formen und Düften erkennen. Die Blauhäher hatten kein leuchtendblaues Gefieder mehr, sondern ein blaßgraues. I. sah kaum noch Wolken, denn ihr schmutziges Weiß schien sich vom Blau des Himmels, das jetzt zu einem bleichen Grauton geworden war, kaum noch zu unterscheiden. Auch rote und grüne Paprikaschoten waren ununterscheidbar geworden – beide sahen schwarz aus. Gelb- und Blautöne dagegen erschienen ihm weißlich.[4]

Gleichzeitig waren in I.s Wahrnehmung die Tonwertkontraste erheblich schärfer geworden; Zwischentöne verloren sich, besonders im direkten Sonnenlicht oder in grellem künstlichem Licht. I. erinnerte dies an die Wirkungen des Lichts einer Natriumdampflampe, das Farb- und Tonabstufungen schlagartig zerstört, oder an bestimmte Schwarzweißfilme, die Kontraste betonen. Zuweilen hoben sich Gegenstände wie Silhouetten scharfkantig vom Hintergrund ab. War der Kontrast dagegen normal oder schwach, lösten sie sich bis zur Unerkennbarkeit auf.

4 Es bestehen interessante Ähnlichkeiten, aber auch Unterschiede zwischen I.s visueller Wahrnehmung und der von farbenblind geborenen Menschen. So schreibt Knut Nordby, der farbenblind geboren wurde und trotzdem die visuelle Wahrnehmung erforscht:

Ich kann die Welt nur in Schattierungen sehen, die Normalsichtige als Schwarz, Weiß und Grau bezeichnen. Meine subjektive Spektralsensitivität entspricht etwa der Empfindlichkeit eines orthochromatischen Schwarzweißfilms. Die als «Rot» bezeichnete Farbe erlebe ich selbst in gleißendem Licht als Dunkelgrau, beinahe Schwarz. Blau und Grün sehen aus wie die Entsprechung eines mittleren Graus auf meiner Skala – etwas dunkler, wenn sie satt, und etwas heller, wenn sie blaß sind. Gelb erscheint durchweg als ziemlich helles Grau, doch läßt es sich gewöhnlich von Weiß unterscheiden. Braun und ein sehr kräftiges Orange sehen normalerweise dunkelgrau aus.

So trat sein brauner Hund vor dem Hintergrund einer hellen Straße als deutliche Silhouette hervor, wurde aber unsichtbar, sobald er vor einem Gebüsch stand. I. konnte die Gestalt eines Menschen noch auf eine Entfernung von achthundert Metern erkennen (wie er in seinem ersten Brief hervorgehoben hatte und später mehrmals wiederholte, hatte er «Adleraugen»), während er oft nicht in der Lage war, Gesichter zu identifizieren, bis sie sich dicht vor ihm befanden. Dies deutete tatsächlich eher auf einen Ausfall der Farb- und Farbtonwahrnehmung hin als auf eine Beeinträchtigung des visuellen Erkennens (Agnosie). Ein großes Problem ergab sich beim Autofahren dadurch, daß er Schatten oft für Risse oder Bruchstellen im Straßenbelag hielt, auf die er unwillkürlich reagierte, indem er jäh abbremste oder das «Hindernis» umfuhr.

Sendungen im Farbfernseher waren für ihn besonders unerträglich. Die Bilder waren stets unangenehm, oft auch unverständlich. So kam er auf die Idee, daß er mit einem Schwarzweißfernseher viel besser umzugehen verstünde. Das Sehen von Schwarzweißbildern erwies sich für ihn als verhältnismäßig normal, wogegen er die Betrachtung von Farbbildern stets als bizarr und unerträglich empfand. (Als wir ihn fragten, warum er die Farben eines Farbfernsehers nicht einfach «ausgeschaltet» habe, sagte er, er habe das Gefühl gehabt, die Tonwerte auf dem Schirm eines «entfärbten» Farbfernsehers sähen anders, nämlich weniger «normal», als die eines «echten» Schwarzweißfernsehers aus.) Anders als in seinem ersten Brief erklärte er uns nun, daß seine Welt nicht wirklich so beschaffen war wie in einem Schwarzweißfilm – in einer solchen Welt würde es sich viel leichter leben lassen. (Manchmal hat er sich gewünscht, er könnte eine Miniaturfernsehbrille tragen.)

Die Verzweiflung, die für ihn daraus entstand, seine Welt zu vermitteln, und die Nutzlosigkeit der herkömmlichen

Schwarzweißanalogien trieben ihn schließlich einige Wochen später dazu, einen völlig grauen Raum – ein graues Universum – in seinem Atelier zu erschaffen, einen Raum, in dem die Tische, die Stühle und ein opulentes Abendessen, zum Servieren bereitgestellt, in verschiedenen Grautönen bemalt waren. Von dieser Anordnung, dreidimensional und in einer Tonwertskala gehalten, die sich erheblich von dem «Schwarz und Weiß» unterschied, das uns allen geläufig ist, ging eine wahrhaft makabre Wirkung aus, eine vollkommen andere als die einer Schwarzweißfotografie. Wie I. hervorhob, nehmen wir Schwarzweißbilder oder -filme deshalb hin, weil es sich um Repräsentationen der Welt handelt, um Versinnbildlichungen, die wir anschauen oder von denen wir uns abwenden können, wann immer wir wollen. Für ihn hingegen sei die Welt in Schwarzweiß eine *Realität*, dreihundertsechzig Grad um ihn herum, fest und dreidimensional, vierundzwanzig Stunden am Tag. Diese Realität habe er anderen nur dadurch vermitteln können, daß er einen völlig grauen Raum gestaltete. Aber natürlich müßte der Betrachter darin auch grau bemalt sein – sonst wäre er nicht Teil dieser Welt, sondern nur einer, der sie beobachtet. Ferner müßte der Betrachter wie I. das neurale Wissen um Farbe verlieren. Das wäre, fügte er hinzu, wie in einer Welt zu leben, die «in Blei gegossen» ist.

Später, sagte er, hätten sich Ausdrücke wie «grau» und «bleiern» nicht mehr geeignet, um einen ersten Eindruck von dieser Welt zu vermitteln. Er habe nicht die Erfahrung von «grau» gemacht, sondern von Eigenarten der Wahrnehmung, für die das herkömmliche Erleben, die herkömmliche Sprache kein Äquivalent biete.

I. konnte es nicht länger ertragen, Museen und Kunstgalerien zu besuchen oder Farbreproduktionen seiner Lieblingsbilder zu betrachten. Die Bilder waren nicht nur ihrer Farbigkeit beraubt, sondern sahen mit ihren ausgewaschenen oder «unnatürlichen» Grautönen zudem unzumutbar *falsch* aus (Schwarzweißfotografien dagegen ertrug I. besser). Darunter litt er besonders dann, wenn er die Künstler persönlich kannte, weil dann sein Sinn für deren Identität und die durch seine Wahrnehmungsstörung bedingte Herabwürdigung ihrer Werke einander widersprachen – und dasselbe widerfuhr ihm auch mit ihm selbst.

Einmal betrübte ihn ein Regenbogen, den er als farblosen Halbkreis am Himmel sah, und selbst seine gelegentlichen Migräneanfälle erschienen ihm als «schal»; früher waren sie mit geometrischen Halluzinationen in gleißenden Farben einhergegangen, die nun ebenfalls verschwunden waren. Manchmal versuchte er, durch Druck auf seine Augen Farben hervorzubringen, aber auch die Blitze und Flecken, die er dann sah, waren farblos. Oft hatte er in lebendigen Farben geträumt, vor allem von Landschaften und Bildwerken; jetzt waren seine Träume ausgewaschen und blaß oder kraß und kontrastreich – ihnen fehlten sowohl die Farben als auch die sanften Tönungen.

Selbst das Musikhören war beeinträchtigt, denn früher hatte er dabei äußerst intensive synästhetische Empfindungen gehabt. Die Töne hatten sich unmittelbar in Farbeindrücke übertragen, so daß er jedes Musikstück simultan als ein Feuerwerk innerer Farben erlebt hatte. Mit dem Verlust der Fähigkeit, Farben zu erzeugen, ging auch diese Gabe verloren – seine innere «Farborgel» war verstummt, so daß er Musik nun ohne visuelle Begleitung hörte, Musik, der die Entsprechungen fehlten und die somit bis in die Wurzel verkümmert war.[5]

---

5 Nur ein Sinnesbereich ermöglichte I. zu dieser Zeit wirklich lustvolle Erfahrungen, nämlich der Geruchssinn, der bei ihm auch früher schon äußerst fein entwickelt und erotisch besetzt gewesen war. Diese Neigung ging so weit, daß er nebenher ein kleines Parfumlabor betrieb, wo er die Duftstoffe selber mischte. Als ihm die Freuden des

Kleine Freuden bereiteten ihm Zeichnungen; in früheren Jahren war er selbst ein guter Zeichner gewesen. Sollte er sich nicht nun wieder dem Zeichnen zuwenden? Der Gedanke reifte langsam in ihm, und er nahm erst feste Gestalt an, nachdem ihm andere wiederholt dazu geraten hatten. Sein erster Impuls war es gewesen, Farbbilder zu malen. Er hielt daran fest, daß er die Farben «kannte», obwohl er sie nicht mehr sah. So hatte er beschlossen, es mit Blumenbildern zu versuchen, indem er auf der Palette genau die Farben aussuchte, deren «Ton zu passen schien». Aber die Bilder erschlossen sich dem normalen Betrachter nicht, weil sie aus verwirrenden Farbgemischen bestanden. Erst als ein Freund, ebenfalls Künstler, von den Bildern Schwarzweiß-Polaroidaufnahmen machte, zeigten sich in ihnen sinnvolle Formen. Die Konturen waren exakt, die Farben hingegen allesamt falsch. «Nur Farbenblinde wie du werden deine Bilder verstehen», beteuerte einer seiner Freunde.

«Zwing dich nicht so», sagte ihm ein anderer, «du *kannst* jetzt nicht mit Farben arbeiten.» Widerstrebend ließ I. es zu, daß alle seine Farbbilder aus dem Atelier entfernt wurden. Es ist ja nur vorübergehend, dachte er. Bald werde ich wieder mit Farben malen.

Die ersten Wochen nach dem Unfall waren eine Zeit der Unruhe und Verzweiflung. I. war voller Zuversicht, daß er eines Morgens aufwachen würde und die Welt der Farben wie durch ein Wunder wiederhergestellt fände. Dieser Wunschtraum ging nie in Erfüllung, nicht einmal in seinen Träumen. Er träumte zwar, er stehe kurz davor, wieder Farben wahrzunehmen, doch beim Aufwachen mußte er jedesmal feststellen, daß sich nichts geändert hatte. Zudem

Sehens verwehrt waren, intensivierten sich (so schien es ihm jedenfalls) in den ersten düsteren Wochen nach dem Unfall die Freuden des Riechens.

lebte er in ständiger Angst, daß sich wiederholen würde, was ihm widerfahren war, und daß er dann sein Sehvermögen vollends verlöre. Er glaubte, einen Hirnschlag erlitten zu haben, der durch den Unfall verursacht worden war (oder diesen womöglich verursacht hatte), und fürchtete sich vor einem weiteren Schlaganfall, der jeden Moment einsetzen konnte. Neben den Sorgen um seinen Gesundheitszustand plagten ihn abgründige Gefühle der Verwirrung und Furcht, die zu artikulieren ihm fast unmöglich war und die gerade in jenem Monat, in dem er versucht hatte, mit Farben zu arbeiten, dem Monat, in dem er Farben noch zu «kennen» glaubte, überhand genommen hatten. Allmählich war die Angst in ihm aufgestiegen, daß nicht nur die Farbwahrnehmung und das farbliche Vorstellungsvermögen zerstört seien, sondern noch etwas Tieferliegendes, das sich kaum definieren ließ. Mit Farben kannte er sich aus, äußerlich, intellektuell, doch hatte er die Erinnerung daran verloren, das innere Wissen, das bis dahin Teil seiner Existenz gewesen war. Sein Leben lang hatte er Farberfahrung gesammelt, und diese war plötzlich zu einem historischen Artefakt geworden, etwas, zu dem er keinen Zugang, für das er kein Gefühl mehr hatte. Es schien, als sei ihm seine Vergangenheit, seine chromatische Vergangenheit, genommen, als sei das Farbwissen seines Gehirns vollständig gelöscht, ohne Spur, ohne innere Anhaltspunkte, die auf seine frühere Existenz hinwiesen.[6]

6 «Kennen» von Farben ist ein sehr komplexes Thema mit vielen paradoxen Aspekten, die sich schwer aufgliedern lassen. I. war sich des mit der Veränderung seines Sehens einhergehenden Verlustes völlig bewußt, so daß er eine Art Vergleich mit früheren Erfahrungen anstellen konnte. Solche Vergleiche sind nicht mehr möglich, wenn die primäre Sehrinde beidseitig beispielsweise infolge eines Hirnschlags vollständig zerstört wird, wie dies beim Antonschen Zeichen der Fall ist. Patienten mit diesem Syndrom erblinden ganz, nehmen aber die Blindheit nicht wahr und klagen demzufolge auch über kei-

Zwei Bilder, die I.
urz vor seinem Unfall
malte.

Ein Blumenbild, das vier Wochen nach I.s Unfall entstand. Die Grundkonturen trete[n] klar hervor, werden jedoch durch die «blindlings» verwen[.] deten Farben ver- wischt.

I. malte Bilder von grauen Früchten, um uns die «bleierne» W[elt] vor Augen zu führen[,] in die er gefallen war[.]

Ein Testbild aus Mary Collins' Buch *Colour-Blindness* (links), wiedergegeben von einem Rot-Grün-Blinden und von I. (rechts).

Das Sonnenunter-
gangsmotiv, von dem I.
so gut wie nichts sehen
konnte – ein Effekt,
der hier durch eine
Schwarzweißkopie des
Postkartenbildes nach-
gestellt wird.

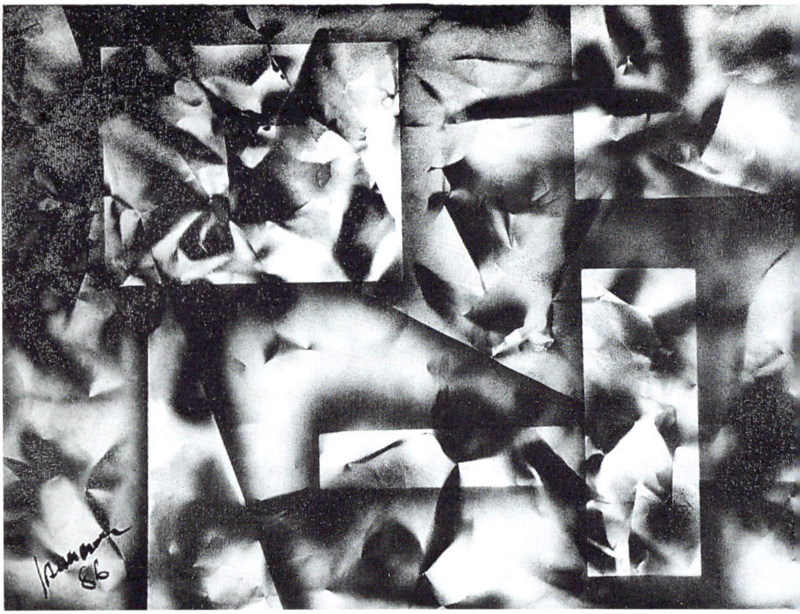

Ein Schwarzweißbild, das I. etwa zwei Monate nach seinem Unfall malte,
und ein Gemälde, das zwei Jahre später entstand – I. experimentierte
zu dieser Zeit mit einzelnen Farben, die er hinzufügte, obwohl er sie
nicht sehen konnte.

Anfang Februar ließ die Unruhe etwas nach; I. hatte, nicht nur gedanklich, sondern auch auf einer tieferen Ebene zu akzeptieren begonnen, daß er völlig farbenblind war und womöglich bleiben würde. Die Hilflosigkeit, in die er zunächst verfallen war, wich nach und nach einem Gefühl der Entschlossenheit: Wenn er nicht farbig malen konnte, dann eben schwarzweiß. Er nahm sich vor, in seiner Schwarzweißwelt zu leben, so gut es ging. Diese Entschlossenheit wurde durch eine Episode etwa fünf Wochen nach dem Unfall auf der Fahrt zu seinem Atelier noch bestärkt. Er sah die Sonne über dem Highway aufgehen, die feurigen Rottöne in tiefem Schwarz. «Die Sonne ging auf wie eine Bombe, wie eine riesige Atombombenexplosion», erzählte er später. «Hat irgendein Mensch je einen solchen Sonnenaufgang gesehen?»

Dieses Erlebnis hatte ihn dazu inspiriert, wieder zu malen, und er begann mit einem Schwarzweißbild, dem er den Titel *Nuklearer Sonnenaufgang* gab. Und er malte weiter, wandte sich wieder abstrakten Kompositionen zu – alle in Schwarz und Weiß. Die Furcht vor Erblindung verfolgte ihn zwar noch, doch sie gestaltete, schöpferisch gewandelt, die ersten «wirklichen» Bilder nach dem gescheiterten Versuch, farbig zu malen. Schwarzweißbilder gelangen ihm, befand er. Sein einziger Trost war die Arbeit im Atelier, wo er fünfzehn, manchmal auch achtzehn Stunden

nen Ausfall. Sie wissen nicht, daß sie blind sind. Die gesamte Bewußtseinsstruktur wird sofort nach dem Hirnschlag von Grund auf neu organisiert.

In ähnlicher Weise kann bei Patienten mit einem Hirnschlag im rechten Scheitellappen nicht nur die Empfindung für die linke Körperseite ausfallen, sondern auch das Wissen um sie und von allem, was sich links befindet, ja sogar die Vorstellung von Linksseitigkeit. Aber sie sind dabei «anosognosisch» – sie wissen nicht, was sie verloren haben. *Wir* können sagen, daß ihre Welt halbiert ist; für sie ist sie dagegen ein vollständiges Ganzes.

täglich zubrachte. Für ihn war es wie ein Überleben durch die Kunst: «Hätte ich nicht wieder malen können», sagte er später einmal, «hätte ich überhaupt nicht mehr weitergemacht.»

Seine ersten, im Februar und März entstandenen Schwarzweißbilder brachten heftige Gefühle – Wut, Angst, Verzweiflung, Erregung – zum Ausdruck, doch wurden diese durch die Kraft des künstlerischen Schaffens, das gleichzeitig enthüllt und einen Rahmen gibt, im Zaum gehalten. I. malte in diesen zwei Monaten Dutzende von Bildern gleichen Stils, was er zuvor noch nie gemacht hatte. Auf vielen dieser Bilder ist eine ungewöhnlich zerstückelte, kaleidoskopische Fläche mit abstrakten Formen zu sehen, die abgewandte, in Schatten gehüllte, traurige, wütende Gesichter und abgetrennte, verstreute, in Rahmen oder Schachteln befindliche Körperteile suggerieren. Die Bilder waren, verglichen mit den früher gemalten, von einer labyrinthischen Komplexität und hatten etwas Obsessives, Gequältes. Sie drückten auf symbolische Weise den Zustand der Pein aus, in dem sich I. befand.

Im Mai ging er – was faszinierend zu beobachten war – von diesen kraftvollen, aber erschreckenden und fremdartigen Bildern zu Sujets aus der Lebenswelt über, mit denen er sich in den vergangenen dreißig Jahren nicht ein einziges Mal befaßt hatte; zurück zu Tänzern etwa und Rennpferden. Diese Bilder waren, obwohl in Schwarzweiß gemalt, voller Bewegung, Vitalität und Sinnlichkeit; und sie gingen mit einem Wandel in I.s Leben einher – einer zaghaften Lockerung der Zurückgezogenheit und dem Wiedererwachen sozialer und sexueller Bedürfnisse, einer Minderung seiner Ängste und Depressionen, einer Rückwendung zum Leben.

In jener Zeit begann er auch – zum erstenmal in seinem

Leben –, an Skulpturen zu arbeiten. Er schien alle intakt
gebliebenen visuellen Wahrnehmungsmöglichkeiten aus-
zuschöpfen und sich auf Formen, Umrisse, Bewegungen,
räumliche Tiefe einzulassen, um sie – und das mit wach-
sender Intensität – zu erkunden. Zudem wandte er sich der
Porträtmalerei zu. Da es ihm widerstrebte, lebende Modelle
zu porträtieren, verwendete er Schwarzweißfotografien als
Vorlage und ließ sich darüber hinaus von seiner Kenntnis
der Person, von seinen Gefühlen für sie leiten. Das Leben
war nur im Atelier erträglich, denn dort konnte er die Welt
in kräftigen, markanten Formen neu konzipieren. Draußen dagegen, im wirklichen Leben, erschien sie ihm fremd,
leer, tot und grau.

Das also ist die Geschichte, die Jonathan I. Bob Wasserman
und mir erzählte, die Geschichte von einem abrupten und
vollständigen Zusammenbruch der Farbwahrnehmung
und von einem Menschen, der in einer Schwarzweißwelt
zu leben versucht. Mir war eine solche Geschichte noch nie
zu Ohren gekommen; noch nie hatte ich einen Menschen
mit totaler Farbenblindheit kennengelernt. Und ich hatte
keine Ahnung, was ihm zugestoßen war, ob sich sein Zustand jemals beheben oder doch lindern ließe.

Unsere erste Aufgabe bestand darin, die Ausfälle mit
Hilfe verschiedener, auch unkonventioneller Tests genau
zu bestimmen. Wir verwendeten unter anderem Alltagsgegenstände, Bilder – was immer sich gerade anbot. So verwiesen wir I. beispielsweise zuerst auf ein Regal mit blauen,
roten und schwarzen Notizbüchern, das neben meinem
Schreibtisch stand. Sofort griff er nach den blauen Kladden
(es war ein leuchtendes Blau). «Sie sind blaß», sagte er. Die
roten und schwarzen Kladden waren für ihn dagegen ununterscheidbar – «alle nur schwarz».

Danach legten wir ihm dreiunddreißig verschiedenfarbige Garnproben vor und baten ihn, diese zu klassifizieren. Zuerst sagte er uns, er könne sie nicht nach ihrer Farbe, sondern nur nach Grauwerten sortieren. Dann teilte er die Garnproben schnell und mühelos in vier seltsame, chromatisch beliebige Gruppen auf, denen er die Werte 0 bis 25, 25 bis 50, 50 bis 75 beziehungsweise 75 bis 100 Prozent auf einer Grautonskala zuordnete. (Nichts erschien ihm als reines Weiß, und selbst weißes Garn sah leicht «verfärbt» oder «schmutzig» aus.)

Wir selbst konnten natürlich die Angemessenheit dieser Klassifizierung nicht bestätigen, weil unsere Farbwahrnehmung mit der Vorstellung einer Grautonskala interferierte, ebenso wie den Betrachtern mit normal entwickelter Farbwahrnehmung der tonale Sinn seiner verwirrend polychromen Blumenbilder verschlossen geblieben war. Doch ein Schwarzweißfoto und Aufnahmen mit einer Schwarzweiß-Videokamera zeigten, daß I. in der Tat die Garnproben entsprechend einer Grautonskala sortiert hatte, die mit der mechanischen Umsetzung dieser optischen Geräte weitgehend übereinstimmte. Seine Klassifizierung war vielleicht etwas zu grob, doch das ließ sich auf die gesteigerte Wahrnehmung scharfer Kontraste, auf den Mangel an Tonabstufungen zurückführen, über den I. klagte. Als wir ihm einmal eine für Kunstmaler angefertigte Grautonskala mit ungefähr einem Dutzend Abstufungen zwischen Schwarz und Weiß zeigten, konnte er darauf nur drei oder vier Tonwerte unterscheiden.[7]

7 Beim Garnproben-Test fiel uns eine Anomalie auf: I. stufte satte Hellblautöne als «bleich» ein (wie er ja auch schon darüber geklagt hatte, daß für ihn der blaue Himmel beinahe weiß aussehe). Aber handelte es sich überhaupt um eine Anomalie? Konnten wir sicher sein, daß das blaue Garn unter seiner Blauheit nicht doch ausgewaschen oder bleich war? Wir mußten mit Farbreizen arbeiten, deren Intensität, Lichtabsorptions- und Brechungsvermögen identisch waren. Deshalb griffen wir auf eine Reihe sorgfältig gefertigter Farb-

Wir legten I. auch die klassischen Ishihara-Farbflecken-tafeln vor, auf denen Zahlenkonfigurationen in sanften Farbabstufungen für Menschen mit normalem Sehvermögen leicht erkennbar sind, nicht aber für jene, die an Farbenblindheit, welcher Art auch immer, leiden. I. nahm keine einzige dieser Zahlen wahr (während er auf bestimmten Tafeln etwas sah, das Farbenblinde, nicht aber Normalsichtige erkennen können; diese Tafeln sind so konzipiert, daß sich damit vorgebliche oder hysterische Farbenblindheit feststellen läßt).[8]

Zufällig stießen wir auf eine Postkarte, die wie geschaffen für einen Achromatopsie-Test war. Darauf war eine Küstenlandschaft abgebildet – eine Mole mit Anglern, die sich gegen die in dunklem Rot untergehende Sonne abzeichnet. I. erkannte weder die Angler noch die Mole, sah also nur den Halbkreis der unter den Horizont tauchenden Sonne.

Schwierigkeiten dieser Art ergaben sich nur bei Farbbildern, während I. Schwarzweißfotos oder -reproduktionen

knöpfe, bekannt als Farnsworth-Munsell-Test, zurück und legten sie I. vor. Er konnte keinerlei Ordnung in die Knöpfe bringen, sortierte jedoch die blauen mit der Begründung aus, sie seien «bleicher» als die anderen.

8 Weitere Untersuchungen mit Hilfe des Nagelschen Anomaloskops und der Sloanschen Achromatopsie-Tafeln bestätigten I.s totale Farbenblindheit. Mit Dr. Ralph Siegel prüften wir I.s Tiefen- und Bewegungswahrnehmung (dabei verwendeten wir Julesz-Stereogramme und ein Verfahren, bei dem ein Punkt auf einem Bildschirm Zufallsbewegungen ausführt). Hier wie auch in den Tests, die das Vermögen der Gestalt- und Tiefengenerierung aufgrund von Bewegungen prüfen, war I.s Leistung normal. Doch eine interessante Anomalie war zu beobachten: I. war nicht in der Lage, rote und grüne Stereogramme (zweifarbige Anaglyphen) «hinzukriegen», und dies lag vermutlich daran, daß die Farbwahrnehmung zur Unterscheidung der beiden Bilder notwendig ist. Die Elektroretinogramme waren auch normal – ein Anzeichen dafür, daß die drei Zapfenmechanismen in der Netzhaut intakt waren, daß also die Farbenblindheit tatsächlich zerebralen Ursprungs sein mußte.

akkurat zu beschreiben vermochte; die Formerkennung war völlig unbeeinträchtigt. Seine Vorstellungs- und Erinnerungsbilder von Gegenständen und Abbildungen, die man ihm zuvor gezeigt hatte, waren außergewöhnlich lebhaft und präzise – aber eben farblos. So gab er mit raschen Strichen in Schwarzweiß ein klassisches Testbild wieder, auf dem ein farbiges Boot dargestellt ist: er betrachtete es intensiv, wandte den Blick davon ab und griff zu den Pinseln. Fragte man ihn nach den Farben vertrauter Gegenstände, bereiteten ihm Farbassoziationen oder -namen keinerlei Schwierigkeiten. (Patienten mit einer Farbenanomie können beispielsweise Farben genau klassifizieren, aber sie kennen deren *Namen* nicht mehr, ordnen also, verunsichert, etwa einer Banane die Farbe Blau zu. Ein Patient, der an Farbenagnosie leidet, kann dagegen Farben auch klassifizieren, würde aber nicht das geringste Zeichen der Verwunderung von sich geben, wenn man ihm eine blaue Banane *zeigte*. I. jedenfalls war von keiner dieser Störungen betroffen.[9] Er hatte (jetzt) keinerlei Schwierigkeiten mehr mit dem Lesen. Die Tests und die allgemeine neurologische Untersuchung hatten die Diagnose bestätigt: totale Farbenblindheit, Achromatopsie.

Wir konnten ihm folglich mitteilen, daß sein Problem einen realen Hintergrund hatte: Sein Leiden war nicht hy-

9 In einem Aufsatz, 1877 unter dem Titel «On the Colour Sense of Homer» veröffentlicht, geht William E. Gladstone auf Homers Verwendung sprachlicher Ausdrücke wie «das weinfarbene Meer» ein. Handelt es sich dabei bloß um eine dichterische Konvention, oder sah Homer, sahen die Griechen seiner Zeit das Meer tatsächlich anders? Es gibt erhebliche interkulturelle Unterschiede in der Kategorisierung und Bezeichnung der Farben. Die Menschen können eine Farbe erst dann «sehen» (oder eine perzeptuelle Kategorisierung vornehmen), wenn eine kulturell vermittelte Farbkategorie oder -bezeichnung existiert. Man weiß jedoch nicht, ob solche Kategoriensysteme die elementare Farbwahrnehmung auch modifizieren können.

sterischer Natur, sondern wurde durch eine echte, physiologisch bedingte Achromatopsie verursacht. Er nahm dies mit gemischten Gefühlen zur Kenntnis, wie uns schien, denn er hatte wohl ein wenig darauf gehofft, daß sich sein Leiden als ein Fall von Hysterie erweisen würde und somit als ein Zustand, der sich unter günstigen Umständen rückgängig machen ließ. Andererseits hatte ihn die Vorstellung von einer psychisch bedingten Störung ebenfalls beunruhigt und ihm das Gefühl gegeben, seine Probleme seien «nicht real» (was einige Ärzte angedeutet hatten). Die Ergebnisse unserer Untersuchung legitimierten in gewisser Weise seinen Zustand, doch schürten sie andererseits seine Befürchtungen hinsichtlich der Hirnschädigung und der Heilungsaussichten.

Auch wenn alles dafür sprach, daß die Achromatopsie zerebralen Ursprungs war, fragten wir uns, ob nicht auch das Rauchen als Entstehungsfaktor beteiligt gewesen sein mochte. Nikotin kann Sehschwäche (Amblyopie) verursachen und manchmal eben auch Achromatopsie. Aber in diesem Fall wäre der Ausfall auf die Wirkungen des Nikotins auf die Netzhautzellen zurückzuführen gewesen. Bei I. hatten wir es hingegen mit einer vorwiegend zerebral bedingten Behinderung zu tun: Möglicherweise waren kleine Hirnareale durch die Gehirnerschütterung zerstört worden; vielleicht hatte er aber auch kurz nach oder unmittelbar vor dem Unfall einen leichten Hirnschlag erlitten.

Unser Wissen über die zerebralen Funktionen der Farbrepräsentation hat sich nicht geradlinig entwickelt. Newton führte mit seinen berühmten Prisma-Experimenten im Jahre 1666 den Nachweis, daß das weiße Licht in Wahrheit zusammengesetzt ist. Es läßt sich in alle Farben des Spektrums zerlegen und aus diesen wieder zusammensetzen. Die Strahlen, die am meisten gebrochen werden, sehen wir als Violett, die am wenigsten gebrochenen als Rot; die übrigen Strahlen liegen im Spektrum zwischen diesen beiden Polen. Die Farben der Gegenstände werden – so Newtons Annahme – durch die «Fülle» der Strahlen hervorgerufen, die von diesen Gegenständen reflektiert werden, bevor sie das Auge erreichen. Um Farben wahrzunehmen, argumentierte Thomas Young 1802, bedürfe es keiner unüberschaubaren Vielfalt verschiedener Rezeptoren im Auge, von denen ein jeder auf eine bestimmte Wellenlänge anspreche (so wie ja auch Maler in der Lage sind, fast jede gewünschte Farbe aus wenigen Farben auf der Palette zu erschaffen), und er kam zu dem Schluß, daß drei Typen von Rezeptoren ausreichten.[10] Youngs glänzender Einfall, den er nebenher während einer Vorlesung äußerte, geriet in Vergessenheit, bis Hermann von Helmholtz fünfzig Jahre später im Verlauf seiner eigenen Untersuchungen über das Sehen an ihn anknüpfte und ihm eine präzise Formulierung gab. Deshalb sprechen wir heute von der Young-Helmholtzschen Hypothese. Für Helmholtz ist –

---

10 Young schreibt: «Da jeder sensitive Netzhautpunkt wohl kaum aus unendlich vielen Korpuskeln bestehen kann, von denen ein jedes im Einklang mit jeweils einer unter allen möglichen Wellenbewegungen schwingt, liegt es nahe, die Anzahl dieser Partikeln zu beschränken, zum Beispiel auf die drei Hauptfarben Rot, Gelb und Blau.»
   Fünf Jahre früher hatte der berühmte Chemiker John Dalton eine heute als Klassiker geltende Beschreibung der Rot-Grün-Blindheit veröffentlicht – es handelt sich um eine Selbstbeschreibung. Dalton glaubte, die Farbenblindheit sei auf eine Verfärbung im durchsichtigen Medium des Auges zurückzuführen, und in seinem Testament verfügte er, daß diese Vermutung an einem seiner Augen überprüft werden möge. Aber Youngs Erklärung erwies sich als die richtige – daß einer der drei Farbrezeptoren fehlt. (Daltons Auge ruht noch immer konserviert in einem Regal in Cambridge.)
   Lindsay T. Sharpe und Knut Nordby erörtern diesen und viele andere Aspekte der Erforschung der Farbenblindheit in ihrem Aufsatz «Total Colorblindness: An Introduction».

wie zuvor schon für Young – die Farbe der unmittelbare Ausdruck der Wellenlänge von Licht, das durch jeden Rezeptor aufgenommen wird, und das Nervensystem überführt nur das eine in das andere: «Rotes Licht reizt die für Rot empfänglichen Fasern stark, die beiden anderen Fasertypen dagegen schwach – und daraus entsteht die *Empfindung* rot.»[11]

Hermann Wilbrand, der als Neurologe viele Patienten mit unterschiedlichsten visuellen Ausfällen behandelte – bei einigen war vor allem das Gesichtsfeld beeinträchtigt, bei anderen vor allem die Farbwahrnehmung, bei anderen wiederum vor allem die Gestaltwahrnehmung –, äußerte 1884 die Annahme, es müsse verschiedene optische Zentren in der primären Sehrinde geben, von denen ein jedes entweder auf «Lichteindrücke» oder auf «Farbeindrücke» oder auf «Gestalteindrücke» anspräche. Allerdings konnte er dafür keinen anatomischen Beweis erbringen. Daß Achromatopsie (und sogar Hemiachromatopsie) durch eine Schädigung eng umgrenzter Hirnareale hervorgerufen werden kann, wies vier Jahre später der Schweizer Augenarzt Louis Verrey nach. Er beschrieb den Fall einer

11 1816 schlug der junge Arthur Schopenhauer eine andere Theorie der Farbwahrnehmung vor, die nicht von einer passiven, mechanisch ablaufenden Resonanz erregter Partikeln wie in der Lehre Youngs ausgeht, sondern von deren aktiver Stimulation, Konkurrenz und gegenseitiger Hemmung. Schopenhauers Lehre ist wie das siebzig Jahre später von Ewald Hering entwickelte Modell eine Gegentheorie, die der von Young und Helmholtz vertretenen Auffassung widerspricht. Beide Gegentheorien wurden zu ihrer Zeit ignoriert; man nahm sie bis in die fünfziger Jahre des 20. Jahrhunderts hinein nicht ernst. Inzwischen arbeiten wir mit einer Kombination der Young-Helmholtzschen und der Schopenhauer-Heringschen Theorie: Die auf bestimmte Lichtwellen ansprechenden Rezeptoren interagieren miteinander und streben einen Gleichgewichtszustand an. Integration und Selektion beginnt also, wie Schopenhauer ahnte, bereits in der Netzhaut.

sechzigjährigen Frau, die nach einem Hirnschlag im Hinterhauptlappen der linken Hemisphäre nun alles, was sich im rechten Gesichtsfeld befand, in Grautönen sah (die linke Sehfeldhälfte blieb farbig). Als das Gehirn dieser Patientin nach ihrem Tod untersucht wurde, stellte sich heraus, daß die Schädigung auf einen engen Bereich der Sehrinde (Gyrus lingualis) begrenzt gewesen war. Hier, folgerte Verrey, befinde sich «das Zentrum für den Farbensinn». Sofort wurden gegen die Annahme, daß ein derartiges Zentrum existiere, daß überhaupt irgendein Areal der Hirnrinde für die Farbwahrnehmung oder -repräsentation zuständig sei, Einwände erhoben und dann fast ein Jahrhundert lang stetig erneut vorgebracht. Die Gründe für diesen Meinungsstreit liegen sehr tief – in den Ursprüngen der Neurophilosophie.

John Locke vertrat im siebzehnten Jahrhundert eine sensualistische Philosophie (parallel zur physikalistischen Philosophie Newtons): Unsere Sinne seien Meßinstrumente, die für uns die Außenwelt in Empfindungen übertragen. Das Hören, das Sehen, jede Sinneswahrnehmung bestimmte Locke als gänzlich passiv und rezeptiv. Die Neurologen des ausgehenden neunzehnten Jahrhunderts schlossen sich eilfertig dieser Philosophie an, um sie für eine spekulative Hirnanatomie nutzbar zu machen. Die visuelle Wahrnehmung wurde mit «Sinnesempfindungen» oder «Sinneseindrücken» gleichgesetzt, die in einem exakten Punkt-für-Punkt-Verhältnis von der Netzhaut zur primären optischen Region im Gehirn weitergeleitet und dort subjektiv als Bilder erlebt würden. Die Farben, nahm man damals an, seien integraler Bestandteil eines jeden Bildes. Es gebe anatomisch gesehen keinen Raum für ein eigenständiges Farbenzentrum, ja es sei aus theoretischen Gründen sogar die Vorstellung von einem solchen Zentrum ausgeschlossen. Verreys 1888 veröffentlichte Untersuchungen widersprachen somit dem wissenschaftlichen

Dogma. Seine Beobachtungen wurden in Zweifel gezogen, seine Methoden kritisiert, seine Folgerungen abgelehnt. Doch der wirkliche Einwand, der sich hinter diesen Angriffen verbarg, war seinem Wesen nach doktrinär.

Ohne gesondertes Farbenzentrum, so lautete das gängige Argument, könne es auch keine isolierte Achromatopsie geben. Damit wurden Verreys Fallgeschichte sowie zwei ähnliche, in den neunziger Jahren bekannt gewordene Fälle aus dem Bewußtsein der Neurologen gedrängt, und das Thema zerebrale Achromatopsie verschwand in den darauffolgenden fünfundsiebzig Jahren so gut wie vollständig aus dem wissenschaftlichen Diskurs.[12] Erst 1974 wurde die nächste umfassende Fallstudie veröffentlicht.[13]

Jonathan I. selbst beherrschte ein geradezu unersättlicher Wissensdrang hinsichtlich dessen, was in seinem Gehirn vor sich ging. Er lebte nun ganz in einer Welt aus Dunkelheiten und Helligkeiten, doch fiel ihm auf, wie diese bei verschiedenen Lichtverhältnissen changierten; rote Objekte beispielsweise, die schwarz aussahen, wurden in den langwelligen Strahlen der Abendsonne etwas heller, was ihm erlaubte, Rückschlüsse auf die Rotfärbung dieser Objekte zu ziehen. Sehr deutlich trat dieses Phänomen auf, wenn sich die Art der Beleuchtung plötzlich änderte.

12 In der großen Ausgabe von Helmholtz' *Physiologischer Optik* von 1911 wird sie nicht ein einziges Mal erwähnt, obgleich der retinalen Farbenblindheit ein langer Abschnitt gewidmet ist.

13 Es gab in diesen fünfundsiebzig Jahren kurze Hinweise auf die Achromatopsie, doch zum größten Teil wurden sie entweder ignoriert oder schnell wieder vergessen. Selbst der berühmte Neurologe Kurt Goldstein, aus prinzipiellen Gründen ein Gegner jener Lehren, die von isolierten neurologischen Störungen ausgehen, bemerkt in seinem Buch *Language and Language Disturbances* (1948) en passant, er habe mehrere Fälle rein zerebraler Achromatopsie ohne Störungen des Gesichtsfeldes oder andere Ausfälle beobachtet, geht dann aber auf diese Fälle nicht weiter ein.

Schaltete etwa jemand ein Neonlicht an, veränderte sich für I. die Helligkeit aller im Raum befindlichen Gegenstände. Er fühle sich nun in eine instabile Welt versetzt, kommentierte er diese Erfahrung, eine Welt, deren Hell und Dunkel in Einklang mit der jeweiligen Wellenlänge des Lichts fluktuiere, was in krassem Gegensatz stehe zu der relativen Stabilität, zur Konstanz der Welt der Farben, die er aus früheren Tagen kenne.[14]

All das läßt sich mit Hilfe der klassischen Farbenlehre natürlich kaum erklären, denn es paßt weder zur Newtonschen Auffassung von dem konstanten Verhältnis zwischen Wellenlänge und Farbe noch zum Bild der Zelle-zu-Zelle-Übertragung der Wellenlängen-Information von der Netzhaut zum Gehirn noch zur Hypothese der direkten Umsetzung dieser Information in Bilder. Ein derart simpler Prozeß (die neurologische Analogie zur Zerlegung und Zusammensetzung des Lichts mit Hilfe eines Prismas) reicht wohl kaum zur Erklärung der Vielschichtigkeit der Farbwahrnehmung im wirklichen Leben aus.

Die Unvereinbarkeit zwischen der klassischen Farbenlehre und der realen Farbwahrnehmung war bereits Goethe im ausgehenden achtzehnten Jahrhundert aufgefallen.

14 Ein vermutlich ähnliches Phänomen beschreibt Knut Nordby. In seinem ersten Schuljahr zeigte sein Lehrer der Klasse ein gedrucktes Alphabet. Die Vokale waren rot, die Konsonanten schwarz.

Ich konnte keinerlei Unterschied zwischen ihnen erkennen; auch verstand ich nicht, was der Lehrer eigentlich wollte, bis ich eines Morgens im Spätherbst, als das elektrische Licht im Klassenzimmer angeschaltet war, unverhofft feststellte, daß einige dieser Buchstaben, nämlich A E I O U Y Å Ä Ö, plötzlich dunkelgrau waren, während die übrigen weiterhin kohlrabenschwarz aussahen. Aus dieser Erfahrung lernte ich, daß Farben je nach Lichtverhältnissen anders aussehen und daß ein und dieselbe Farbe Entsprechungen in verschiedenen Grautönen besitzt, je nach den Eigenschaften des einfallenden Lichts.

44

Beeindruckt von der sichtbaren Realität farbiger Schatten und farbiger Nachbilder, von den Effekten verschiedener Zusammenstellungen und Beleuchtungen auf die Erscheinung der Farben und nicht zuletzt von Farb- und anderen optischen Täuschungen, gelangte er zu der Überzeugung, gerade diese Phänomene müßten Grundlage einer eigenständigen Farbenlehre werden, und er verkündete sein Credo, optische Täuschung sei optische Wahrheit. Goethe beschäftigte sich vor allem mit der Frage, *wie* wir Farben und Licht wahrnehmen, wie wir Welten – und Täuschungen – in Farbe *erschaffen*. Dies ließ sich, glaubte er, im Rahmen einer Newtonschen Theorie nicht beantworten, sondern nur mittels noch unbekannter Gesetzmäßigkeiten des Gehirns – womit er im Grunde genommen sagte: Optische Täuschung ist neurologische Wahrheit.

Die *Farbenlehre*, die in den Augen Goethes seinem gesamten dichterischen Werk ebenbürtig war, wurde von seinen Zeitgenossen im großen und ganzen abgelehnt und verharrt seitdem in einer Art Limbus, verworfen als Spleen, als Pseudowissenschaft eines großes Dichters. Aber die Forschung selbst verschloß sich den von Goethe beschriebenen «Anomalien» keineswegs unisono. Selbst Helmholtz hielt Vorträge über Goethe als Naturforscher – den letzten im Jahre 1892. Er war sich der Bedeutsamkeit der Farbkonstanz bewußt, jener Art, wie die Farbe von Gegenständen trotz der großen Schwankungen der Wellenlänge des auf sie fallenden Lichts unverändert bleibt, so daß wir sie stets als dieselben identifizieren können. Die Wellenlänge des von einem Apfel reflektierten Lichts beispielsweise variiert je nach Beschaffenheit der auf die Frucht treffenden Lichtstrahlen, und dennoch sehen wir ihn als rot. Dies kann offensichtlich nicht auf die bloße Umsetzung von Wellenlänge in Farbe zurückgeführt werden. So muß es einen Mechanismus geben, schloß Helmholtz, der den Beleuchtungsfaktor ausschaltet, und er verstand diesen Mechanismus als «unbewußten Schluß» oder «Induktionsschluß» (wobei er nicht der Frage nachging, wo ein solcher Schluß zustande kommen könnte). Für ihn war die Farbkonstanz ein Beispiel dafür, wie wir Wahrnehmungskonstanz im allgemeinen erreichen – wie wir also aus einem Chaos von Empfindungen eine stabile Wahrnehmungswelt konstruieren, die es so gar nicht geben könnte, wenn unsere Wahrnehmungen nichts anderes wären als passive Widerspiegelungen der unvorhersagbaren und beliebig eintretenden Erregungen unserer Sinnesorgane.

Auch Helmholtz' berühmter Zeitgenosse James Clerk Maxwell war seit seiner Studienzeit fasziniert von den Geheimnissen des Farbensehens. Er gab den Vorstellungen von den Grund- oder Primärfarben und von Farbmischungen eine präzise Definition, unter anderem mit Hilfe eines von ihm erfundenen Farbkreisels (dessen Farben bei genügend hoher Drehzahl eine Grauwahrnehmung hervorrufen) und einer grafischen Darstellung der Farben auf drei Achsen, eines Farbendreiecks, das angab, wie man jede beliebige Farbe durch Mischung der drei Primärfarben erhält. Maxwells Forschungen legten den Grundstein für die aufsehenerregende Demonstration von 1861, die zeigte, daß Farbfotografie möglich sei, obwohl die lichtempfindlichen Emulsionen selbst schwarzweiß waren. Er nahm einen Farbbogen dreimal auf, wobei er für jedes Foto einen anderen Filter – rot, grün und violett – verwendete. Nachdem er so drei Teilfarbauszüge erhalten hatte, setzte er sie zusammen, indem er sie übereinander, jede der drei Fotoplatten durch den entsprechenden Filter, auf einen Schirm projizierte (die mit dem Rotfilter gemachte Aufnahme wurde mit rotem Licht auf die Leinwand geworfen usw.). Plötzlich wurde der Bogen in seiner ganzen Farbenpracht sichtbar. Maxwell befaßte sich des weiteren mit der Frage, ob nicht auch im Gehirn Farben auf die gleiche Weise, durch Überlagerung von Teilfarbauszügen oder ihrer neuralen Entsprechungen, wahrgenommen werden – genauso wie in seinen Demonstrationen mit der *Laterna magica*.[15]

Maxwell war sich der Schwächen seines additiven Verfahrens schmerzlich bewußt: Die Farbfotografie konnte den Beleuchtungsfaktor nicht einfach ausschalten, so daß die Farbtöne in hoffnungsloser Unregelmäßigkeit mit den sich ändernden Wellenlängen des Lichts schwankten.

1957, rund neunzig Jahre nach Maxwells berühmter Vorführung, gelang es Edwin Land (der sich nicht nur als Erfinder der Land- und der Polaroid-Kamera, sondern auch als genialer Experimentator und Theoretiker einen Namen gemacht hat), die Farbwahrnehmung mit den Hilfsmitteln der Fotografie auf überraschende Weise zu veranschaulichen. Anders als Maxwell brauchte er nur zwei Schwarzweißtransparente. Er benutzte eine Spezialkamera, die es ihm ermöglichte, die beiden Bilder aus derselben Position gleichzeitig und mit nur einer Linse auf-

15 Die von Maxwell vorgeführte «Zerlegung» und «Zusammensetzung» der Farben machte die Farbfotografie möglich. Anfangs wurden riesige «Farbkameras» verwendet, die das eintreffende Licht in drei Strahlen teilten und diese dann durch Filter in den drei Grundfarben lenkten (die «Umkehrung» einer solchen Kamera diente als Chromoskop oder Maxwell-Projektor). Ein integriertes Farbverfahren wurde in den sechziger Jahres des neunzehnten Jahrhunderts von Ducos de Hauron ersonnen, aber erst 1907 von den Gebrüdern Lumière verwirklicht (Autochromverfahren). Sie mischten winzige rot, grün und violett gefärbte Stärkekörner in die lichtempfindliche Emulsion. Diese Körner dienten gleichsam als Maxwellsches Raster, durch das die drei Teilfarbauszüge mosaikartig zusammengesetzt, betrachtet werden konnten. (Farbkameras, Lumièrecolor, Dufaycolor, Finlaycolor und viele andere additive Farbverfahren wurden bis in meine Jugendzeit, die vierziger Jahre, eingesetzt und weckten mein eigenes Interesse für die Geheimnisse der Farben.)

zunehmen. Danach projizierte er sie mit einem Zweilinsen-projektor übereinander auf einen Schirm. Zur Herstellung der Aufnahmen verwendete Land zwei Filter. Der eine ließ langwelliges Licht durch (roter Filter), der andere kurzwel-liges (grüner Filter). Das erste Bild wurde dann durch einen Rotfilter projiziert, das zweite dagegen mit gewöhnlichem weißem, ungefiltertem Licht. Was kann dabei anderes ent-stehen als ein Bild in blassem Rot? wird man sich fragen. Aber statt dessen geschah etwas «Unmögliches». Die Auf-nahme einer jungen Frau in bunten Farben wurde sichtbar – «blondes Haar, hellblaue Augen, roter Mantel, blaugrü-ner Kragen und eine überaus natürliche Hautfarbe», wie Land später schrieb. Woher stammten diese Farben, *wie* wurden sie erzeugt? Sie schienen nicht «in» den Transpa-renten oder dem Projektorlicht zu sein. Was da auf höchst einfache, aber überwältigende Weise vorgeführt wurde, waren «Farbtäuschungen» im Sinne Goethes, Täuschun-gen jedoch, die eine tiefe neurologische Wahrheit in sich bargen – daß die Farben nicht «draußen» in der Welt exi-stieren oder, nach klassischer Theorie, ein mechanisches Korrelat der Wellenlänge sind, sondern vielmehr *vom Ge-hirn konstruiert werden*.

Lands Experimente riefen zunächst Ratlosigkeit hervor; sie ließen sich nicht einordnen, wie Anomalien, unbegreif-bar. Sie waren im Rahmen bestehender Theorien nicht zu erklären, wiesen aber auch keinen Weg zu einem neuen theoretischen Ansatz. Zudem war es nicht ausgeschlossen, daß sich bei der Betrachtung das Wissen über die Farbigkeit von Gegenständen auf die Wahrnehmung eines abgebilde-ten Sujets auswirkte. Deshalb entschloß sich Land, die vertrauten Bilder aus der Alltagswelt durch gänzlich unge-genständliche, vielfarbige, aus geometrisch geformten Pa-pierstücken zusammengesetzte Vorlagen zu ersetzen, die keine Hinweise auf die zu erwartenden Farben gaben. Da einige dieser ungegenständlichen Vorlagen Land vage an

Bilder Piet Mondrians erinnerten, nannte er sie «Farbmondriane». Anhand dieser Farbmondriane, die von drei Projektoren mit Rot-, Grün- und Blaufilter (also Filter für langwelliges Licht) auf die Leinwand gestrahlt wurden, konnte Land nachweisen, daß zwischen der Wellenlänge des von einer Oberfläche reflektierten Lichts und deren wahrgenommener Farbe keine einfache Beziehung besteht, wenn diese Oberfläche zu einem komplexen vielfarbigen Sujet gehört.

Darüber hinaus ergab sich, daß ein Farbfleck (beispielsweise einer, der unter Normalbedingungen als grün erscheint) unter welcher Lichtquelle auch immer nur als weiß oder blaßgrau wahrgenommen wird, wenn man ihn von den ihn umgebenden Farben isoliert. Deshalb kann, wie Land zeigte, der grüne Fleck nicht als in sich grün gelten, sondern ihm wird die «Grünheit» teilweise durch seine Beziehungen zu den ihm benachbarten Bereichen der Mondriane *gegeben*.

Während Farbe nach der klassischen Lesart der Newtonschen Theorie eine absolute räumliche Gegebenheit ist, bestimmt durch die Wellenlänge des von jedem Punkt reflektierten Lichts, ist sie nach Lands Erkenntnissen weder räumlich noch absolut festgelegt, sondern hängt von der Erfassung einer ganzen Szenerie und vom Vergleich zwischen den Wellenlängen des von jedem Punkt und des von seiner jeweiligen Umgebung reflektierten Lichts ab. So müssen ständig Bezüge zwischen jedem Teil des Sehfelds und seiner Umgebung hergestellt werden, um zu einer ganzheitlichen Synthese zu kommen – Helmholtz' «unbewußtem Schluß». Land nahm an, daß diese Berechnung oder Korrelierung feststehenden Regeln folgt. So konnte er vorhersagen, welche Farbe von einem Beobachter unter welchen Bedingungen wahrgenommen wird. Dafür hatte er einen «Farbwürfel», einen Algorithmus, entwickelt, im Grunde ein Modell für den im Gehirn stattfindenden Vergleich zwischen den Helligkeitswerten aller Teile einer komplexen vielfarbigen Oberfläche bei variierender Wellenlänge. Während sich Maxwells Farbenlehre und Farbdreieck auf die Idee der Farbwertaddition gründeten, basiert Lands Modell auf der Idee des Farbwertvergleichs. Nach Land werden sogar Vergleiche zweierlei Art gezogen: erstens zwischen den reflektierten Strahlen aller Oberflächen eines Sehfeldausschnitts innerhalb bestimmter Wellenlängengruppen oder Wellenbänder (Land bezeichnet diesen Vorgang als eine für jedes Wellenband vorgenommene «Helligkeitserfassung»); zweitens der Vergleich der drei erfaßten Helligkeitswerte auf den drei Wellenbändern (die ungefähr den Wellenlängen des roten, grünen beziehungsweise blauen Lichts entsprechen). Erst Vergleiche dieser zweiten Art bringen Farbeindrücke hervor. Land hütete sich übrigens davor, irgendeine Hirnregion zu benennen, die für diese Operationen zuständig sein könnte, und er gab seiner Theorie des Farbensehens den Namen «Retinex-Theorie», um anzuzeigen, daß es mehrere unterschiedliche Interaktionsflächen zwischen Retina und Kortex geben mag.

Während Land das Problem, wie Farben für uns sichtbar werden, auf der psychophysischen Ebene untersuchte, indem er Versuchspersonen aufforderte, ihm über ihre Wahrnehmung komplexer, vielfarbiger, mosaikartig zusammengesetzter Oberflächen unter variierenden Beleuchtungsbedingungen zu berichten, ging der in London arbeitende Semir Zeki dieser Frage auf physiologischer Ebene nach; er setzte Mikroelektroden in die Sehrinde anästhesierter Affen ein und maß die durch Farbreize hervorgerufenen neuronalen Aktionspotentiale. In den frühen siebziger Jahren machte er eine umwälzende Entdeckung. Er identifizierte auf beiden Seiten des Affenhirns kleine Zellenbereiche im prästriären Kortex (auch Hirnrindenfeld V4 genannt), die speziell auf Farben anzusprechen schienen (Zeki bezeichnete sie als «farbkodierende Zellen»).[16] Was Wilbrand und Verrey neunzig Jahre zuvor postuliert hatten – ein für Farben zuständiges Zentrum im Gehirn –, wurde durch Zeki schließlich nachgewiesen.

Als der berühmte Neurologe Gordon Holmes Anfang der zwanziger Jahre mehr als zweihundert Fälle von Sehbehinderungen infolge von Kopfschußverletzungen dokumentiert hatte, war nicht ein einziger Fall von totaler Far-

16 In der unmittelbar benachbarten Region entdeckte Zeki Zellen, die ausschließlich auf Bewegung zu reagieren scheinen. Eine aufsehenerregende Fallgeschichte und Analyse einer vollständig «bewegungsblinden» Patientin wurde 1983 von J. Zihl, D. von Cramon und N. Mai vorgelegt, die die Behinderung dieser Patientin wie folgt beschreiben:

Die Wahrnehmungsstörung, über welche die Patientin klagte, war ein Ausfall der Bewegungswahrnehmung in den drei räumlichen Dimensionen. So hatte sie Probleme beim Eingießen von Tee oder Kaffee in eine Tasse, weil die Flüssigkeit ihr gefroren vorkam, wie Gletschereis. Zudem konnte sie nicht zum richtigen Zeitpunkt mit dem Eingießen innehalten, weil sie das Ansteigen der Flüssigkeit in der Tasse (oder in einem anderen Behälter) nicht wahrnahm. Ferner klagte die Patientin darüber, daß sie Gesprächen nicht mehr zu folgen vermochte, weil sie die Mimik und speziell Mundbewegungen sprechender Personen nicht sah. In Räumen, in denen mehr als zwei Personen umhergingen, fühlte sie sich äußerst unsicher und unwohl; und sie verließ solche Räume gewöhnlich sofort, weil «die Leute schlagartig mal hier, mal dort waren, aber ich sah nicht, wie sie sich bewegten». Dieses Phänomen machte sich auf belebten Straßen und Plätzen noch stärker bemerkbar, so daß die Patientin alles unternahm, um Menschenmengen aus dem Weg zu gehen. Auch konnte sie keine Straßen überqueren, weil sie die Geschwindigkeit von Fahrzeugen nicht richtig einzuschätzen vermochte, obwohl sie diese selbst mühelos erkannte. «Wenn ich zuerst ein Auto sehe, scheint es weit weg zu sein. Aber wenn ich dann über die Straße gehen will, ist es plötzlich ganz nahe.» Nach und nach lernte sie, die Distanz der auf sie zukommenden Fahrzeuge aufgrund der lauter werdenden Geräusche zu «schätzen».

benblindheit darunter gewesen. Deshalb hatte er die Möglichkeit, daß es eine solche isolierte zerebrale Achromatopsie gebe, verworfen. Die Vehemenz, mit der diese Auffassung von einer derart renommierten Autorität vertreten
worden war, hatte wesentlich dazu beigetragen, daß das
klinische Interesse an diesem Thema zum Erliegen kam.[17]
Zekis elegante und unbezweifelbare Beweisführung versetzte nun die Welt der Neurologie in helle Aufregung, und
sie begann erneut, sich dem viele Jahre lang vernachlässigten Thema zuzuwenden. Nach der Veröffentlichung von
Zekis Aufsatz im Jahre 1973 begannen wieder Fälle von
Achromatopsie in der Fachliteratur aufzutauchen, und
diese konnten mit den neuen Schichtaufnahmeverfahren
(Computertomographie) untersucht werden, die den Neurologen früherer Tage nicht zur Verfügung gestanden hatten. Zum erstenmal bestand die Möglichkeit, *in vivo* sichtbar zu machen, welche Hirnregionen beim menschlichen
Farbensehen aktiviert zu sein scheinen. Obwohl viele der
in der Literatur beschriebenen Patienten auch unter anderen Ausfällen litten (Unstimmigkeiten im Gesichtsfeld,
visuelle Agnosie, Alexie usw.), ließ sich doch recht eindeutig feststellen, daß die für die Achromatopsie maßgebende
Läsion im medialen Assoziationskortex lokalisiert sein
mußte, einem Bereich, der dem Hirnrindenfeld V4 beim
Affen entspricht.[18] In den sechziger Jahren war der Nach-

17 Holmes' schädlichen Einfluß hat Damasio anschaulich beschrieben, der ferner hervorhebt, daß alle von Holmes untersuchten
Fälle Verletzungen im dorsalen Teil des Hinterhauptlappens betrafen
und daß somit dessen ventraler Bereich, in dem sich das Zentrum für
Achromatopsie befindet, unberücksichtigt blieb.
18 Die von Antonio und Hanna Damasio in Zusammenarbeit mit
anderen Forschern an der University of Iowa durchgeführten Untersuchungen sind in dieser Hinsicht einerseits wegen der Genauigkeit
der Wahrnehmungstests, andererseits wegen der technischen Brillanz der neurologischen Aufnahmeverfahren besonders relevant.

weis gelungen, daß Zellen in der primären Sehrinde (genauer: im Hirnrindenfeld V1) bei Affen speziell auf Wellenlänge, nicht aber auf Farbe ansprechen. Dann zeigte Zeki, daß andere Zellen im Hirnrindenfeld V4 auf Farbe, nicht aber auf Wellenlänge reagieren (diese V4-Zellen erhalten jedoch Impulse von den V1-Zellen über eine zwischengeschaltete Struktur V2). Folglich erhält jede V4-Zelle Informationen über einen großen Ausschnitt des Gesichtsfeldes. So lag der Schluß nahe, daß die von Land in seiner Theorie postulierten zwei Stufen ein anatomisches und physiologisches Korrelat besitzen: Die Helligkeitserfassung für jedes Wellenband wird von den für Wellenlänge zuständigen Zellen in V1 verarbeitet, aber erst durch den Vergleich oder die Korrelierung dieser verarbeiteten Informationen in den farbkodierenden Zellen von V4 entstehen Farben. Jede dieser V4-Zellen scheint als Landscher Korrelator oder als Helmholtzscher Urteilsmechanismus aktiv zu sein.

Das Farbensehen scheint also wie andere Grundformen des Sehens (Bewegungs-, Tiefen- und Gestaltwahrnehmung) nicht auf einem Wissenserwerb zu beruhen, ist also nicht durch Lernen und Erfahrung determiniert, sondern ein, wie Neurologen sagen, «Bottom-up»-Prozeß. So können Farben auch experimentell durch magnetische Reizung des Hirnrindenfeldes V4 hervorgerufen werden, bei der die Versuchsperson farbige Ringe und Halos «sieht», die man als Chromatophene bezeichnet.[19] Doch im Leben

19 Solche Chromatophene können bei visueller Migräne spontan entstehen, und I. hatte dieses Phänomen an sich selbst bei gelegentlich vor seinem Unfall auftretenden Migräneanfällen beobachtet. Man kann sich fragen, was wohl geschehen wäre, wenn man I.s Hirnrindenfeld V4 stimuliert hätte – doch die magnetische Reizung umschriebener Hirnbereiche war technisch damals noch nicht möglich. Man kann sich ferner fragen, ob man nicht heute Versuche mit solchen Stimulierungen bei angeborener (retinaler) Achromatopsie durchführen sollte (verschiedene Farbenblinde haben an einem der-

ist das Farbensehen Bestandteil unserer gesamten Erfahrung; es ist mit unseren Kategorisierungen und Werten eng verbunden, wird für jeden von uns Teil unserer Lebenswelt und unseres Selbst. Das Hirnrindenfeld V4 mag der eigentliche Farbgenerator sein, aber es kommuniziert mit hundert anderen Systemen im bewußtseinsfähigen Hirn; und vielleicht wird es durch diese auch moduliert. Die Integration findet auf den höheren Ebenen statt, wo sich die Farben mit Erinnerungsspuren, Erwartungen, Assoziationen und Wünschen verschmelzen, um für jeden von uns eine Welt mit Resonanz und Bedeutung hervorzubringen.[20]

artigen Experiment Interesse gezeigt). Möglicherweise – ich kenne keine Studie zu diesem Thema – entwickelt sich V4 bei Personen mit angeborener Achromatopsie nicht, da keinerlei Zapfenzellen-Inputs ins Gehirn dringen. Ist aber V4 als funktionale (wenn auch nicht funktionierende) Einheit trotz des Fehlens von Zapfenzellen vorhanden, könnte seine Reizung ein erstaunliches Phänomen hervorbringen: den Ausbruch zuvor undenkbarer, völlig neuartiger Empfindungen in einem Gehirn und Bewußtsein, das derartige Empfindungen vorher nie hat erleben, geschweige denn kategorisieren können. David Hume warf die Frage auf, ob sich jemand eine Farbe vorstellen – sie vielleicht sogar wahrnehmen – könnte, die er noch nie zuvor gesehen hat. Vielleicht läßt sich die 1738 von Hume formulierte Frage heute beantworten.

20 Die Macht der Erwartungen und Einstellungen beim Farbensehen läßt sich bei Personen mit partieller Rot-Grün-Blindheit deutlich beobachten. Sie sind nicht in der Lage, zum Beispiel rote Stechpalmenbeeren vor dem Hintergrund dunkelgrüner Blätter auszumachen, oder bemerken die zarte lachsfarbene Morgenröte nicht, solange man sie darauf nicht aufmerksam macht. «Unsere schwachen, verkümmerten Zapfenzellen», sagte einer meiner Bekannten, der an Dyschromatopsie leidet, «sind auf Unterstützung durch den Intellekt, das Wissen, die Erwartungen und die Aufmerksamkeit angewiesen, um die Farben zu ‹sehen›, für die wir sonst ‹blind› sind.»

Jonathan I. hatte nicht nur eine weitgehend «reine» zerebrale Achromatopsie entwickelt, frei von zusätzlichen Ausfällen der Gestalt-, Bewegungs- oder Tiefenwahrnehmung, sondern er war zudem ein hochintelligenter und beredter Zeuge des Geschehens – jemand, der mit großem Geschick zeichnen und beschreiben konnte, was er sah. Als er bei unserer ersten Begegnung von den «Fluktuationen» der Gegenstände und Oberflächen unter wechselnden Lichtverhältnissen berichtete, gab er die Welt gewissermaßen nicht in Farben, sondern in Wellenlängen wieder. Diese Erfahrung wich derart von allem ab, was er zuvor erlebt hatte, war so ungewohnt, so anomal, daß er für die Beschreibung keine Parallelen, keine Metaphern, keine Bilder oder Worte zu finden vermochte.

Als ich Professor Zeki anrief, um ihm über diesen außergewöhnlichen Patienten zu berichten, zeigte er großes Interesse und warf die Frage auf, wie I. wohl auf die Farbmondriane, die er und Land bei normalsichtigen Menschen und bei Tieren verwendet hatten, reagieren würde. Er schlug vor, nach New York zu kommen und sich mit uns – Bob Wasserman, dem Augenarzt, Ralph Siegel, dem Neurophysiologen, und mir – zu treffen, um Jonathan I. gründlich zu untersuchen. Kein Patient mit Achromatopsie war je auf diese Weise unter die Lupe genommen worden.

Wir verwendeten einen komplexen, leuchtenden Mondrian, der entweder durch weißes oder durch gefiltertes Licht beleuchtet wurde, wobei die Filter so beschaffen waren, daß sie jeweils nur Strahlen aus einem bestimmten Wellenband durchließen: langwellige (rot), mittelwellige (grün) oder kurzwellige (blau). Die Leuchtkraft der Lichtstrahlen wurde in jedem Testabschnitt konstant gehalten.

I. konnte die meisten geometrischen Figuren erkennen, doch dienten ihm dabei als Unterscheidungsmerkmal jeweils nur die verschiedenen Grautöne. Diese ordnete er ohne Zögern einem der vier Werte auf einer Grautonskala zu, wobei er manche Grenzen zwischen Farben nicht wahrnahm (zum Beispiel zwischen Rot und Grün), die für ihn beide in weißem Licht schwarz waren). Wurden die Filter unversehens ausgetauscht, veränderten sich die Grautonwerte aller Figuren auf dramatische Weise. Zuvor nicht erkennbare Schattierungen traten plötzlich deutlich hervor, und alle Töne (außer den tatsächlich schwarzen) changierten, stark oder nur sanft, mit der Wellenlänge des einfallenden Lichts. (So sah für ihn eine grüne Fläche im mittelwelligen Licht weiß aus, dagegen schwarz im weißen und langwelligen Licht.)

I.s Angaben waren prompt und konsistent. (Einer normalsichtigen Person wäre es bei diesen Tests äußerst schwer gefallen oder sogar unmöglich gewesen, derart schnell und durchgehend «richtige» Urteile zu fällen, selbst wenn sie ein perfektes Gedächnis gehabt und sich in der neuesten Farbtheorie ausgekannt hätte). Kein Zweifel: I. *konnte* Wellenlängen voneinander unterscheiden, nur war er nicht in der Lage, die wahrgenommenen Wellenlängen in Farben zu übersetzen; es war ihm versagt, das zerebrale oder mentale Konstrukt Farbe hervorzubringen.

Diese Untersuchungsergebnisse klärten nicht nur die Natur des Ausfalls, sondern gaben auch Hinweise auf die Lokalisation der Störung: I.s primäre Sehrinde war unversehrt; die Schädigung konzentrierte sich auf den sekundären visuellen Kortex, speziell auf das Hirnrindenfeld V4 und dessen Verbindungen. Diese Bereiche sind ziemlich klein, auch beim Menschen, und doch hängen all unsere Farbwahrnehmungen, unsere Farbvorstellung und -erinnerung, unser ganzer Farbweltsinn davon ab, daß sie intakt sind. Ein Unglück hatte diese bohnengroße Region in I.s Gehirn zerstört – und damit sein ganzes Leben, seine Lebenswelt, von Grund auf verändert.

Nun stellte sich die Frage, ob wir den Ort der Schädigung mit einem Scanning-Verfahren sichtbar machen könnten.

Aber die Computer- und Kernspinresonanztomogramme zeigten keine Anomalien, was vielleicht darauf zurückzuführen war, daß zu jener Zeit das Auflösungsvermögen der Scanning-Geräte noch nicht stark genug war, um eine möglicherweise winzige Läsion des Hirnrindenfeldes V4 zu erfassen. Auch war es nicht auszuschließen, daß die Schädigung nicht das Gewebe, sondern den Stoffwechsel dieser Region betraf oder daß nicht V4 selbst, sondern die vorgelagerten Strukturen (die «Tropfen» von V1 oder «Streifen» von V2) zerstört waren.[21]

Semir Zeki und Francis Crick haben beide betont, daß diese kleinen «Tropfen»- und «Streifen»-Strukturen metabolisch hochaktiv sind und deshalb sogar auf einen kurzfristigen Sauerstoffmangel empfindlich reagieren. Crick, mit dem ich den Fall ausführlich besprach, hielt es für möglich, daß I. eine Kohlenmonoxidvergiftung erlitten hatte, die häufig Veränderungen der Farbwahrnehmung hervorruft, indem sie den Sauerstofftransport zu den für das Farbensehen zuständigen Bereichen mindert. Vielleicht hatte I. infolge eines durch den Unfall verursachten Defekts an seinem Auto Kohlenmonoxid eingeatmet, überlegte Crick.[22]

21 Funktionsstörungen in V4 lassen sich mit Hilfe eines neueren Verfahrens, der Positronen-Emissions-Tomographie (PET), erfassen (sie macht die Stoffwechseltätigkeit in verschiedenen Hirnregionen sichtbar), und zwar auch dann, wenn die Computer- oder die Kernspintomographie keine Läsion des Gewebes anzeigt. Leider stand uns die PET-Technik damals nicht zur Verfügung.

22 I., der sich gern in Sportclubs und Bars aufhielt, führte zu diesem Aspekt eigene Untersuchungen durch. Er berichtete uns, er habe mit einigen Boxern gesprochen, die nach Kopfschlägen teils vorübergehend, teils unheilbar farbenblind geworden seien. Partielle oder totale Farbenblindheit – auch die vorübergehende Form – ist eine typische Folge von Ohnmachts- oder Schockzuständen, bedingt durch die Verminderung der Blutzufuhr zum hinteren und speziell zu dem für das Sehen zuständigen Teil des Gehirns. Achromatopsie tritt ferner

Doch in gewissem Sinne war dies alles akademische Gedankenspielerei. I.s Achromatopsie hatte sich auch drei Monate nach dem Unfall nicht im geringsten verändert, und zudem schien seine Kontrastwahrnehmung dauerhaft gestört zu sein.[23] Eine Prognose zum weiteren Verlauf konnten wir nicht geben – bei manchen Patienten mit erworbener zerebraler Achromatopsie tritt mit der Zeit eine Besserung ein, bei anderen nicht. Und nach wie vor wußten wir nicht, wodurch die Störung verursacht worden war, ob sie ein Giftstoff wie Kohlenmonoxid, eine Minderung des Bluttransports zur Sehrinde oder der Aufprall beim Unfall hervorgerufen hatte. Schließlich – falls sie auf einen Hirnschlag zurückzuführen war, ließen sich weitere Schlaganfälle nicht ausschließen. Die Prognose mußte unter diesen Umständen vage bleiben; nur daß I.s Zustand sich inzwischen stabilisiert hatte, schien sicher zu sein.

Aber wir konnten ein wenig praktische Hilfe anbieten. I.

bei vorübergehenden Ischämie-Anfällen infolge arterieller Insuffizienz auf; Zeki nimmt an, daß dabei die auf Wellenlänge ansprechenden Zellen in V4 und V2 angegriffen werden. Zu zeitweiligen Veränderungen der Farbwahrnehmung kommt es gelegentlich bei visueller Migräne und bei Epilepsie; wohlbekannt sind sie auch den Meskalin- und anderen Drogenkonsumenten. Schließlich können sie als beunruhigende Nebenwirkung nach Einnahme von Ibuprofen auftreten.

23 Aus I.s Beschreibungen seines Alltagslebens ist nie mit letzter Klarheit hervorgegangen, ob seine Gestaltwahrnehmung geringfügig oder stark beeinträchtigt war. Interessanterweise lösten sich die Grenzen zwischen den Rechtecken auf den Mondrianen bei längerer Fixierung auf, traten aber schnell wieder hervor, sobald die Reizvorlage bewegt wurde. Außer dem Tropfen-System sind zwei weitere Systeme an der elementaren Verarbeitung visueller Informationen beteiligt: das System M, das auf Bewegungs- und Tiefenwahrnehmung spezialisiert, und das Zwischensystem P, das vermutlich für die hochauflösende Form- oder Gestaltwahrnehmung zuständig ist. Zeki meinte, das Verschwinden der Umrisse bei längerer Fixierung lasse auf eine Schädigung des Systems P, die rasche «Wiederkehr» der Ränder dagegen auf «ein intaktes und aktives System M» schließen.

hatte die Ränder der Figuren auf den Mondrianen stets sehr deutlich wahrgenommen, wenn mittelwelliges Licht auf die Reizvorgabe fiel. Dr. Zeki hatte deshalb vorgeschlagen, ihm eine grüne Sonnenbrille zu verschreiben, die Strahlen nur aus diesem Wellenband durchläßt. So wurde eine Spezialbrille angefertigt, die I. fortan trug, vor allem bei grellem Sonnenlicht. Er war begeistert über sie, denn wenn sie auch seine Fähigkeit, Farben zu sehen, nicht wiederherzustellen vermochte, verbesserte sie doch die Wahrnehmung von Kontrasten und Umrissen erheblich. So konnte er nun sogar wieder mit seiner Frau das Farbfernsehprogramm genießen, denn die dunkelgrüne Brille machte den Farbbildschirm monochromatisch; sah er allein fern, zog er jedoch weiterhin das Schwarzweißgerät vor.

Das Gefühl des Verlustes, das nach dem Unfall einsetzte, überwältigte Jonathan I., wie es jeden überwältigen muß, der plötzlich keinen Farbensinn mehr hat, einen Sinn, der unser gesamtes visuelles Erleben prägt und von zentraler Bedeutung für unser Vorstellungsvermögen und Gedächtnis, für unser Wissen von der Welt, für unsere Kultur und Kunst ist. Von diesem Verlustgefühl ist in jeder vergleichbaren Fallgeschichte die Rede. Für jenen Arzt, der vom Pferd fiel, hatten die Blumen «einen Großteil ihrer Schönheit verloren», und als er seinen nunmehr farblosen Garten betrat, war er zutiefst erschüttert. Für I. war der Verlust in vielerlei Hinsicht bitter: Ihm wurde nicht nur die Schönheit der Natur, der Welt der Menschen und der zahllosen Dinge verwehrt, deren Farben uns im täglichen Leben umgeben, sondern er mußte auch, wie ihm schien, von der Welt der Kunst Abschied nehmen – jener Welt, der er fünfzig Jahre lang seine visuelle und chromatische Begabung und Sensibilität gewidmet hatte. Die ersten Wochen der

Achromatopsie wurden so zu einer Zeit der Depression, in der der Gedanke, sich das Leben zu nehmen, nicht fern zu liegen schien.[24]

Jonathan I. erschien seine veränderte visuelle Welt zunächst erschreckend und abnorm. Diese Erfahrung teilte er mit den meisten anderen Menschen in ähnlichem Zustand. Der vom Pferd gestürzte Arzt empfand sein Sehen als «per-

---

24 Dieses Verlustgefühl wird natürlich von den Menschen, die von Geburt an total farbenblind sind, nicht durchlebt. Das geht unter anderem aus einem Brief hervor, den ich kürzlich von Frances Futterman, einer klugen, charmanten Frau mit angeborener Achromatopsie, erhalten habe. Darin vergleicht sie ihre Situation mit der I.s:

Mir wurde klar, wie sehr sich unsere Erfahrungen unterscheiden. Ich habe nie eine Farbe gesehen, habe also auch nie einen Farbwahrnehmungsverlust erlitten. So hat mich meine farbenlose Welt nie in Verzweiflung gestürzt. Die Art, wie ich sehe, deprimiert mich an sich nicht. Manchmal gerate ich sogar ins Schwärmen über die Schönheit der Natur... Die Leute sagen mir, ich müsse ja alles in Grautönen oder in «Schwarzweiß» sehen – aber das stimmt, glaube ich, nicht. Das Wort «Grau» hat wie die Wörter «Rosa» oder «Blau» für mich nie eine Bedeutung gehabt – es hat sogar noch weniger Bedeutung, weil ich für Farbennamen wie «Rosa» und «Blau» eigene Vorstellungen entwickelt habe –; von der Farbe Grau dagegen kann ich für mein Leben keinen Begriff machen.

Obwohl es mit Sicherheit erhebliche Unterschiede zwischen Frances Futtermans Erfahrung und der I.s gibt, heben beide die Bedeutungslosigkeit des Wortes «Grau» hervor – eines Wortes, das für Personen mit Achromatopsie genauso wenig bedeutet wie das Wort «Dunkelheit» für einen Blinden oder das Wort «Stille» für einen Gehörlosen. Und wie später auch I. beteuert Frances Futterman, wie schön ihre Welt ihr erscheine:

Ich würde darauf wetten, daß wir in einem Test bei schwachem Licht viel mehr Grautöne wahrnehmen als Normalsichtige. Schwarzweißaufnahmen sehen für mich viel zu grob aus. Die Welt, die ich sehe, ist erheblich reichhaltiger, als Schwarzweißfotos oder Fernsehsendungen sie zeigen... Mein Sehen ist weitaus vielfältiger, als es sich Normalsichtige vorstellen können.

vertiert», und für eine von Damasio behandelte Patientin sah die graue Welt «schmutzig» aus. Warum benutzen alle Menschen, die an einer zerebralen Achromatopsie leiden, solche Ausdrücke – warum erscheinen ihnen ihre Erfahrungen so abnorm? I. sah mit den Zapfenzellen seiner Netzhäute und mit den auf Wellenlänge reagierenden Zellen von V1, während die farbgenerierenden Mechanismen von V4 auf höherer Ebene versagten. Für uns ist das Ergebnis einer Reizverarbeitung in V1 unvorstellbar, weil es nie als solches wahrgenommen, sondern sofort einer höheren Ebene zugeleitet wird, wo es nach weiterer Verarbeitung eine Farbwahrnehmung hervorbringt. Der reine V1-Output dringt also nie in unser Bewußtsein. I. hingegen nahm diesen Output wahr. Seine Hirnschädigung hielt ihn in einem fremdartigen Zwischenraum gefangen, der unheimlichen Welt von V1, einer Welt der abnormen und gewissermaßen vorfarblichen Empfindungen, die sich weder der Kategorie der Farbigkeit noch der der Farblosigkeit zuordnen ließen.[25]

Diese Veränderungen empfand I. mit seinem sensiblen Sinn fürs Visuelle und Ästhetische als unerträglich. Wir wissen fast nichts darüber, wie sich Farben auf Emotionen und die ästhetische Wahrnehmung auswirken, und ebenso lückenhaft sind unsere Kenntnisse über die Zusammenhänge zwischen dem Sehen im allgemeinen und den Gefühlsempfindungen – all dies ist eine Frage des individuellen Geschmacks und Erlebens.[26]

25 Wir können dies, wie Zeki kürzlich gezeigt hat, beobachten, wenn wir mit einer hemmenden magnetischen Reizung auf V4 einwirken, die eine vorübergehende Achromatopsie auslöst.

26 Unsere Kenntnisse von den Interaktionen zwischen den drei Hauptsystemen der elementaren Verarbeitung visueller Information sind noch immer sehr mangelhaft. Crick wirft allerdings die Frage auf, ob nicht wenigstens einige der unangenehmen und abnormen Sehempfindungen, die «Bleifarbigkeit» etwa, über die I. klagte, auf die

Die Farbwahrnehmung hatte in I.s Dasein eine eminente Rolle gespielt; sie hatte seinen visuellen und ästhetischen Sinn, seine Sensibilität und Kreativität geprägt, die Art, wie er seine Welt hervorbrachte. Und nun waren die Farben verschwunden – nicht nur aus seiner Wahrnehmung, sondern auch aus seinen Vorstellungen und Erinnerungen. In der ersten Zeit war er sich dieses Verlustes schmerzlich bewußt («bewußt» in der Art eines Menschen, der an Amnesie leidet). Er starrte in hilfloser Wut auf eine Orange, gedrängt von dem Impuls, ihr die wirkliche Farbe aufzuzwingen. Stundenlang saß er vor seinem (für ihn) schwarzen Rasen und versuchte, ihn als grün zu sehen, zu vergegenwärtigen und zu erinnern. So fand er sich in einer nicht nur verarmten, sondern auch fremden, inkohärenten, beinahe alptraumhaften Welt wieder, eine Erfahrung, die er kurz nach dem Unfall nicht mit Worten, sondern mit seinen ersten verzweifelten Bildentwürfen zum Ausdruck brachte.

Der «apokalyptische» Sonnenaufgang und die Verarbeitung dieses Eindrucks zu einem Bild waren das erste Anzeichen eines Wandels. Zum erstenmal verspürte er den Impuls, seine Welt, seine Sensibilität und Identität neu zu gestalten. Einiges davon geschah bewußt und absichtlich. Er schulte seinen Blick (und seine Hände), wie er es in den ersten Jahren seiner Künstlerlaufbahn getan hatte. Doch vieles geschah auch unterschwellig, auf der Ebene neuraler

überschüssige Aktivität des unversehrten Systems M zurückzuführen seien, das, wie er betont, «kaum Grautöne wahrnimmt, [so daß] sein Weiß dem entsprechen müßte, was [für Normalsichtige] schmutzig-weiß aussieht». Für diese Annahme spricht die Tatsache, daß Personen mit *angeborener* Achromatopsie, deren visuelles System auf höherer Ebene nie beschädigt worden ist, keine derartigen Wahrnehmungsanomalien kennen. So schreibt Knut Nordby: «Ich habe noch nie ‹schmutzige›, ‹unreine›, ‹bleiige› oder ‹verwaschene› Farben gesehen, über die der Maler Jonathan I. berichtet.»

Verarbeitung, die dem Bewußtsein und der willkürlichen Steuerung nicht unmittelbar zugänglich ist. In diesem Sinne wurde er durch das, was ihm zugestoßen war, neu definiert – physiologisch ebenso wie seelisch und ästhetisch. Damit ging eine tiefgreifende Umwertung einher, die dazu führte, daß ihm die totale Andersartigkeit und Fremdheit seiner V1-Welt, anfangs Quelle des Schreckens, seltsam faszinierend und schön zu erscheinen begannen.

Direkt nach dem Unfall und während des ganzen darauffolgenden Jahres oder sogar länger behauptete Jonathan I., er «kenne» die Farben, wisse genau, was farblich richtig, angemessen und schön sei, obwohl er sie auch mit dem inneren Auge nicht mehr sehen konnte. Danach schwand diese Gewißheit allmählich, so als ob sich die Farbassoziationen ohne Bezug auf tatsächliche Erfahrungen und Bilder aufzulösen begannen. Vielleicht muß ein solches Vergessen – ein zugleich physiologisches und psychisches, strategisches und strukturelles Vergessen – früher oder später bei Menschen einsetzen, die nicht mehr in der Lage sind, einen Wahrnehmungsmodus zu erleben, sich vorzustellen und zu aktivieren. (Dabei braucht der Herd der Läsion keineswegs in der Hirnrinde zu liegen; dieses Vergessen setzt nach Monaten oder Jahren auch bei Patienten ein, die aufgrund einer peripheren oder retinalen Schädigung erblindet sind.)[27]

---

27 J. D. Mollon *et al.* beschreiben den Fall eines jungen Polizeikadetten, der nach einer von hohem Fieber begleiteten schweren Krankheit (vermutlich Zoster opthalmicus) Achromatopsie, Hemianopsie sowie agnostische und amnestische Störungen entwickelte. Bei einem Test fünf Jahre nach dem Vorfall konnte der Patient, wie die Autoren festhalten, «Farben benennen (wahrscheinlich mit Hilfe des Sprachgedächtnisses), zum Beispiel die des Grases, der Ampellichter und des Union Jack; bei anderen Alltagsgegenständen (zum Beispiel einer Banane oder einem Briefkasten) unterliefen ihm Fehler». Nach fünfjähriger totaler Farbenblindheit konnte er sich oft

Allmählich geriet I.s Auseinandersetzung mit dem, was er verloren hatte, ja mit dem gesamten Thema Farbe, von dem er anfänglich besessen gewesen war, in ruhigere Bahnen. Er beschrieb sich nun als jemanden, der von den Farben «geschieden» worden sei. Zwar redete er weiterhin von ihnen, doch klangen seine Worte etwas hohl – als fertige er aufgrund vergangenen Wissens eine Zeichnung an, ohne sie zu verstehen.

Nordby schreibt:

Daß ich mich mit der Physik der Farben und der Physiologie der Farbrezeptoren gründlich vertraut gemacht habe, hilft mir nicht im geringsten, die wirkliche Natur der Farben zu verstehen.[28]

Dies galt nun auch für Jonathan I. Zunehmend glich er einem farbenblind Geborenen, obwohl er fünfundsechzig Jahre seines Lebens in der Welt der Farben zugebracht hatte.

So begann I. im zweiten Jahr nach dem Unfall, die Farben zu vergessen und sich zugleich von ihnen abzuwenden; er gab die chromatischen Einstellungen, Gewohnheiten und Strategien seines früheren Lebens auf und fand heraus, daß er nicht bei Tag, sondern bei gedämpftem Licht

nicht mehr an die Farben selbst vertrautester Gegenstände erinnern. Bei retinaler Erblindung sind ähnliche Folgen zu beobachten: Nach einigen Jahren sind gewöhnlich alle visuellen Erinnerungen – auch die an Farben – weitgehend gelöscht.

28 Schopenhauer meint, daß ein hochintelligenter Blinder aufgrund von Aussagen, die andere Personen über Farben treffen, selbständig eine Farbenlehre konstruieren könne. Ebenso führt Denis Diderot in einer Passage über den berühmten, im achtzehnten Jahrhundert in Oxford lehrenden blinden Optikprofessor Nicholas Saunderson aus, dieser habe über ein profundes räumliches Wissen, über den *Begriff* des Raums verfügt, obwohl er Räumliches visuell nie direkt *wahrgenommen* hatte (vgl. Anmerkung 13, S. 43).

oder im Zwielicht am besten sah. Grelles Licht verwirrte und blendete ihn – ein weiteres Anzeichen für eine Schädigung seines optischen Systems –, während ihm die Nacht und das Nachtleben mehr und mehr behagten, denn sie schienen, wie er einmal sagte, «aus Schwarz und Weiß geschaffen» zu sein.

So wurde er zum «Nachtmenschen», um seinen eigenen Ausdruck zu verwenden. Er begann, andere Städte und Ortschaften zu erkunden – doch nur nachts. Mal fuhr er nach Boston, mal nach Baltimore oder in Kleinstädte und Dörfer, kam bei Einbruch der Dunkelheit an und streifte die halbe Nacht lang durch die Straßen, kam gelegentlich mit anderen Fußgängern ins Gespräch oder machte es sich in einer kleinen Gaststätte bequem. «In Lokalen mit Fenstern sieht nachts alles ganz anders aus. Die Dunkelheit dringt in sie ein, kein Licht ändert daran etwas. So werden sie zu Nachträumen. Ich mag die Nachtzeit», sagte I. «Nach und nach werde ich zum Nachtmenschen. Ich lebe in einer anderen Welt: Es gibt darin sehr viel Platz, man wird nicht von Straßen, von Menschen gestört... Das ist eine ganz neue Welt.»

In Zeiten, in denen I. nicht unterwegs war, stand er immer früher auf, um noch bei Nacht zu arbeiten, um die Nacht zu genießen. In der Nachtwelt fühlte er sich «normalen» Menschen gleichgestellt oder sogar überlegen: «Ich fühle mich wohler, weil ich dann weiß, daß ich kein Monstrum bin... und ich habe einen scharfen Nachtblick entwickelt, es ist erstaunlich, was ich alles sehen kann. Ich kann nachts Nummernschilder vier Häuserblocks vor mir lesen. Die meisten Leute erkennen sie schon nicht mehr, wenn sie nur einen Häuserblock weit entfernt sind.»[29]

29 I.s Abscheu vor Farben und Helligkeit und seine Vorliebe für Dämmerlicht und nächtliche Dunkelheit erinnern an Kaspar Hauser, der fünfzehn Jahre lang in ein düsteres Kellergewölbe gesperrt

Es stellt sich die Frage, ob das Nachtsehen als Kompensation für den Ausfall des Farbensinns mit der Zeit nachträglich geschärft wurde. In dieser Phase hat sich womöglich auch die Sensitivität für Bewegungen und Raumtiefe gesteigert, was auf eine zunehmende Beanspruchung des intakten Systems M schließen ließe.[30]

Der Schmerz über den Verlust, die Unbehaglichkeit, das Gefühl der Abnormität – diese in den ersten Monaten akut erlebten Zustände schienen sich nun aufzulösen oder gar eine gegenläufige Entwicklung zu nehmen. Obgleich I. den Verlust nicht leugnet und ihm in mancher Hinsicht noch nachtrauert, empfindet er das neue Sehen als «hochgradig verfeinert», als ein «Privileg», das es ihm ermöglicht, die Welt der reinen Form, frei von allen Farbstörungen, wahrzunehmen. Feinste Oberflächenmerkmale und -strukturen, die wir normalerweise nicht bemerken, weil sie in Far-

---

worden war. In Anselm von Feuerbachs 1832 erschienenen Bericht über diesen Fall heißt es:

Was das Sehen betrifft, so gab es für ihn keine Dämmerung, keine Nacht, keine Finsternis. Man wurde hierauf zuerst aufmerksam, als man bemerkte, daß er bei Nacht überallhin mit der größten Sicherheit vorwärts schreite und daß er, so oft er an einen dunklen Ort ging, das ihm angebotene Licht ausschlug. Mit Verwunderung oder Lachen sah er öfters den Leuten zu, die an dunkeln Orten, zum Beispiel nachts beim Eintritt in das Haus und beim Treppensteigen, durch Tappen und Anhalten sich zu helfen suchten. Im Dämmerlicht sah er sogar bei weitem besser als am hellen Tage. So las er, nach Untergang der Sonne, auf der Straße eine Hausnummer, die er bei Tage wenigstens in solcher Ferne nicht würde erkannt haben, auf ungefähr 180 Schritte weit. Bei tiefer Dämmerung machte er einst seinen Lehrer auf eine Mücke aufmerksam, die in einem sehr entfernten Spinnengewebe hing.

30 Möglicherweise wird bei Personen mit angeborener Achromatopsie die Funktion des Systems M verstärkt, so daß sie ein außergewöhnliches Geschick entwickeln könnten, Bewegungen zu erkennen. Diese Hypothese wird derzeit von Ralph Siegel und Martin Gizzi untersucht.

ben eingebettet sind, treten für ihn deutlich hervor.[31] I. erlebt «eine ganz neue Welt», für die wir, abgelenkt durch die Farben, unempfindlich sind. Er denkt nicht mehr an Farben, sehnt sich nicht nach ihnen zurück, trauert ihnen nicht mehr nach. Fast nimmt er die Achromatopsie als fremdartiges Geschenk an, als etwas, das ihm neue Empfindungen in einer anderen Daseinsweise beschert hat. In diesem Sinne gleicht seine Wandlung der John Hulls, der seine Erblindung zwei oder drei Jahre lang als erniedrigenden Fluch erlebte, sie dann aber als ein «dunkles, paradoxes Geschenk» anzunehmen lernte, als «Lebensmöglichkeit... eine neue, konzentriertere Phase meines Lebens».

Drei Jahre nach dem Unfall machte Israel Rosenfield einen faszinierenden Vorschlag, wie I. das Farbensehen wiedererlangen könnte. Da der für den Vergleich von Wellenlängen zuständige Mechanismus intakt und nur das V 4-System oder ein Äquivalent geschädigt sei, argumentierte Rosenfield, könnte es doch – zumindest theoretisch – möglich sein, eine andere Hirnregion für die Landschen Korrelierungen zu «trainieren», um so das Farbensehen wenigstens zum Teil wiederherzustellen. I.s Reaktion auf diesen Vorschlag war erstaunlich. In den Monaten nach dem Unfall, sagte er, hätte er sich begeistert auf einen Versuch eingelassen und alles unternommen, um «geheilt» zu

31 Ich erfuhr kürzlich von einem farbenblinden Botaniker in England, von dem es heißt, er identifiziere Farne und andere Pflanzen in Wäldern, an Hecken und vor anderen weitgehend einfarbigen Hintergründen schneller als Normalsichtige. Im Zweiten Weltkrieg wurden Rot-Grün-Blinde bevorzugt bei der Artillerie wegen ihrer Fähigkeit eingesetzt, durch Farbtarnungen «hindurchzuschauen» und sich nicht durch das, was Normalsichtigen als verwirrende, trügerische Farbkonfiguration erschiene, ablenken zu lassen. Ein Veteran des Koreakriegs berichtet, daß farbenblinde Soldaten für das Ausspähen getarnter feindlicher Verbände im Dschungel unersetzlich waren. (All dies können allerdings Normalsichtige im Zwielicht auch besser erkennen als bei hellem Tageslicht.)

werden. Jetzt jedoch, da er die Welt anders erlebe und sie wieder als kohärent und vollständig empfinde, sei diese Idee für ihn unfaßlich, ja sogar abschreckend. Jetzt, da die Farben ihre früheren Assoziationen, ihre Bedeutung verloren hätten, könne er sich nicht mehr vorstellen, wie sich ihre Wiederherstellung anfühlen würde. Sie wieder zu erleben würde ihn in tiefe Verwirrung stürzen, meinte er; eine Flut irrelevanter Empfindungen würde ihn überschwemmen und die inzwischen neu geschaffene visuelle Ordnung seiner Welt ins Wanken bringen. Eine Zeitlang war er in einer Art Limbus gewesen, doch nun hatte er sich – neural und psychisch – auf die Welt der Achromatopsie eingelassen.

In seiner Malerei hat I. nach mehreren Monaten des Zögerns und Experimentierens eine intensive und produktive Schaffensphase erreicht, so intensiv und produktiv wie in früheren Zeiten seiner langen Künstlerlaufbahn. Seine Schwarzweißbilder sind sehr erfolgreich, und Kenner sprechen von kreativer Neuorientierung und der «Schwarzweißphase», zu der I. nun vorgestoßen sei. Die wenigsten wissen, daß diese «Phase» nicht Ausdruck einer künstlerischen Entwicklung, sondern Folge eines schweren Verlustes ist.

Wir haben zwar die primäre Schädigung in Jonathan I.s Gehirn identifizieren können – die Ausschaltung eines wesentlichen Bestandteils des farberzeugenden Systems –, doch wissen wir nichts über die «höhergeordneten» Veränderungen der Hirnfunktionen, die sich in ihrem Gefolge eingestellt haben müssen. I. verlor nicht nur die Farbwahrnehmung, sondern auch das chromatische Vorstellungsvermögen und die Fähigkeit, in Farbe zu träumen. Schließlich schien er sogar die Erinnerung an Farben verloren zu haben, so daß sie nicht mehr zu seinem Wissensbestand, zu seinem Bewußtsein gehörten.

Je mehr Zeit ohne Farbwahrnehmung verging, desto mehr glich I. einem Menschen mit vollständiger Farbamnesie, ja sogar jemandem, der in seinem Leben noch nie eine Farbe gesehen hat. Gleichzeitig jedoch fand in ihm eine Revision statt: Während die Spuren, welche die frühere Welt der Farben in seinem Gedächtnis hinterlassen hatte, schwächer und schwächer wurden, bis sie schließlich ganz gelöscht waren, wuchs in ihm eine ganz neue Welt des Sehens, der Imagination, der Empfindung.[32]

An der Realität dieser Veränderungen ist nicht zu zweifeln, doch konnte sie wohl nur jemand mit dem Talent und Ausdrucksvermögen eines Jonathan I. so klar zum Ausdruck bringen. Die Neurowissenschaften können über das zerebrale Substrat solcher Veränderungen «höherer» Ordnung vorerst keine Aussagen treffen. Die physiologischen Untersuchungen der Farbwahrnehmung sind bisher nur zum elementaren Farbensehen, also nur bis zu den in V 1 und V 4 stattfindenden Landschen Korrelierungen vorgedrungen. Aber V 4 ist nicht die Zielgerade, sondern nur eine Zwischenstation, die auf immer höhere Ebenen projiziert – zum Hippocampus, der für die Speicherung von Erinnerungsspuren von zentraler Bedeutung ist, zu den Gefühlszentren im Limbischen System und in der Amygdala und zu vielen Regionen der Hirnrinde. So könnte zum Beispiel die Tatsache, daß I. Farben «vergaß», zum

32 Die Entstehung neuer Empfindungen und Vorstellungen beschreibt H. G. Wells in seiner grandiosen Erzählung «Das Land der Blinden»: «Während vierzehn Generationen waren diese Leute blind gewesen und abgeschnitten von der Welt der Sehenden. Die Benennungen für alle die Dinge, die man mit dem Auge wahrnimmt, waren verblaßt und hatten sich geändert... Ein großer Teil ihrer Einbildungskraft war zusammen mit ihren Augen eingeschrumpft, und sie hatten sich neue Vorstellungen geschaffen mit ihren um so feineren Ohren und Fingerspitzen.»

Teil auf die Unterbrechung des Informationsflusses von V 4 zu den Gedächtnissystemen im Hippocampus und im präfrontalen Kortex zurückzuführen sein. Wir verfügen einfach zur Zeit noch nicht über die technischen Mittel, die notwendig sind, um die höhergeordneten neuralen Folgen eines derartigen Sinnesverlustes zu erfassen, doch eine Fallgeschichte wie die des Jonathan I. macht deutlich, wie wichtig es ist, dieses Ziel eines Tages zu erreichen.

Die Forschung der vergangenen zehn Jahre hat gezeigt, wie plastisch die Großhirnrinde ist, daß beispielsweise die zerebrale «Kartierung» des Körperbildes nicht nur nach einer Verletzung oder infolge einer Immobilisierung, sondern auch aufgrund eines übermäßigen oder mangelnden Gebrauchs einzelner Körperteile von Grund auf neu organisiert werden kann. Wir wissen, daß etwa der stetige Gebrauch eines Fingers beim Lesen der Blindenschrift zu einer Hypertrophie der Repräsentation eben dieses Fingers im Kortex führt. Bei früh ertaubten Menschen, die sich in der Gebärdensprache verständigen, finden tiefgreifende Verlagerungen in der zerebralen Projektion statt: Weite Bereiche des akustischen Kortex werden zur Verarbeitung visueller Informationen eingesetzt. Ähnliches widerfuhr Jonathan I.: Während ganze Repräsentations- und Bedeutungssysteme in ihm gelöscht worden waren, hatten sich zugleich vollkommen neue Systeme gebildet.

Bei der Beantwortung der letzten Frage allerdings – warum wird eine bestimmte Empfindung als rot wahrgenommen? – wird uns der Fall Jonathan I. wohl kaum weiterhelfen. Als Newton «das ehrwürdige Phänomen der Farben» beschrieben hatte, enthielt er sich jeder Spekulation über die Natur der Empfindungen und jeder Hypothese darüber, «auf welche Weise oder durch welche Kraft das Licht in unserem Geist die Farberscheinungen hervorbringt». Heute, drei Jahrhunderte später, haben wir noch immer keine Erklärung für dieses Phänomen, und vielleicht werden solche Fragen auch in Zukunft ohne Antwort bleiben müssen.

Der letzte Hippie

Such a long, long time to be gone...
and a short time to be there...
Robert Hunter, «Box of Rain»

Greg F. wuchs in den fünfziger Jahren als Kind einer wohl-
habenden Familie im New Yorker Stadtteil Queens auf. Er
war ein attraktiver, recht begabter Junge, der, wie sein Vater, für eine berufliche Karriere prädestiniert schien – vielleicht für eine Karriere als Songwriter, wofür er schon in
jungen Jahren Talent zeigte. Doch als Jugendlicher in den
späten Sechzigern wurde er rebellisch und stellte so manches in Frage. Er begann das konventionelle Leben seiner
Eltern und der benachbarten Familien ebenso zu hassen
wie die zynische, kriegslüsterne Politik des Landes. Sein
Drang, aufzubegehren, aber zugleich auch nach Idealen zu
suchen, nach einem Vorbild, nach Führung, beherrschte
ihn vollends 1967, im «Sommer der Liebe». Er ging oft ins
Village, hörte nächtelang Allen Ginsberg, begeisterte sich
für Rockmusik, besonders Acid Rock, und vor allem für die
Gruppe The Grateful Dead.

Er entfremdete sich zunehmend von seinen Eltern und
Lehrern, gegen die er sich aufsässig zeigte und verschloß.
Als Timothy Leary 1968 die Jugend Amerikas aufrief:
«Tune in, turn on, and drop out», ließ sich Greg die Haare
lang wachsen, brach die Schule ab, wo er als guter Schüler
gegolten hatte, wandte sich vom Elternhaus ab und schlug
seine Zelte im Village auf, wo er LSD nahm und in die Dro-
genszene des East Village geriet. Wie viele seiner Generation machte er sich auf die Suche nach Utopia, nach der
inneren Freiheit und nach «höherem Bewußtsein».

Doch das *turn on*, das «Anturnen», allein befriedigte Greg

nicht. Er sehnte sich nach einer kodifizierten Weltanschauung und Lebensweise. 1969 zog es ihn wie viele junge Acid Heads zu Swami Bhaktivedanta und seiner Internationalen Gesellschaft für Krishna-Bewußtsein in der Second Avenue. Unter seinem Einfluß schwor Greg, wie so viele andere, dem LSD ab und fand in religiösen Höhenflügen einen Ersatz für LSD-Highs. («Die einzige Radikalkur gegen Trunksucht», so William James, «ist Religionssucht.») Die Lehre, die Gefolgschaft, das gemeinsame Singen, die Rituale, die asketische und charismatische Gestalt des Swami überkamen Greg wie eine Erleuchtung, und innerhalb kurzer Zeit wurde er ein leidenschaftlicher Anhänger und Konvertit.[1] Nun hatte sein Leben endlich einen Mittelpunkt, einen Fokus. In den ersten exaltierten Wochen nach seiner Bekehrung wanderte er, in safrangelbe Gewänder gekleidet und die Hare-Krishna-Mantren singend, im East Village umher, und Anfang 1970 zog er in den Haupttempel in Brooklyn. Seine Eltern wollten dies zunächst nicht zulassen, widersetzten sich dann aber seinen Wünschen nicht mehr. «Vielleicht wird es ihm helfen», meinte sein Vater, pädagogisch gestimmt. «Wer weiß, vielleicht ist das der Weg, dem er folgen *muß*.»

Das erste Jahr im Tempel verlief reibungslos; Greg war folgsam, aufrichtig, fromm und gläubig. Er ist ein Erwählter, sagte der Swami, einer, der zu uns gehört. Anfang 1971 wurde Greg, nun eng mit der Gemeinschaft verbunden, zum Tempel von New Orleans gesandt. Als er im Tempel von Brooklyn lebte, hatten ihn seine Eltern noch hin und

---

1 Die recht ungewöhnliche Weltanschauung des Swami ist zusammengefaßt in *Easy Journey to Other Planets* von Tridandi Goswami A. C. Bhaktivedanta Swami, herausgegeben vom League of Devotees in Vrindaban (keine Jahresangabe; Preis: 1 Rupie). Dieses schmale Bändchen mit grünem Umschlag wurde von den safranfarben gekleideten Anhängern des Swami massenweise unter die Leute gebracht und war damals Gregs «Bibel».

wieder getroffen, nun brachen die Beziehungen vollends ab.

In Gregs zweitem Krishna-Jahr machte sich ein Problem bemerkbar – er spürte, daß seine Sehschärfe abnahm, ein Symptom, das der Swami und andere spirituell deuteten: Er sei ein «Erleuchteter», sagten sie ihm; es sei das «innere Licht», das immer heller in ihm strahle. Greg hatte sich zunächst wegen seiner Sehkraft Sorgen gemacht, doch die spirituelle Erklärung seines Swami beruhigte ihn. Seine Augen wurden weiterhin zunehmend schwächer, aber er klagte nicht mehr darüber. Und tatsächlich schien er von Tag zu Tag vergeistigter zu werden; eine wunderbare, nie zuvor erlebte Gelassenheit breitete sich in ihm aus. Von seiner früheren Ungeduld und Umtriebigkeit war nichts mehr zu spüren. Manchmal verfiel er in eine Art Benommenheit und starrte mit einem seltsamen (einige sagten: «transzendentalen») Lächeln vor sich hin. «Das ist die Seligkeit», meinte sein Swami, «er wird zum Heiligen.» In dieser Phase seiner Entwicklung, hieß es, brauche er dringend den Schutz der Gemeinschaft. So verließ er den Tempel nicht, unternahm überhaupt nichts mehr ohne Begleitung, und von Kontakten zur Außenwelt wurde ihm nachdrücklich abgeraten.

Seine Eltern erfuhren nichts von ihm selbst, doch erhielten sie gelegentlich Mitteilungen aus dem Tempel, in denen immer häufiger von seinem «spirituellen Wachstum» und seiner «Erleuchtung» die Rede war, Mitteilungen, die derart vage klangen und in einem Maße von der ihnen aus früherer Zeit vertrauten Person Gregs abwichen, daß sie sich immer größere Sorgen machten. Einmal schrieben sie einen Brief an den Swami und erhielten eine besänftigende, abwiegelnde Antwort.

Drei weitere Jahre vergingen, bevor Gregs Eltern beschlossen, sich einen eigenen Eindruck von Gregs Zustand zu verschaffen. Der Vater war damals in schlechter gesundheitlicher Verfassung und fürchtete, er würde seinen «verlorenen» Sohn nie wiedersehen, wenn er noch länger wartete. Nachdem sie dies dem Tempel mitgeteilt hatten, erhielten sie schließlich eine Besuchserlaubnis. So kam es 1975, nach vier Jahren ohne jeglichen Kontakt, zu einem Wiedersehen im Tempel von New Orleans.

Was sich ihren Blicken bot, erfüllte sie mit Entsetzen. Ihr ehemals schlanker Sohn mit seinem schönen Haar war dick und kahl geworden. Sein Gesicht war ständig zu einem «blöden» Lächeln verzogen (so der Ausdruck des Vaters). Immer wieder brachen unversehens Lied- und Versfetzen aus ihm hervor, oder er machte «idiotische» Bemerkungen, und all das ohne Anzeichen tieferer Gefühle («als sei er ausgehöhlt, als sei er innen ganz leer», sagte sein Vater). Für das gegenwärtige Geschehen schien er sich nicht zu interessieren. Er war desorientiert – und völlig blind. Die Tempelgemeinschaft ließ Greg überraschenderweise ziehen – vielleicht war selbst sie zu der Überzeugung gelangt, daß sein Aufstieg zur Erleuchtung zu weit gegangen war, und hatte sich über Gregs Zustand beunruhigt gefühlt.

Greg wurde in einer Klinik untersucht und in die Neurochirurgie eingewiesen. Das Tomogramm zeigte einen riesigen Tumor, der die Hypophyse, die benachbarte Sehnervenkreuzung (Chiasma opticum) sowie Teile der Sehbahn zerstört hatte und sich beidseitig bis in die Stirnlappen erstreckte. Es reichte zudem bis zu den Schläfenlappen und nach unten zum Dienzephalon (Zwischenhirn). Bei der Operation stellte sich heraus, daß es sich um eine gutartige Geschwulst (Meningiom) handelte – doch die Wucherung hatte schon die Größe einer kleinen Pampelmuse oder einer Orange erreicht, und obwohl es den Chirurgen gelang, sie fast vollständig zu entfernen, konnten sie den bereits angerichteten Schaden nicht beheben.

Greg war nicht nur erblindet, sondern auch neurologisch und psychisch schwer behindert – ein Desaster, das sich hätte vermeiden lassen, wenn man Gregs ersten Klagen über die abnehmende Sehschärfe nachgegangen wäre und medizinischen Sachverstand oder auch nur gesunden Menschenverstand zur Beurteilung seines Befindens aufgeboten hätte. Da keine oder nur geringfügige Besserung erwartet werden konnte, wurde Greg ins Williamsbridge Hospital, eine Klinik für chronisch Kranke, eingewiesen, ein junger Mann von fünfundzwanzig Jahren, dem jegliche Aussicht auf ein aktives Leben genommen war und dessen Prognose «hoffnungslos» lautete.

Ich traf Greg zum erstenmal im April 1977, als er ins Williamsbridge Hospital verlegt wurde. Ohne Gesichtsbehaarung und kindlich in seinem Verhalten, wirkte er jünger als ein fünfundzwanzigjähriger Mann. Er war fett, glich einem Buddha, und in seinem leeren, ausdruckslosen Gesicht kreisten ziellos zwei blinde Augen in ihren Höhlen, während er bewegungslos in einem Rollstuhl saß. Spontan tat er nichts, er suchte kein Gespräch; doch wenn ich ihn ansprach, antwortete er prompt und angemessen, wobei fremdartige Wörter zuweilen seine Phantasie in Gang setzten und assoziative Abschweifungen auslösten oder ihm Bruchstücke eines Songs oder Gedichts entlockten. Wurde die Zeit zwischen den Fragen nicht ausgefüllt, neigte er dazu, in bleiernes Schweigen zu verfallen, und wenn dieser Zustand mehr als eine Minute anhielt, stimmte er manchmal einen Hare-Krishna-Gesang an oder murmelte ein Mantra vor sich hin. Nach wie vor, sagte er, sei er ein «zutiefst gläubiger Anhänger» der Gemeinschaft, deren Lehren und Zielen er sich verschrieben habe.

Einen zusammenhängenden Bericht erhielt ich von ihm nicht – so wußte er nicht einmal, warum er sich im Krankenhaus befand, und gab dafür, als ich ihn danach fragte, verschiedene Gründe an. Zuerst meinte er: «Weil ich nicht

76

intelligent bin», dann: «Weil ich früher Drogen genommen habe». Er wußte, daß er im Haupttempel der Hare-Krishna-Sekte gelebt hatte («in einem großen roten Haus, Henry Street Nummer 439 in Brooklyn»), hatte aber vergessen, daß er danach in den Tempel von New Orleans versetzt worden war. Auch konnte er sich nicht daran erinnern, daß sich dort die ersten Symptome seiner Krankheit entwickelt hatten – vor allem der zunehmende Verlust des Augenlichts. Überhaupt schien er sich nicht im geringsten bewußt zu sein, daß er irgendwelche Probleme hatte: daß er blind war, daß er unter Bewegungsausfällen litt, daß eine schwere Erkrankung sein Leben zerstört hatte.

Nicht bewußt – und völlig gleichmütig. Greg wirkte stumpf, ruhiggestellt, gefühlsleer. Diese unnatürliche Gelassenheit hatten seine Glaubensgefährten für «Seligkeit» gehalten. Einmal verwendete Greg denselben Ausdruck. «Wie fühlen Sie sich?» Ich kam unablässig auf diese Frage zurück. «Ich fühle mich selig», erwiderte er eines Tages, «ich habe Angst, wieder der materiellen Welt zu verfallen.» Damals besuchten ihn viele Hare-Krishna-Freunde im Krankenhaus; ich sah oft ihre safrangelben Gewänder in den Fluren. Sie kamen, um den armen, blinden, ruhigen Greg zu sehen, und scharten sich um ihn; für sie war er ein Erleuchteter, der die «Ablösung» erlangt hatte.

Als ich ihn nach Ereignissen und Personen des aktuellen Weltgeschehens fragte, wurde mir klar, wie tief seine Desorientierung und Verwirrung reichten. Auf die Frage, wer gerade Präsident der USA sei, antwortete er: «Lyndon» und ergänzte: «Der, der erschossen wurde.» Ich soufflierte: «Jimmy...», woraufhin er sagte: «Jimi Hendrix», und als ich auflachte, meinte er, eine Regierung, die nur aus Musikern bestünde, wäre doch eine tolle Idee. Einige weitere Fragen gaben mir die Gewißheit, daß Greg so gut wie keine Erinnerungen an Ereignisse der Zeit nach 1970 besaß, jedenfalls sicher keine kohärenten chronologischen Erinnerungen. Er schien in den Sechzigern zurückgelassen, ausgesetzt worden zu sein – sein Gedächtnis, seine Entwicklung, sein inneres Leben waren damals zum Stillstand gekommen.

Der Tumor, eine langsam wachsende Geschwulst, war sehr groß, als er schließlich 1976 entfernt wurde, doch konnte er Gregs Gehirn nur in den späteren Phasen seines Wachstums, als er das Gedächtnissystem der Schläfenlappen zerstörte, daran gehindert haben, neue Vorgänge zu registrieren. Doch Greg hatte auch teilweise Mühe, sich an Ereignisse aus den späten sechziger Jahren zu erinnern, an Ereignisse also, die er mit Sicherheit in seinem damals noch vollkommen intakten Gedächtnis gespeichert hatte. Außer der Unfähigkeit, neue Ereignisse zu registrieren, war somit auch eine Erosion von Erinnerungsspuren aus der Zeit vor Beginn der Turmorentwicklung (retrograde Amnesie) zu beobachten. Zwischen Erinnern und Vergessen gab es keinen scharfen Einschnitt, sondern eher einen fließenden Übergang, denn an Ereignisse aus den Jahren 1966 und 1967 erinnerte sich Greg vollständig, an solche aus den Jahren 1968 und 1969 zum Teil oder gelegentlich und an das Geschehen nach 1970 so gut wie nie.

Die Schwere seiner unmittelbaren Amnesie ließ sich leicht demonstrieren. Wenn ich ihm einige Wörter auf einer Liste zeigte, konnte er sich schon nach einer Minute nicht an ein einziges Wort mehr erinnern. Erzählte ich ihm eine Geschichte und bat ihn, sie zu wiederholen, so tat er dies in einer immer verworrener werdenden Weise, mit zunehmenden «Kontaminationen» und Fehlassoziationen (einige drollig, andere äußerst bizarr), bis seine Version nach etwa fünf Minuten nicht mehr die geringste Ähnlichkeit mit meiner hatte. Als ich ihm eine Fabel von einem

Löwen und einer Maus erzählte, löste er sich rasch von der ursprünglichen Fassung und ließ die Maus dem Löwen drohen, sie werde ihn verschlingen – aus den Fabeltieren waren eine Riesenmaus und ein Minilöwe geworden. Beide seien mutiert, wollte Greg mir weismachen, als ich ihn zu seinen Abweichungen befragte. Es könnte sich aber auch um Geschöpfe aus einem Traum oder aus einer «anderen Geschichte» handeln, in der Mäuse die Könige des Dschungels seien. Fünf Minuten später erinnerte er sich überhaupt nicht mehr an die Fabel.

Der Sozialarbeiter des Krankenhauses hatte mich auf Gregs Leidenschaft für Musik, vor allem für Rockbands der sechziger Jahre, aufmerksam gemacht. Als ich sein Zimmer betrat, sah ich Stapel von Schallplatten und eine gegen das Bett gelehnte Gitarre. Ich sprach ihn also darauf an, und mit meiner Frage trat eine vollständige Verwandlung ein. Die Unverbundenheit und Gleichgültigkeit schwanden, und er sprach nun sehr lebhaft über seine Lieblingsgruppen und -stücke – vor allem über The Grateful Dead. «Ich habe sie im Fillmore East und im Central Park gehört», sagte er. Er konnte sich an jedes Detail der Auftritte erinnern, an jeden Song, den die Gruppe gespielt hatte, «aber am meisten mag ich ‹Tobacco Road›». Der Titel weckte die Melodie in ihm, und Greg sang gefühlvoll und eindringlich das ganze Lied, mit einer Tiefe des Gefühls, von der zuvor nicht das geringste zu spüren gewesen war. Er wirkte wie verwandelt, als er sang, wie ein anderer Mensch, ein ganzer Mensch.

«Wann haben Sie die Gruppe im Central Park gehört?»

«Ist schon 'ne Weile her, vielleicht vor einem Jahr oder so», antwortete er. In Wirklichkeit war die Gruppe dort 1969, also acht Jahre zuvor, zum letztenmal aufgetreten. Und das Fillmore East, die berühmte Rock 'n' Roll-Bühne, auf der Greg The Grateful Dead auch gesehen hatte, war in den frühen siebziger Jahren geschlossen worden. Er berichtete mir, er habe einmal einen Auftritt von Jimi Hendrix im Hunter College miterlebt, und auch Cream habe er gesehen, mit Jack Bruce am Baß, Eric Clapton an der Leadgitarre und Ginger Baker, einem «phantastischen Schlagzeuger». «Was macht eigentlich Jimi Hendrix?» fragte er nachdenklich. «Man hört neuerdings nicht mehr viel von ihm.» Wir sprachen von den Rolling Stones und den Beatles – «Tolle Gruppen», meinte Greg, «aber sie hauen mich nicht so um wie die Dead. Das ist 'ne Band!» fuhr er fort. «An die kommt keiner ran. Jerry Garcia ist ein Heiliger, ein Guru, ein Genie. Mickey Hart, Bill Kreutzmann, die Schlagzeuger sind toll. Und Bob Weir und Phil Lesh... aber vor allem Pigpen – den liebe ich.»

Aufgrund solcher Äußerungen ließ sich die Reichweite seiner Amnesie eingrenzen. An Songs aus dieser Zeit von 1964 bis 1968 konnte er sich genau erinnern. Er kannte noch alle Gründungsmitglieder der Grateful Dead, die Besetzung von 1967. Aber er wußte nicht, daß Pigpen, Jimi Hendrix und Janis Joplin gestorben waren. Sein Gedächtnis brach um 1970 herum (oder etwas früher) ab. Er blieb in den sechziger Jahren gefangen, unfähig, sich fortzubewegen. Er war ein Fossil, der letzte Hippie.

Zuerst wollte ich Greg mit den enormen Ausmaßen der verlorenen Zeit, mit seiner Amnesie, nicht konfrontieren und ihn auch nicht durch unwillkürliche Hinweise darauf aufmerksam machen (die er sicher registriert hätte, denn er reagierte sehr sensibel auf Abweichungen und Tonfall). Deshalb wechselte ich das Thema und sagte: «Ich möchte Sie gern untersuchen.»

Seine Gliedmaßen waren, wie mir auffiel, etwas schwächlich und verkrampft, stärker in der linken Körperhälfte und besonders in den Beinen. Er konnte nicht aus eigener Kraft stehen. Sein Augen waren vollständig atrophiert – es war ihm unmöglich, irgend etwas zu sehen. Merkwürdigerweise schien er sich seiner Blindheit nicht *bewußt* zu sein und glaubte, ich zeige ihm einen blauen Ball und einen roten Stift (während es sich in Wirklichkeit um einen grünen Kamm und eine Taschenuhr handelte). Auch schien er nicht «hinzublicken»; er machte keine Anstalten, sich mir zuzuwenden, und wenn wir uns unterhielten, schaute er mich oft nicht an, fixierte er mich nicht. Als ich ihn auf das Sehen ansprach, räumte er zwar ein, daß seine Augen «nicht sonderlich gut» seien, fügte aber hinzu, daß er gern «fernsehe». Fernsehen hieß für ihn, wie ich später herausfand, aufmerksam den Geräuschen und Stimmen eines Films oder einer Show zu folgen und dazu passende Vorstellungsbilder zu erfinden (er brauchte dabei nicht einmal seine Augen auf den Fernseher zu richten). Er war davon überzeugt, daß «Sehen» genau dies bedeutete, daß «Fernsehen» genau in dem bestand, was er tat, und daß auch alle anderen Menschen es so machten. Vielleicht war in ihm nicht nur das Sehen, sondern auch die Idee des Sehens für immer erloschen.

Dieser Aspekt von Gregs Blindheit, seine einzigartige Blindheit gegenüber der eigenen Blindheit, der Verlust des Wissens, was «sehen» oder «anschauen» bedeutet, verblüffte mich. Er verwies auf etwas, das seltsamer, komplexer war als ein bloßer «Ausfall», auf eine radikale innere Veränderung, die die Struktur seines Wissens, sein Bewußtsein und seine Identität betraf.[2]

2 Eine andere Patientin, Ruby G., ähnelte Greg in mancher Hinsicht. Auch bei ihr hatte sich ein großer Stirnhirntumor entwickelt, der, obwohl er 1973 entfernt wurde, zu Erblindung, Amnesie und einem Stirnlappensyndrom führte. Auch sie wußte nicht, daß sie blind war. Wenn ich eine Hand vor ihre Augen hielt und sie fragte: «Wie viele Finger?», antwortete sie: «Natürlich hat eine Hand fünf Finger.»
Eine enger umgrenzte Ausblendung der eigenen Blindheit kann

Ich hatte bereits eine vage Vorstellung davon, als ich seine Gedächtnisleistungen prüfte und feststellte, daß sein Erinnerungsvermögen von jedem Gefühl für Vergangenheit (oder Zukunft) abgeschnitten und auf einen einzigen Augenblick – «die Gegenwart» – beschränkt war. Angesichts dieses schwerwiegenden Mangels an Verknüpfung und Kontinuität kam mir der Verdacht, daß er kein Innenleben *besaß*, das diesen Namen verdiente, daß ihm der ständige Dialog zwischen Vergangenheit und Gegenwart, zwischen Erfahrung und Bedeutung fehlte, der unser Bewußtsein und unser Innenleben konstituiert. Greg schien weder ein Gefühl für «das nächste» zu kennen noch die ungeduldige oder ängstliche Spannung der Antizipation, der Intention, die uns im Leben vorantreibt.

Ein Gefühl dafür, wie es weitergeht, was «als nächstes» kommt, begleitet uns stets, und genau dieses Gefühl, daß wir uns fortbewegen, daß etwas geschehen wird, fehlte Greg; er schien, ohne sich dessen bewußt zu sein, eingemauert in einen bewegungslosen, zeitlosen Moment. Während für uns die Gegenwart Bedeutung und Tiefe durch die Vergangenheit erhält (und so zur «erinnerten Gegenwart» wird, wie Gerald Edelman schreibt) und Potentiale und Spannung aus der Zukunft bezieht, war sie für Greg flach und (auf eine ärmliche Art) immer vollständig. Dieses Im-Augenblick-Leben mit seinen so offensichtlich pathologischen Zügen war von den Hare-Krishna-Anhän-

durch die Zerstörung der Sehrinde verursacht werden, wie dies beim Antonschen Zeichen der Fall ist. Patienten mit diesem Syndrom wissen zwar mitunter nicht, daß sie erblindet sind, verhalten sich aber sonst normal. Dagegen ist die Ausblendung bei Stirnlappenläsionen umfassender: So waren Greg und Ruby nicht nur blind gegenüber der eigenen Blindheit, sondern auch – jedenfalls zum größten Teil – gegenüber der Tatsache, daß sie krank waren, unter schweren neurologischen und kognitiven Ausfällen litten und auf tragische Weise in eine äußerst eingeschränkte Lebenssituation geraten waren.

gern im Tempel als höherer Bewußtseinszustand gedeutet
worden.

Zieht man in Betracht, daß es sich hier um einen jungen
Mann handelte, der wohl für immer in eine Klinik eingewiesen worden war, so schien sich Greg mit bemerkens-
werter Leichtigkeit an das Leben im Williamsbridge Hospital zu gewöhnen. Es gab keine wütende Auflehnung, kein
Hadern mit dem Schicksal, anscheinend auch kein Gefühl
der Schmach oder Verzweiflung. Willfährig und gleichmütig ließ sich Greg in die Willamsbridger Abgeschiedenheit
verbannen. Als ich ihn danach fragte, erwiderte er: «Ich
habe keine andere Wahl.» Und dies schien so, wie er es
sagte, weise und wahr. Greg nahm seine Situation mit phi-
losophischer Gelassenheit hin, doch war dies eine Haltung,
die auf seiner Indifferenz, seiner Hirnschädigung beruhte.
   Seine Eltern, die sich ihm entfremdet hatten, als er noch
gesund und rebellisch war, kamen fast täglich, voller Liebe
für ihren Sohn, nun da er hilflos und krank war; sie konnten sicher sein, daß sie ihn jederzeit, lächelnd und dankbar
für ihren Besuch, in der Klinik vorfinden würden. Natürlich «erwartete» er seine Eltern nicht, und das erleichterte
es ihnen, hin und wieder einen oder mehrere Tage auszu-
setzen, wenn sie wegfuhren. Er bemerkte es nicht und
zeigte sich bei ihrem nächsten Besuch so herzlich wie
immer.
   Greg richtete sich rasch ein, mit seinen Rockschallplat-
ten, seiner Gitarre, seinen Hare-Krishna-Perlenketten, seinen Hörbüchern und einem gefüllten Wochenplan —
Physiotherapie, Beschäftigungstherapie, Musikgruppen,
Schauspiel. Kurz nach der Aufnahme wurde er in eine Station für jüngere Patienten verlegt, wo er dank seines offe-
nen, sonnigen Wesens bald sehr beliebt war. Er kannte
seine Mitpatienten und das Pflegepersonal nicht im eigent-

lichen Sinne – zumindest einige Monate lang nicht –, doch war er zu allen gleichmäßig (wenn auch unterschiedslos) freundlich. Und es entwickelten sich mindestens zwei besondere Freundschaften, nicht sehr intensiv, aber doch stabil und von gegenseitigem Verständnis geprägt. Gregs Mutter erinnert sich an «Eddie, der Multiple Sklerose hatte... er und Greg mochten Musik, sie waren in benachbarten Zimmern untergebracht, saßen oft beisammen... und Judy, sie hatte chronische Polyarthritis, verbrachte auch viele Stunden mit Greg». Eddie sei gestorben und Judy in ein Krankenhaus nach Brooklyn verlegt worden; seit Jahren habe kein anderer Greg mehr so nahegestanden. Sie erinnere sich gut an die beiden, Greg dagegen nicht: Er habe sich nie nach ihnen erkundigt, als sie fort gewesen seien. Vielleicht sei er aber doch ohne sie ein bißchen trauriger geworden, oder zumindest etwas weniger lebhaft, meinte seine Mutter einmal, denn sie hätten ihn angeregt, hätten ihn dazu gebracht, zu reden, Platten zu hören und Limericks zu erfinden, hätten ihn zum Possenreißen und Singen verführt. Dank ihrer sei er aus jener «Totenstarre» gerissen worden, in der er sonst verharre.

Eine Klinik für chronisch Kranke, in der Patienten und Pflegepersonal Jahr für Jahr zusammenleben, gleicht einem Dorf oder einer Kleinstadt: Alle kennen einander und begegnen sich immer wieder. So sah ich Greg häufig in den Fluren, wenn er in seinem Rollstuhl, mit stets dem gleichen fremdartigen, blinden und doch suchenden Ausdruck im Gesicht, zu einer Therapiesitzung oder in den Innenhof gefahren wurde. Und so lernte er mich nach und nach kennen, jedenfalls so weit, daß er meinen Namen behielt. Wann immer wir uns begegneten, fragte er: «Wie geht's, Doktor Sacks? Wann kommt das nächste Buch?» (Eine Frage, die mich damals, in jener elf Jahre währenden, endlos scheinenden Zeit zwischen der Veröffentlichung von *Awakenings – Zeit des Erwachens* und *Der Tag, an dem mein Bein fortging*, eher bedrückte.)

Namen merkte sich Greg somit bei häufigem Kontakt, und bezogen auf sie konnte er sich einige Details über jede neue Person einprägen. Auf diese Weise lernte er Connie Tomaino, die Musiktherapeutin, kennen, die er an ihrer Stimme und am Klang ihrer Schritte stets sogleich wiedererkannte, doch konnte er sich nie daran erinnern, wie und wo er ihr zum erstenmal begegnet war. Eines Tages sprach Greg von einer «anderen Connie», einem Mädchen, das er von der High School her kenne. Sie sei ebenfalls sehr musikalisch. «Wie kommt es, daß ihr Connies alle so musikalisch seid?» scherzte er. Auch die andere Connie, berichtete er, leite Musikgruppen, verteile Noten, spiele Klavierakkordeon beim Singen in der Schule. In diesem Moment dämmerte es uns, daß diese «andere» Connie in Wirklichkeit «unsere» Connie war, was sich bestätigte, als er ergänzte: «Und sie spielte auch Trompete.» (Connie Tomaino ist Berufstrompeterin.) So etwas geschah oft, wenn Greg Dinge in einen falschen Kontext stellte oder sie nicht mehr auf die Gegenwart beziehen konnte.

Gregs Vorstellung, es gebe zwei Connies, seine Aufspaltung der einen Connie in zwei Personen, war bezeichnend für die Verwirrung, in die er manchmal geriet, für das Bedürfnis, zusätzliche Personen zu erfinden, da er sich Identität nicht im zeitlichen Verlauf merken oder vorstellen konnte. Durch stetig wiederholtes, konsistentes Erleben erfaßte er mitunter einige Fakten, und diese behielt er in Erinnerung. Aber die Fakten waren isoliert, ihres Zusammenhangs beraubt. Eine Person, eine Stimme, ein Ort wurden ihm Schritt für Schritt «vertraut», nur erinnerte er sich nicht, wo er diese Person getroffen, diese Stimme gehört, diesen Ort gesehen hatte. Sein kontextuelles (oder «episodisches») Gedächtnis war, wie bei den meisten Menschen mit Amnesie, schwer geschädigt.

Andere Formen des Erinnerns waren dagegen erhalten geblieben. So fiel es Greg leicht, sich Lehrsätze der Geometrie, die er in der Schule erlernt hatte, in Erinnerung zu rufen und sie auch anzuwenden. Er erkannte zum Beispiel sofort, daß zwei Seiten eines Dreiecks zusammen immer länger sind als die dritte. Sein semantisches Gedächtnis, wie es genannt wird, war also weitgehend intakt. Auch hatte er sich seine Fähigkeit bewahrt, Gitarre zu spielen, ja Greg erweiterte sein Repertoire und eignete sich mit Connies Hilfe neue Akkorde und Zupftechniken an; und er lernte sogar, auf der Schreibmaschine zu schreiben – somit schien also auch sein prozedurales Gedächtnis unbeeinträchtigt zu sein.

Langsam gewöhnte er sich an die neuen Lebensumstände; nach drei Monaten fand er sich in der Klinik zurecht und konnte allein zur Cafeteria, ins Kino, in den Hörsaal und in den Innenhof gehen, zu seinen Lieblingsplätzen. Er lernte unsäglich langsam, doch hatte er einmal etwas erfaßt, blieb es ihm verläßlich im Gedächtnis.

Es war offensichtlich, daß Gregs Tumor komplexe und absonderliche Schädigungen hervorgerufen hatte. Vor allem hatte er Strukturen an der medialen oder Innenseite beider Schläfenlappen zusammengedrückt oder zerstört, insbesondere den Hippocampus und die benachbarten Rindenfelder, Regionen, die für die Speicherung neuer Erfahrungen von zentraler Bedeutung sind. Eine solche Schädigung verhindert die Aufnahme von Informationen über neue Tatsachen und Ereignisse – sie hinterlassen keine explizite, bewußte Erinnerung. Doch obwohl Greg sehr häufig nicht mehr fähig war, sich Ereignisse, Begegnungen oder Tatsachen zurückzurufen, so konnte er doch eine unbewußte, implizite Erinnerung an sie bewahren, eine Erinnerung, die sich dann in seinem Auftreten und Verhalten bemerkbar machte. Dieses implizite Erinnerungsvermögen erlaubte es ihm, sich nach und nach mit den räumlichen Verhältnissen und dem Tagesablauf im Krankenhaus vertraut zu machen, einige Leute vom Personal kennenzulernen und ein Gefühl dafür zu bekommen, ob bestimmte Personen (oder Situationen) angenehm oder unangenehm waren.[3]

Explizites Lernen setzt voraus, daß die medialen Systeme der Schläfenlappen intakt sind, während implizites Lernen eher primitiven und diffusen Wegen folgt (wie dies auch bei einfachen Konditionierungs- und Gewöhnungsprozessen der Fall ist). Explizites Lernen erfordert die Konstruktion komplexer Perzepte – Synthesen von Repräsentationen aus allen Teilen der Hirnrinde –, die zu einer kontextuellen Einheit oder «Szene» zusammengefügt werden. Solche Synthesen verbleiben höchstens ein, zwei Minuten im Bewußtsein, in der Spanne des Kurzzeitgedächtnisses, und lösen sich danach auf, es sei denn, sie finden den Weg zum Langzeitgedächtnis. Das Einprägen auf höherer Ebene ist ein vielstufiger Prozeß, zu dem auch der Transfer von Wahrnehmungen (oder Wahrnehmungssynthesen) vom Kurzzeit- zum Langzeitgedächtnis gehört. Und gerade dieser Transfer fällt bei Menschen mit Schläfenrindenschädigungen aus. Greg kann folglich einen komplizierten Satz verstehen und fehlerfrei wiederholen, sobald er ihn gehört hat, doch nach drei Minuten (oder früher, wenn er kurz abgelenkt wird) ist jede Spur von ihm, jede Vorstellung von

3 Edouard Claparède zeigte 1911 auf eine ziemlich rohe Weise, daß implizite Engramme (vor allem, wenn sie emotional besetzt sind) auch bei amnestischen Patienten dauerhaft bestehen können, indem er einem solchen Patienten, den er seinen Studenten vorführte, beim Händeschütteln mit einer zwischen seine Finger geklemmten Nadel in die Hand stach. Obgleich der Patient sich explizit an diesen Vorfall nicht erinnern konnte, weigerte er sich danach, Claparède die Hand zu geben.

seiner Bedeutung, jede Erinnerung daran, daß er je existierte, gelöscht.

Larry Squire, ein Neuropsychologe an der University of California in San Diego, dank dessen bahnbrechenden Forschungen es gelungen ist, diese Rangierfunktion des Schläfenlappen-Gedächtnissystems zu ergründen, spricht von der Kurzlebigkeit und Zerbrechlichkeit des Kurzzeitgedächtnisses bei *allen* Menschen. Manchmal entfällt uns eine Wahrnehmung, ein Bild oder ein Gedanke, etwas, das wir gerade eben noch ganz klar im Kopf hatten (das bekannte Erlebnis «Verflixt, ich hab vergessen, was ich sagen wollte!»), doch nur bei amnestischen Patienten ist diese Zerbrechlichkeit voll ausgebildet.

Obwohl also Greg, nachdem er nicht mehr in der Lage ist, Wahrnehmungen und Spuren im Kurzzeitgedächtnis in dauerhafte Erinnerungen zu überführen, für immer in den sechziger Jahren steckenbleiben wird, als seine Fähigkeit, Neues zu erlernen, zusammenbrach, ist es ihm doch irgendwie gelungen, sich den Bedingungen anzupassen und einiges aus seiner Umgebung, wenn auch nur sehr langsam und lückenhaft, in sich aufzunehmen.[4]

Bei einigen amnestischen Patienten (wie bei Jimmie mit dem Korsakow-Syndrom, den ich in der Fallgeschichte «Der verlorene Seemann» beschrieben habe) ist die Hirnschädigung fast ausschließlich auf die Gedächtnissysteme des Zwischenhirns und des medialen Anteils der Schläfenlappen beschränkt. Andere Patienten (wie Mr. Thompson, dessen Fall ich in «Eine Frage der Identität» geschildert

---

4 Lurija hebt in seiner Arbeit über die Neuropsychologie des Gedächtnisses hervor, daß alle seine amnestischen Patienten ein «Gefühl der Vertrautheit» mit ihrer Umgebung erwarben, wenn sie längere Zeit hospitalisiert waren.

habe) leiden nicht nur unter Amnesie, sondern auch unter Stirnhirnsyndromen. Und bei einer weiteren Gruppe von Patienten, zu der auch Greg mit seinem Riesentumor gehörte, ist darüber hinaus noch ein dritter Bereich geschädigt, der tief unterhalb der Hirnrinde im Zwischenhirn oder Dienzephalon liegt. Die weit fortgeschrittene Läsion war bei Greg für das vielschichtige Krankheitsbild mit hier und da überlagerten oder sogar widersprüchlichen Symptomen und Syndromen verantwortlich. Zwar war seine Amnesie primär durch die Schädigung der Schläfenlappensysteme verursacht worden, doch spielte auch die Beeinträchtigung des Zwischenhirns und der Stirnlappen eine Rolle. Ebenso waren seine Ausdruckslosigkeit und Indifferenz auf die Läsion der Stirnlappen, des Zwischenhirns und der Hypophyse zurückzuführen, die in unterschiedlichem Ausmaß zu diesem Zustand beitrugen. Gregs Tumor hatte in der Tat zuerst die Hypophyse angegriffen, was zur Gewichtszunahme und zum Haarausfall und dann zur Dämpfung der hormonell gesteuerten Aggressivität und Bestimmtheit und damit zu seiner abnormen Unterwürfigkeit und Gelassenheit geführt hatte.

Das Zwischenhirn ist vor allem für die Regulierung elementarer Lebensfunktionen – Schlaf, Hunger, Libido – zuständig. Sie alle waren bei Greg auf einen Tiefstand abgeebbt. Er hatte keine sexuellen Bedürfnisse (oder äußerte sie nicht), er dachte nicht an Essen oder drückte nie den Wunsch zu essen aus, es sei denn, man setzte ihm eine Mahlzeit vor. Er schien ganz in der Gegenwart zu leben und nur auf die um ihn herum vorhandenen Reize zu reagieren. Wurde er nicht stimuliert, glitt er in eine Art Dämmerschlaf ab.

Ließ man Greg allein, hielt er sich, ohne Anzeichen spontaner Aktivität, stundenlang auf der Station auf. Diese Trägheit wurde von den Krankenschwestern zuerst als «Grübeln» beschrieben; im Tempel war sie als «Meditieren» angesehen worden; mein Eindruck war, daß es sich um einen zutiefst pathologischen «Leerlauf» beinahe ohne Bewußtseinsinhalte oder Gefühle handelte. Es war schwer, einen Namen für diesen Zustand zu finden, der sich vom regen, aufmerksamen Wachsein ebenso unterschied wie vom Schlaf – die Ausdruckslosigkeit ähnelte keinem der normalen Zustände. Sie erinnerte mich an die Leere, die ich an einigen meiner postenzephalitischen Patienten beobachtet hatte, und auch bei ihnen ging sie mit einer tiefgreifenden Läsion des Zwischenhirns einher. Sobald aber Greg angesprochen oder durch Töne (besonders durch Musik) angeregt wurde, «kam er zu sich», «erwachte» er auf wunderliche Weise.

Wenn Greg «erwacht» war und seine Hirnrinde wieder aktiv wurde, fiel einem auf, daß die Belebung selbst etwas Fremdartiges hatte – etwas Ungehemmtes, Schrulliges, Eigenheiten, die gewöhnlich auftreten, wenn die orbitalen Anteile der Stirnlappen (das heißt die den Augen benachbarten Bereiche) geschädigt sind, wie dies beim sogenannten Stirnhirnsyndrom der Fall ist. Die Stirnlappen bilden den komplexesten Teil des Gehirns. Sie sind nicht für die «niederen» Funktionen von Bewegung und Empfindung zuständig, sondern für die höchsten, für die Integration aller Urteile und Verhaltensweisen, aller Vorstellungen und Gefühle zur jeweils einmaligen Identität, die wir als «Persönlichkeit» oder «Selbst» bezeichnen. Schädigungen in anderen Hirnbereichen verursachen bestimmte Empfindungs-, Bewegungs- oder Sprachausfälle oder beeinträchtigen spezifische Wahrnehmungs-, Erkenntnis- und Gedächtnisfunktionen. Stirnhirnläsionen dagegen führen zu subtileren und tiefergreifenden Störungen der personalen Identität.

Und genau dies – nicht seine Blindheit oder seine Schwäche oder seine Orientierungslosigkeit oder seine Amnesie – war es, was Gregs Eltern so erschreckte, als sie ihn 1975 wiedersahen. Er war nicht nur schwer geschädigt, sondern hatte sich auch bis zur Unkenntlichkeit verändert, war, um einen Ausdruck seines Vaters zu zitieren, durch eine Art Simulakrum, einen Wechselbalg, «enteignet» worden, der Gregs Stimme, Art, Humor und Intelligenz, nicht aber dessen «Geist» oder «Wirklichkeit» oder «Tiefe» besaß. Die Witzeleien und die Leichtfertigkeit dieses Wechselbalgs bildeten einen erschreckenden Kontrapunkt zu der furchtbaren Tragik des Geschehens.

Witzeleien sind in der Tat ein charakteristisches Merkmal des Stirnhirnsyndroms. Sie sind ein so auffälliges Symptom, daß sie eine eigene Bezeichnung erhalten haben, nämlich «Witzelsucht». Irgendeine Zurückhaltung, eine gewisse Vorsicht oder Hemmung ist zerstört, so daß Patienten mit diesem Syndrom dazu neigen, unmittelbar und maßlos auf alles zu reagieren, was sich um sie herum und in ihnen abspielt – auf fast jeden Gegenstand, jede Person, jede Empfindung, jedes Wort, jeden Gedanken, jede Gefühlsregung, jede Nuance und Tonschwankung.

In solchen Zuständen ist der Drang zu Wortspielen und Witzen nicht zu bändigen. Als ich einmal in Gregs Zimmer war, schaute ein anderer Patient vorbei. «Da ist Bernie», sagte ich. «Bernie Hörnie», witzelte Greg. Ein andermal suchte ich ihn im Speisesaal auf, wo er auf das Mittagessen wartete. Als eine Krankenschwester rief: «Mittagessen ist da!», gab er wie aus der Pistole geschossen zurück: «Und alle schrein Hurra!» Als sie fragte: «Soll ich die Haut vom Hähnchen wegschneiden?», antwortete er unvermittelt: «Ja, zeig mir mal 'n Stück Haut.» – «Wie, du möchtest die Haut doch?» fragte sie verwirrt zurück. «Nee, war nur 'n Spruch.» Greg war in gewissem Sinne übernatürlich empfindsam, aber es war eine passive Empfindsamkeit, wahllos und ohne Fokus. Zu Differenzierungen ist eine solche Empfindsamkeit nicht fähig: Das Großartige, das Triviale, das Sublime und das Lächerliche werden beliebig ver-

mischt und als gleichwertig behandelt.[5] Kindliche Spontaneität und Naivität können sich in den jähen, unbedachten
und oft spielerischen Reaktionen dieser Patienten offenbaren. Und doch verbirgt sich letztlich etwas Beunruhigendes
und Bizarres hinter ihnen, weil die reagierende Psyche (die
nach wie vor intelligent und kreativ sein kann) ihre Kohärenz, ihre Inwendigkeit, ihre Autonomie, ihr «Selbst» verloren hat und zur Sklavin vorbeirauschender Empfindungen geworden ist. Der französische Neurologe François
Lhermitte spricht von einer «Umweltabhängigkeit» dieser
Patienten, von einem Mangel an psychischer Distanz zwischen ihnen und ihrer Umgebung. Dies galt auch für Greg:
Er schlang seine Umgebung in sich hinein und wurde von
ihr verschlungen – er konnte sich selbst nicht mehr von ihr
unterscheiden.[6]

Traum und Wachzustand sind für uns gewöhnlich klar
getrennt – das Träumen ist in den Schlaf eingebettet und
hat seine eigene Freiheit, weil es von äußeren Wahrnehmungen und Handlungen abgeschnitten ist, während
Wahrnehmen bei wachem Bewußtsein durch die Realität
beschränkt wird.[7] Bei Greg dagegen schien sich die Grenze

5 Lurija, der Stirnhirnsyndrome in seinem Buch *Human Brain and
Psychological Processes* überaus detailliert, manchmal fast romanhaft
beschreibt, sieht in dieser «Gleichbehandlung» den Kern solcher
Syndrome.
6 Ähnlich undifferenzierte Reaktionen treten zuweilen auch bei
Menschen mit Touretteschem Syndrom auf – manchmal in Form re-
flexhaften Imitierens von Äußerungen und Handlungen anderer Personen, manchmal in den komplexeren Formen der Mimikry, Parodie
und Nachahmung, aber auch in Gestalt unbändiger verbaler Assoziationen (Reime, Wortspiele, Alliterationen usw.).
7 Aufgrund von Vergleichen der elektrophysiologischen Eigenschaften zwischen dem schlafenden und dem wachen Gehirn stellten
Rodolfo Llinás und seine Mitarbeiter an der New York University
die These auf, daß ein einziger Grundmechanismus für beide Zustände verantwortlich sei – ein fortwährendes inneres Zwiegespräch

zwischen Wachzustand und Schlaf aufgelöst zu haben, und was daraus entstand, war so etwas wie ein Wachtraum, ein ins Freie gelassener Traum, aus dem Phantasiebilder, Assoziationen und Symbole hervorquollen und sich mit den Wahrnehmungen des wachen Bewußtseins verwoben.[8] Diese Assoziationen waren oft wunderlich und manchmal surrealistisch. Sie ließen die Macht der Phantasie, besonders aber jener Mechanismen (Verschiebung, Verdichtung, Überdetermination usw.) sichtbar werden, die Freud als Charakteristika des Traums beschrieben hat.

All dies zeigte sich bei Greg sehr deutlich. Oft verfiel er in einen halbtraumartigen Zustand, in dem ihn, wenn die normale Kontrolle und Selektivität des Denkens ausfielen, seine teils von ihren Fesseln befreite, teils unter Zwang stehende Phantasie und Gewitztheit beherrschten. Diesen Zustand als pathologisch einzustufen war unumgänglich und doch unzureichend, denn es gab in ihm auch ursprüngliche, kindliche, spielerische Elemente. Gregs absurde, oft gnomische Äußerungen und seine vermeintliche Gelas-

zwischen Hirnrinde und Thalamus, ein ununterbrochener Austausch von Bildern und Gefühlen, unabhängig davon, ob gerade ein sensorischer Input stattfindet oder nicht. Wenn Sinnesdaten eintreffen, integriert sie dieser Austauschprozeß, um waches Bewußtsein zu generieren. Liegt dagegen kein solcher Input vor, erzeugt er weiterhin zerebrale Zustände, die wir als Phantasiegebilde, Halluzination oder Traum bezeichnen. Aus dieser Sicht träumt das wache Bewußtsein – doch träumt es unter den Beschränkungen der Außenwelt.

8 Traumähnliche (oneiroide) Zustände infolge von Läsionen des Thalamus und des Zwischenhirns sind von Lurija und anderen Autoren beschrieben worden. J.-J. Moreau charakterisierte in seiner frühen Studie über Haschisch und Geisteskrankheit von 1845 sowohl das Irresein als auch die Haschischtrance als «Wachträume». Eine besondere Art von Wachtraum ist bei schweren Formen des Tourette-Syndroms zu beobachten: Die Außen- und die Innenwelt, das Wahrgenommene und das Instinktive verschmelzen gewissermaßen zu einer nach außen gekehrten Phantasmagorie, zu einem «öffentlichen» Traum.

senheit (in Wahrheit Ausdruckslosigkeit) gaben ihm den Anschein von Unschuld und Weisheit, verliehen ihm auf der Station einen besonderen Status, mehrdeutig, doch respektiert: der heilige Narr.

Obwohl ich als Neurologe von Gregs «Syndrom» und seinen «Ausfällen» sprechen mußte, schien mir diese Betrachtungsweise nicht auszureichen, um ihn zu beschreiben. Ich hatte das Gefühl – und das ging auch anderen so –, daß er zu einer Person anderer «Art» geworden war, daß ihm die Stirnhirnläsion zwar seine frühere Identität geraubt, ihm aber auch so etwas wie eine neue Identität oder Persönlichkeit, wenn auch fremdartig und vielleicht primitiv, gegeben hatte.

Wenn Greg allein war, in einem der Flure, erschien er wie unbelebt. Sobald er sich jedoch in Gesellschaft befand, wurde er zu einer anderen Person. Er «kam zu sich», war lustig, charmant, unbefangen und gesellig. Alle mochten ihn, allen antwortete er ohne Zögern und Arglist, locker und humorvoll; und wenn er auch in seinen Interaktionen und Reaktionen bisweilen zu leichtfertig oder schnoddrig oder unüberlegt war und zudem jede Erinnerung an sie innerhalb von Minuten verlor – nun, es gab Schlimmeres, es war verständlich, eine der Folgen seiner Krankheit. So war man sich in einem Hospital für chronisch Kranke wie dem unseren, in dem Schwermut, Wut und Hoffnungslosigkeit den Ton angeben, des glücklichen Umstands sehr bewußt, daß es einen Patienten wie Greg gab, einen Menschen, der nie den Eindruck machte, schlecht gelaunt zu sein, und der, wenn andere ihn anregten, stets vergnügt, euphorisch war.

Infolge seiner Krankheit schien Greg auf eine merkwürdige Weise vital und gesund zu sein – er strahlte eine Fröhlichkeit, Originalität, Offenheit, Überschwenglichkeit aus, die andere Patienten, ja wir alle, in kleinen Dosen zu schätzen wußten. Und so «schwierig», so gequält, so rebellisch er vor seiner Krishna-Zeit gewesen sein mochte – sein Zorn, seine Pein, seine Angst schienen nun verflogen zu sein; er schien seinen Frieden gefunden zu haben. Sein Vater, der in Gregs stürmischen Tagen vor dessen «Zähmung» durch Drogen, Religion und den Tumor eine furchtbare Zeit hatte durchstehen müssen, sagte mir einmal in einem ungeschützten Moment: «Es kommt mir so vor, als hätte man an ihm eine Lobotomie durchgeführt.» Und er ergänzte ironisch: «Wer braucht denn schon Stirnlappen?»

Eine der auffälligsten Eigenarten des menschlichen Gehirns ist der hohe Entwicklungsgrad der Stirnlappen, die bei anderen Primaten weit weniger ausgebildet und bei allen anderen Säugetierarten kaum zu erkennen sind. Sie sind der Teil des Gehirns mit dem stärksten Wachstum nach der Geburt (eine Entwicklung, die erst etwa im siebten Lebensjahr zum Abschluß kommt). Doch die Erforschung der Funktionen und der Rolle der Stirnlappen durchlief eine Geschichte voller Umwege und Unklarheiten, und auch heute sind noch viele Fragen offen. Diese Unsicherheiten lassen sich an dem berühmten Fall des Phineas Gage und den von 1848 bis heute vorgetragenen Deutungen und Mißdeutungen dessen, was ihm widerfahren war, gut veranschaulichen. Gage war ein tüchtiger Vorarbeiter eines Trupps von Gleisbauern, der im September 1848 beim Verlegen einer Schienenstrecke in der Nähe Burlingtons im Bundesstaat Vermont einen schrecklichen Unfall erlitt. Er war gerade dabei, eine Sprengung vorzubereiten und hantierte mit einem Stampfbarren (einem etwa dreizehn Pfund schweren brecheisenähnlichen Werkzeug von einem Meter Länge), als die Ladung vorzeitig explodierte und ihm das Eisen durch den Kopf trieb. Gage wurde zu Boden geschleudert, aber erstaunlicherweise nicht getötet.

Er war nur einen Moment lang benommen, stand dann auf und fuhr auf einem Wagen in die Stadt, wo er anscheinend bei vollem Verstand, ruhig und hellwach ankam. Den Ortsarzt begrüßte er mit den Worten: «Doktor, hier gibt's 'ne Menge für Sie zu tun.»

Kurz nach der Verletzung bildete sich ein Eiterherd im Stirnhirn, und Gage hatte hohes Fieber, doch nach einigen Wochen besserte sich sein Zustand, und Anfang 1849 wurde er als «völlig geheilt» aus der ärztlichen Behandlung entlassen. Daß er den Unfall überlebt hatte, galt als medizinisches Wunder, und daß die massive Schädigung der Stirnlappen anscheinend folgenlos geblieben war, schien die Ansicht zu untermauern, daß sie entweder keine Funktion besäßen oder nur solche, die auch von den anderen, unversehrten Hirnregionen übernommen werden konnten. Im frühen neunzehnten Jahrhundert, während die Phrenologen, die jedem geistigen und sittlichen Vermögen einen «Sitz» auf der Hirnoberfläche zuwiesen, die Diskussion bestimmt hatten, setzte in den dreißiger und vierziger Jahren eine Gegenbewegung ein, die dazu führte, daß das Gehirn zuweilen nur noch als undifferenziertes Gebilde angesehen wurde, ähnlich wie die Leber. So schrieb der große Physiologe Flourens: «Das Gehirn scheidet Gedanken aus wie die Leber Galle.» Daß sich Gages Verhalten offenbar nicht verändert hatte, schien für diese Auffassung zu sprechen.

Der Einfluß dieser Lehre war so stark, daß trotz der tatsächlich schon wenige Wochen nach dem Unfall in anderen Zusammenhängen festgestellten deutlichen Anzeichen einer radikalen Veränderung in Gages «Charakter» zwanzig Jahre vergingen, bis der Arzt John Martyn Harlow, der den Vorarbeiter am gründlichsten untersucht hatte (und nun offenbar von einer neuen Theorie geleitet wurde, die postulierte, das Nervensystem sei in verschiedene Ebenen gegliedert, wobei die «höheren» die «niedereren» hemmten und zügelten), eine lebendige Beschreibung all dessen vorlegte, was 1848 ignoriert oder nicht erwähnt worden war:

Gage ist vorwitzig, respektlos, verfällt von Zeit zu Zeit in gröbste Profanität (was zuvor nicht seine Art gewesen war), begegnet seinen Mitmenschen nur mit geringer Achtung, ist ungehalten gegenüber Beschränkungen und Ermahnungen, wenn sie sich seinen Wünschen in den Weg stellen, und dies zuweilen mit hartnäckiger Sturheit, ist aber auch launisch und unstet, schmiedet immerzu Pläne, die er unvermittelt wieder aufgibt, sobald sich andere, vermeintlich aussichtsreichere abzeichnen. In seinen geistigen Fähigkeiten und Äußerungen ist er ein Kind, in seinen animalischen Leidenschaften dagegen ein kraftvoller Mann. Vor seiner Verletzung besaß er, obwohl er nie die Schule besucht hatte, einen ausgewogenen Verstand, und alle Leute, die ihn kannten, sahen in ihm einen geschickten, tüchtigen Menschen, der energisch und beharrlich seine Ziele verfolgte. In dieser Hinsicht hat sich sein Geist derart tiefgreifend gewandelt, daß seine Freunde und Bekannten meinen, er sei «nicht mehr Gage».

Eine Art «Enthemmung» war durch die Stirnhirnverletzung verursacht worden, die etwas Animalisches oder Kindliches hervortreten ließ, so daß Gage nun zum Sklaven seiner Launen, seiner Gelüste, der unmittelbaren Reize aus seiner Umgebung wurde. Nichts erinnerte mehr an seine frühere Bedachtsamkeit, an das Abwägen von Erfahrungen und Zielen, an seine Sorge um Mitmenschen und seine Verantwortlichkeit.[9]

9 Robert Louis Stevenson schrieb seine Erzählung *Der seltsame Fall des Dr. Jekyll und Mr. Hyde* im Jahre 1886. Es ist nicht erwiesen, ob er den Fall Gage kannte, doch war dieser mittlerweile so berühmt ge-

Aber Erregtheit, innere Entbindung und Enthemmung sind nicht die einzigen möglichen Wirkungen einer Stirnhirnläsion. David Ferrier (der durch seine «Gulstonian Lectures» von 1879 Mediziner rund um den Globus mit dem Fall bekannt machte) beobachtete 1876 ein anderes Syndrom an Affen, denen er die Stirnlappen entfernt hatte:

Der scheinbaren Abwesenheit physiologischer Symptome zum Trotz konnte ich eine eindeutige Veränderung im Charakter und im Verhalten dieser Tiere beobachten... Sie zeigten kein aktives Interesse für ihre Umgebung und verfolgten nicht mehr neugierig all das, was in ihr Wahrnehmungsfeld eintrat, sondern waren apathisch, schwerfällig und dösten vor sich hin; dabei reagierten sie nur noch auf momentane Empfindungen und Eindrücke oder wechselten von ihrer Teilnahmslosigkeit jäh zu einem unruhigen, ziellosen Umhertrotten über. Ihnen war nicht die Intelligenz genommen, wohl aber, wie es schien, das Vermögen aufmerksamen, intelligenten Beobachtens.

Um 1880 setzte sich die Erkenntnis durch, daß Stirnhirngeschwulste Symptome verschiedenster Art hervorrufen können – manchmal Teilnahmslosigkeit, Stumpfheit, eine Verlangsamung der geistigen Tätigkeit, manchmal eine eindeutige Persönlichkeitsveränderung und den Verlust der Selbstkontrolle, gelegentlich sogar (nach Gowers) «chronisches Irresein». Der erste chirurgische Eingriff

worden, daß er seit den frühen achtziger Jahren zum Allgemeinwissen gehörte. Mit Sicherheit aber wurde Stevenson von John Hughlings Jacksons Unterscheidung zwischen höheren und niedereren Hirnebenen inspiriert, der Auffassung, daß die animalischen Triebkräfte der «niedereren» Ebenen nur durch die «höheren» (und eher anfälligen) intellektuellen Zentren im Zaum gehalten werden.

an einem Stirnhirntumor fand 1884 statt, und die erste Stirnhirnoperation bei rein psychiatrischer Indikation wurde 1888 aufgrund der vagen Vermutung durchgeführt, die Zwangsvorstellungen, Halluzinationen und Wahnzustände dieser (vermutlich schizophrenen) Patienten seien die Folge einer krankhaften Hyperaktivität der Stirnlappen.

Weitere Übergriffe dieser Art blieben der Menschheit in den nächsten fünfundvierzig Jahren erspart, bis der portugiesische Neurologe Egas Moniz in den dreißiger Jahren ein chirurgisches Verfahren entwickelte, das er «präfrontale Leukotomie» nannte und ohne Zögern an zwanzig Patienten – einige litten an Angstzuständen und Depression, andere an chronischer Schizophrenie – ausprobierte. Die Ergebnisse, auf die er verwies, stießen auf großes Interesse, als 1936 seine Monographie erschien, und im Schwange der Begeisterung über die neuen therapeutischen Perspektiven wurden Moniz' mangelnde methodische Strenge, seine Rücksichtslosigkeit und vielleicht auch Unehrlichkeit übersehen. Die Arbeit dieses Neurologen führte weltweit – in Brasilien, Kuba, Rumänien, Großbritannien, vor allem aber Italien – zu einer eruptiven Ausbreitung der «Neurochirurgie» (auch diesen Ausdruck hat er geprägt). Die größte Resonanz fand das Verfahren jedoch in den USA, wo der Neurologe Walter Freeman eine grausige neue Form der Neurochirurgie erfand, die er als «transorbitale Lobotomie» bezeichnete und mit folgenden Worten beschrieb:

Das Verfahren besteht darin, sie durch einen elektrischen Schock auszuschalten und, während sie unter «Anästhesie» sind, einen Eispickel zwischen Augapfel und Lid durch das Dach der Augenhöhle direkt in den Stirnlappen des Gehirns zu stoßen. Der Lateralschnitt wird durchgeführt, indem man das Instrument hin und her bewegt. Ich habe zwei Patienten beidseitig und einen anderen an einer Kopfseite ohne irgendwelche Komplikationen behandelt, abgesehen von einem stark blutunterlaufenen Auge. Vielleicht treten später Schwierigkeiten auf, doch es schien ein harmloser Eingriff zu sein, wenn auch mit Sicherheit kein schöner Anblick. Man wird sehen müssen, wie diese Fälle zurechtkommen; bis jetzt jedenfalls berichten sie von einer erheblichen Linderung ihrer Beschwerden und nur von wenigen geringfügigen Verhaltensproblemen, wie sie nach einer Lobotomie üblich sind. Die Patienten können sogar etwa eine Stunde nach der Operation aufstehen und nach Hause gehen.

Diese mit der kalten Routine eines Verwaltungsvorgangs durchgeführte «Eispickeloperation» rief nicht etwa Bestürzung und Entsetzen hervor, wie man es erwarten sollte, sondern wurde zum vielfach nachgeahmten Vorbild. Bis 1949 wurden in den USA mehr als zehntausend solcher Eingriffe vorgenommen und weitere zehntausend in den zwei folgenden Jahren. Moniz wurde als «Retter» gefeiert und erhielt 1951 den Nobelpreis, auf dem Höhepunkt, um mit Macdonald Critchley zu sprechen, «dieser Chronik der Schande».

Erreicht wurde natürlich in Wirklichkeit nie eine «Heilung», sondern ein Zustand der Sanftmut und der Passivität, von «Gesundheit» vielleicht weiter entfernt als die ursprünglichen Symptome und, im Gegensatz zu diesen, ohne Aussicht, sie je beheben oder rückgängig machen zu können. Robert Lowell schreibt in «Erinnerungen an West Street und Lepke» über den lobotomisierten, zum Tode verurteilten Bandenführer Louis Lepke:

> Schlaff, kahl, gehirnoperiert,
> ließ er sich schafsgelassen treiben,

von keiner peinigenden Revision
in der gespannten Sammlung auf den Todesstuhl
    gestört –
einer Oase gleich in seinem Dunst
verlorener Zusammenhänge schwebend…

Als ich zwischen 1966 und 1990 an einer psychiatrischen
Klinik arbeitete, sah ich Dutzende dieser mitleiderregen-
den lobotomisierten Patienten, die sogar noch viel schwerer geschädigt waren als Lepke. Einige waren psychisch tot
– ihre «Heilung» hatte sie umgebracht.[10]
   Ob die in den achtziger Jahren des neunzehnten Jahrhunderts verbreitete und später von Moniz übernommene
vereinfachende Auffassung, es gebe in den Stirnlappen
eine Vielzahl pathologischer, Geisteskrankheiten verursa-
chender Schaltkreise, zutrifft oder nicht – die großen geistigen Fähigkeiten, die sie repräsentieren, haben in jedem
Falle eine Kehrseite. Das Gewicht des Bewußtseins und des
Gewissens, der Pflicht und Verantwortung kann uns
manchmal derart belasten, daß wir uns nach einer Befreiung aus den Fesseln der Hemmungen, der Vernunft und

10 Der ungeheuerliche Leukotomie- und Lobotomieskandal en-
dete in den frühen fünfziger Jahren, nicht etwa aufgrund ärztlicher
Zurückhaltung oder Ablehnung, sondern weil nun ein neues Mittel –
Tranquilizer – zur Verfügung stand, dem man (wie zuvor der Neurochirurgie) hohe Wirksamkeit ohne unerwünschte Nebenwirkungen
bescheinigte. Ob allerdings zwischen Neurochirurgie und Tranquili-
zern in neurologischer wie moralischer Hinsicht tatsächlich ein so
großer Unterschied besteht, ist eine unbequeme Frage, mit der man
sich bisher nie wirklich konfrontiert hat. Gewiß können in hohen
Dosen verabreichte Tranquilizer wie ein chirurgischer Eingriff «Beruhigung» erzeugen und die Halluzinationen und Wahnvorstellungen
psychotischer Kranker zum Stillstand bringen, aber die Ruhe, die sie
schaffen, könnte die Ruhe des Todes sein – sie könnte die Patienten in
einem grausamen Paradox an einer natürlichen Auflösung der
Psychose hindern und sie statt dessen ihr Leben lang in eine iatrogene
Krankheit einmauern.

Nüchternheit sehnen. Wir sehnen uns nach Erholung von unseren Stirnlappen, nach einem dionysischen Fest der Sinne und Triebe. Daß dies ein Bedürfnis ist, das unserer gebändigten, zivilisierten, «stirnhirnigen» Natur entspringt, ist schon in frühen Phasen der Kulturgeschichte erkannt worden. Wir alle müssen uns hin und wieder von unseren Stirnlappen erholen, doch kehren wir nach einer Weile in ihr Joch zurück. Zur Tragödie kommt es, wenn es, wie bei Phineas Gage oder Greg, aufgrund einer schweren Krankheit oder Verletzung kein Zurück mehr gibt.[11]

11 Die medizinische Fachliteratur befaßte sich erstmals mit Stirnlappenläsionen anläßlich des Falls Phineas Gage, doch finden sich in früheren Quellen Beschreibungen veränderter psychischer Zustände, die damals nicht identifiziert wurden, heute jedoch im Rückblick als Stirnhirnsyndrome betrachtet werden können. Einen solchen Fall aus dem achtzehnten Jahrhundert schildert Lytton Strachey in seinem Porträt «The Life, Illness, and Death of Dr. North». Dr. North, ein Lehrer am Trinity College in Cambridge, der unter schweren Angstanfällen und quälenden Zwängen litt, wurde wegen seiner Pedanterie, rigiden Moral und erbarmungslosen Strenge von seinen Kollegen gehaßt. Eines Tages erlitt er einen Hirnschlag:

> Er genas nicht vollständig. Sein Körper war linksseitig gelähmt; vor allem aber sein Geist hatte sich tiefgreifend verändert. Seine Ängste hatten ihn verlassen. Seine Gewissenhaftigkeit, seine Zurückhaltung, sein ernstes Wesen, ja sogar sein moralisches Empfinden waren verschwunden. Er lag in anzüglicher Manier auf dem Bett und stieß Schwalle derber Bemerkungen, zotiger Geschichten und anrüchiger Witze aus. Während seine Freunde kaum wußten, wohin sie schauen sollten, lachte er hemmungslos oder verzog sein halbgelähmtes Gesicht zu einem abstrus entstellten Grinsen... Nach einigen epileptischen Anfällen erklärte er, sein Leiden sei nur durch ständigen Weinrausch zu lindern. Dieser Mann, einst berüchtigt wegen seiner Strenge, goß nun in maßlosem Überschwang ein Glas Sherry nach dem anderen in sich hinein.

Strachey zeichnet hier mit großer Präzision das Bild eines Schlaganfalls im Stirnhirn, der die Persönlichkeit dieses Kranken grundlegend und gewissermaßen «therapeutisch» veränderte.

Im März 1979 notierte ich in einem Bericht über Greg: «Spiele, Lieder, Reime, Gespräche usw. halten ihn ganz zusammen... weil sie einen organischen Rhythmus und Fluß haben, das Strömen des Seins, das ihn trägt und stützt.» Diese Bemerkung erinnerte mich stark an das, was ich bei meinem amnestischen Patienten Jimmie beobachtet hatte: wie er inneren Halt bekam, wenn er eine Messe besuchte, an einer bedeutungsvollen Handlung beteiligt war, einer organischen Einheit, die die Unverbundenheit der Amnesie überstieg oder umging.[12] Auch mußte ich an einen Patienten in England denken, einen Musikwissenschaftler mit einer schweren Amnesie, die nach einer Schläfenlappenenzephalitis eingesetzt hatte. Er konnte Ereignisse und Dinge, die man ihm mitteilte, nur wenige Sekunden behalten, erinnerte sich aber an schwierigste Musikstücke, lernte neue, dirigierte und spielte sie und improvisierte sogar auf der Orgel.[13]

Ähnlich erging es auch Greg. Er hatte nicht nur ein exzellentes Gedächtnis für Songs aus den sechziger Jahren, sondern lernte auch, trotz seiner Schwierigkeit, sich Tatsachen zu merken, mühelos neue Lieder. Hier schienen ganz andere Formen – und Mechanismen – des Erinnerns aktiviert zu sein. Auch war er in der Lage, sich Limericks, Verse und Werbesprüche zu merken, von denen er Hunderte aus den

12 Das dynamische wie semantische Wesen dieser «organischen Einheit», die eine so wichtige Rolle in der Musik, beim Gesang, in der Rezitation, in allen metrischen Strukturen spielt, hat Victor Zuckerkandl in seinem bemerkenswerten Buch *Sound and Symbol* umfassend analysiert. Es ist charakteristisch für solche dynamisch-semantischen Strukturen, daß jedes Element zum nächsten führt und daß jeder Teil in Beziehung zu den anderen steht. Solche Strukturen können gewöhnlich nicht in Teilen, sondern – wenn überhaupt – nur als Ganzes wahrgenommen und erinnert werden.

13 Über diesen Patienten hat Jonathan Miller den BBC-Film *Prisoner of Consciousness* gedreht (gesendet im November 1988).

Radio- und Fernsehprogrammen, die ununterbrochen auf der Station liefen, aufschnappte. Kurz nach seiner Aufnahme testete ich ihn mit folgendem Limerick:

> *Hush-a-bye baby,*
> *Hush quite a lot,*
> *Bad babies get rabies*
> *And have to be shot.*

Greg gab ihn auf der Stelle fehlerfrei wieder, lachte über ihn, fragte, ob ich ihn erfunden habe, und verglich ihn mit «etwas Unheimlichem, wie von Edgar Allan Poe». Doch zwei Minuten später hatte er ihn vergessen, und er konnte sich erst wieder an ihn erinnern, als ich ihm den Rhythmus vorgab. Nach einigen Wiederholungen lernte er den Vers ohne Gedächtnishilfe und rezitierte ihn, wann immer er mich traf.

Basierte die Fähigkeit, Verse und Lieder zu lernen, nur auf einer spezifischen Prozedur, einem bestimmten Handlungsschema, oder offenbarte sich darin Gefühlstiefe oder Verallgemeinerbarkeit von einer Art, die Greg normalerweise verschlossen war? Bestimmte Musikstücke bewegten ihn ohne Zweifel und eröffneten vielleicht Gefühle und Bedeutungen, zu denen er sonst keinen Zugang hatte. Greg war in solchen Momenten ein anderer Mensch, ohne Anzeichen eines Stirnhirnsyndroms, gewissermaßen vorübergehend durch die Musik «geheilt». Selbst das gewöhnlich langsame und zumeist unregelmäßige EEG wurde unter der Wirkung der Musik ruhig und rhythmisch.[14]

---

14 Ein anderer Patient in Williamsbridge, Harry S., früher ein begabter Ingenieur, erlitt eine Hirnblutung infolge eines geplatzten Aneurismas, durch die beide Stirnlappen massiv geschädigt wurden. In der Zeit nachdem er aus dem Koma erwacht war, besserte sich sein

Durch ein Lied lassen sich leicht einfache Informationen vermitteln; so teilen wir Greg jeden Tag das Datum in Form eines Jingles mit, und er kann es herauslösen und nennen, wenn man ihn danach fragt, ohne den Vers zu singen. Doch was bedeutet es, zu sagen: «Heute ist der 1. Juli 1995», wenn man kein Gedächtnis mehr hat, keinen Sinn für Zeit und Geschichte, wenn man von Moment zu Moment in einem sequenzenlosen Limbus lebt? Die Kenntnis eines Datums ist unter diesen Bedingungen bedeutungslos. Aber läßt sich durch die Macht der Musik, etwa durch eigens zu diesem Zweck geschriebene Lieder – Stücke, die Greg etwas Wichtiges über seine eigene Person oder die gegenwärtige Welt mitteilen –, nicht vielleicht auch etwas Dauerhaftes, Tieferliegendes in ihm evozieren? Ist es vielleicht möglich, ihm so nicht nur «Tatsachen» zu vermitteln, sondern auch einen Sinn für Zeit und Geschichte, für die Bezogenheit von Ereignissen, einen (wenn auch künstlichen) Rahmen für sein Denken und Fühlen?

In Anbetracht der Blindheit Gregs und der Entdeckung seiner Lernfähigkeit schien es uns zu diesem Zeitpunkt ein natürlicher Schritt zu sein, daß er die Möglichkeit erhielt, sich mit der Braille-Schrift vertraut zu machen. So wurde mit dem Jüdischen Institut für Blinde ein Intensivkurs für

Zustand zusehends, und auch viele seiner früheren geistigen Fähigkeiten stellten sich wieder ein, doch blieb er, wie Greg, dennoch schwer gestört – ausdruckslos, flach, emotional indifferent. Doch all dies ändert sich schlagartig, sobald er singt. Er hat eine gute Tenorstimme und liebt irische Lieder. Er singt gefühlvoll, zart und lyrisch, was um so überraschender ist, als sonst keine Spur davon in seinem Verhalten zu entdecken ist, so daß der Eindruck entsteht, seine Emotionalität sei restlos zerstört. Er drückt jedes Gefühl gemäß dem Inhalt des Gesungenen aus – Frivoles, Fröhliches, Tragisches, Sublimes – und scheint sich in einen anderen Menschen zu verwandeln, während er singt.

Greg (vier Sitzungen pro Woche) vereinbart. Wir durften nicht enttäuscht, ja nicht einmal überrascht sein, als er nicht die geringste Neigung zeigte, die Blindenschrift zu lernen. Daß man ihm diesen Kurs auferlegte, erstaunte und verwirrte ihn. «Was ist los? Meinen Sie etwa, ich bin blind? Was soll ich hier, mit lauter Blinden um mich herum?» Man versuchte es ihm zu erklären, und mit untadeliger Logik entgegnete er: «Wäre ich blind, müßte ich es doch als erster wissen.» Die Lehrer sagten, sie hätten es noch nie mit einem derart schwierigen Patienten zu tun gehabt, und so rückten wir stillschweigend von unserem Plan ab. Nach diesem Mißerfolg beschlich uns, und vielleicht auch Greg, eine gewisse Hoffnungslosigkeit. Wir hatten das Gefühl, nichts mehr für ihn tun zu können; es war in ihm kein Potential für eine Veränderung.

Zu jener Zeit waren bereits mehrere psychologische und neuropsychologische Gutachten über ihn erstellt worden, und sie alle enthielten neben der Einschätzung seiner Gedächtnis- und Aufmerksamkeitsprobleme Beschreibungen, die ihn als «leer», «infantil», «uneinsichtig» und «euphorisch» charakterisierten. Es war leicht zu verstehen, wie es zu diesen Bezeichnungen gekommen war, denn genau so verhielt sich Greg die meiste Zeit. Verbarg sich aber nicht vielleicht doch hinter der Krankheit, der durch den Stirnhirnausfall verursachten Leere und der Amnesie ein anderer Greg? Als ich ihn Anfang 1979 befragte, sagte er, er fühle sich «elend... zumindest körperlich», und ergänzte: «Das hat nicht mehr viel mit Leben zu tun.» In solchen Augenblicken zeigte sich, daß er nicht nur leichtfertig und euphorisch war, sondern auch fähig zu tiefen, ja melancholischen Reaktionen auf sein Schicksal. In den Nachrichten war damals viel von der im Koma liegenden Karen Ann Quinlan die Rede, und jedesmal, wenn ihr Name erwähnt wurde, zeigte sich Greg bekümmert und schweigsam. Er hat mir nie erklären können, warum ihn ihr Fall so ergriff –

doch meinem Gefühl nach lag der Grund in einer Art Identifizierung ihrer Tragödie und der seinen. Oder war es nur sein überschwengliches Mitgefühl, seine Bereitschaft, beinahe wehrlos, mimetisch in die Stimmung jedes Reizes, jeder Nachricht zu verfallen?

Das war eine Frage, die ich zunächst nicht zu beantworten wußte, und vielleicht war ich dagegen voreingenommen, in Greg auf irgendeine Tiefe zu stoßen, weil die mir bekannten neuropsychologischen Studien eine solche Möglichkeit auszuschließen schienen. Aber diese Untersuchungen beruhten auf kurzfristigen Erhebungen, nicht auf Langzeitbeobachtungen und auch nicht auf persönlichen Beziehungen einer Art, wie sie sich wohl nur in einer Klinik für chronisch Kranke oder in Situationen entwickeln, in denen eine ganze Welt, ein ganzes Leben mit dem Patienten geteilt wird.

Gregs «Stirnhirn-Eigenheiten» — seine Leichtigkeit, seine blitzschnellen Assoziationen — belustigten uns, doch dahinter kam eine grundlegende Anständigkeit, Sensibilität und Freundlichkeit zum Vorschein. Man spürte, daß Greg trotz der Schädigung eine Persönlichkeit, eine Identität, eine Seele besaß.[15]

15 Mr. Thompson (aus der Fallgeschichte «Eine Frage der Identität»), der ebenfalls an Amnesie und einem Stirnhirnsyndrom litt, schien dagegen oft «entseelt» zu sein. Seine Witzeleien waren manisch, wild, frenetisch, unbändig; sie brachen wie ein Schwall aus ihm hervor, ohne Rücksicht auf Takt, Anstand, Schicklichkeit, auf alles, einschließlich der Gefühle der Menschen um ihn her. Ob die Tatsache, daß das Ich und die Identität Gregs wenigstens zum Teil erhalten geblieben waren, auf ein weniger gravierendes Syndrom oder auf tieferliegende Persönlichkeitsunterschiede zurückzuführen sind, bleibt ungeklärt. Mr. Thompsons prämorbide Persönlichkeit war die eines New Yorker Taxifahrers, und in mancher Hinsicht wurde sie durch das Stirnhirnsyndrom verstärkt. Gregs Persönlichkeit war von Anfang an sanfter, kindlicher – und dies färbte, wie mir schien, auch sein Stirnhirnsyndrom.

Als Greg nach Williamsbridge kam, fiel uns allen seine Intelligenz, seine gute Laune, sein Witz auf. Therapeutische Programme und Maßnahmen aller Art wurden damals begonnen, doch sie endeten – wie der Blindenschriftkurs – im Mißerfolg. So wuchs in uns das Gefühl, daß Greg sich nicht verändern ließ, und wir taten und erwarteten immer weniger. Langsam geriet er aus dem Zentrum unserer Aufmerksamkeit, aus dem Fokus unserer therapeutischen Aktivitäten. Mehr und mehr blieb er sich selbst überlassen, fand in unseren Programmen keinen Platz mehr, wurde nirgendwohin mitgenommen, stillschweigend ignoriert.

Selbst wenn man nicht an Amnesie leidet, verliert man in den abgelegenen Stationen einer Klinik für chronisch Kranke leicht den Bezug zur Wirklichkeit. Es gibt einen überschaubaren Tagesablauf, der sich seit zwanzig oder fünfzig Jahren nicht geändert hat. Man wird geweckt, gefüttert, zur Toilette gebracht und auf einen Stuhl im Flur gesetzt, man ißt zu Mittag, nimmt an einem Bingospiel teil, das Abendessen zu sich und geht zu Bett. Der Fernseher flimmert und flimmert im Aufenthaltsraum, aber die meisten Patienten beachten ihn nicht. Sicher, Greg genoß seine Seifenopern und Westernfilme und lernte ungeheure Mengen von Werbe-Jingles auswendig. Die Nachrichten aber fand er zum großen Teil langweilig und auch zunehmend unverständlich. Jahre können in zeitloser Leere vergehen, mit nur wenigen, und sicherlich nicht erinnerungswerten, Einschnitten im Fluß der Zeit.

Nachdem etwa zehn Jahre vergangen waren, zeigte Greg noch immer nicht die geringsten Anzeichen einer Entwicklung. Seine Sprache schien zunehmend veraltet und repertoirehaft, da von ihr – oder von ihm – nichts Neues aufgenommen wurde. So wurde die Tragödie seiner Amnesie von Jahr zu Jahr schrecklicher, obgleich die Amnesie selbst, das neurologische Syndrom, weitgehend unverändert blieb.

1988 erlitt Greg einen epileptischen Anfall – zum erstenmal (und obwohl man ihn vorsichtshalber seit der Operation auf Antikonvulsiva gesetzt hatte) – und brach sich dabei ein Bein. Er klagte nicht darüber, ja er erwähnte es mit keinem Wort; entdeckt wurde es erst, als er am nächsten Morgen aufzustehen versuchte. Offensichtlich hatte er alles vergessen, sobald die Schmerzen nachgelassen und er eine angenehme Liegestellung gefunden hatte. Die Tatsache, daß er von dem Beinbruch nichts wußte, erinnerte mich an sein Unwissen hinsichtlich seiner eigenen Blindheit, an die amnestisch bedingte Unfähigkeit, die Abwesenheit von etwas im Bewußtsein zu behalten. Wenn ihm das Bein kurzzeitig weh tat, wußte er, daß da irgend etwas geschehen war, doch sobald sich der Schmerz legte, vergaß er alles. Hätte er optische Halluzinationen oder Phantome gehabt (wie sie Erblindete manchmal erleben, vor allem in den ersten Monaten oder Jahren nach dem Verlust ihres Augenlichts), hätte er darüber sprechen können. Doch da ihm jeglicher visueller Input fehlte, konnte er sich weder das Sehen noch das Nichtsehen noch den Verlust der Sehwelt merken. In sich selbst und in seiner Welt kannte Greg nichts Abwesendes, sondern nur noch das Anwesende. Er behielt keinen Verlust – einer Funktion in ihm, eines Gegenstandes oder einer Person – in Erinnerung.

Im Juni 1990 starb plötzlich Gregs Vater, der jeden Morgen vor der Arbeit seinen Sohn besucht und eine Stunde mit ihm gescherzt und geplaudert hatte. Ich war damals auf Reisen (um um meinen Vater zu trauern), und als ich nach meiner Rückkehr davon erfuhr, eilte ich zu Greg. Ihm war natürlich auch die Todesnachricht überbracht worden, gleich nachdem der Tod des Vaters bekannt geworden war. Und doch war ich mir nicht sicher, was ich ihm sagen sollte. War er imstande gewesen, diese neue Gegebenheit aufzunehmen? Ich versuchte es mit: «Ich nehme an, Sie vermissen Ihren Vater…»

«Wie meinen Sie das?» erwiderte Greg. «Er kommt jeden Tag. Ich sehe ihn jeden Tag.»

«Nein», sagte ich, «er kommt nicht mehr... Er kommt seit einiger Zeit nicht mehr hierher. Er ist im vergangenen Monat gestorben.»

Greg fuhr zusammen, erblaßte, verfiel in Schweigen. Ich hatte den Eindruck, daß er schockiert war – zweifach schockiert: über die unvermittelte Schreckensbotschaft vom Tod seines Vaters und darüber, daß er selbst nichts davon wußte, es nicht registriert hatte, sich nicht daran erinnerte. «Ich glaube, er war so um die Fünfzig», sagte er.

«Nein, Greg, er war weit über siebzig.»

Greg erblaßte erneut, als er meine Antwort vernahm. Ich verließ kurz den Raum, weil ich das Gefühl hatte, er müsse mit all dem allein sein. Doch als ich einige Minuten später zurückkehrte, hatte Greg keine Erinnerung an unser Gespräch, an die Todesnachricht, die ich ihm gerade übermittelt hatte, kein Bewußtsein der Tatsache, daß sein Vater gestorben war.

Greg hatte zumindest sehr deutlich gezeigt, daß er in der Lage war, zu lieben und traurig zu sein. Wenn ich je an seiner Fähigkeit zu tieferen Gefühlen gezweifelt hatte, so waren diese Zweifel jetzt verflogen. Der Tod seines Vaters hatte ihn erschüttert – er war in dieser Zeit weder «flippig» noch schnoddrig.[16] Aber verfügte er über die Fähigkeit zu trauern? Trauern erfordert, daß man sich des Verlustgefühls bewußt bleibt, und es war alles andere als klar, ob Greg dazu fähig war. Man konnte ihm immer wieder erzählen, daß sein Vater gestorben war, und jedesmal war die

16 Hierin unterschied er sich von Mr. Thompson, der wegen des schlimmeren Stirnhirnsyndroms zu einer Art unaufhörlich laufenden, frotzelnden Sprechmaschine geworden war. Als man ihm sagte, sein Bruder sei gestorben, witzelte er: «Dieser alte Spaßvogel!» und ging zu anderen, belanglosen Dingen über.

Nachricht für ihn schockierend und neu und löste unsagbaren Kummer aus. Doch einige Minuten später hatte er es vergessen und war wieder vergnügt und wurde so daran gehindert, Trauerarbeit zu leisten.[17]

In den folgenden Monaten achtete ich darauf, Greg häufig zu besuchen, doch sprach ich ihn nicht mehr auf den Tod seines Vaters an. Es war nicht meine Aufgabe, dachte ich, ihn damit zu konfrontieren, was sowohl nutzlos als auch grausam gewesen wäre. Das Leben selbst mußte dafür sorgen – früher oder später würde Greg die Abwesenheit seines Vaters entdecken.

Am 26. November 1990 notierte ich: «Greg zeigt keinerlei bewußtes Wissen, daß sein Vater gestorben ist. Wenn er gefragt wird, wo sein Vater sei, antwortet er: ‹Oh, er ist in den Innenhof gegangen› oder ‹Heute kann er nicht kommen› oder etwas anderes, das plausibel klingt. Greg selbst möchte aber an Wochenenden oder an Thanksgiving nicht mehr nach Hause fahren, wie er es früher gern tat. Das vaterlose Haus wird ihm wohl traurig oder abstoßend vorkommen, auch wenn er dies (bewußt) weder erinnert noch artikuliert. Offensichtlich hat sich in ihm eine Assoziation gebildet, die mit Traurigkeit verbunden ist.»

Gegen Ende jenes Jahres entwickelte Greg, der zuvor stets reichlich und gut geschlafen hatte, plötzlich Schlafstörungen. Er stand mitten in der Nacht auf und ging stundenlang in seinem Zimmer auf und ab. «Ich habe etwas verloren, ich suche danach», sagte er, wenn man

17 Der amnestische Musikwissenschaftler aus dem BBC-Film *Prisoner of Consciousness* zeigte ein ähnliches und doch ganz anderes Verhalten. Wann immer seine Frau den Raum verließ, überwältigte ihn das Gefühl eines schrecklichen und unwiderruflichen Verlustes. Kehrte sie fünf Minuten später zurück, seufzte er stets erleichtert: «Und ich glaubte, du seist tot.»

ihn darauf ansprach – doch was er verloren hatte, wonach er suchte, konnte er nie erklären. Man konnte sich nicht des Eindrucks erwehren, daß Greg seinen Vater suchte, wenn er auch selbst nicht verstand, was er tat, nicht explizit wußte, was er verloren hatte. Mir schien jedoch, daß nun in ihm ein implizites und vielleicht zudem symbolisches (wenn auch nicht begriffliches) Wissen entstanden war.

Greg war seit dem Tod seines Vaters so traurig, daß ich das Gefühl bekam, ihm könnte ein besonderes Erlebnis gut-tun, und als ich im August 1991 erfuhr, daß seine Lieblings-gruppe The Grateful Dead im Madison Square Garden auf-treten würde, schien mir dies genau das Richtige zu sein. Ich hatte im Frühsommer einen Schlagzeuger der Band, Mickey Hart, kennengelernt, als wir beide einer Kommis-sion des Senats Gutachten über die Wirkung der Musikthe-rapie vorgetragen hatten. Hart besorgte zwei Eintrittskar-ten, traf Vorsorge für den Transport Gregs im Rollstuhl und hielt uns einen Platz in der Nähe des Soundpults frei, wo die Akustik am besten war.

All das war in letzter Minute geschehen, und ich hatte Greg kein Wort davon gesagt, da ich ihm die Enttäuschung ersparen wollte, falls keine Plätze mehr frei gewesen wä-ren. Als ich Greg dann im Krankenhaus abholte und ihm erzählte, wohin wir fahren würden, packte ihn freudige Er-regung. Wir zogen ihn rasch an und verfrachteten ihn ins Auto. Als wir in die Innenstadt kamen, ließ ich die Schei-ben herunter, und die Düfte und Geräusche New Yorks drangen zu uns herein. An der Thirty-third Street fiel Greg plötzlich der Geruch heißer Brezeln auf, und er atmete ihn tief ein und lachte: «Das ist der Duft, der am stärksten nach New York riecht.»

Eine riesige Menschenmenge drängte zum Madison Square Garden. Die meisten trugen Batik-T-Shirts – ich hatte in den letzten zwanzig Jahren kaum noch solche T-Shirts gesehen und bekam allmählich selbst das Gefühl, daß wir in die sechziger Jahre zurückversetzt oder ihnen womöglich nie entwachsen waren. Es war schade, daß Greg die Leute nicht sehen konnte; er hätte sich bestimmt als einer der Ihren und unter ihnen heimisch gefühlt. Durch die Atmosphäre angeregt, begann er spontan zu sprechen (was er sonst kaum tat) und sich an die sechziger Jahre zu erinnern:

Ja, da gab's die Be-ins im Central Park. Hat's schon lange nicht mehr gegeben, über ein Jahr oder so, kann mich nicht genau erinnern… Konzerte, Musik, Acid, Gras, alles… Zum erstenmal war ich dort am Flower-Power Day… Tolle Zeit… 'ne Menge Sachen fingen in den Sechzigern an – Acid Rock, die Be-ins, die Love-ins, Kiffen… sehe heute kaum noch was davon… Allen Ginsberg – er ist oft unten im Village oder im Central Park. Den habe ich lange nicht gesehen, das letzte Mal vor über einem Jahr…

Gregs Gebrauch des Präsens und der Form der nahen Vergangenheit; sein Gefühl, daß alle diese Ereignisse nicht weit zurücklagen, nicht abgeschlossen waren, sondern «vor einem Jahr oder so» stattgefunden hatten (und deshalb jederzeit wieder stattfinden konnten) – all dies, im Rahmen klinischer Tests so pathologisch und anachronistisch anmutend, schien beinahe normal und natürlich, jetzt, da wir in dieser Sechziger-Menge dem Madison Square Garden zustrebten.

Im Garden fanden wir den für Greg reservierten Rollstuhlplatz nahe dem Soundpult. Seine Anspannung wuchs von Minute zu Minute. Das Tosen der Menschenmenge erregte ihn – «Das ist wie ein Riesentier», sagte er –, ebenso die süßliche, haschischgesättigte Luft – «Was für ein herrlicher Duft!» rief er, wobei er tief einatmete, «das ist der am wenigsten dumme Geruch der Welt.»[18]

Als die Band die Bühne betrat und der Lärm der Menge anschwoll, wurde Greg von seiner Begeisterung mitgerissen, begann zu klatschen, schrie mit lauter Stimme «Bravo, bravo!» und «Let's go» und «Let's go, Hypo», gefolgt von einem homophonischen «Ro, Ro, Ro, Harry-Bo». Einen Moment lang einhaltend, wandte sich Greg mir zu: «Sehen Sie den Grabstein hinter dem Schlagzeug? Sehen Sie Jerry Garcias Afro?», und das mit einer solchen Überzeugung, daß ich unwillkürlich darauf einging und – vergebens – nach dem Grabstein suchte, bevor mir klar wurde, daß es sich um eine von Gregs Konfabulationen handelte – und Jerry Garcias inzwischen ergrautes Haar fiel glatt und weich auf seine Schultern.

Dann rief Greg: «Pigpen! Sehen Sie Pigpen da oben?»

«Nein», erwiderte ich zögernd, verunsichert, wie ich ihm antworten sollte. «Er ist nicht da ... Er ist nicht mehr bei den Dead.»

«Nicht mehr mit den Dead?» rief Greg erstaunt. «Was ist passiert – ist er verhaftet worden oder was?»

«Nein, Greg, nicht verhaftet. Er ist tot.»

18 Jean Cocteau hat dasselbe einmal über Opium gesagt. Ob Greg ihn, bewußt oder unbewußt, zitierte, weiß ich nicht. Düfte wecken manchmal noch intensivere Assoziationen als Musik. Geruchswahrnehmungen, die in einer sehr primitiven Hirnregion – dem «Riechhirn» oder Rhinenzephalon – erzeugt werden, brauchen nicht den Weg über die komplexen vielstufigen Gedächtnissysteme der medialen Schläfenlappen zu nehmen. Olfaktorische Gedächtnisspuren sind, neural betrachtet, fast unauslöschlich, so daß sie trotz amnestischer Ausfälle erinnert werden können. Es wäre ein faszinierender Versuch, Greg heiße Brezel oder Haschisch vorzusetzen, um zu sehen, ob ihre Gerüche Erinnerungen an das Konzert wecken. Er selbst erwähnte am nächsten Tag spontan den «großartigen» Brezelduft – er war ihm sehr gegenwärtig –, und doch konnte er ihn weder räumlich noch zeitlich lokalisieren.

114

«Das ist schrecklich», antwortete Greg und schüttelte entsetzt den Kopf. Und dann, eine Minute später, stieß er mich wieder an. «Pigpen! Sehen Sie Pigpen da oben?» Und Wort für Wort wiederholte sich unser ganzes Gespräch.

Doch dann verfiel er in die hämmernde, pochende Aufregung der Menge – das rhythmische Klatschen und Stampfen und Singen ergriff ihn –, und er sang «The Dead! The Dead!», dann, den Rhythmus variierend und jedes Wort langsam betonend, «We want the Dead!» Und dann «Tobacco Road, Tobacco Road» – der Titel seines Lieblingssongs –, bis endlich die Musik einsetzte.

Die Band begann mit einem alten Stück, «Iko, Iko», und Greg sang begeistert und voller Hingabe mit, kannte jedes Wort und stimmte selig in den afrikanisch klingenden Refrain ein. Die ganze Menge im Garden bewegte sich nun mit der Musik, achtzehntausend Menschen antworteten gemeinsam, jeder verzückt, jedes Nervensystem synchronisiert, im Einklang.

In der ersten Hälfte des Konzerts spielte die Gruppe viele frühe Songs aus den sechziger Jahren, und Greg kannte sie alle, liebte sie, fiel immer wieder in sie ein. Seine Energie und Freude verblüfften mich – er klatschte und sang pausenlos, war nicht einen Moment lang schlapp oder müde wie sonst. Er war kontinuierlich aufmerksam wie selten zuvor, alles um ihn herum gab ihm Orientierung, hielt ihn beisammen. Als ich den so verwandelten Greg anblickte, konnte ich an ihm keine Spur von seiner Amnesie, seiner Stirnhirnschädigung erkennen – er schien in diesem Augenblick völlig normal zu sein, so als füllte ihn die Musik mit ihrer eigenen Kraft, ihrer Geschlossenheit, ihrem Geist.

Ich hatte überlegt, ob wir das Konzert in der Pause verlassen sollten – Greg war schließlich ein behinderter, an den Rollstuhl gefesselter Patient, der in den vergangenen zwanzig Jahren nie wirklich unter Menschen gekommen oder gar zu einem Rockkonzert in die Stadt gefahren war.

Aber er sagte: «Nein, ich will bleiben, ich will bis zum Ende dabeisein», mit einer Entschiedenheit und Autonomie, über die ich mich freute und die ich in seinem fügsamen Spitalleben kaum je wahrgenommen hatte. Also blieben wir und gingen in der Pause hinter die Bühne, wo Greg eine große warme Brezel aß und dann Mickey Hart traf und ein paar Worte mit ihm wechselte. Während er vorher etwas müde und blaß ausgesehen hatte, war sein Gesicht nun vor Aufregung über die Begegnung gerötet, und begierig, mehr Musik zu hören, wollte er an seinen Platz zurück.

Doch der zweite Teil des Konzerts rief in Greg Befremden hervor. Ein Großteil der Songs stammte aus den mittleren bis späten siebziger Jahren, mit Texten, die er nicht kannte, wenn ihm auch ihr Stil vertraut war. Er mochte diese Stücke, klatschte und sang die Melodie mit oder erfand sich Worte dazu. Doch dann folgten neuere Songs vollkommen anderer Art, wie «Picasso Moon», mit tiefen, dunklen Akkorden und einer elektronischen Instrumentierung, wie sie in den sechziger Jahren unmöglich, undenkbar gewesen wäre. Greg war fasziniert, aber auch verwirrt. «Das ist verrücktes Zeug», sagte er, «ich hab so was noch nie gehört.» Er hörte konzentriert zu, mit allen aufgeschreckten musikalischen Sinnen, und sah dabei etwas ängstlich und verwundert aus, als sehe er ein unbekanntes Tier, eine unbekannte Pflanze, eine unbekannte Welt zum erstenmal. «Das ist wohl neues, experimentelles Zeug», sagte er, «das haben sie noch nie gespielt. Klingt futuristisch... ist vielleicht die Musik der Zukunft.» Die neueren Songs gingen weit über die Grenzen der Musikentwicklung hinaus, die er sich vorstellen konnte, waren derart jenseits all dessen, was er mit The Grateful Dead verband (und in mancher Hinsicht so anders), daß sie «sein Bewußtsein sprengten». Es war, daran konnte er nicht zweifeln, «ihre» Musik, die er gehört hatte, aber sie hatte in ihm das schwer erträgliche Gefühl geweckt, die Zukunft zu hören – so wie die Musik des späten Beethoven sein Publikum verwirrt hätte, wenn sie um 1800 gespielt worden wäre.

«Das war phantastisch», sagte Greg, als wir den Garden verließen. «Ich werde es nie vergessen. Das war der schönste Augenblick meines Lebens.» Auf dem Heimweg hörten wir Grateful Dead-CDs im Auto, denn ich wollte die Stimmung und die Erinnerung an das Konzert so lange wie möglich wachhalten. Ich befürchtete, daß jede Spur des Konzerts in seinem Gedächtnis gelöscht würde, wenn die Musik der Dead auch nur einen Moment lang aufhörte oder wir über sie sprechen würden. Greg sang selig während der ganzen Fahrt mit, und als wir uns vor dem Krankenhaus verabschiedeten, war er noch in überschwenglicher Konzertstimmung.

Als ich am nächsten Morgen in die Klinik kam, fand ich Greg allein, gegen die Wand starrend, im Speisesaal. Ich fragte ihn nach den Grateful Dead – wie sie ihm gefallen haben. «Tolle Gruppe», sagte er, «ich liebe sie. Ich hab sie im Central Park und im Fillmore East gehört.»

«Ja, das haben Sie mir erzählt. Aber haben Sie sie seitdem gesehen? Haben Sie sie nicht gerade erst im Madison Square Garden gehört?»

«Nein», erwiderte er, «ich war noch nie im Madison Square Garden.»[19]

19 Greg hat keine Erinnerung an das Konzert, jedenfalls scheinbar – doch als ich eine Tonbandaufnahme des Konzerts erhielt, erkannte Greg beim Hören sofort einige der «neuen» Stücke und war sogar in der Lage, sie mitzusingen. «Woher kennen Sie das?» fragte ich ihn, als «Picasso Moon» erklang.
Er zuckte unsicher mit den Achseln, doch besteht kein Zweifel, daß er den Song gelernt hat. Ich besuche Greg weiterhin regelmäßig, um ihm Aufnahmen «unseres» Konzerts und der letzten Auftritte der Grateful Dead vorzuspielen. Er scheint die Besuche zu mögen und hat viele der neuen Stücke auswendig gelernt. Wenn ich komme und er meine Stimme hört, hellt sich sein Gesicht auf – und er begrüßt mich als einen seiner Deadhead-Freunde.

Das Leben eines Chirurgen

Das Tourettesche Syndrom ist in jedem Volk, jeder Kultur, jeder Gesellschaftsschicht zu beobachten. Wenn man weiß, worauf man zu achten hat, erkennt man es auf den ersten Blick. Fälle von Bellen und Zucken, Grimassieren, seltsamen Gebärden, von unwillkürlichem Fluchen und blasphemischen Äußerungen hat Aretaios aus Kappadokien schon vor fast zweitausend Jahren aufgezeichnet. Klinisch beschrieben wurde das Syndrom jedoch erst 1885, als Georges Gilles de la Tourette, ein junger französischer Neurologe – Schüler von Charcot und mit Freud befreundet –, diese historischen Berichte mit Beobachtungen an einigen seiner eigenen Patienten verknüpfte. So wie er das Syndrom beschrieb, war es vor allem gekennzeichnet durch konvulsive Tics, unwillkürliche Nachahmung oder Wiederholung der Worte und Handlungen anderer Menschen (Echolalie und Echopraxie) und durch unwillkürliches oder zwanghaftes Hervorstoßen von Flüchen und Obszönitäten (Koprolalie). Einige Betroffene legten (ungeachtet ihrer Beeinträchtigung) eine merkwürdige Sorglosigkeit und Ungezwungenheit an den Tag, einige zeigten die Neigung zu seltsamen, oft witzigen, gelegentlich traumartigen Assoziationen, einige waren extrem impulsiv und provokativ, ständig bestrebt, physische und gesellschaftliche Grenzen auf die Probe zu stellen, andere reagierten fortwährend und ruhelos auf ihre Umgebung, fuhren auf alles los, rümpften die Nase oder warfen plötzlich mit Gegenständen, und wieder andere neigten zu extremer Stereotypie und Zwanghaftigkeit – nie zeigten zwei Patienten ganz das gleiche Erscheinungsbild.

Jede Krankheit versieht das Leben mit einer Doppelheit – einem «es» mit seinen eigenen Bedürfnissen, Forderungen, Grenzen. Beim Touretteschen Syndrom nimmt «es» die Gestalt eines expliziten Zwangs an, einer Vielfalt von expliziten Impulsen und Zwängen: Man ist getrieben, dies zu tun oder jenes, gegen den eigenen Willen oder in Auflehnung gegen den fremden des «es». Dabei kann es zu einem Konflikt, einen Kompromiß, einer Absprache zwischen diesen Willensregungen kommen. Bei jemandem mit einer Impulsstörung wie dem Touretteschen Syndrom kann sich also das «Besessen»-Sein als mehr denn nur eine rhetorische Figur erweisen, und zweifellos hat man es im Mittelalter manchmal ganz wörtlich als «Besessenheit» verstanden. (Tourette selbst war vom Phänomen der Besessenheit fasziniert und schrieb ein Theaterstück über die epidemische Dämonenbesessenheit im mittelalterlichen Loudon.)

Doch die Beziehung zwischen Krankheit und Selbst, «es» und «ich», ist beim Touretteschen Syndrom manchmal äußerst kompliziert, vor allem wenn es von früher Kindheit an vorhanden war, mit dem Selbst aufgewachsen ist und sich auf jede erdenkliche Weise mit ihm verflochten hat. Das Tourettesche Syndrom und das Selbst prägen wechselseitig ihre Gestalt und ergänzen einander immer mehr, bis sie schließlich wie ein langjähriges Ehepaar zu einem einzigen zusammengesetzten Wesen werden. Oft ist diese Beziehung destruktiv, doch sie kann auch konstruktiv sein, indem sie für rasche Reaktionen, Spontaneität und die Fähigkeit zu ungewöhnlichen und manchmal verblüffenden Leistungen sorgt. Obwohl sich das Tourettesche Syndrom als Eindringling präsentiert, läßt es sich auch kreativ nutzen.

Doch in den ersten Jahren nach seiner Beschreibung

verstand man das Tourettesche Syndrom meist nicht als organische, sondern als «moralische» Krankheit – den Ausdruck einer Bosheit oder Schwäche des Willens, die es zu korrigieren galt. In den vier Jahrzehnten von etwa 1920 bis 1960 hielt man sie in der Regel für eine psychiatrische Erkrankung und behandelte sie durch Psychoanalyse oder Psychotherapie, was sich aber alles in allem ebenfalls als wirkungslos erwies. Als Anfang der sechziger Jahre der Nachweis erbracht wurde, daß das Medikament Haloperidol die Symptome des Touretteschen Syndroms nachhaltig unterdrückt, galt es (in plötzlicher Umkehrung) als biochemischer Defekt, hervorgerufen durch eine Gleichgewichtsstörung des Neurotransmitters Dopamin im Gehirn. Doch alle diese Deutungen erfassen nur Teilaspekte und sind reduktionistisch; die ganze Komplexität des Touretteschen Syndroms bringen sie nicht in den Blick. Angemessen ist weder eine biologische noch eine psychologische noch eine moralisch-gesellschaftliche Sehweise; wir müssen das Tourettesche Syndrom nicht nur gleichzeitig aus allen drei Perspektiven betrachten, sondern auch aus einer inneren Perspektive, einer existentiellen, der des Betroffenen selbst. Die innere und die äußere Geschichte muß hier, wie überall, verschmolzen werden.

Menschen mit starken Tics und Zwängen oder seltsamen, bizarren Verhaltensweisen müßten, so sollte man meinen, viele Berufe verschlossen bleiben, aber das scheint nicht der Fall zu sein. Das Tourettesche Syndrom sucht vielleicht einen unter tausend heim, und wir finden Menschen mit diesem Symptom – manchmal in schwerster Ausprägung – in praktisch jedem Lebensbereich. Es gibt tourettesche Schriftsteller, Mathematiker, Musiker, Schauspieler, Discjockeys, Bauarbeiter, Sozialpädagogen, Mechaniker und Sportler. Trotzdem kommen, möchte man denken, einige Berufe auf keinen Fall in Frage – vor allem wohl die komplizierte, exakte und auf Stetigkeit angewiesene Arbeit eines Chirurgen. Dieser Auffassung wäre ich wohl vor nicht allzu langer Zeit ebenfalls gewesen. Doch heute kenne ich, so unwahrscheinlich es klingt, *fünf* Chirurgen mit dem Touretteschen Syndrom.[1]

Dr. Carl Bennett bin ich zum erstenmal auf einer wissenschaftlichen Tagung über das Touretteschen Syndrom in Boston begegnet. Seine Erscheinung verriet nichts Ungewöhnliches – er war in den Fünfzigern, hatte einen braunen Kinn- und Schnurrbart mit ersten grauen Fäden und trug einen unauffälligen dunklen Anzug –, bis er einen plötzlichen Ausfall machte, nach dem Fußboden griff, sprang und zuckte. Ich war gleichermaßen betroffen von seinen bizarren Tics wie von der Ruhe und Würde, die er ausstrahlte. Als ich meine Ungläubigkeit in bezug auf seine Berufswahl äußerte, lud er mich nach Branford in British Columbia ein, wo er lebte – um ihn ins Krankenhaus zu begleiten, mit ihm zu arbeiten, ihn in Aktion zu erleben. Vier Monate später, Anfang Oktober, saß ich nun in einem kleinen Flugzeug und näherte mich Branford, voller Neugier und gemischter Erwartungen. Dr. Bennett holte mich am Flughafen ab, begrüßte mich – eine seltsame Begrüßung, halb Ausfallbewegung, halb Tic, eine durch und durch tourettesche Willkommensgeste –, ergriff meinen Koffer und führte mich zu seinem Wagen, wobei er in einen eigentümlichen, raschen und hüpfenden Gang verfiel, mit einem Hüpfer nach jedem fünften Schritt und einem plötzlichen Griff zum Fußboden, als wolle er etwas aufheben.

1 Weitere vier (darunter ein Augenchirurg) meldeten sich nach der Erstveröffentlichung dieser Untersuchung. Neben den touretteschen Chirurgen weiß ich heute von drei touretteschen Internisten, zwei touretteschen Neurologen, aber nur einem touretteschen Psychiater.

Branford ist fast idyllisch gelegen, obwohl es im Süd-
osten British Columbias von den Rocky Mountains überragt wird, den Banff-Nationalpark mit seinen Bergen im
Norden, Montana und Idaho im Süden; es liegt in einer
sehr lieblichen und fruchtbaren Landschaft, ist aber von
Bergen, Gletschern und Seen umringt. Bennett selbst hat
eine Leidenschaft für Geographie und Geologie; vor ein
paar Jahren hat er ein Jahr Urlaub von seiner chirurgischen
Praxis genommen, um beides an der University of Victoria
zu studieren. Beim Fahren zeigte er mir Moränen, Schich-
tungen und andere Formationen, so daß sich in der Landschaft, die meine Augen zunächst nur als idyllisches Bild
wahrgenommen hatten, erdgeschichtliche Ereignisse und
chtonische Kräfte abzeichneten und ungeheure geologische Perspektiven auftaten. Solch geschärfte, jede Einzelheit erfassende Aufmerksamkeit, solch ständig suchender
Blick, der hinter die Außenseite der Erscheinungen dringen möchte, solch prüfender und analysierender Geist –
alle diese Eigenschaften sind kennzeichnend für den ruhelos fragenden Verstand des touretteschen Menschen. Es ist
sozusagen die andere Seite seiner zwanghaften und perse-
verierenden Tendenzen, seines Drangs, immer auf die
gleichen Dinge zurückzukommen, sie wieder und wieder
zu berühren.

Und in der Tat, immer wenn der Strom von Aufmerksamkeit und Interesse unterbrochen wurde, machten sich
Bennetts Tics und Wiederholungen augenblicklich bemerkbar – besonders die zwanghaften Berührungen von
Schnurrbart und Brille. Ständig mußte sein Schnurrbart
zurechtgerückt, seine Brille «ins Lot» gebracht werden –
nach oben und nach unten, zur einen Seite und zur anderen, diagonal, nach innen und nach außen –, mit plötzlichen ticartigen Berührungen der Finger, bis auch diese
genau «zentriert» wurden. Hin und wieder kam es auch zu
einem plötzlichen Vorschnellen seines rechten Arms, zu

zwanghaften Berührungen der Windschutzscheibe mit beiden Zeigefingern («Die Berührung muß symmetrisch sein», erklärte er), zu einem unvermittelten Verrücken der Knie oder des Lenkrads («Ich muß die Knie symmetrisch zum Steuerrad stellen – sie müssen *genau* zentriert sein»), zu plötzlichen Vokalisationen mit einer hohen Stimme, die seiner eigenen Stimmlage nicht im geringsten ähnelte; sie hörten sich an wie «Hi, Patty», «Hi, there» und, gelegentlich, «Hideous!» – «scheußlich». (Wie ich später erfuhr, war Patty eine ehemalige Freundin, deren Name jetzt in einem Tic eingeschlossen war.) [2]

Von diesem Verhaltensrepertoire war wenig zu merken,

---

2 Tics können auf halbem Weg zwischen bedeutungslosen Zuckungen oder Geräuschen und bedeutungsvollen Handlungen angesiedelt sein. Obwohl die Ticneigung untrennbar zum Touretteschen Syndrom gehört, hat die besondere *Form* des Tics häufig einen persönlichen oder historischen Ursprung. So kann ein Name, ein Laut, ein Bild, eine Geste, die man vielleicht Jahre zuvor gesehen und inzwischen längst vergessen hat, zunächst unbewußt wiederholt oder nachgeahmt und dann in der stereotypen Form eines Tics konserviert werden. Solche Tics sind wie Hieroglyphen, versteinerte Überreste der Vergangenheit und unter Umständen im Laufe der Zeit so verkürzt und enigmatisch geworden, daß man sie nicht mehr versteht (so wie «God be with you» im Laufe von Jahrhunderten zusammengezogen und zu dem phonetisch ähnlichen, aber bedeutungslosen «goodbye» verstümmelt wurde). Ein Patient, der mich vor langer Zeit aufsuchte, stieß ständig einen gutturalen Explosionslaut aus, der drei Silben hatte und sich bei näherer Untersuchung als eine sehr hastige, verstümmelte Artikulation des Wortes «Verboten!» [im Original deutsch] erwies – eine konvulsive Parodie der ständig Verbote verhängenden deutschsprechenden Stimme seines Vaters.

Vor kurzem erhielt ich einen Brief von einer Frau mit Tourettschem Syndrom, die nach der Lektüre einer früheren Fassung dieses Textes schrieb: «‹Einschließung›... trifft das Zusammenspiel zwischen Leben und Tics genau – den Prozeß, in dessen Verlauf sich letztere ersteres einverleiben. Es ist fast so, als werde der tourettesche Körper zu einem expressiven – wenn auch durcheinandergewürfelten – Archiv der eigenen Lebenserfahrung.»

bis wir die Stadt erreichten und durch Ampeln aufgehalten wurden. Die Ampeln an sich störten Bennett nicht – wir hatten es nicht eilig –, aber sie unterbrachen die Tätigkeit des Autofahrens, die kinetische Melodie, den raschen, gleichmäßigen Handlungsfluß und seine integrative Wirkung auf Bewußtsein und Gehirn. Der Übergang erfolgte sehr plötzlich: in diesem Augenblick war alles noch Stetigkeit und Handlung, im nächsten schon totale Auflösung, Pandämonium, Aufruhr. Wenn Bennett ohne Unterbrechung mit Autofahren beschäftigt war, hatte man nicht das Gefühl, das Tourettesche Syndrom werde in irgendeiner Weise unterdrückt, sondern eher den Eindruck, daß sich Gehirn und Bewußtsein in einem ganz anderen Aktionsmodus befanden.

Nach ein paar Minuten kamen wir bei seinem Haus an, einem hübschen, eigenwilligen Haus mit einem wildwachsenden Garten auf einem Hügel mit Blick auf die Stadt. Bennetts Hunde, wolfartig, mit seltsamen blassen Augen, bellten, wedelten mit den Schwänzen und kamen herbeigesprungen, sobald wir in die Einfahrt bogen. Als wir aus dem Auto stiegen, sagte er: «Hi, Puppies!» mit der gleichen knapp intonierenden, hohen und verzerrten Stimme, mit der er zu einem früheren Zeitpunkt «Hi, Patty!» hervorgestoßen hatte. Er streichelte ihre Köpfe, ein ticartiges, konvulsives Streicheln: eine rasche Serie von fünf Streichelbewegungen auf jedem Hundekopf, ausgeführt in pedantischer Symmetrie und Synchronie. «Es sind großartige Hunde, halb Schlitten- und halb Eskimohund», sagte er. «Ich habe zwei genommen, damit sie Gesellschaft haben. Sie spielen zusammen, schlafen zusammen, jagen zusammen – alles tun sie zusammen.» Und werden, dachte ich, auch zusammen gestreichelt: Lag es vielleicht zum Teil an seinem Zwang zur Symmetrie, zur Symmetrisierung, daß er sich zwei Hunde angeschafft hatte? Als sie die Hunde bellen hörten, kamen seine beiden Söhne aus dem Haus gelaufen – zwei hübsche halbwüchsige Jungen. Plötzlich hatte ich das Gefühl, Bennett würde mit seiner touretteschen Stimme «Hi, Kiddies!» ausrufen und auch ihnen die Köpfe synchron und symmetrisch streicheln. Doch er stellte sie mir einzeln als Mark und David vor. Und als wir im Haus waren, machte er mich mit seiner Frau Helen bekannt, die uns einen Spätnachmittag-Tee zubereitete.

Bei Tisch wurde Bennett wiederholt von Tics abgelenkt – einer zwanghaften Berührung des gläsernen Lampenschirms über seinem Kopf. Er mußte das Glas leicht mit den Nägeln beider Zeigefinger berühren, so daß ein scharfes, halb musikalisches Klicken, zuweilen auch eine ganze Salve solcher Laute erklang. Ein Drittel der Zeit wurde er von diesem Ticken und Klicken, das er offenbar nicht zu unterdrücken vermochte, in Anspruch genommen. Mußte er es tun? Mußte er dort sitzen?

«Würden Sie auch gegen die Lampe tippen wollen, wenn sie außer Reichweite wäre?» fragte ich.

«Nein», sagte er. «Es hängt ganz von meiner Position ab. Die räumlichen Verhältnisse sind entscheidend. Hier zum Beispiel, wo ich jetzt sitze, verspüre ich keinen Impuls, nach der Ziegelwand da hinten zu greifen, aber wenn ich mich in Reichweite befände, müßte ich sie wohl an die hundertmal berühren.» Ich folgte seinem Blick zu der Mauer und sah, daß sie von seinen Berührungen und Stößen pockennarbig geworden war wie die Oberfläche des Mondes; und die Kühlschranktür darunter war ramponiert und verbeult, als sei sie von Meteoriten oder Geschossen getroffen worden. «Ja», sagte Bennett, nun seinerseits meinen Blicken folgend, «ich werfe mit Gegenständen – dem Bügeleisen, dem Nudelholz, dem Kochtopf –, als wäre ich von plötzlicher Wut gepackt.» Schweigend verdaute ich diese Information. Sie fügte dem Bild, das ich mir machte, eine neue – eine beunruhigende, auf Gewalttätigkeit verweisende – Dimension hinzu, die überhaupt nicht zu dem freundlichen, ruhigen Mann passen wollte, den ich vor mir sah.[3]

«Wenn die Lampe Sie stört, warum setzen Sie sich dann in ihre Nähe?» fragte ich.

«Gewiß, sie ist eine Störung», antwortete Bennett, «aber sie ist auch ein Reiz. Ich mag das Empfinden und das Geräusch des Klickens. Aber es ist schon eine große Ablenkung. Ich kann hier im Eßzimmer nicht arbeiten – ich muß in mein Arbeitszimmer gehen, wo die Lampe außer Reichweite ist.»

Das persönliche Raumempfinden, das Selbst in seiner Beziehung zu anderen Objekten und anderen Menschen, ist beim Touretteschen Syndrom häufig erheblich verändert. Ich kenne viele Menschen mit diesem Syndrom, die es nicht ertragen können, in einem Restaurant so nahe an anderen Menschen zu sitzen, daß sie sie berühren können; läßt sich dies nicht vermeiden, fühlen sie sich unter Umständen gezwungen, nach ihnen zu greifen oder heftige Bewegungen in ihre Richtung zu machen. Besonders übermächtig kann dieser Drang werden, wenn sich die «provozierende» Person hinter dem «Touretter» befindet. Viele Menschen mit Touretteschem Syndrom halten sich deshalb am liebsten in Ecken auf, wo sie einen «sicheren» Abstand zu anderen haben und niemand hinter ihnen

---

3 Manche Menschen mit Touretteschem Syndrom haben einen Schleudertic – den plötzlichen Drang oder Zwang, mit Gegenständen zu werfen –, der von ganz anderer Art ist als Bennetts wütendes Werfen. Manchmal gibt es eine sehr kurze Vorwarnung – in einem Fall ein kurzes «Duck dich!» –, bevor ein Teller, eine Flasche Wein oder was auch immer, konvulsiv geschleudert, durch das Zimmer fliegt. Die gleichen Wurftics traten bei einigen meiner postenzephalitischen Patienten auf, wenn sie mit L-Dopa überreizt wurden. (Und ich beobachte ein ähnliches Wurfverhalten – wenn auch keinen Tic – bei meinem zweijährigen Patensohn, der sich gegenwärtig in einem Stadium urtümlicher Widerborstigkeit und Anarchie befindet.)

sitzen kann.[4] Ähnliche Probleme können zuweilen beim Autofahren auftreten – es steigt das Gefühl auf, andere Fahrzeuge seien «zu nah», rückten «bedrohlich» auf oder «zoomten» sogar heran, während sie sich tatsächlich (wie ein nichttourettescher Beobachter urteilen würde) in normaler Distanz halten. Paradoxerweise kann auch die Neigung auftreten, sich zu anderen Fahrzeugen «hingezogen» zu fühlen und sich auf sie zutreiben zu lassen – obwohl das Wissen darum und die höhere Reaktionsgeschwindigkeit dieser Menschen gewöhnlich Unglücksfälle verhindern. (Ähnliche Täuschungen und Zwänge, denen Störungen im neuralen Substrat des persönlichen Raums zugrunde liegen, treten gelegentlich auch beim Parkinsonismus auf.)

Ein weiterer Ausdruck des Touretteschen Syndroms bei Bennett – ganz anders als die plötzlichen impulsiven oder zwanghaften Berührungen – war ein langsames, fast sinnliches Pressen des Fußes, mit dem er einen Kreis um sich herum zeichnete. «Mir kommt das fast wie eine Instinkthandlung vor», sagte er, als ich ihn danach fragte, «wie ein Hund, der sein Territorium markiert. Das sitzt ganz tief. Ich glaube, es ist etwas Ursprüngliches, Vormenschliches – vielleicht etwas, das wir alle, ohne es zu wissen, in uns haben. Und beim Touretteschen Syndrom werden diese primitiven Verhaltensweisen ‹freigesetzt›.»[5]

4 Was sich in komischer Weise äußerte, als ich mich einmal mit drei touretteschen Freunden zum Essen in einem Restaurant in Los Angeles traf. Alle drei stürzten gleichzeitig auf den Stuhl in der Ecke zu – nicht im Wettkampf, wie ich glaube, sondern weil er für jeden eine existentiell-neurale Notwendigkeit bedeutete. Der Glückliche konnte dann ruhig an seinem Platz sitzen, während die beiden anderen ständig ruckartige Bewegungen in Richtung der anderen Gäste hinter ihnen ausführten.

5 Das Tourettesche Syndrom sollte nicht als eine psychiatrische, sondern als eine neurobiologische Störung hyperphysiologischer Art

Manchmal bezeichnet Bennett das Tourettesche Syndrom als «Enthemmungskrankheit». Es gebe Gedanken, sagt er, die an sich nicht ungewöhnlich sind und jedem flüchtig durch den Kopf gehen, aber im Regelfall unterdrückt werden. Bei ihm halten sich diese Gedanken hartnäckig und zwanghaft im Hintergrund seines Bewußtseins, um plötzlich, ohne seine Zustimmung oder Absicht, hervorzubrechen. Wenn das Wetter schön sei, erläutert er, habe er vielleicht den Wunsch, sich in die Sonne zu legen und braun zu werden. Dieser Gedanke setze sich ihm im Hinterkopf fest, während er seine Patienten im Krankenhaus untersuche, und mache sich in plötzlichen, unwillkürlichen Äußerungen Luft. «Die Schwester meint dann zum Beispiel: ‹Mr. Jones hat Bauchschmerzen›, während ich aus dem Fenster sehe und sage: ‹Bräunende Strahlen, bräunende Strahlen.› Das kann bis zu fünfhundertmal während eines Vormittags geschehen. Die Menschen auf der Station müssen es hören – sie *können* es gar nicht überhören –, aber ich glaube, sie ignorieren es oder halten es nicht für wichtig.»

Manchmal manifestiert sich das Tourettesche Syndrom auch in zwanghaften Gedanken und Ängsten. «Wenn mir etwas Sorgen macht», erläuterte Bennett, als wir bei Tisch saßen, «wenn ich etwa von einem Kind höre, das sich verletzt hat, muß ich aufstehen, an die Wand klopfen und sagen: ‹Hoffentlich stößt das meinen Kindern nicht zu!›»

Zwei Tage später wurde ich selbst Zeuge eines solchen Vor-

betrachtet werden, bei der es zu subkortikaler Erregung und einer spontanen Reizung vieler in phylogenetischem Sinne primitiver Zentren im Gehirn kommen kann. Eine ähnliche Stimulation oder Freisetzung «primitiver» Verhaltensweisen ist bei exzitatorischen Läsionen durch die Europäische Schlafkrankheit (Encephalitis lethargica) zu beobachten, wie ich sie in *Awakenings – Zeit des Erwachens* geschildert habe. Häufig treten sie in den ersten Tagen der Erkrankung auf und prägen sich dann wieder bei der Verabreichung von L-Dopa aus.

falls. In den Fernsehnachrichten war von einem vermißten Kind die Rede, was ihn bekümmerte und erregte. Jäh griff er an seine Brille (oben, unten, links, rechts, oben, unten, links, rechts), immer wieder mit fliegenden Fingern bemüht, sie in die Mitte zu rücken. «Hu, hu», machte er wie eine Eule und murmelte: «David, David – fehlt *ihm* auch nichts?» Daraufhin stürzte er aus dem Zimmer, um nachzusehen. Er verspürt heftige Angst, übertriebene Besorgnis und unvermittelte Panik, wenn er von einem verletzten oder vermißten Kind hört, ein augenblickliches Gefühl der Identifikation mit sich und den eigenen Kindern, ein unverzügliches, abergläubisches Bedürfnis, sich zu vergewissern.

Nach dem Tee begaben Bennett und ich uns auf einen Spaziergang, an einem kleinen Obstgarten voller Apfelbäume vorbei, den Hügel hinauf, wo wir auf die Stadt blickten, während uns die munteren Eskimohunde umsprangen. Er wußte nicht, ob noch weitere Mitglieder seiner Familie das Tourettesche Syndrom hatten – er war Adoptivkind. Bei ihm hatten die Symptome mit sieben eingesetzt. «Als Kind in Toronto trug ich eine Brille, hatte eine Zahnklammer *und* litt unter Zuckungen», erzählte er. «Das war zuviel. Ich fand keinen Anschluß und blieb Einzelgänger. Lange, einsame Wanderungen habe ich gemacht. Nie hatte ich Freunde, mit denen ich ständig telefonieren konnte, so wie Mark – der Gegensatz ist sehr groß.» Doch das Leben als Einzelgänger und die langen Wanderungen härteten ihn auch ab, machten ihn erfinderisch und gaben ihm ein Gefühl der Unabhängigkeit. Seit jeher war er geschickt mit den Händen und fand Gefallen an der Beschaffenheit natürlicher Dinge – wie Felsen entstanden sind, Pflanzen wachsen, wie sich Tiere bewegen, Muskeln in ihrem Wechselspiel ausbalancieren, wie der Körper zusammengesetzt ist. So beschloß er schon sehr früh, Chirurg zu werden.

Die Anatomie sei ihm «zugefallen», berichtete er, während ihm die theoretischen Fächer des Medizinstudiums große Mühe gemacht hätten, nicht nur wegen seiner Tics und Berührungsimpulse, die im Laufe der Jahre immer stärker hervorgetreten seien, sondern auch wegen seltsamer Schwierigkeiten und Zwänge, die ihn beim Lesen behinderten. «Jede Zeile mußte ich mehrfach lesen», sagte er. «Und ich mußte jeden Absatz so zurechtrücken, daß sich alle vier Ecken symmetrisch in meinem Blickfeld befanden.» Neben diesem Zwang zur Ausrichtung jedes Absatzes und manchmal jeder Zeile war er besessen von dem Bedürfnis, im Geiste Silben und Wörter «ins Gleichgewicht» zu bringen, von dem Impuls, der Interpunktion eine «symmetrische» Form zu geben, von dem Wunsch, Wörter, Redewendungen oder Zeilen zu wiederholen.[6] So war es ihm natürlich unmöglich, leicht und fließend zu lesen. Unter diesen Problemen hat er immer noch zu leiden und sieht sich deshalb kaum imstande, einen Text rasch zu überfliegen, um das Wesentliche zu erfassen, oder schöne Literatur zu genießen. Dafür war er gezwungen, sehr genau zu lesen und seine medizinischen Lehrbücher fast auswendig zu lernen.

Nach dem Studium ließ er seiner Vorliebe für entlegene Regionen, vor allem den hohen Norden, freien Lauf: Als praktischer Arzt arbeitete er in den Northwest Territories, in Yukon und auf Eisbrechern, die den Nordpol umkreisten. Er hatte eine Begabung, Vertrautheit zu schaffen, und

---

6 Solche beim Touretteschen Syndrom häufig auftretenden Neigungen sind auch bei Patienten mit postenzephalitischen Syndromen zu beobachten. So verspürte meine Patientin Miriam H. den Zwang, die E auf jeder Seite, die sie las, zu zählen, Sätze rückwärts aufzusagen, zu schreiben oder zu buchstabieren, Gesichter von Menschen zu Konstellationen von geometrischen Figuren aufzulösen und alles, was sie sah, visuell ins Gleichgewicht, in eine symmetrische Form zu bringen.

gewann die Zuneigung der Eskimo, mit denen er zusammenarbeitete, so daß er eine Art Experte für Polarmedizin wurde. Als er 1968 heiratete – er war achtundzwanzig –, reiste er mit seiner Frau um die Welt und erfüllte sich den Kindheitstraum, den Kilimandscharo zu besteigen.

Seit siebzehn Jahren praktizierte er nun in kleinen, isolierten Gemeinden im Westen Kanadas – zunächst zwölf Jahre lang als praktischer Arzt in einer Kleinstadt. Vor fünf Jahren dann, als die Sehnsucht nach Bergen, unberührter Landschaft und Seen vor der Haustür unwiderstehlich wurde, zog er nach Branford. («Und hier bleibe ich. Nie werde ich hier fortgehen.») Branford, sagte er, habe das richtige «Flair». Die Menschen seien freundlich, aber nicht aufdringlich; sie hielten einen gewissen Abstand und zeichneten sich durch natürliche Wohlgesonnenheit und Höflichkeit aus. Die Schulen seien sehr gut, es gebe in der Stadt ein College, Theater und Buchhandlungen – eine von ihnen leitet seine Frau –, aber er habe auch eine große Liebe zu Landschaft und Natur entwickelt. Die Menschen in dieser Gegend jagen und fischen viel, doch Bennett zieht Wandern, Bergsteigen und Skilanglauf vor.

Als Bennett in Branford ankam, wurde er mit einem gewissen Argwohn betrachtet. «Ein Chirurg, der unter Zukkungen leidet! Wozu soll der gut sein? Sonst noch was?» So hatte er anfangs keine Patienten und wußte nicht, ob er hier Fuß fassen würde, doch nach und nach gewann er die Zuneigung und Achtung der Leute. Seine Praxis begann zu wachsen, und auch seine Kollegen, die sich zunächst verblüfft und ungläubig zurückgehalten hatten, wurden bald zutraulicher, akzeptierten ihn und nahmen ihn in die ärztliche Gemeinschaft auf. «Doch genug geredet», schloß er, als wir zum Haus zurückkehrten. Es war jetzt fast dunkel, und die Lichter von Branford glitzerten herauf. «Kommen Sie morgen ins Krankenhaus. Um halb acht haben wir ein Meeting. Dann habe ich Sprechstunde und anschließend

Visite bei meinen Patienten im Krankenhaus. Freitag operiere ich – Sie können mir helfen.»

Tief und fest schlief ich in dieser Nacht im Kellerraum des Bennettschen Hauses, wachte aber früh am Morgen auf, geweckt von einem merkwürdigen surrenden Geräusch im Nebenzimmer, dem Hobbyraum. Als ich durch die Glasscheiben der Tür in diesen Raum schaute, meinte ich, noch halb im Schlaf, eine Lokomotive in voller Fahrt zu erblicken – ein großes, surrendes Rad, das sich unablässig drehte, Rauchwolken ausstieß und hin und wieder ein sirenenartiges Heulen ertönen ließ. Verwirrt öffnete ich die Tür und erblickte Bennett, der mit nacktem Oberkörper auf einem Hometrainer saß, wild in die Pedale trat und dabei friedlich eine große Pfeife rauchte. Vor ihm lag ein offenes Pathologiebuch – aufgeschlagen, wie ich erkennen konnte, beim Kapitel über Neurofibromatose. Auf diese Weise beginnt er jeden Morgen: eine halbe Stunde auf dem Fahrrad, seine Lieblingspfeife im Mund, ein Lehrbuch der Pathologie oder Chirurgie vor sich, geöffnet an einer Stelle, die die bevorstehenden Aufgaben des Tages betrifft. Die Pfeife, die rhythmische Gymnastik, das beruhigt ihn. Keine Tics, keine Zwänge – höchstens mal ein leichter Heulton. (Offenbar stellt er sich in solchem Moment vor, ein Präriezug zu sein.) Derart beruhigt, kann er ohne seine üblichen Obsessionen und Ablenkungen lesen.

Doch sobald er mit dem rhythmischen Treten innehielt, stellte sich eine rasche Folge von Tics und Zwängen ein. Er klatschte sich auf den flachen Bauch und murmelte: «Fat, fat, fat... fat, fat, fat... fat, fat, fat», und dann, rätselhaft: «Fat and a quarter tit.» (Manchmal ließ er das «tit» fort.)

«Was heißt das?» fragte ich.

«Keine Ahnung. Ich weiß auch nicht, woher das ‹Hideous› kommt – vor zwei Jahren ist es plötzlich aufgetaucht. Eines Tages verschwindet es wieder, und dann tritt ein anderes Wort an seine Stelle. Wenn ich müde bin, verwandelt

132

es sich in ‹Gideous›. Man kann nicht immer einen Sinn in diesen Worten finden; häufig ist es der Klang, der mich reizt. Jeder komische Laut, jeder komische Name kann mich dazu bringen, ihn zu wiederholen. Zwei oder drei Monate bleibe ich an einem Wort kleben. Eines Morgens ist es dann weg, und ein anderes hat seine Stelle eingenommen.» Ständig suchen Bennetts Söhne nach «komischen» Namen, um sein Verlangen nach seltsamen Wörtern und Lauten zu stillen – Namen, die für ein Ohr, das ans Englische gewöhnt ist, eigenartig klingen, weshalb sie häufig aus anderen Sprachen stammen. Die Jungen blättern Zeitungen und Bücher nach solchen Wörtern durch, achten im Radio und Fernsehen darauf, und wenn sie ein «geiles» Wort entdeckt haben, setzen sie es auf ihre Liste. Von dieser Liste sagt Bennett: «Sie gehört zu den wertvollsten Dingen im Haus.» Er nennt die Wörter «Bonbons für den Geist».

Vor sechs Jahren wurde die Liste begonnen – nachdem sich der Name Oginga Odinga mit seinen Alliterationen bei Bennett festgesetzt hatte – und enthält heute mehr als zweihundert Namen. Zweiundzwanzig von ihnen sind gerade «aktuell» – auf dem Sprung, jeden Augenblick wieder emporzuwirbeln, um dann durchgekaut, wiederholt und innerlich abgeschmeckt zu werden. Von diesen zweiundzwanzig ist der älteste der Name Slavek J. Hurka – ein Professor für industrielle Beziehungen an der University of Saskatchewan, wo Helen studiert hat. Er wurde 1974 zum Gegenstand von Bennetts Echolalie und ist das ohne nennenswerte Unterbrechungen die letzten siebzehn Jahre hindurch geblieben. Die meisten Wörter halten sich aber nur ein paar Monate. Einige Namen (Boris Blank, Floyd Flake, Morris Gook, Lubor J. Zink) zeichnen sich durch einen kurzen, rhythmischen Charakter aus. Andere (Yelberton A. Tittle, Babloo Mandell) weisen mehrsilbige, wohlklingende Alliterationen auf. Die Echolalie friert Laute ein, hält die Zeit an, bewahrt Reize als «Fremdkörper» oder Echos im Bewußtsein, wo sie wie Implantate eine Eigenexistenz führen. Nur der Laut der Wörter, ihre «Melodie», wie Bennett sagt, sorgt für diese Implantation; Herkunft, Bedeutung und Assoziationen spielen keine Rolle. (Die Ähnlichkeit mit der «Einschließung» von Namen als Tics ist unverkennbar.)

«Es ähnelt den Zahlzwängen», sagte er. «Jetzt muß ich alles drei- oder fünfmal tun, vor einigen Monaten war es noch vier- und siebenmal. Eines Morgens wachte ich auf – und *vier* und *sieben* waren fort, und ihre Stelle hatten *drei* und *fünf* eingenommen. Als wäre oben ein Schaltkreis ein- und ein anderer ausgeschaltet worden. Es scheint nichts mit *mir* zu tun zu haben.»

Immer ist es das Seltsame, Ungewöhnliche, Auffällige und Überzeichnete, das Ohr und Auge des «Touretters» fesselt und ihn zu Abwandlungen und Imitationen veranlaßt.[7] Das kommt deutlich in dem persönlichen Bericht zum Ausdruck, den Meige und Feindel 1902 zitiert haben:

7 Fast diagnostischen Wert hat der Name eines renommierten Spezialisten für das Tourettesche Syndrom – Dr. Abuzzahab –, denn er veranlaßt Betroffene zu grotesken, iterativen Abwandlungen (Abuzzahuzzahab usw.). Natürlich sind nicht nur Touretter für die anregende, sich einprägende Wirkung des Ungewöhnlichen empfänglich. Der unbekannte Verfasser des antiken mnemotechnischen Textes *Ad Herennium* beschrieb sie schon vor zweitausend Jahren als eine natürliche Inklination des Bewußtseins, die es zu nutzen gelte, wenn man bestimmte Bilder im Gedächtnis fixieren wolle:

Wenn wir im täglichen Leben unwichtige, gewöhnliche und banale Dinge sehen, können wir uns im allgemeinen nicht an sie erinnern, weil der Verstand nicht durch etwas Neues oder Verwunderliches aufgestört wird. Doch wenn wir etwas außergewöhnlich Niedriges, Ehrloses, Ungewöhnliches, Erhabenes, Unglaubliches oder Lächerliches sehen oder hören, werden wir es wahrscheinlich lange Zeit im Gedächtnis behalten… Möge die Kunst deshalb die Natur nachahmen.

Ich bin mir immer einer Vorliebe für Nachahmungen bewußt gewesen. Eine merkwürdige Geste oder bizarre Haltung irgendeiner Person wurde (und wird) mir augenblicklich zum Anlaß, sie zu imitieren. Entsprechend war ich bei Wörtern oder Redewendungen, Artikulationen oder Betonungen stets versucht, jede Besonderheit zu reproduzieren.

Ich weiß noch, daß ich mit dreizehn Jahren einen Mann mit einer komischen Grimasse der Augen und des Mundes erblickte, und von Stund an gab ich keine Ruhe, bis ich sie haargenau nachzuahmen vermochte... Mehrere Monate fuhr ich unwillkürlich damit fort, die Grimasse des alten Herrn zu wiederholen. Kurz, ich hatte einen Tic bekommen.

Um sieben Uhr fünfundzwanzig fuhren wir in die Stadt. Der Weg zum Krankenhaus dauerte kaum fünf Minuten, aber unsere Ankunft gestaltete sich komplizierter als gewöhnlich, denn Bennett war unversehens zu einer Berühmtheit geworden. Vor ein paar Wochen hatten ihn Reporter einer Zeitschrift interviewt, und nun war der Artikel gerade erschienen. Alle grinsten und zogen ihn auf. Ein bißchen verlegen, aber doch nicht ohne Gefallen an der Situation, ging Bennett gutmütig auf die Scherze ein. («Das werd ich nie wieder los – ich bin jetzt ein gezeichneter Mann.») Im Ärztezimmer herrschte eine ungezwungene Atmosphäre, und Bennett fühlte sich offensichtlich wohl im Kreis seiner Kollegen. Ein Zeichen für seine Unbefangenheit war paradoxerweise, daß er in ihrer Gegenwart keine Hemmungen hatte, die Tourette-Symptome zu zeigen – sie leicht mit den Fingerspitzen zu berühren oder, als er ein Sofa mit einem anderen Arzt teilte, sich plötzlich auf die Seite zu legen und die Schulter des Kollegen mit den Zehen anzutippen, eine Eigenheit, die mir schon bei anderen Tourettern aufgefallen war. Zu Beginn einer Bekanntschaft ist Bennett vorsichtiger mit seinen touretteschen Verhaltensweisen; er verbirgt sie oder dämpft sie, bis er die Menschen besser kennt. Als er noch neu in dieser Klinik gewesen sei, erzählte er, habe er erst auf den Fluren zu hüpfen gewagt, nachdem er sicher gewesen sei, daß ihn niemand beobachten könne; wenn er jetzt hüpfe oder springe, achte niemand mehr darauf.

Die Gespräche im Gemeinschaftsraum glichen denen in jedem anderen Krankenhaus – die Ärzte unterhielten sich über ungewöhnliche Fälle. Bennett, der halb zusammen-gekrümmt auf dem Fußboden lag und einen Fuß in die Luft stieß, beschrieb einen ungewöhnlichen Fall von Neuro-fibromatose – einen jungen Mann, den er vor kurzem operiert hatte. Seine Kollegen hörten ihm aufmerksam zu. Die Abnormität seines Verhaltens und die vollkommene Nor-malität seiner Rede bildeten einen außergewöhnlichen Gegensatz. Die ganze Szene hatte etwas Bizarres; aber of-fenkundig war dies eine derart gewohnte Situation, daß man ihr nicht mehr die geringste Beachtung schenkte. Ein Außenstehender wäre fassungslos gewesen.

Nach Kaffee und Buttertoast begaben wir uns in die Am-bulanz, wo schon ein halbes Dutzend Patienten auf Ben-nett wartete. Der erste war ein Safariführer aus dem Banff-Nationalpark im Wildwest-Look – buntkariertes Hemd, enge Jeans und Cowboyhut. Sein Pferd war gestürzt und auf ihn gerollt, und danach hatte sich bei ihm eine riesige Pseudozyste der Bauchspeicheldrüse gebildet. Bennett un-terhielt sich mit dem Mann – der sagte, die Schwellung gehe zurück – und tastete mit leichten, fließenden Bewe-gungen die verformbare Geschwulst in seinem Bauch ab. Mit dem Radiologen ging er die Sonogramme durch – sie bestätigten die Rückbildung der Zyste –, kam dann zurück und beruhigte den Patienten. «Sie entwickelt sich von selbst zurück. Sie schrumpft sehr brav – es wird keine Ope-ration nötig sein. Sie können wieder reiten. Kommen Sie in

136

einem Monat noch mal vorbei.» Beschwingten Schrittes verließ der Mann das Sprechzimmer. Später sprach ich mit dem Radiologen. «Bennett ist nicht nur ein hervorragender Diagnostiker», sagte er, «er ist auch der mitfühlendste Chirurg, den ich kenne.»

Die nächste Patientin war eine beleibte Frau mit einem Melanom am Gesäß, das mit einem recht tiefen Schnitt exzidiert werden mußte. Bennett wusch sich die Hände und streifte sich sterile Handschuhe über. Irgendwie schien die Konnotation der Sterilität, der Schutzmaßnahme, sein Tourettesches Syndrom zu reizen. Mit der sterilen, behandschuhten rechten Hand machte er plötzliche Ausfallbewegungen oder Bewegungsansätze in Richtung des unbehandschuhten, ungewaschenen, «schmutzigen» Teils seines linken Arms. Ausdruckslos verfolgte die Patientin das Geschehen. Was mochte sie, so fragte ich mich, von diesen wunderlichen Zuckungen halten, und was dachte sie über die plötzlichen konvulsiven Schüttelbewegungen der Hand, in die er nun zusätzlich verfiel? Völlig überrascht konnte sie wohl nicht sein, denn ihr Hausarzt hatte sie sicherlich in irgendeiner Weise vorbereitet, ihr etwa gesagt: «Sie müssen sich einem kleinen Eingriff unterziehen. Ich empfehle Dr. Bennett – er ist ein hervorragender Chirurg. Ich muß Ihnen allerdings mitteilen, daß er manchmal merkwürdige Bewegungen und Geräusche macht – er leidet unter dem sogenannten Tourotesschen Syndrom –, aber das braucht Sie nicht zu stören – es beeinträchtigt seine chirurgische Tätigkeit nicht im geringsten.»

Nach den Präliminarien machte sich Bennett an die Arbeit: Er tupfte das Gesäß mit einem Jodantiseptikum ab und injizierte dann das Lokalanästhetikum mit vollkommen ruhiger Hand. Doch sobald der Rhythmus der Tätigkeit auch nur einen Moment lang unterbrochen wurde – er brauchte mehr von dem Betäubungsmittel, und die Schwester hielt ihm eine Ampulle hin, damit er die Spritze wieder füllen konnte –, traten die Ausfallbewegungen und Berührungsimpulse sogleich wieder auf. Die Schwester verharrte in ihrer Position, ohne mit der Wimper zu zukken; sie kannte das und wußte, daß er die Handschuhe nicht kontaminieren würde. Wieder mit fester Hand setzte Bennett einen ovalen Schnitt zweieinhalb Zentimeter zu beiden Seiten des Melanoms, und in vierzig Sekunden hatte er es zusammen mit einem paranußförmigen Keil aus Haut und Fettgewebe entfernt. «Es ist draußen!» sagte er. Dann nähte er sehr rasch und mit großer Geschicklichkeit die Wundränder zusammen, wobei er jede Nylonnaht mit fünf sauberen Knoten abschloß. Die Patientin, die den Kopf verdrehte, um ihm dabei zuzusehen, fragte ihn nekkend: «Sind Sie zu Hause auch fürs Nähen zuständig?»

Er lachte. «Ja, bis auf die Socken, aber die stopft heute sowieso keiner mehr.»

Sie schaute noch einmal hin. «Sie machen ja 'ne richtige Steppnaht.»

In weniger als drei Minuten war der ganze Eingriff abgeschlossen, und Bennett verkündete: «Das wär's! Hier haben wir den Bösewicht.» Und er hielt ihr den Klumpen Fleisch vor die Nase.

«Igitt!» rief sie schaudernd aus. «Zeigen Sie mir das nicht. Trotzdem vielen Dank.»

Vom Anfang bis zum Ende wirkte das alles äußerst professionell und, von den zuckenden Bewegungen und Berührungsimpulsen abgesehen, keineswegs touretteartig. Unklar war mir allerdings, warum Bennett der Patientin den herausgeschnittenen Gewebeklumpen gezeigt hatte. («Da!») Einen Gallenstein kann man einem Patienten präsentieren, aber ein blutiges, unförmiges Stück Fett und Fleisch? Bennett mußte wissen, daß sie es nicht sehen wollte, und ich fragte mich, ob sein Drang, es ihr dennoch zu zeigen, aus seiner touretteschen Gewissenhaftigkeit und Genauigkeit resultierte, seinem Bedürfnis, alles in Augenschein zu nehmen und zu verstehen. Die gleiche Überlegung stellte ich noch einmal etwas später an diesem Morgen an, als er eine alte Dame untersuchte, in deren Gallengang er einen T-Tubus eingeführt hatte. Während er das Röhrchen herauszog, erklärte er ihr ausführlich die anatomischen Einzelheiten, und die alte Dame meinte: «Das will ich gar nicht wissen. Tun Sie es einfach!»

War das Bennett, der von Zwängen heimgesuchte Touretter, oder Bennett, der Anatomieprofessor? (Einmal die Woche hält er Anatomievorlesungen in Calgary.) War es einfach ein Ausdruck seiner Sorgfalt und seines Interesses? Vielleicht die Vorstellung, alle Patienten würden seine Neugier und Liebe zum Detail teilen? Zweifellos taten das einige Patienten, diese jedoch mit Sicherheit nicht.

So arbeiteten wir uns durch eine lange Liste wartender Patienten hindurch. Offenkundig ist Bennett ein sehr beliebter Chirurg, und er untersuchte oder behandelte jeden Patienten rasch und geschickt, ließ dabei absolute Konzentration walten und gab den Leuten so die Gewißheit, daß sie, wenn sie ihn aufsuchten, mit seiner ganzen Aufmerksamkeit rechnen konnten. Sie vergaßen, daß sie gewartet hatten oder daß noch andere warteten, und hatten das Gefühl, sie seien für ihn die einzigen Menschen auf der Welt.

Sehr angenehm, sehr konkret, das Leben eines Chirurgen, dachte ich währenddessen – direkte, freundliche Kontakte, besonders mit Ambulanzpatienten wie diesen. Alles ganz unmittelbar: die Beziehungen, die Arbeit, die Ergebnisse, die Befriedigung – viel mehr als bei anderen Ärzten, besonders Neurologen (wie mir). Ich erinnerte mich an meine Mutter – wieviel Freude ihr die Chirurgie bereitet und wie gern ich sie in die chirurgische Ambulanz begleitet und ihr bei der Arbeit zugeschaut hatte. Leider habe ich selbst wegen meiner hoffnungslosen Ungeschicklichkeit kein Chirurg werden können, doch war ich als Kind von diesem Beruf fasziniert. Diese Begeisterung, diese

Lust, halb vergessen, meldeten sich ungestüm zurück, als ich Bennett mit seinen Patienten beobachtete. Ich wollte mehr als nur ein Zuschauer sein, wollte etwas tun, einen Spreizhaken halten, irgendwie an der chirurgischen Aktivität beteiligt sein.

Bennetts letzter Patient war ein junger Mechaniker mit einer stark ausgebildeten Neurofibromatose, einer bizarren und manchmal in Krebs übergehenden Erkrankung, die große bräunliche Schwellungen und hervortretende Hautneoplasmen hervorrufen und den ganzen Körper verunstalten kann.[8] Dieser junge Mann hatte eine riesige von der Brust herabhängende Gewebswucherung gehabt, so groß, daß er sie hatte hochziehen und mit ihr den Kopf bedecken können, und von einem solchen Gewicht, daß er von ihr nach vorn gebogen worden war. Zwei Wochen zuvor hatte Bennett sie fachgerecht entfernt – ein langwieriger Eingriff – und untersuchte nun eine weitere Riesenwucherung, die dem Patienten von den Schultern herabhing, sowie große bräunliche Fleischlappen in Leisten und Achselhöhlen. Ich war erleichtert, daß er nicht sein ticartiges «Hideous!» – «Scheußlich» – ausstieß, als er die Fäden zog, denn ich fürchtete die Wirkung dieses Wortes, laut und deutlich ausgesprochen, auch wenn es nur ein alter Sprachtic war. Doch zum Glück kam es zu keinem «Hideous!» und auch zu keinem anderen Sprachtic, bis Bennett den Hautlappen am Rücken untersuchte und ihm ein kurzes «Hid...» entschlüpfte, wobei das Wortende einer taktvollen Apokope zum Opfer fiel. Dies war, wie ich später erfuhr, keine bewußte Unterdrückung – Bennett hatte keine Erinnerung an den Tic –, und doch schien es mir, als seien dort, wenn nicht bewußte, so doch unterbewußte Rücksichtnahme und Taktgefühl am Werk gewesen. «Ein

8 Es handelt sich um das Leiden, das in besonders schwerer Form den berühmten Elefantenmenschen John Merrick heimgesucht hat.

prächtiger junger Mann», meinte Bennett, als wir hinausgingen. «Überhaupt nicht befangen. Freundliches Wesen, nach außen gewandt. Die meisten Menschen mit solcher Geschichte würden sich in ihr Kämmerchen einschließen.» Ich konnte mich des Eindrucks nicht erwehren, daß diese Worte genauso für ihn selbst galten. Durch das Tourettesche Syndrom fühlen sich viele Menschen gehemmt und verunsichert, ziehen sich zurück, schließen sich in ihr Kämmerchen ein. Nicht so Bennett: Er hatte erfolgreich dagegen angekämpft, hatte sich dem Leben gestellt, den Menschen, dem in seiner Situation unwahrscheinlichsten aller Berufe. Dies, denke ich, nehmen alle seine Patienten wahr und ist einer der Gründe, warum sie ihm so vertrauen.

Der Mann mit dem Hautlappen war der letzte Patient in der Ambulanz, doch hatte Bennett nur Zeit für eine kurze Pause, bevor er seinen Patienten auf der Station einen ebenso langen Nachmittag widmete. Ich entschuldigte mich und nahm den Nachmittag frei, um mir das Städtchen anzusehen. Auf dem Weg durch Branford stellte sich eine höchst merkwürdige Mischung von Déjà-vu- und Jamais-vu-Erlebnissen ein; ständig hatte ich das Gefühl, die Stadt schon einmal gesehen zu haben, und dann wiederum erschien sie mir völlig fremd. Bis mir plötzlich ein Licht aufging – natürlich, ich hatte sie schon einmal gesehen, ich war schon einmal hier gewesen, eine Nacht im August 1960 hatte ich hier verbracht, als ich durch die Rocky Mountains Richtung Westen trampte. Damals hatte sie nur ein paar tausend Einwohner gehabt und eigentlich nur aus einigen staubigen Straßen, Motels und Bars bestanden – ein Marktflecken, kaum mehr als ein Halt für Lastwagen auf ihrem langen Weg durch den Westen. Jetzt waren es zwanzigtausend Einwohner, und die Hauptstraße präsentierte

141

sich als prächtiger Boulevard voller Läden und Autos. Es gab ein Rathaus, eine Polizeidienststelle, ein Kreiskrankenhaus, mehrere Schulen – von all dem war ich umgeben, von dieser überwältigenden Gegenwart, und doch sah ich dahinter den staubigen Marktflecken und die Bars, Branford vor dreißig Jahren, noch immer, weil nie aktualisiert, seltsam lebendig in meiner Vorstellung.

Der Freitag ist Bennetts Operationstag, und diesmal stand eine Mastektomie auf dem Programm. Ich wollte unbedingt dabeisein, um ihn bei der Arbeit beobachten zu können. Ambulante Patienten sind eine Sache – ein paar Minuten lang kann man sich immer konzentrieren –, doch wie würde er sich bei einer längeren und schwierigen Tätigkeit halten, die eine intensive, anhaltende Konzentration erforderte, nicht über ein paar Sekunden oder Minuten, sondern über Stunden?

Bennett bei seinen Vorbereitungen für den OP war ein spektakulärer Anblick. «Sie sollten sich neben ihm waschen», empfahl mir sein junger Assistent. «Das ist ein echtes Erlebnis.» Und das war es in der Tat, denn was ich in der Ambulanz erlebt hatte, trat hier in verstärkter Form auf: ständige Zuckungen und Greifbewegungen mit den Händen, die fast, aber nie ganz seinen noch nicht gewaschenen, unsterilen Arm, den Assistenten, den Spiegel erreichten; plötzliche Ausfallbewegungen der Füße, durch die er seine Kollegen berührte, und eine ganze Salve von Vokalisierungen – «Hootie-hooo, Hootie-hooo!» –, die an eine riesige Eule denken ließen.

Nach der Reinigungsprozedur wurden Bennett und seinem Assistenten Handschuhe und Kittel übergestreift, und sie begaben sich zu der Patientin, die bereits unter Narkose auf dem OP-Tisch lag. Nachdem sie kurz ein Mammogramm auf dem Leuchtschirm betrachtet hatten, ergriff Bennett das Skalpell, machte einen kühnen, sicheren Einschnitt und tauchte auf der Stelle in den Rhythmus der Operation ein. Zwanzig Minuten vergingen, fünfzig, siebzig, hundert. Häufig war die Operation kompliziert – Blutgefäße mußten abgebunden, Nerven gefunden werden –, aber seine Bewegungen waren sicher, weich, ineinanderfließend in ihrem eigenen Tempo, ohne eine Spur von touretteschen Symptomen. Nach zweieinhalb Stunden vertrackter, anstrengender Arbeit beendete Bennett schließlich den Eingriff, dankte allen Anwesenden, gähnte und streckte sich. Eine ganze Operation hatte er hinter sich gebracht, ohne auch nur den leisesten Ansatz zu einem touretteschen Symptom zu zeigen. Nicht weil er solche Regungen unterdrückt oder zurückgehalten, sondern einfach weil er keinerlei Impuls zu einem Tic verspürt hatte. «Wenn ich operiere, kommt mir kaum in den Sinn, daß ich das Tourette-Syndrom habe», sagt Bennett. In solchen Phasen ist seine Identität ganz und gar die eines Chirurgen bei der Arbeit, und darauf stellt sich seine gesamte psychische und neurale Organisation ein, aktiv, fokussiert, fließend, ohne jeden Tourettismus. Erst wenn die Operation ein paar Minuten unterbrochen wird – etwa um eine Röntgenaufnahme zu betrachten, die während des Eingriffs gemacht worden ist –, erinnert sich Bennett, wartend und unbeschäftigt, daran, daß er ein Touretter *ist*, und im selben Augenblick wird er es auch. Sobald der Operationsfluß wiederhergestellt ist, verschwindet das Tourettesche Syndrom, die tourettesche Identität, erneut. Obwohl Bennetts Assistenten seit Jahren mit ihm zusammenarbeiten, sind sie jedesmal aufs neue erstaunt, wenn sie diese Wandlung erleben. «Es ist ein Wunder», sagte einer von ihnen, «wie sich der Tourette in Luft auflöst.» Auch Bennett konnte sich keinen Reim darauf machen und fragte mich, während er seine Handschuhe abstreifte, was sich aus neurophysiologischer Sicht bei ihm abspiele.

Es sei nicht immer so leicht gegangen, berichtete mir Bennett später. Wenn er während der Operation mit Anforderungen von außen bombardiert werde – «Es warten noch drei Patienten in der Notaufnahme», «Mrs. X möchte wissen, ob sie am 10. kommen kann», «Ihre Frau bittet Sie, drei Tüten Hundefutter zu besorgen» –, würden diese Belastungen, diese Ablenkungen seine Konzentration, den gleichmäßigen, rhythmischen Aktivitätsfluß unterbrechen. Deshalb habe er es vor einigen Jahren zur Bedingung gemacht, daß er bei einer Operation nicht gestört werde, damit er sich vollkommen auf den Eingriff konzentrieren könne, und seither bleibe er im OP von allen Tics verschont.

Bennetts Verhalten bei Operationen wirft neben all den Problemen des Touretteschen Syndroms auch so grundlegende Fragen auf wie die nach dem Wesen von Rhythmus, Melodie und «Fluß» oder nach der Natur von Handlungen, Rollen, Personifikation und Identität. Der Übergang von unkoordiniertem, ticartigem Zucken zu fließend orchestrierten, zusammenhängenden Bewegungen kann bei Tourettern augenblicklich erfolgen, wenn sie in rhythmische Musik oder Aktivität einbezogen werden. Beobachtet habe ich dies bei dem Protagonisten der Geschichte «Witty Ticcy Ray»: Er konnte eine Bahn im Schwimmbecken mit gleichmäßigen, rhythmischen Zügen, ganz ohne Tics, zurücklegen – doch bei der Wende, wenn der Rhythmus, die kinetische Melodie, unterbrochen wurde, war er einem jähen Trommelfeuer von Tics ausgesetzt. Viele Touretter haben eine Neigung zu sportlicher Betätigung, zum Teil (so nimmt man an) wegen ihrer außerordentlich raschen und genauen Reaktionen[9], zum Teil wegen ihrer überschäumenden, zü-

---

9 Bewegungen, die die meisten von uns als verblüffend oder «abnorm» schnell empfinden, erscheinen Touretter völlig normal, wenn sie sie ausführen. Sehr deutlich zeigte sich dies kürzlich bei einem psychomotorischen Genauigkeitstest mit Shane F., einem

gellosen motorischen Impulse und Energie, die auf Entladung drängen – auf Entladung, die glücklicherweise nicht explosiv sein muß, sondern in den Fluß, den Rhythmus einer sportlichen Übung oder eines Spiels integriert werden kann.

Sehr ähnlich ist die Situation, wenn Touretter Musik spielen oder auf sie reagieren. Die konvulsiven oder abgehackten Bewegungs- und Sprachmuster, zu denen sie neigen, können sich beim Rezitieren oder Singen augenblicklich normalisieren (was, wie seit langem bekannt, auch bei Stotterern zu beobachten ist). Nicht anders verhält es sich mit den zuckenden, eckigen Bewegungen des Parkinsonismus (gelegentlich auch kinetisches Stottern genannt); auch sie lassen sich, bei geeigneter Musik oder Aktivität, durch einen rhythmischen, melodischen Fluß ersetzen.

Maler mit Touretteschem Syndrom, der erheblich verkürzte Reaktionszeiten erreichte, Werte, die fast sechsmal niedriger als normal waren, verbunden mit sehr zügigen Bewegungsabläufen und großer Zielgenauigkeit. Diese Leistungen vollbrachte er mühelos, während sie normalen Versuchspersonen, wenn überhaupt, nur durch heftigste Anstrengung und auf Kosten von Genauigkeit und Koordination gelangen.

Wenn man Shane dagegen aufforderte, sich an (unsere) normale Geschwindigkeit zu halten, wurden seine Bewegungen gehemmt, ungeschickt, ungenau und von Tics unterbrochen. Offenbar unterschied sich das, was für *ihn* normal war, ganz erheblich von dem, was *wir* als normal ansehen, ist also das touretteschen Nervensystem auf eine schnellere Gangart eingestellt (wenn es auch dadurch zu Übereilung und Überreaktion neigt).

Eine ähnliche Reaktionsgeschwindigkeit und Übereilung ist bei vielen postenzephalitischen Patienten zu beobachten, vor allem wenn sie unter dem Einfluß von L-Dopa stehen. In *Awakenings – Zeit des Erwachens* habe ich über Hester Y. geschrieben: «Wenn Mrs. Y. vorher die am stärksten *behinderte* Patientin gewesen war, so wurde sie mit L-Dopa die *schnellste* Person, die ich je gesehen habe. Ich kannte einige Olympiaathleten, aber Mrs. Y. hätte sie in bezug auf das Reaktionsvermögen alle geschlagen. Unter anderen Umständen hätte sie im Wilden Westen den Revolver am schnellsten gezückt.»

Solche Reaktionen scheinen eher auf den motorischen Mustern des Individuums und nicht auf der Person, der Identität, in irgendeiner höheren Form zu beruhen. *Einige* Verwandlungen, die stattfanden, während Bennett operierte, vollzogen sich nach meinem Eindruck auf der elementaren, «musikalischen» Ebene. Auf dieser Ebene war Bennetts Operationstätigkeit automatisch geworden, dort galt es zwar jeden Augenblick auf ein Dutzend Dinge gleichzeitig zu achten, doch die waren integriert, organisiert in einem einzigen, ununterbrochenen Strom, der sich im Laufe der Zeit, wie das Autofahren, teilweise automatisiert hatte, so daß Bennett mit den Schwestern plaudern, scherzen und lachen konnte, während Hände, Augen und Gehirn ihre komplizierten Aufgaben fehlerlos und fast unbewußt bewältigten.

Doch gleichzeitig gab es oberhalb dieser Ebene noch eine höhere, personale, die mit der Identität, der Rolle, des Chirurgen zu tun hat. Die Anatomie und später die Chirurgie sind seither Bennetts große Leidenschaft, sie bilden den Mittelpunkt seines Wesens, so daß er am stärksten, am tiefsten er selbst ist, wenn er seine Arbeit verrichtet. Seine ganze Persönlichkeit und Erscheinung, zuweilen nervös und unsicher, verändert sich, wenn er seinen OP-Kittel überstreift und die ruhige Zuversicht, die Identität, dessen gewinnt, der seine Arbeit meisterhaft beherrscht. Zu dieser Gesamtveränderung scheint auch das Verschwinden der touretteschen Symptome zu gehören. Den gleichen Vorgang habe ich bei touretteschen Schauspielern beobachtet. Ich kenne einen Charakterdarsteller, der unter heftigen Tourette-Symptomen leidet, davon aber völlig frei ist, sobald er, ganz in seiner Rolle aufgehend, auf der Bühne steht.

Hier haben wir es mit einem Vorgang auf einer sehr viel höheren Ebene zu tun als dem bloß rhythmischen, fast automatischen Einschwingen auf die motorischen Muster; es

ist ein fundamentaler Akt der Verkörperung oder Personifikation (der allerdings psychisch oder neural noch zu definieren wäre), in dessen Verlauf die Fertigkeiten, die Gefühle, die vollständigen neuralen Engramme eines anderen Selbst die Oberhand im Gehirn gewinnen und, solange
die Tätigkeit andauert, die Person und ihr gesamtes Nervensystem neu definieren.[10] Solche Identitätstransforma-
tionen, Reorganisationen, finden in uns allen statt, wenn
wir im Laufe des Tages von einer Rolle, einer Persona, zur
anderen wechseln − von der elterlichen zur beruflichen,
zur politischen, zur erotischen oder welcher auch immer.
Besonders heftig sind diese Übergänge allerdings bei Menschen, bei denen neurologische oder psychiatrische Syndrome auftreten und wieder abklingen, und bei Leuten, die
auf der Bühne stehen.

Diese Transformationen, der Wechsel zwischen sehr
komplexen neuralen Engrammen, werden typischerweise
als «Erinnern» und «Vergessen» erlebt − so vergißt Bennett beim Operieren sein Tourettesches Syndrom («Es
kommt mir kaum in den Sinn»), erinnert sich aber daran,
sobald es eine Unterbrechung gibt. Und im Augenblick des
Erinnerns bricht es auch aus, denn auf dieser Ebene gibt es

10 Dieser Zusammenhang ist besonders kompliziert, denn einige
Touretter leiden unter Anfällen von Mimikry, Nachahmung und Rol-
lenverkörperung konvulsiverer Art. (Ein Beispiel schildere ich in
«Die Besessenen».) Diese Art von Nachahmung hat keinerlei Ver-
wandlungseffekt − im Gegenteil, sie läßt die Person noch tiefer in den
touretteschen Manifestationen versinken. Außerhalb der Bühne litt
der tourettesche Charakterdarsteller sehr stark unter konvulsiven
Personifikationen und anderen Tourettismen, doch sie waren etwas
ganz anderes als das intensive und heilende Spiel, zu dem er auf der
Bühne fähig war. Der oberflächlich imitative oder zur Personifikation
drängende Impuls entsteht − und wirkt als Stimulus − in einem ober-
flächlichen Teil der Person (und ihrer neuralen Organisation), und
nur eine tiefreichende, vollständige Identifikation, wie in Bennetts
Fall, kann die Verwandlung bewirken.

keinen Unterschied zwischen Erinnerung, Wissen, Impuls und Handlung – alles kommt und geht zusammen, als eine Einheit. (Ähnlich verhält es sich auch bei anderen Störungen: Einmal beobachtete ich, wie sich ein Bekannter, der unter dem Parkinson-Syndrom leidet, eine Apomorphin-Injektion gegen seine Rigidität und Starrheit gab und daraufhin innerhalb weniger Minuten «auftaute». Er lächelte und sagte: «Ich habe vergessen, wie es ist, ein Parkinson-Kranker zu sein.»)

Der Freitagnachmittag ist frei. Häufig begibt sich Bennett an diesen Nachmittagen auf lange Wanderungen, Fahrrad-touren oder Autofahrten und genießt das Gefühl, das weite Land, die offene Straße vor sich zu haben. Zu seinen Lieblingszielen gehört eine Farm mit einer Landebahn an einem schönen See, die nur über eine holprige, staubige Straße zu erreichen ist. Sie ist wunderbar gelegen, ein schmaler fruchtbarer Streifen zwischen dem See und den Bergen, und auf dem viele Kilometer langen Weg dorthin sprachen wir von diesem und jenem, Bennett vor allem über botanische und geologische Dinge. Wir fuhren kurz an den See, wo ich ein Bad nahm; als ich aus dem Wasser kam, hatte Bennett sich, ziemlich unvermittelt, zu einem Mittagsschläfchen zusammengerollt. Im Schlaf sah er friedlich und entspannt aus. Angesichts der Plötzlichkeit und Tiefe dieses Schlafes fragte ich mich, wie viele Schwierigkeiten er wohl Tag für Tag zu bewältigen hatte und ob er nicht manchmal bis an die Grenze seiner Belastbarkeit geführt wurde. Wieviel verbarg er unter seiner freundlichen Oberfläche? Wieviel hatte er innerlich unter Kontrolle zu halten und zu bewältigen?

Als wir später unsere Wanderung über die Farm fortsetzten, meinte er, ich hätte nur einige äußere Ausdrucksformen seines Touretteschen Syndroms gesehen, und diese seien, so bizarr sie auch manchmal erschienen, keineswegs die schlimmsten Probleme, vor die das Syndrom ihn stelle. Die wirklichen Probleme, die inneren Probleme, sind Panik und Wut – so heftige Gefühle, daß sie ihn gelegentlich zu überwältigen drohen, und so plötzlich, daß ihr Ausbruch praktisch ohne Vorwarnung erfolgt. Er braucht nur einen Strafzettel zu bekommen oder einen Polizeiwagen zu erblicken, und schon wird sein Bewußtsein von Gewaltbildern überschwemmt: wilde Verfolgungsjagden, Schießereien, flammende Infernos, Blutbäder und Todesszenarien, die in Sekundenschnelle entstehen und ihm durch den Kopf schießen. Ein Teil seiner selbst läßt sich nicht hineinziehen und kann diese Bilder unbeteiligt betrachten, doch ein anderer Teil wird von ihnen gefangengenommen und zum Mitmachen gezwungen. Zwar gelingt es ihm, Ausbrüche in der Öffentlichkeit zu vermeiden, aber die Anstrengung, sich zu beherrschen, ist groß und verlangt ihm viel ab. Zu Hause, in seiner privaten Umgebung, kann er ihnen freien Lauf lassen – nicht gegen andere, sondern gegen unbelebte Gegenstände, zum Beispiel die Mauer, die mir aufgefallen war, gegen die sich seine Wutanfälle häufig richteten, und der Kühlschrank, gegen den er praktisch alles warf, was ihm in der Küche unter die Finger kam. In seinem Sprechzimmer hatte er ein Loch in die Wand getreten, so daß er eine Pflanze davorstellen mußte, um es zu verbergen, und in seinem Arbeitszimmer war die Zederntäfelung mit Messerstichen übersät. «Das ist nicht angenehm», erläuterte er mir. «Man kann es als schrullig und komisch hinstellen – versuchen, es zu romantisieren –, aber die Tourettetismen kommen aus den Tiefen des Nervensystems und des Unbewußten. Sie speisen sich aus den ältesten, heftigsten Gefühlen, die wir haben. Das Tourettesche Syndrom ist wie eine Epilepsie im Subkortex; wenn es die Oberhand gewinnt, gibt es nur eine dünne Schutzschicht, eine dünne Kortexschicht zwischen einem selbst und diesem Es, diesem wütenden Sturm, der blinden Kraft des Subkortex. Man kann sich auf die netten, die lustigen Dinge, die kreative Seite des Tourette konzentrieren, aber es gibt auch die dunkle Seite. Mit ihr muß man sein ganzes Leben lang kämpfen.»

Die Rückfahrt von der Ranch war ein faszinierendes, wenn auch manchmal erschreckendes Erlebnis. Nun, da Bennett mich besser kennenlernte, wagte er es mehr und mehr, sich und seinen Tourettismen freien Lauf zu lassen. Manchmal ließ er das Lenkrad sekundenlang los – zumindest schien es mir in meiner Angst so –, um gegen die Windschutzscheibe zu klopfen (zu einem Singsang von «Hootie-hoo!», «Hi there!» und «Hideous!»), die Brille zurechtzurücken, sie auf hundert verschiedene Arten zu «zentrieren» und den Schnurrbart mit gekrümmten Zeigefingern ständig glattzustreichen, wobei er in den Rückspiegel statt auf die Straße blickte. Auch sein Bedürfnis, das Lenkrad in Relation zu seinen Knien zu zentrieren, nahm fast frenetische Züge an: ständig mußte er es «ins Gleichgewicht bringen», ruckweise nach links und rechts drehen, wodurch er das Auto in einen wilden Schlingerkurs brachte. «Keine Angst», sagte er, als er meine Besorgnis bemerkte. «Ich kenne die Straße und habe gesehen, daß uns niemand entgegenkommt. Ich habe noch nie einen Unfall gehabt.»[11]

11 Zu einem denkwürdigen Erlebnis wurde auch eine Fahrt querfeldein mit einem anderen Tourette-Freund, bei der dieser das Lenkrad heftig von einer Seite zur anderen warf, plötzlich aufs Brems- oder Gaspedal trat und bei voller Fahrt den Zündschlüssel zog. Doch auch er vergewisserte sich stets, daß diese Tourettismen ihn und andere nicht in Gefahr brachten, und fuhr seit zehn Jahren unfallfrei.

Sehr auffällig ist bei Bennett der Impuls, zu schauen und angeschaut zu werden – kaum waren wir wieder zu Hause, packte er Mark, pflanzte sich vor ihm auf, glättete mit heftigen Bewegungen seinen Schnurrbart und sagte: «Sieh mich an! Sieh mich an!» Mark, von seinem Vater festgehalten, verharrte, wo er stand, doch ließ er seinen Blick umherschweifen. Da faßte Bennett Marks Kopf, drehte ihn so, daß der Junge ihn anblicken mußte, und zischte: «Los, sieh mich an!» Und Mark war erstarrt, wie gelähmt oder hypnotisiert.

Dieses Erlebnis beunruhigte mich. Andere Szenen des Familienlebens wirkten dagegen eher rührend: Bennett, der mit ausgestreckten Fingern gegen Helens Haar stieß, symmetrisch, und dabei leise «Whoo, whoo» murmelte; sie nahm es friedlich hin – eine merkwürdig ergreifende Szene, zugleich zärtlich und absurd. «Ich liebe ihn so, wie er ist», erklärte Helen. «Ich möchte ihn nicht anders haben.» Genauso empfindet es Bennett: «Komische Krankheit – sie ist für mich keine Krankheit, sondern einfach ich. Ich sage zwar ‹Krankheit›, aber ich halte es nicht für das richtige Wort.»

Für Bennett ist es, wie für die meisten Touretter, schwer, zwischen sich und dem Syndrom zu unterscheiden, weil er wohl viele seiner Tics und Zwänge als intentional, als untrennbaren Teil seiner selbst, der Persönlichkeit, des Willens empfindet. Ganz anders verhält es sich bei Zuständen wie Parkinsonismus oder Chorea: Sie werden nicht als Teil des Selbst und als intentional empfunden, sondern immer als Krankheit, als etwas dem Selbst Äußerliches. Zwänge und Tics nehmen eine Zwischenstellung ein – manchmal erscheinen sie den Betroffenen als Ausdruck ihres persönlichen Willens, manchmal als etwas, das ihnen von einem anderen, fremden Willen aufgezwungen wird. Diese Zwiespältigkeit zeigt sich häufig in den Ausdrücken, die diese Menschen zur Beschreibung ihrer Erlebnisse verwenden.

Beispielsweise wird die Trennung von «es» und «ich» manchmal durch scherzhafte Personifizierungen des Touretteschen Syndroms zum Ausdruck gebracht: Ein Bekannter von mir nannte seinen Tourette «Toby», ein anderer «Mr. T.». Andererseits wurden mir die tourettesche Besessenheit des Selbst sehr lebhaft von einem jungen Mann aus Utah geschildert, der schrieb, er habe eine «tourettisierte Seele».

Obwohl Bennett als Mediziner in der Lage ist und sich auch bemüht, das Tourettesche Syndrom als neurochemisches oder neurophysiologisches Phänomen zu verstehen – er sieht es als chemische Anomalie, als «Schaltkreise, die ein- und ausgeschaltet werden», und als «Freisetzung primitiver, normalerweise gehemmter Verhaltensweisen» –, empfindet er es doch zugleich als etwas, das zu einem Teil von ihm selbst geworden ist. Aus diesen (und anderen) Gründen ist er zu dem Schluß gekommen, daß er Haloperidol und ähnliche Psychopharmaka nicht verträgt – sie dämpfen zwar die touretteschen Manifestationen, aber sie dämpfen auch *ihn*, so daß er nicht mehr das Gefühl hat, ganz er selbst zu sein. «Die Nebenwirkungen von Haloperidol waren schrecklich», berichtete er. «Ich war äußerst ruhelos, ich konnte nicht stillstehen, mein Körper verdrehte sich, und ich schlurfte wie ein Parkinson-Patient. Es war eine ungeheure Erleichterung, als ich es wieder absetzte. Andererseits hat sich Prozac als segensreich bei den Zwängen und Wutanfällen erwiesen, obwohl es keine Wirkung auf die Tics hat.» Prozac ist in der Tat ein Segen für viele Menschen, die am Touretteschen Syndrom leiden, wenn auch andere feststellen mußten, daß es wirkungslos blieb oder gar zu einer Verstärkung der Unruhe, der Zwänge und Wutanfälle führte.[12]

12 Sehr deutlich zeigte sich dies bei einem anderen touretteschen Arzt, einem Geburtshelfer, der nicht nur unter Tics, sondern auch

Obwohl Bennett seit etwa seinem siebten Lebensjahr von Tics befallen wird, erkannte er erst mit siebenunddreißig, daß seine Eigenheiten Ausdruck des Touretteschen Syndroms sind. «Als wir frisch verheiratet waren, nannte er es eine ‹nervöse Angewohnheit›», erzählte mir Helen. «Wir scherzten darüber. Ich sagte: ‹Ich hör mit dem Rauchen und du mit dem Zucken auf.› Wir dachten, er *könnte* damit aufhören, wenn er es wollte. Fragte man ihn: ‹Warum machst du das?›, dann sagte er: ‹Ich weiß nicht, warum.› Es schien ihm nichts auszumachen. 1977, als Mark ein Baby war, hörte Carl dann die Sendung ‹Quirks and Quarks› im Radio, wurde ganz aufgeregt und rief: ‹Helen, komm mal schnell! Da spricht einer über das, was ich immer mache!› Er war ganz aus dem Häuschen, als er hörte, daß auch andere Menschen es haben. Für mich bedeutete das eine Erleichterung, weil ich schon immer das Gefühl gehabt hatte, daß da etwas nicht stimmt. Es war gut, jetzt ein Etikett dafür zu haben. Er hat davon nie viel Aufhebens gemacht und würde von sich aus niemals darauf zu sprechen kommen, aber nachdem wir Bescheid wußten, sagten wir es den Leuten, wenn sie danach fragten. Erst in den letzten Jahren ist er anderen begegnet, die daran leiden, und zu Tagungen der Tourette Syndrome Association gefahren.» (Bis in jüngste Zeit blieb das Tourettesche Syndrom sogar unter Ärzten bemerkenswert unbekannt und wurde nur selten diagnostiziert, so daß die meisten Betroffenen, etwa durch Informationen in den Medien, selbst oder mit Hilfe von Freunden oder Angehörigen herausfanden, woran sie erkrankt sind. Mir ist sogar ein Arzt bekannt, ein Chirurg in Louisiana, bei dem das Syndrom von

---

unter Panik- und Wutanfällen litt, die er nur unter großen Anstrengungen im Zaum halten konnte. Als er Prozac nahm, verlor er seine mühsame Beherrschung, geriet in eine gewalttätige Auseinandersetzung mit der Polizei und verbrachte eine Nacht im Gefängnis.

einem seiner Patienten diagnostiziert wurde, nachdem dieser einen Touretter in einer Talkshow gesehen hatte. Selbst heute noch werden neun von zehn Tourette-Diagnosen nicht von Ärzten, sondern von Mitmenschen gestellt.

Samstag morgen mußte ich nach New York zurück. «Bei gutem Wetter fliege ich Sie nach Calgary», meinte Bennett plötzlich am letzten Abend. «Schon mal mit einem Touretter geflogen?»

Ich hätte schon mit einem eine Paddeltour gemacht[13], antwortete ich, und sei mit einem anderen querfeldein gefahren, aber geflogen...

«Es wird Ihnen gefallen», sagte Bennett. «Das ist eine neue Erfahrung für Sie. Ich bin der einzige fliegende Tourette-Chirurg der Welt.»

Als ich in der Morgendämmerung erwache, nehme ich mit gemischten Gefühlen zur Kenntnis, daß das Wetter hervorragend ist. Wir fahren zu dem kleinen Flughafen von Branford hinaus, eine unruhige Schlangenlinienfahrt, die mich hinsichtlich des Flugs bedenklich stimmt. «In der Luft ist es viel einfacher», sagt Bennett, «da muß man sich an keine Straße halten und die Hände auch nicht ständig am Lenkrad haben.» Auf dem Flughafen parkt er, öffnet einen Hangar und zeigt mir stolz sein Flugzeug – eine rotweiße, einmotorige Cessna Cardinal. Nachdem er sie auf

13 Die sommerliche Kanufahrt mit Shane F. auf dem Huronsee war in menschlicher wie in klinischer Hinsicht eine bemerkenswerte Erfahrung, denn das Boot wurde zu einer Erweiterung seines Körpers und schwankte und tauchte mit jedem seiner Tourettismen, so daß ich ein unvergeßlich direktes Empfinden für das bekam, was diese Manifestationen für ihn bedeuten mußten. Ständig wurden wir umhergeschleudert, als seien wir in einen Sturm geraten, ständig drohten wir zu kentern, und ich hoffte inständig, das Boot werde untergehen, damit ich entkommen und ans Ufer schwimmen könnte.

154

die Rollbahn gefahren hat, checkt er sie drei-, viermal durch, bevor er sie warmlaufen läßt. Über das Rollfeld fegt ein eisiger Nordwind. Seine wiederholten Checks machen mich ungeduldig, aber sie beruhigen mich auch. Wenn das Tourettesche Syndrom ihn veranlaßt, mehrere Kontrollen durchzuführen, sind wir in der Luft um so sicherer. Eine ähnliche Beruhigung empfand ich, als ich ihm beim Operieren zuschaute – sein Syndrom läßt ihn, wenn dies überhaupt möglich ist, noch sorgfältiger, noch gewissenhafter vorgehen, ohne seine Intuition und Freiheit im mindesten einzuschränken.

Nach den Checks springt Bennett wie ein Trapezkünstler in das Flugzeug, bringt den Motor auf Touren, während ich hineinklettere, und hebt ab. Als wir aufsteigen, geht die Sonne über den Rockies im Osten auf und überflutet die kleine Kabine mit einem fahlen, goldenen Licht. Wir halten auf die Fast-Dreitausender zu, und Bennett «tickt», zuckt, greift, tippt mit den Fingern, berührt seine Brille, seinen Schnurrbart, die Abdeckung des Cockpits. Kleinere Tics, kaum der Rede wert, denke ich, aber was ist, wenn ihn große Tics befallen? Was ist, wenn ihn der Wunsch überkommt, sich mit dem Flugzeug zu drehen, zu hüpfen und zu springen, einen Purzelbaum zu schlagen oder einen Looping zu vollführen? Wenn er den Impuls verspürt, hinauszuspringen und den Propeller zu berühren? Oft sind Touretter von rotierenden Objekten fasziniert; vor meinem geistigen Auge sehe ich, wie er sich nach vorn wirft, halb aus dem Fenster hängt und zwanghaft versucht, nach dem Propeller zu greifen. Doch die Tics und Zwänge bleiben sehr schwach, und als er die Hand vom Steuerknüppel nimmt, liegt das Flugzeug ruhig in der Luft. Zum Glück brauchen wir uns an keine Straße zu halten. Was spielt es für eine Rolle, wenn wir fünfzehn Meter steigen oder fallen? Wir haben den ganzen Himmel zum Spielen.

Und Bennett, hervorragend ausgebildet und anscheinend ein Naturtalent im Fliegen, *wird* zu einem spielenden Kind. Zumindest ein Teil des Touretteschen Syndroms ist auch nicht mehr als das – die Freisetzung eines spielerischen Impulses, der bei uns anderen Menschen normalerweise gehemmt wird oder verlorengeht. Offenbar ist Bennett begeistert über die Freiheit, den ungeheuren Spielraum. Er hat einen sorglosen, jungenhaften Gesichtsausdruck, wie ich ihn selten bei ihm gesehen habe. Im Steigflug überqueren wir jetzt die ersten Gipfel, die Ausläufer der Rocky Mountains. Gelbliche Lärchen gleiten unter uns dahin. Dreihundert Meter oder mehr beträgt unser Abstand zu den Hängen. Ich frage mich, ob Bennett, wenn er allein wäre, den Wunsch haben könnte, die Maschine in drei Metern oder gar nur wenigen Zentimetern Distanz über die Gipfel zu lenken – Touretter sind manchmal süchtig nach solchen kollisionsnahen Situationen. In einer Höhe von dreitausend Metern fliegen wir durch einen Korridor zwischen Gipfeln, die links von uns in der Morgensonne erglänzen und rechts von uns als Silhouetten im Gegenlicht stehen. Bei dreitausenddreihundert Metern können wir die Rockies in ihrer ganzen Breite überblicken – hier beträgt sie nur neunzig Kilometer – und den Anfang der riesigen goldenen Alberta-Prärie im Osten erkennen. Ab und zu schießt Bennetts rechter Arm an meinem Gesicht vorbei, und seine Hand klopft leicht gegen die Windschutzscheibe. «Sedimentgestein, sehen Sie, dort!» Er zeigt zum Fenster hinaus. «In einem Winkel von siebzig bis achtzig Grad vom Meeresgrund aufgeworfen.» Wie Freunde sieht er die steil aufragenden Felsen an; er hat eine sehr enge Beziehung zu diesen Bergen, diesem Land. Auf den der Sonne abgewandten Hängen liegt bereits Schnee, und im Nordwesten, Richtung Banff-Nationalpark, können wir Gletscher auf den Gipfeln erkennen. Bennett rutscht hin und her und her und hin, um seine Knie genau symmetrisch unter den Steuerknüppel zu bekommen.

In Alberta – wir sind seit vierzig Minuten in der Luft – schlängelt sich der Highwood River unter uns dahin. Langsam senkt sich die Maschine, während wir nach Norden fliegen, auf Calgary und die letzten, im Pappellaub leuchtenden Hänge der Rockies zu. Jetzt geht es noch niedriger über riesige Weizen- und Luzernenfelder hinweg – Farmen, Ranches, fruchtbare Prärie –, doch überall stehen noch Gruppen goldener Pappeln. Jenseits des Schachbrettmusters der Felder ragen jäh die Bürotürme von Calgary aus der Ebene empor.

Plötzlich kommt knackend eine Meldung durch den Lautsprecher – eine große russische Transportmaschine ist im Anflug; die Hauptrollbahn, wegen Instandsetzungsarbeiten gesperrt, muß eilends freigegeben werden. Und noch ein Riesenflugzeug, zur sambischen Luftwaffe gehörig, kündigt sich an. Aus aller Welt kommen Flugzeuge für Spezial- und Überholungsarbeiten nach Calgary. Die Werkstätten dieser Stadt, berichtet Bennett, gehören zu den besten in Nordamerika. Inmitten dieser allgemeinen Aufregung gibt Bennett unsere Position und unseren Steckbrief durch (fünf Meter lange Cardinal mit einem Touretter und seinem Neurologen an Bord) und erhält augenblicklich Antwort, so exakt und entgegenkommend, als flöge er eine Boeing 747. In dieser Welt sind alle Piloten und alle Flugzeuge gleichberechtigt. Es ist eine eigene Welt, eine eigene Loge, mit eigener Sprache, eigenen Codes, Mythen und Gebräuchen. Ganz offensichtlich gehört Bennett zu dieser Welt und wird fröhlich von dem Fluglotsen begrüßt, als er ausrollt.

Mit verblüffender, ticartiger Abruptheit und Behendigkeit springt er hinaus – ich folge in langsamerem, «normalem» Tempo – und beginnt auf dem Rollfeld ein Gespräch mit zwei riesenhaften jungen Männern, Kevin und Chuck, Brüdern, die schon in der vierten Generation Piloten in den Rockies sind. Sie kennen ihn gut. «Er ist einer von uns», meint Chuck zu mir. «Schwer in Ordnung. Touretter – na und? Er ist ein anständiger Kerl. Und ein verdammt anständiger Pilot dazu.»

Bennett tauscht Anekdoten mit anderen Piloten aus und meldet seinen Rückflug nach Branford an. Er muß sofort zurück, denn er soll um elf einen Vortrag vor einer Gruppe von Schwestern halten, diesmal nicht über ein chirurgisches Thema, sondern über das Tourettesche Syndrom. Sein kleines Flugzeug wird aufgetankt und gecheckt. Wir umarmen uns zum Abschied, und auf dem Weg zu meinem Terminal wende ich mich noch einmal um und werfe ihm einen letzten Blick nach. Bennett geht zu seiner Maschine, rollt auf die Hauptbahn und hebt rasch mit heftigem Fahrtwind ab. Ich folge ihm noch einen Moment lang mit den Augen, und dann ist er verschwunden.

Sehen oder nicht sehen

Anfang Oktober 1991 rief mich ein pensionierter Pfarrer aus dem Mittleren Westen an und berichtete mir von Virgil, dem fünfzigjährigen Verlobten seiner Tochter, der seit seiner frühen Kindheit fast vollständig erblindet war. Er hatte stark getrübte Augenlinsen und litt anscheinend an einer Retinopathia pigmentosa, einer erblichen Krankheit, die zu einer langsamen, aber unwiderruflichen Degeneration der Netzhaut führt. Doch Amy, seine Verlobte, die sich wegen ihrer Zuckerkrankheit selbst regelmäßig Augenuntersuchungen unterziehen mußte, hatte ihn kürzlich zu ihrem Augenarzt, Dr. Scott Hamlin, mitgenommen, und dieser hatte in ihnen neue Hoffnungen geweckt. Nachdem er sich den Bericht über den Krankheitsverlauf aufmerksam angehört hatte, äußerte er Zweifel daran, daß Virgil an Retinopathia pigmentosa litt. Eine sichere Diagnose ließ sich in diesem Krankheitsstadium nicht stellen, weil die Netzhäute unter den getrübten Linsen nicht mehr zu sehen waren, doch da Virgil hell und dunkel, die Richtung, aus der Lichtstrahlen kamen, und den Schatten einer vor seinen Augen im Gegenlicht bewegten Hand erkennen konnte, waren die Netzhäute offensichtlich nicht völlig zerstört. Eine Augenlinsenoperation ist verhältnismäßig leicht durchzuführen. Sie erfolgt unter örtlicher Betäubung und ist beinahe risikolos. Es gab nichts zu verlieren, aber es könnte viel gewonnen werden. Amy und Virgil wollten bald heiraten. Wäre es nicht wunderbar, wenn Virgil wieder sehen könnte und nach einer beinahe lebenslangen

Blindheit als erstes seine Braut, die Hochzeitsfeier, den Pfarrer und die Kirche erblicken würde? Dr. Hamlin hatte sich bereit erklärt, den Eingriff vorzunehmen, und Virgil war, wie mir Amys Vater berichtete, zwei Wochen zuvor am rechten Auge operiert worden. Und der Eingriff glückte! Die erste Eintragung in Amys Tagebuch, das sie am Tag nach der Operation, als ihrem Verlobten der Verband abgenommen wurde, zu führen begann, lautet: «Virgil kann SEHEN! ... Alle im Büro haben Tränen in den Augen – zum erstenmal nach vierzig Jahren sieht Virgil wieder... Virgils Familie ist ganz aufgeregt, weint vor Freude, kann es nicht fassen! ... Das unglaubliche Wunder des wieder-erlangten Augenlichts!» Am folgenden Tag ist jedoch bereits von Schwierigkeiten die Rede: «Er versucht, sich an das Sehen zu gewöhnen; der Übergang von der Blindheit zum Sehen ist anstrengend. Er muß schneller denken, kann seinen Augen noch nicht trauen... Wie ein Säugling, der gerade sehen lernt; alles ist neu, aufregend, unheim-lich, voll Unsicherheit, was sehen bedeutet.»

Das Leben eines Neurologen ist nicht systematisch wie das eines Wissenschaftlers, sondern versetzt ihn immer wieder in neuartige und unerwartete Situationen, die zu Fenstern, zu Schlüssellöchern werden können, durch die man die Kompliziertheit der Natur erblickt, eine Kompli-ziertheit, auf die man vom gewohnten Lauf des Lebens her gesehen nicht gefaßt ist. Im 17. Jahrhundert schrieb Wil-liam Harvey: «Die Natur pflegt ihre Geheimnisse vor allem in solchen Fällen zu enthüllen, da sie Spuren ihres Wirkens fernab von den ausgetretenen Pfaden offenbart.» Die Ge-schichte, die mir der Geistliche am Telefon erzählte – von einem Patienten, der im Erwachsenenalter das in der Kind-heit verlorene Augenlicht wiedererlangt hatte –, deutete auf einen solchen Fall hin. «Aus den vergangenen zehn Jahrhunderten», schreibt der Augenarzt Alberto Valvo in seinem Buch *Sight Restoration after Long-Term Blindness*, «sind uns nicht mehr als zwanzig solcher Fälle bekannt geworden.»

Wie wird das Sehen von einem solchen Patienten wohl erlebt? Ist es «normal» von dem Augenblick an, da das Augenlicht wiederhergestellt ist? Dies werden sicher die meisten zunächst denken. Es ist die Erwartung des gesunden Menschenverstandes: daß sich die Augen öffnen, daß der Schleier reißt – und der Blinde kann (in den Worten des Neuen Testaments) «alles scharf sehen».[1]

Kann es aber derart einfach zugehen? Ist nicht *Erfahrung* für das Sehen unabdingbar? Muß man das Sehen nicht zuerst lernen? Ich war mit der Literatur zu diesem Thema nicht sehr vertraut, obwohl mich die 1963 im *Quarterly Journal of Psychology* erschienene große Fallgeschichte aus der Feder Richard Gregorys (gemeinsam mit Jean G. Wallace) fasziniert hatte, und ich wußte, daß derartige – tatsächliche oder hypothetische – Fälle über Hunderte von Jahren das Interesse von Philosophen und Psychologen auf sich gezogen hatten. Der Philosoph William Molyneux, dessen Frau blind war, stellte im siebzehnten Jahrhundert seinem Freund John Locke die Frage: «Denken wir uns einen Blindgeborenen, der erwachsen ist und der mit dem Tastsinn zwischen einem Würfel und einer Kugel von gleichem Metall und annähernd gleicher Größe hat unterscheiden lernen... Angenommen weiter, Würfel und Kugel würden auf einen Tisch gestellt und der Blinde würde sehend, so fragte er sich nun, ob er nur durch den *Gesichtssinn*, schon vor der Berührung, Kugel und Würfel unterscheiden... könnte.» Locke setzte sich mit dieser Frage in seinem *Versuch über den menschlichen Verstand* von 1690 auseinander

---

1 Es gibt jedoch in Markus' Schilderung des Wunders von Betsaida einen Hinweis auf etwas Seltsameres, Komplexeres: Der geheilte Blinde sagt zunächst: «Ich sehe die Menschen, als sähe ich Bäume umhergehen» – und erst danach «sah er deutlich» (Markus 8, 22–26).

und verneinte sie. Als George Berkeley dieses Problem und den Zusammenhang zwischen Sehen und Tasten im allgemeinen 1709 in seinem *Versuch über eine neue Theorie des Sehens* genauer untersuchte, kam er zu dem Schluß, daß zwischen Tastwelt und Sehwelt kein notwendiger Zusammenhang besteht, daß ein Zusammenhang folglich nur auf der Grundlage der Erfahrung hergestellt werden kann.

Kaum zwanzig Jahre später, 1728, wurden diese Überlegungen auf die Probe gestellt, als der britische Chirurg William Cheselden einem dreizehnjährigen blindgeborenen Jungen den Star entfernte. Doch trotz seiner großen Intelligenz und Jugend bereiteten diesem Kind selbst die einfachsten visuellen Wahrnehmungen große Schwierigkeiten. Es hatte keinen Begriff von Entfernung. Es hatte keine Vorstellung von Raum und Größe. Und auf bizarre Weise wurde es durch Gemälde und Zeichnungen, durch die *Idee* einer zweidimensionalen Repräsentation der Wirklichkeit, verwirrt. Entsprechend Berkeleys theoretischen Überlegungen erschloß sich ihm das Gesehene nur schrittweise und nur in dem Maße, wie es visuelle Erfahrungen mit denen des Tastsinns verknüpfen konnte. Ähnlich ist es vielen anderen Patienten in den 250 Jahren seit dem von Cheselden vorgenommenen Eingriff ergangen: Fast alle gerieten in eine tiefgreifende Lockesche Verwirrung und Irritation.[2]

---

2 Die Extraktion (oder, nach dem zuerst angewandten Verfahren, die Verdrängung) der getrübten Linse bewirkt eine starke Weitsichtigkeit, die durch künstliche Linsen kompensiert werden muß. Die im achtzehnten und neunzehnten Jahrhundert, ja bis vor dreißig, vierzig Jahren verwendeten dicken Brillengläser schränkten das Gesichtsfeld an der Peripherie stark ein. Folglich hatten alle Patienten, an denen eine Staroperation vorgenommen worden war, vor der Einführung der Kontaktlinsen und der Linsenimplantate mit erheblichen Sehbehinderungen zu kämpfen. Aber nur die Blindgeborenen oder in früher Jugend Erblindeten gerieten in die spezifisch lockesche Situation, mit dem Gesehenen nichts anfangen zu können.

Man berichtete mir jedoch, daß Virgil, sobald ihm der Verband abgenommen wurde, seinen Arzt und seine Verlobte sah und darüber lachte. Ohne Zweifel sah er *etwas* – aber was sah er? Welche Bedeutung hatte «Sehen» für diesen zuvor nichtsehenden Menschen? In was für eine Welt war er katapultiert worden?

Virgil kam kurz nach dem Ausbruch des Zweiten Weltkriegs auf einer kleinen Farm in Kentucky zur Welt. Im frühen Kindesalter schien er alles in allem normal zu sein, aber er hatte, so glaubte seine Mutter, schwache Augen, stieß manchmal mit Gegenständen zusammen, schien sie nicht zu sehen. Im dritten Lebensjahr erkrankte er gleich dreifach. Zu einer Meningitis oder Meningoenzephalitis (Entzündung des Gehirns und der Hirnhäute) gesellten sich eine Kinderlähmung und eine Katzenkratzkrankheit. In der akuten Phase der Erkrankung befielen ihn Krämpfe, erblindete er fast vollständig, traten Lähmungen in seinen Beinen und teilweise in der Atmung auf, und nach zehn Tagen fiel er in ein Koma, das zwei Wochen lang anhielt. Als er daraus erwachte, schien er, so seine Mutter, «eine andere Person» zu sein; er war seltsam träge, unempfindlich, passiv, schien keine Ähnlichkeit mehr mit dem aufgeweckten, verschmitzten Jungen zu haben, der er einst gewesen war.

Im Laufe des folgenden Jahres bildete sich die Lähmung seiner Beine zurück, und sein Brustkorb begann stärker zu wachsen, wenn er auch nie die Normalgröße erreichte. Auch die Sehkraft verbesserte sich deutlich, doch waren seine Netzhäute fortan schwer geschädigt. Ob die Schädigung allein durch die akute Erkrankung oder teilweise auch durch eine erblich bedingte Degeneration verursacht wurde, konnte nie geklärt werden.

Als Virgil sechs Jahre alt war, begannen sich in beiden

Augen Katarakte zu bilden, und es war abzusehen, daß er erblindete. Im selben Jahr wurde er auf eine Blindenschule geschickt, und dort erlernte er schließlich die Braille-Schrift und den Umgang mit einem Blindenstock. Doch er war kein Musterschüler; ihm fehlten die Entschlossenheit und das grimmige Streben nach Unabhängigkeit, wie sie für manche Blinde charakteristisch sind. Seine ganze Schulzeit hindurch – ja seit seiner Krankheit – neigte er zu starker Passivität.

Dennoch schaffte Virgil den Schulabschluß und beschloß mit zwanzig, Kentucky zu verlassen, um in einer Stadt in Oklahoma eine Lehrstelle zu suchen und ein eigenständiges Leben zu führen. Er ließ sich zum Physiotherapeuten ausbilden und erhielt bald darauf eine Stelle beim YMCA, dem Christlichen Verein Junger Menschen. Er war tüchtig in seinem Beruf, ein geschätzter Mitarbeiter, und der Verein stellte ihn bereitwillig ein und beschaffte ihm ein kleines Haus auf der gegenüberliegenden Straßenseite, das er mit einem Freund bewohnte, der ebenfalls beim YMCA arbeitete. Virgil hatte viele Patienten – es ist faszinierend, von all den taktilen Details zu hören, wenn er über sie spricht –, seine Arbeit machte ihm Spaß, und er war stolz auf seinen Beruf. Er hatte sich also, auf seine genügsame Art, eine Existenz geschaffen: hatte eine feste Arbeitsstelle und eine Identität, kam selbst für seinen Lebensunterhalt auf, hatte Freunde, las Zeitungen und Bücher in Braille (wenn auch im Laufe der Jahre, mit dem Aufkommen der «Hörbücher», immer weniger). Er begeisterte sich für Sport, vor allem für Baseball, und genoß es, die Übertragungen der Spiele im Radio zu verfolgen. Er besaß ein enzyklopädisches Wissen über Baseballturniere und -spieler, über Spielergebnisse und -statistiken. Hin und wieder verliebte er sich und war dann imstande, mit öffentlichen Verkehrsmitteln durch die ganze Stadt zu einem Rendezvous zu fahren. Zu seinem Elternhaus, vor allem zu

seiner Mutter, bewahrte er enge Verbindungen — regelmäßig erhielt er Riesenpakete mit Lebensmitteln von der
Farm, und regelmäßig sandte er Riesenpakete mit Wäsche
nach Hause. Seinem Leben waren Grenzen gesetzt, aber es
war auf seine Art stabil.

Dann, 1991, traf er Amy — genauer: Sie begegneten sich
wieder, denn sie kannten sich schon seit gut zwanzig Jahren. Amys Lebensgeschichte war ganz anders als die Virgils
verlaufen. Aufgewachsen in einer Familie der gehobenen
Mittelschicht, hatte sie in New Hampshire ein College besucht und ein Botanik-Diplom erworben. Sie hatte beim
YMCA — in derselben Stadt wie Virgil, aber in einem anderen Gebäude der Organisation — als Bademeisterin gejobbt
und ihn 1968 auf einer Katzenausstellung kennengelernt.
Sie verabredeten sich manchmal — sie war damals in den
frühen Zwanzigern, er ein paar Jahre älter —, doch dann
entschloß sie sich, an einer Hochschule in Arkansas weiter-
zustudieren, wo sie einem Mann begegnete, den sie später
heiratete. Der Kontakt zu Virgil brach ab. Eine Zeitlang betrieb sie eine Gärtnerei, die sie selbst aufgebaut hatte, und
spezialisierte sich auf Orchideenzucht, doch mußte sie diesen Beruf aufgeben, nachdem sie an schwerem Asthma erkrankt war. Nach einigen Jahren trennte sie sich von ihrem
ersten Mann und kehrte nach Oklahoma zurück. 1988 rief
Virgil sie aus heiterem Himmel an, und drei Jahre später,
während derer sie sich stundenlang am Telefon unterhalten hatten, kam es schließlich 1991 zu einem Wiedersehen.
«Plötzlich schien es, als seien die zwanzig Jahre nie gewesen», sagte Amy.

Bei diesem Treffen zeigte sich, daß sich beide nach einem
Leben zu zweit sehnten, wobei von Amy sicherlich mehr
Initiative ausging als von Virgil. So wie sie es wahrnahm,
war sein Leben zu einer dumpfen Routine erstarrt: über die
Straße zum YMCA, eine Massage nach der anderen, immer
mehr Live-Übertragungen von Baseballspielen im Radio,

immer weniger Unternehmungen und Verabredungen von Jahr zu Jahr. Die Wiederherstellung des Sehvermögens würde ihn, so muß sie geglaubt haben, im Verbund mit der Ehe aus dem eintönigen Junggesellendasein reißen und ihnen beiden ein neues Leben bescheren.

Virgil zeigte sich hierin so passiv wie in den meisten anderen Belangen seines Lebens. Während der zurückliegenden Jahre war er zu einem halben Dutzend Spezialisten geschickt worden, und alle hatten von einer Operation abgeraten, weil sie es für unwahrscheinlich hielten, daß die Netzhäute noch funktionsfähig waren, ein Urteil, das Virgil gelassen hinzunehmen schien. Amy widersetzte sich ihm. Da Virgil ja bereits blind war, sagte sie, gab es nichts zu verlieren, doch bestand noch eine reale, wenn auch geringe Chance, daß er einen Teil des Augenlichts zurückerlangen und nach beinahe fünfundvierzig Jahren wieder sehen würde. Und so drängte sie ihn zur Operation, während Virgils Mutter, die Komplikationen befürchtete, strikt dagegen war. («Er fühlt sich doch wohl, so wie er lebt», sagte sie.) Virgil selbst ließ keine Präferenz erkennen; er schien sich jeder Entscheidung fügen zu wollen, die sie für ihn treffen würden.

Schließlich setzte sich Amy durch, und Mitte September 1991 kam der Tag der Operation. Man entfernte den Star des rechten Auges und setzte ein Linsenimplantat ein. Dann wurde sein Auge verbunden, wie es nach einem solchen Eingriff üblich ist. Vierundzwanzig Stunden später nahm man ihm den Verband ab, und Virgils Auge war nun, zum erstenmal seit langer Zeit ohne Schleier, mit der Welt konfrontiert. Die Stunde der Wahrheit hatte geschlagen.

Aber kann man überhaupt von einem Moment der Wahrheit sprechen? In Wirklichkeit war (wie ich später rekonstruierte) das Geschehen keineswegs so «wunderbar», wie es Amys Tagebuch vermuten läßt, sondern ungleich fremdartiger. Der dramatische Augenblick blieb leer, zögerte sich hinaus, verrann. Kein Aufschrei («Ich kann sehen!»), statt dessen ein verständnisloser, verblüffter, ungezielter Blick auf den Chirurgen, der vor ihm stand und den Verband noch in den Händen hielt. Erst als dieser ihn mit einem «Nun?» ansprach, zog eine Spur des Erkennens über Virgils Gesicht.

Später erzählte mir Virgil, er habe im ersten Augenblick nicht fassen können, was er gesehen habe. Er nahm Licht, Bewegung, Farben wahr, ein verschwommenes, bedeutungsloses Gemisch. Und erst als aus diesem Gemisch eine Stimme drang, die «Nun?» zu ihm sagte, wurde ihm klar, daß dieses Chaos von Licht und Schatten ein Gesicht war – das Gesicht seines Chirurgen.

Virgils Erfahrungen waren fast identisch mit denen von Richard Gregorys Patienten S. B., der durch einen Unfall in seiner Kindheit erblindet war und im sechsten Lebensjahrzehnt Hornhauttransplantate erhielt.

Als der Verband zum erstenmal von seinen Augen entfernt wurde... hörte er die Stimme des Chirurgen. Er wandte sich in Richtung der Stimme, sah aber nichts als einen verschwommenen Fleck. Er stellte sich vor, daß dies wegen der Stimme ein Gesicht sein mußte, denn sehen konnte er es nicht. S. B. nahm also nicht plötzlich die Umwelt wahr wie wir, wenn wir unsere Augen öffnen.

Wir, die wir sehend zur Welt kommen, können uns eine derartige Verwirrung kaum vorstellen. Da wir mit allen Sinnen ausgestattet sind und sie in Beziehung zu setzen vermögen, erschaffen wir von Anfang an eine Sehwelt, eine Welt der visuellen Objekte und Konzepte und Bedeutungen. Wenn wir morgens die Augen öffnen, zeigt sich unseren Blicken eine Welt, die wir ein Leben lang zu sehen *gelernt* haben. Die Welt wird uns nicht gegeben: Wir bauen sie unaufhörlich durch unsere Erfahrungen, Kategorisierungen, Erinnerungen und immer neue Verknüpfungen auf. Als dagegen Virgil seine Augen öffnete, nachdem er fünfundvierzig Jahre als Blinder gelebt hatte – er besaß nicht viel mehr als die visuelle Erfahrung eines Kleinkinds, an die er sich zudem längst nicht mehr erinnern konnte –, halfen ihm keine optischen Erinnerungen beim Wahrnehmen; keine Welt der Erfahrung und der Bedeutung erwartete ihn. Er sah zwar, aber das, was er sah, war ohne Kohärenz. Netzhaut und Sehnerv arbeiteten und sandten Impulse aus, aber sein Gehirn vermochte diesen keine Bedeutung zu geben; Virgil hatte, wie die Neurologen sagen, eine Agnosie.

Alle, auch Virgil, hatten etwas viel Einfacheres erwartet: Ein Mensch öffnet die Augen, Licht fällt auf die Netzhaut, er sieht. So einfach ist das, denken wir. Und die Erfahrungen, die der Chirurg (wie die meisten Augenärzte) mit Staroperationen gemacht hatte, betrafen fast ausschließlich Personen, die im späteren Alter erblindet waren – und solche Patienten erlangen, wenn der Eingriff gelingt, in der Regel das normale Augenlicht sofort zurück, weil sie das Sehvermögen nicht verloren haben. So hatte man zwar Virgils Augenoperation ausführlich diskutiert und alle postoperativen Komplikationen in Erwägung gezogen, doch war es weitgehend versäumt worden, ihn auf die neurologischen und psychischen Probleme, die ihm begegnen könnten, aufmerksam zu machen und vorzubereiten.

Nach der Linsenextraktion konnte Virgil Farben und Bewegungen sehen, größere Gegenstände und Umrisse wahrnehmen (wenn auch nicht identifizieren) und erstaunlicherweise auch einige Buchstaben in der dritten Zeile der Snellenschen Sehprobentafel *lesen* – sie entspricht einer Sehschärfe von etwa 20/100 oder etwas besser. Zuweilen erreichte er sogar beachtliche 20/80, doch war sein

Gesichtsfeld nicht kohärent, da die zentrale Sehschärfe beeinträchtigt und er so gut wie unfähig war, Objekte zu fixieren. Wenn sie ihm aus dem Blick gerieten, verfiel das Auge in regellose Suchbewegungen, fand sie wieder und verlor sie erneut. Offensichtlich war die Makula lutea, der zentrale, für Sehschärfe und Fixierung verantwortliche Teil der Netzhaut, kaum funktionsfähig, so daß ihm die Seheindrücke, die er wahrnahm, nur noch durch die *para*makularen Segmente ermöglicht wurden. Die Netzhaut glich einem von Motten zerfressenen oder scheckigen Stoff mit stärker und schwächer pigmentierten Bereichen – Inseln mehr oder weniger intakten Gewebes ragten aus verkümmerten Retina-Arealen empor. Die Makula selbst war degeneriert und blaß, und die Blutgefäße der ganzen Netzhaut hatten sich verengt.

Bei einer Untersuchung waren, wie man mir berichtete, Vernarbungen, Spuren einer früheren Erkrankung, aber keinerlei Anzeichen für gegenwärtige pathologische Veränderungen festgestellt worden. Es bestand also die Möglichkeit, daß Virgils Sehvermögen sein Leben lang das sich nun abzeichnende Niveau beibehalten würde. Da das schlechtere Auge zuerst operiert worden war, gab es zudem Hoffnung, daß das linke, an dem einige Wochen später der gleiche Eingriff vorgenommen werden sollte, eine intaktere Netzhaut besaß als das rechte.

Ich konnte nicht sofort nach Oklahoma reisen (am liebsten hätte ich nach dem Anruf das nächste Flugzeug genommen), doch hielten mich in den folgenden Wochen Amy, Virgils Mutter und natürlich auch Virgil selbst telefonisch auf dem laufenden. Ferner sprach ich ausführlich mit Dr. Hamlin und mit Richard Gregory in England, um mit ihnen die Frage zu erörtern, welche Tests ich nach Oklahoma mitnehmen sollte, denn ich hatte mich noch nie mit einem derartigen Fall befaßt. Ich stellte verschiedene Testmaterialien zusammen – Gegenstände, Bilder, Cartoons,

optische Täuschungen, Videoaufnahmen und einen speziellen, von meinem Kollegen Ralph Siegel, einem Physio-
logen, entwickelten Sehtest; ich rief meinen Freund Robert Wasserman an, mit dem ich zuvor den Fall des farbenblinden Malers bearbeitet hatte, und wir begannen,
eine gemeinsame Reise zu Virgil zu planen. Es erschien
uns wichtig, nicht nur Tests mit ihm durchzuführen, sondern auch zu beobachten, wie er sein Leben gestaltete, zu
Hause und außerhalb, in alltäglichen Situationen, in Gesellschaft, ihn als einen Menschen zu betrachten, der sein
Leben – seine besonderen Dispositionen, Bedürfnisse und
Erwartungen – zu diesem kritischen Wendepunkt gesteu-
ert hatte; seine Braut kennenzulernen, die so entschieden
zur Augenoperation gedrängt hatte und mit der sein Leben nunmehr eng verflochten war; nicht nur seine Augen
und ihr Wahrnehmungsvermögen zu untersuchen, sondern die ganze Grundstimmung und das Muster seiner Lebensgeschichte.

Virgil und Amy, die gerade geheiratet hatten, holten uns
vom Flughafen ab. Er war von mittlerem Wuchs und ungeheuer dick; er bewegte sich langsam und hüstelte und
schnaufte bei der geringsten Anstrengung. Es war ihm anzusehen, daß es ihm nicht rundum gutging. Seine Augen
schweiften in unablässigen Suchbewegungen umher, und
als Amy Bob und mich vorstellte, schien er uns nicht richtig
zu sehen – er schaute in unsere Richtung, begegnete aber
nicht unseren Blicken. Ich hatte den Eindruck, daß er Bobs
und mein Gesicht nicht wirklich ansah, obgleich er lächelte, lachte und aufmerksam zuhörte.

Mich erinnerte Virgils Verhalten an eine Beobachtung,
die Gregory an seinem Patienten S.B. gemacht hatte:
«... er schaute nicht in das Gesicht eines Menschen, der mit
ihm sprach, und wußte Gesichtsausdrücke nicht zu deuten.» Wie ein Normalsichtiger verhielt sich Virgil sicherlich
nicht, aber auch nicht wie ein Blinder. Vielmehr glich er

einem *Seelen*blinden, einem Menschen mit Agnosie, der sieht, aber seine Seheindrücke nicht mehr entziffern kann. Ich mußte an einen meiner agnostischen Patienten, Dr. P., den Mann, der seine Frau mit einem Hut verwechselte, denken, der, anstatt mich auf normale Weise anzublicken und wahrzunehmen, in unvermittelte befremdende Fixierungen verfiel – auf meine Nase, mein rechtes Ohr, hinab zum Kinn, hinauf zum rechten Auge – und dabei nie das ganze Gesicht sah, es nie «erfaßte».

Wir gingen, Virgil bei Amy eingehakt, durch die überfüllte Flughafenhalle zum Parkplatz, wo ihr Auto stand. Virgil war in Autos vernarrt, und eines seiner ersten lustvollen Erlebnisse nach der Operation war es (wie bei S. B.) gewesen, ihnen zu Hause durchs Fenster nachzuschauen, sich daran zu erfreuen, wie sie sich fortbewegten, ihre Farben und Formen zu erkennen – vor allem ihre Farben. Formen verwirrten ihn manchmal. «Welche Autos sehen Sie?» fragte ich ihn, als wir über den Parkplatz gingen. Er zeigte auf jedes Auto, an dem wir vorbeigingen. «Das ist ein blaues, und das ist ein rotes – Mann, ist das groß!» Einige Formen überraschten ihn. «Schauen Sie sich dieses an», rief er plötzlich. «Ich muß nach unten blicken, um es zu sehen!» Er beugte sich vor, berührte es – es war ein schlanker, stromlinienförmiger V-12-Jaguar – und bestätigte sich so seinen Eindruck von einem niedrigen Wagen. Aber er nahm nur die Farben und die groben Umrisse wahr; er hätte ihr eigenes Auto nicht erkannt, wäre Amy nicht bei ihm gewesen. Virgil schaute, wie Bob und ich erstaunt feststellten, nicht aus eigenem Antrieb, zeigte keinerlei spontane visuelle Aufmerksamkeit, sondern blickte nur dann gezielt auf etwas, wenn man ihn danach fragte oder darauf aufmerksam machte. Der Gebrauch seiner Augen, das Sehen selbst, war für ihn alles andere als natürlich, in welchem Ausmaß auch immer sein Sehvermögen wiederhergestellt werden mochte; seine Gewohnheiten, seine Verhaltensweisen waren nach wie vor die eines Blinden.[3]

Die Fahrt vom Flughafen zu ihrem Haus dauerte lange – sie führte uns durch die ganze Stadt – und gab uns die Gelegenheit, mit Amy und Virgil zu sprechen und seine Reaktionen auf das, was er sah, zu beobachten. Besonders faszinierten ihn Bewegungen; durch die Wagenfenster verfolgte er die sich unaufhörlich ändernde Szenerie und die anderen fahrenden Autos auf der Straße. Er blickte einem Raser nach, der uns mit hoher Geschwindigkeit überholte, identifizierte Autos, Busse (er mochte vor allem die hellgelben Schulbusse), Lastwagen und auf einer Seitenstraße einen langsamen, lauten Traktor. Neonreklame schien ihn zu begeistern, und er versuchte im Vorbeifahren, die leuchtenden Buchstaben zu entziffern. Das Lesen ganzer Wörter

---

3 Ein isoliertes Sehen oder Empfinden oder Wahrnehmen gibt es nicht – Wahrnehmungen sind stets in das Verhalten, in die Motorik, in das Erleben und Erkunden der Welt eingebettet. Nur umherzuschauen reicht nicht aus; man muß hinsehen, etwas mit den Augen verfolgen. Wir haben von Virgils Wahrnehmungsunfähigkeit oder Agnosie gesprochen, doch fehlte ihm darüber hinaus der Antrieb, *hinzusehen*, das Sehen *aktiv auszuüben* – er hatte kein optisches *Ver*halten. Marius von Senden berichtet über zwei Kinder, deren Augen seit der frühen Kindheit verbunden gewesen waren. Als man ihnen im Alter von fünf Jahren den Verband abnahm, zeigten sie keine Reaktionen: Sie blickten nicht auf, schienen blind zu sein. Es scheint, als hätten diese Kinder, die sich ihre Welten mittels anderer Sinne und Verhaltensweisen aufgebaut hatten, nicht gewußt, wie man die Augen *gebraucht*.

Den Blick als Orientierungsverhalten können sogar spät Erblindete verlieren, obwohl sie ihr Leben lang «Blickende» gewesen sind. Anhand vieler beeindruckender Beispiele schildert John Hull diese Veränderung in seinem autobiographischen Buch *Im Dunkeln sehen*. Bis in die Vierzigerjahre hinein hatte Hull ein weitgehend normales Sehvermögen gehabt und erblindete dann innerhalb von fünf Jahren vollständig; danach löste sich auch die Idee, die Vorstellung davon auf, «ein Gesicht zu fixieren», jemanden «anzublicken».

bereitete ihm Mühe, doch konnte er manche anhand eines oder zweier Buchstaben oder anhand des Schriftzugs erraten. Andere Zeichen, die er sah, vermochte er dagegen nicht zu lesen, und er war auch nicht in der Lage, die wechselnden Farben der Ampellichter zu erkennen und zu identifizieren.

Amy und Virgil berichteten uns von anderen Dingen, die er seit der Operation gesehen hatte, und von einigen Verwirrungen, die dabei entstehen konnten. Er hatte den Mond gesehen; er sah größer aus, als er es erwartet hatte.[4] Ein andermal verblüffte ihn «ein dickes Flugzeug» am Himmel – «es hing in der Luft und bewegte sich nicht». Es stellte sich heraus, daß es sich um ein Luftschiff handelte. Manchmal hatten ihn Vögel, die zu dicht heranflogen, unwillkürlich zur Seite springen lassen. (Natürlich seien sie in Wirklichkeit keineswegs so nahe gewesen, erklärte uns Amy. Virgil habe einfach keine Vorstellung von Entfernungen.)

Viel Zeit hatten sie in den letzten Wochen mit Einkäufen verbracht; die Hochzeit mußte vorbereitet werden, und Amy wollte Virgil vorzeigen, wollte den Verkäufern und Ladeninhabern, die sie kannte, seine Geschichte erzählen und sie den verwandelten Virgil mit eigenen Augen sehen lassen.[5] Es war eine aufregende Zeit gewesen; ein regiona-

---

4 Auch Gregorys Patienten verwirrte der Mond: Er hatte angenommen, ein Halbmond sehe keilförmig wie ein Stück Torte aus, und war erstaunt und amüsiert, als er eine Sichel erblickte.

5 Der Soziologe und Anthropologe Robert Scott vom Institute for Advanced Behavioral Study in Stanford hat sich eingehend mit den gesellschaftlichen Reaktionen auf Blinde befaßt und die soziale Ächtung und Stigmatisierung, von der sie oft betroffen sind, analysiert. Er hat zudem Vorlesungen über «Wunderheilungen», die überschwenglichen Gefühle von Blinden nach der Wiederherstellung des Augenlichts, gehalten. Durch Scott wurde ich vor einigen Jahren auf Alberto Valvos Buch aufmerksam gemacht.

ler Fernsehsender hatte einen Film über Virgils Operation ausgestrahlt, und Leute auf der Straße erkannten ihn wieder, kamen auf ihn zu und schüttelten ihm die Hand. Die Kaufhäuser und Supermärkte, durch die sie streiften, waren Schauplätze eines dichtgedrängten Kunterbunts oft grell verpackter Waren, die Virgil Gelegenheit boten, sein Sehvermögen zu «trainieren». Zu den ersten Gegenständen, die er am Tag nach der Abnahme des Verbands erkannt hatte, gehörten Toilettenpapierrollen im Badezimmerregal. Er hatte eine Packung genommen und Amy überreicht, nur um zu zeigen, daß er sehen konnte. Drei Tage nach dem Eingriff waren sie in einen Supermarkt gegangen, und Virgil hatte all die Waren gesehen, Früchte, Dosen, Leute, Tiefkühltruhen, Einkaufswagen – derart viel, daß er Angst bekam. «Alles verschwamm ineinander», sagte er. Er mußte den Laden verlassen und seine Augen eine Zeitlang schließen.

Er habe den weiten Ausblick auf die grünen Hügel und Wiesen genossen, sagte er, besonders nach dem überfrachteten visuellen Spektakel der Supermärkte, obwohl es für ihn schwierig gewesen sei, wie Amy zu bedenken gab, die Umrisse der Hügel, die er aus der Ferne wahrgenommen habe, mit den wirklichen Hügeln, auf denen er spazierengegangen sei, in Verbindung zu bringen, und er habe sich keine Vorstellung von der Größe und Perspektive machen können.[6] Doch alles in allem sei der erste Monat der Seh-

6 Sinnesempfindungen an sich enthalten keine «Angaben» über Größe und Entfernung; wir müssen folglich durch stetige Erfahrung lernen, sie wahrzunehmen. So ist berichtet worden, daß Menschen, die ihr ganzes Leben in dichtem Regenwald zugebracht haben, wo sie kaum ein paar Meter weit sehen können, mit ihren Händen nach den fernen Bergspitzen zu greifen versuchen, wenn sie sich in freier, weitläufiger Landschaft aufhalten. Ihnen fehlt die Vorstellung, wie weit die Berge von ihnen entfernt sind.
In seinem Vortrag «Über das Sehen des Menschen» berichtet Her-

erfahrung erfreulich gewesen: «Jeder Tag ist wie ein großes Abenteuer, jeden Tag sieht er mehr und mehr Dinge zum erstenmal», hatte Amy zusammenfassend in ihrem Tagebuch festgehalten.

Als wir das Haus erreichten, ging Virgil selbständig ohne Stock auf die Vordertür zu, holte den Schlüssel hervor und schloß, wobei er den Griff umfaßte, die Tür auf. Wir waren beeindruckt – er habe es anfänglich nicht hingekriegt, sagte er, und so habe er das Öffnen der Tür seit dem Tag nach der Operation geübt. Das Öffnen der Tür sei sein Paradestück, doch sonst empfinde er das Gehen ohne Stütze oder ohne Stock als «beängstigend» und «verwirrend», da er räumliche Verhältnisse und Entfernungen nicht richtig ein-

mann von Helmholtz von einem Moment, in dem ihm als zweijähriges Kind «das Gesetz der Perspektive aufging, daß entfernte Dinge klein aussehen. Ich ging an einem hohen Turme vorbei, auf dessen oberster Galerie sich Menschen befanden, und mutete meiner Mutter zu, mir die niedlichen Püppchen herunter zu langen, da ich durchaus der Meinung war, wenn sie den Arm ausrecke, werde sie nach der Galerie des Turmes hingreifen können. Später habe ich noch oft nach der Galerie jenes Turmes emporgesehen, wenn sich Menschen darauf befanden, aber sie wollten dem geübten Auge nicht mehr zu niedlichen Püppchen werden.» Nie wieder erlag er solchen optischen Täuschungen – während er sich sein Leben lang mit Fragen der Raumwahrnehmung befaßte (vgl. Cahan 1993).

In seiner Geschichte «Der Goldkäfer» schildert Poe eine umgekehrte Wahrnehmung: Etwas, das dem Erzähler wie ein großes, vielgliedriges Lebewesen auf einem weit entfernten Hügel vorkommt, entpuppt sich als ein kleiner Käfer auf der Fensterscheibe.

Dabei kommt mir ein eigenes Erlebnis in den Sinn: Als ich zum erstenmal Marihuana geraucht hatte, fixierte ich meine Hand vor einer schwarzen Wand. Sie schien vor mir zu fliehen, behielt jedoch ihre Größe bei, bis sie mir schließlich als kosmische Riesenhand in astronomischer Entfernung erschien. Diese Täuschung war sicher auf die Abwesenheit eines Kontextes und von «Angaben» über tatsächliche Größen und Entfernungen, vielleicht auch auf eine Störung des Körperschemas und der zentralen Verarbeitung visueller Informationen zurückzuführen.

schätzen könne. Manchmal schienen Oberflächen oder Dinge in bedrohlicher Nähe über ihm zu sein, obwohl sie in Wirklichkeit noch recht weit von ihm entfernt waren; manchmal verwirrte ihn sein eigener Schatten (die ganze Vorstellung von Schatten, von Gegenständen, die Licht zurückwerfen, war ihm rätselhaft), und er hielt vor ihm inne oder stolperte oder versuchte, seinen Fuß über ihn zu setzen. Treppen bereiteten ihm besondere Schwierigkeiten, denn alles, was er sah, war ein Durcheinander, eine ebene Oberfläche paralleler und sich kreuzender Linien; obwohl er mit ihnen vertraut war, sah er sie nicht als feste Konstrukte, die im dreidimensionalen Raum nach oben oder unten führen. Jetzt, fünf Wochen nach der Operation, fühle er sich oft viel behinderter als zur Zeit seiner Blindheit, und ihm sei die Sicherheit, die Leichtigkeit abhanden gekommen, mit der er sich früher bewegt habe. Doch gebe er die Hoffnung nicht auf, daß sich mit der Zeit alles bessern werde.

Ich war mir dessen nicht so sicher; alle in der Literatur beschriebenen Patienten waren mit großen Schwierigkeiten konfrontiert gewesen, räumliche Verhältnisse und Entfernungen zu begreifen – und das über Monate oder gar Jahre. Dies war nicht einmal Valvos hochbegabtem Patienten H. S. erspart geblieben, dessen Augen normal funktioniert hatten, bis sie in seinem fünfzehnten Lebensjahr durch eine chemische Explosion verätzt wurden. Er erblindete vollständig, bis zweiundzwanzig Jahre nach dem Unfall eine Hornhauttransplantation durchgeführt wurde. In der Folgezeit stellten sich jedoch gravierende Schwierigkeiten unterschiedlichster Art ein, über die er in einer Tonbandaufnahme präzise berichtet.

Während der ersten Wochen [nach der Operation] konnte ich weder räumliche Tiefe noch Entfernungen erfassen; die Straßenlaternen waren Lichtstreifen, die an

176

den Fensterscheiben klebten, und die Flure im Hospital waren schwarze Löcher. Beim Überqueren der Straße versetzte mich der Verkehr in Panik, selbst wenn mich jemand begleitete. Das Gehen verunsichert mich; ich bin heute ängstlicher als vor der Operation.

Wir begaben uns in die Küche im hinteren Teil des Hauses, in der ein großer Kiefernholztisch mit weißer Oberfläche stand. Bob und ich packten das Testmaterial aus – Farb- und Buchstabentafeln, Bilder, optische Täuschungen – und stellten die Videokamera auf, um die Testsitzung aufzuzeichnen. Während wir uns an die Arbeit machten, kamen Virgils Katze und sein Hund in die Küche, um uns zu begrüßen und zu beschnuppern, und uns fiel auf, daß Virgil einige Mühe hatte, sie zu unterscheiden. Dieses schrullige Problem brachte Virgil seit der Operation immer wieder in Verlegenheit; beide Tiere hatten ein schwarzweißes Fell, und er verwechselte sie – zu ihrem Verdruß –, solange er sie nicht berühren konnte. Manchmal, erzählte Amy, untersuche er die Katze sorgfältig, betrachte den Kopf, die Ohren, die Pfoten, den Schwanz und berühre dabei zart jeden Körperteil, auf den er seinen Blick richte. Ich beobachtete dies selbst am nächsten Tag: Mit großer Konzentration schaute Virgil Tibbles an und betastete das Tier, bemüht, die Sinneseindrücke in Einklang zu bringen. Er tue dies immer wieder, sagte Amy («Man sollte meinen, einmal sei genug»), aber die neuen Vorstellungen, die Seheindrücke, entfielen ihm immer wieder.

Cheselden schildert eine sehr ähnliche Beobachtung an einem jungen Patienten aus den zwanziger Jahren des achtzehnten Jahrhunderts:

Über eine Besonderheit, so unbedeutend sie erscheinen mag, will ich hier berichten. Er hatte so oft immer wieder vergessen, welches die Katze und welches der Hund war, daß er sich schämte. Doch wenn ihm die Katze, die er durch Tasten erkannte, einmal in die Hände geriet, schaute er sie mit festem Blick an und sagte dann, während er sie auf den Boden zurücksetzte: «Kätzchen, das nächste Mal werde ich dich wiedererkennen.» ... Wenn man ihm Dinge benannte ... betrachtete er sie sorgfältig, damit er sie später wiedererkenne. So lernte er, wie er sagte, zuerst tausend Dinge am Tag kennen und vergaß sie dann wieder.

Nach der Abnahme des Verbands hatte Virgil als erstes Buchstaben auf einer Tafel beim Augenarzt erkannt; und so beschlossen auch wir, zuerst die Buchstabenwahrnehmung zu testen. Gewöhnliche Druckbuchstaben in der Zeitung konnte Virgil nicht lesen – seine Sehschärfe hatte den Wert 20/80 nach wie vor nicht überschritten –, aber er nahm viele Buchstaben wahr, die größer als acht Millimeter waren. Dabei schnitt er alles in allem recht gut ab und erkannte – wie schon zuvor, nachdem man ihm den Augenverband abgenommen hatte – die gewöhnlicheren Buchstaben (zumindest die Großbuchstaben) wieder. Wie kam es aber dazu, daß er Gesichter oder die Katze nicht zu identifizieren vermochte und daß ihm Umrisse, Größenverhältnisse und Entfernungen solche Schwierigkeiten bereiteten, während ihm doch das Buchstabenlesen relativ leichtfiel? Als ich Virgil danach fragte, erzählte er mir, er habe das Alphabet durch Tasten in der Schule gelernt, wo Holzbuchstaben oder ausgeschnittene Buchstaben verwendet worden seien, um die Blinden zu unterrichten. Ich mußte erneut an Gregorys Patienten S. B. denken: «Zu unserem Erstaunen konnte er die Zeit an einer großen Wanduhr ablesen. Wir konnten es kaum fassen und wollten zuerst nicht glauben, daß er vor der Operation in irgendeinem Sinne blind gewesen war.» Aber S. B. hatte als Blinder eine Sprungdeckeluhr ohne Glas verwendet, an der er die Uhrzeit ertasten konnte, und offenbar hatte bei ihm, wie Gregory schreibt, eine «zwischenmodale» Übertragung vom Tast- zum Gesichtssinn stattgefunden. Eine derartige Übertragung, schien mir, hatte auch Virgil vollzogen.

Virgil konnte zwar einzelne Buchstaben erkennen, doch war er nicht in der Lage, sie zusammenzufügen – er konnte keine Wörter lesen, sie noch nicht einmal sehen. Das erstaunte mich, denn er hatte mir erzählt, daß er in der Schule nicht nur die Braille-Schrift, sondern auch Texte in Profilbuchstaben zu lesen gelernt hatte – und dies ziemlich flüssig. Er konnte noch mühelos Inschriften auf Grabsteinen und Denkmälern ertasten. Doch seine Augen schienen bestimmte Buchstaben zu fixieren und nicht zu jenen leichten Bewegungen fähig zu sein, die für das Lesen notwendig sind. Das war auch bei H. S., der des Schreibens und Lesens mächtig war, der Fall:

Meine ersten Leseversuche waren mühsam. Ich konnte einzelne Buchstaben erkennen, nie aber ganze Wörter; das gelang mir erst nach einigen Wochen angestrengten Übens. Es war mir unmöglich, mir alle Buchstaben im Zusammenhang zu merken, nachdem ich sie einzeln, jeden für sich, gelesen hatte. Noch konnte ich in den ersten Wochen meine eigenen fünf Finger zählen. Ich hatte das Gefühl, sie seien alle da, aber... es gelang mir nicht, vom einen Finger zum nächsten überzugehen, während ich sie zu zählen versuchte.

Es zeigten sich an jenem Tag, den wir mit Virgil verbrachten, noch andere Probleme. So konnte er blitzartig Details erfassen – einen Winkel, eine Kante, eine Farbe, eine Bewegung –, war aber nicht in der Lage, sie zusammenzufügen und mit einem Blick ein komplexes Wahrnehmungsbild zu erzeugen. Das war einer der Gründe, warum ihm die Katze in optischer Hinsicht ein Rätsel blieb: Er sah eine

Pfote, die Nase, den Schwanz, ein Ohr, konnte aber nicht alles zugleich, konnte die Katze nicht als Ganzes sehen.

In ihrem Tagebuch hat Amy beschrieben, wie selbst die – visuell wie logisch – «offensichtlichen» Zusammenhänge erlernt werden mußten. So habe Virgil, erzählte sie, einige Tage nach seiner Rückkehr aus der Klinik gesagt, daß «Bäume mit nichts anderem auf dieser Welt vergleichbar» seien, doch am 21. Oktober, einen Monat nach der Operation, notierte sie: «Endlich hat er einen Baum zusammengesetzt – jetzt weiß er, daß der Stamm und die Blätter zusammengehören und eine vollständige Einheit bilden.» Und bei anderer Gelegenheit: «Von Wolkenkratzern befremdet, versteht nicht, wie sie stehen können, ohne einzustürzen.»

Viele – oder vielleicht alle – Patienten in Virgils Situation hatten ähnliche Schwierigkeiten gehabt. Eine 1891 von Eduard Raehlmann beschriebene Patientin hatte, obwohl sie vor ihrer Operation nicht ganz erblindet war und zudem viel mit Hunden zu tun gehabt hatte, «keine Vorstellung davon, wie Kopf, Beine und Ohren mit dem Tier verbunden waren». Valvo zitiert seinen Patienten T. G.:

Vor der Operation hatte ich eine ganz andere Raumvorstellung und wußte, daß ein Gegenstand sich jeweils nur in einem taktilen Bereich befinden kann. Ich wußte... auch, daß man ein Hindernis oder eine Schwelle am Ende einer Veranda erst nach einer gewissen Zeit erreicht, und dafür hatte ich ein Gespür entwickelt. Nach der Operation konnte ich monatelang nicht mehr die Seheindrücke mit meinem Gehtempo koordinieren... Ich mußte das Sehen und die für das Zurücklegen einer bestimmten Strecke notwendige Zeit aufeinander abstimmen. Mir fiel das sehr schwer. Ging ich zu schnell oder zu langsam, stolperte ich.

Valvo kommentiert: «Die wirkliche Schwierigkeit besteht darin, daß die simultane Wahrnehmung von Objekten für Menschen, die auf die sequentielle Wahrnehmung von Tastempfindungen eingestellt sind, ein ungewohnter Modus ist.» Mit unseren fünf Sinnen leben wir in Raum und Zeit; die Blinden leben dagegen nur in einer Welt der Zeit. Sie bauen ihre Welten aus Sequenzen von (taktilen, akustischen, olfaktorischen) Eindrücken auf und sind, anders als sehende Menschen, nicht fähig zu einer simultanen visuellen Wahrnehmung, zur Erzeugung einer unmittelbaren visuellen Gesamtszene. Wenn man nichts Räumliches mehr sieht, wird die *Idee* des Raums unverständlich – selbst für hochintelligente Menschen, die erst spät erblinden. Dies ist die These, die Marius von Senden in seiner großen Monographie vertritt, und sie wird in beeindruckender Weise in John Hulls Autobiographie *Im Dunkeln sehen* vor Augen geführt, in der er sich als Blinden porträtiert, der fast ausschließlich «in der Zeit lebt»:

> Bei einem Blinden ist dieses Bewußtsein, sich an einem Ort zu befinden, weniger deutlich ausgebildet... Der Raum ist auf den eigenen Körper reduziert, und die Position des Körpers teilt sich nicht durch die Objekte mit, an denen er vorüberging, sondern dadurch, wie lange er in Bewegung war. Die Position wird also durch die Zeit bestimmt... Für einen Blinden sind andere Menschen erst da, wenn sie sprechen... die Menschen [sind] ständig in Bewegung, sie sind zeitlich, sie kommen und sie gehen. Sie kommen aus dem Nichts; sie verschwinden.

Obwohl Virgil Buchstaben und Ziffern erkennen und sie auch schreiben konnte, verwechselte er einige, die sich ähnelten («A» und «H» zum Beispiel), oder schrieb sie gelegentlich rückwärts. (Hull berichtet, wie sein visuelles Zahlengedächtnis bereits nach fünfjähriger Erblindung in seinem fünften Lebensjahrzehnt so unsicher geworden war, daß er nicht mehr genau wußte, wie herum eine «3» geschrieben wird, und er mußte sie mit dem Finger in der Luft schreiben. So blieb die Ziffer als taktil-motorischer, aber nicht mehr als ein visueller Begriff erhalten.) Dennoch – Virgils Leistung war für jemanden, der fünfundvierzig Jahre lang nichts gesehen hatte, beeindruckend. Aber die Welt besteht nicht aus Buchstaben und Ziffern. Wie ging er mit Gegenständen und Bildern um? Wie fand er sich in der wirklichen Welt zurecht?

Nach der Abnahme des Verbands galten seine ersten Wahrnehmungen vor allem den Farben; die Farbigkeit, zu der es in der Tastwelt keine Entsprechung gibt, erregte und erfreute ihn – dies ging aus seinen eigenen Berichten ebenso hervor wie aus Amys Tagebuchaufzeichnungen. (Die Farb- und Bewegungswahrnehmung scheint uns angeboren zu sein.) Auf Farben, auf die chromatische Unerwartetheit neuer Seheindrücke, kam Virgil ständig zu sprechen. Am Abend vor unserem Besuch habe er griechischen Salat und Spaghetti gegessen, erzählte er uns, und die Spaghetti hätten ihn in Erstaunen versetzt: «Weiße runde Fäden, wie Angelschnur», sagte er. «Und ich hatte gedacht, sie sind braun.»

Das Sehen von Licht und Konturen und Bewegungen, vor allem aber das Sehen von Farben war völlig unerwartet gewesen und hatte eine physische und emotionale Wucht gehabt, die er beinahe wie einen Schock, wie eine Explosion erlebte. («Ich verspürte die Gewalt dieser Empfindungen wie einen Schlag auf den Kopf», schrieb Valvos Patient H. S. «Der Aufruhr der Emotionen... glich jenen überwältigenden Gefühlen, die mich überkamen, als ich meine Frau zum erstenmal sah und als ich aus dem Auto die riesigen Monumente Roms erblickte.»)

Wir fanden heraus, daß Virgil mühelos ein breites Spektrum von Farben unterschied und sie treffsicher klassifizierte. Allerdings gab er den Farben manchmal falsche Namen: Ein Gelb bezeichnete er als rosa, obwohl er wußte, daß es sich um die Farbe einer Banane handelte. Wir fragten uns zunächst, ob er an Farbenagnosie oder -anomie litt – Störungen der Farbenzuordnung und -benennung, die durch Schädigungen in spezifischen Hirnbereichen verursacht werden. Die Schwierigkeiten waren jedoch eher, wie uns schien, einfach auf Lerndefizite (oder auf das Vergessen des Erlernten) zurückzuführen – auf die Tatsache, daß durch die früh entstandene, jahrzehntelange Blindheit entweder die Zuordnung von Farben und Farbnamen teilweise verhindert worden oder einige bereits hergestellte Zuordnungen wieder in Vergessenheit geraten waren. Solche Zuordnungen und die ihnen zugrunde liegenden, anfangs schwachen neuralen Verknüpfungen waren in seinem Gehirn auseinandergerissen worden, nicht durch irgendeine Schädigung oder Krankheit, sondern wegen mangelnder Beanspruchung.

Virgil glaubte zwar, daß er noch visuelle Erinnerungen, einschließlich Farberinnerungen, an seine frühe Kindheit besaß – auf der Fahrt vom Flughafen hatte er über diese Zeit in Kentucky erzählt («Ich sehe den kleinen Bach in der Mitte», «Vögel auf den Zäunen», «die großen, alten, weißen Häuser») –, doch war ich mir nicht sicher, ob es sich um echte Erinnerungen, um Bilder vor seinem geistigen Auge, oder um rein verbale Beschreibungen ohne innere Bilder (wie im Falle Helen Kellers) handelte.

Wie nahm Virgil Formen wahr? Hier lagen die Dinge etwas komplizierter, denn seit der Operation hatte er Konturen-Übungen gemacht, immer wieder bemüht, das Aussehen von Formen mit den Tastempfindungen von ihnen zu korrelieren. Solche Übungen waren bei Farben nicht nötig gewesen. Er war zunächst nicht in der Lage gewesen, Konturen mit bloßem Auge zu erkennen – nicht einmal einfache Formen wie Viereck und Kreis, die er mit dem

Tastsinn sofort identifizierte. Für ihn entsprach ein berührtes Quadrat keineswegs einem gesehenen Quadrat. Damit beantwortete er auf seine Weise die von Molyneux aufgeworfene Frage. Amy hatte deshalb unter anderem einen Kasten mit einfachen, großen Holzklötzen – Viereck, Dreieck, Kreis, Rechteck –, die zu entsprechenden Löchern paßten, gekauft und Virgil dazu gebracht, jeden Tag mit ihnen zu üben. Zuerst erschien ihm die Aufgabe unlösbar, inzwischen aber, nach einem Monat regelmäßigen Übens, recht einfach. Dennoch neigte er dazu, die Klötze und Löcher abzutasten, bevor er sie ineinanderfügte, doch als wir ihn baten, dies zu unterlassen, bewältigte er die Aufgabe, nur noch am Seheindruck orientiert, ziemlich fließend.

Es war offenkundig, daß ihm feste Gegenstände Schwierigkeiten bereiteten, da sich ihr Aussehen ständig änderte, und es war in den vergangenen fünf Wochen viel Zeit auf die Erkundung von Objekten verwendet worden, des für ihn unerwarteten Wandels ihres Erscheinungsbildes, je nachdem, ob man sie aus der Nähe oder Ferne, halbverdeckt oder aus verschiedenen Blickwinkeln betrachtete.

An dem Tag, als er nach der Abnahme des Verbands nach Hause kam, waren ihm das Gebäude und sein Interieur unverständlich, und er mußte durch den Garten, durch das Haus, in jeden Raum geführt und mit jedem Stuhl und Sessel vertraut gemacht werden. Nach einer Woche hatte er sich mit Amys Hilfe einen Standardweg geschaffen – eine festgelegte Route, die vom Garten durch das Wohnzimmer in die Küche führte, mit Abzweigungen zum Bade- und Schlafzimmer. Nur von diesem Weg aus – und nur mit Hilfe von Interpretationen und Schlußfolgerungen – vermochte er zunächst Gegenstände zu erkennen; so lernte er beispielsweise, daß «eine weiße Fläche rechts», die er seitlich vor sich sah, wenn er das Haus durch den Vordereingang betrat, der Eßtisch im nächsten Raum war, wenn er auch zu diesem Zeitpunkt keinen klaren optischen Begriff von

«Tisch» oder «Eßzimmer» hatte. Sobald er vom Standardweg abwich, war er völlig orientierungslos. Später begann
er, behutsam und mit Amys Hilfe, den Weg als Ausgangs-
linie für kleine Exkursionen nach beiden Seiten zu verwenden, so daß er den Raum sehen, die Wände und Gegenstände unter verschiedenen Winkeln spüren und nach
und nach einen Sinn für Räumlichkeit, Festigkeit und Perspektive entwickeln konnte.

Virgils Bemühungen, die Räume in seinem Haus auszu-
kundschaften und dabei gewissermaßen den sichtbaren
Aufbau der Welt zu ergründen, ließen mich an ein Kleinkind denken, das eine Hand vor seinen Augen hin- und
herbewegt, den Kopf mal nach links, mal nach rechts wen-
det und so seine Welt erstmals konstruiert. Die meisten von
uns erahnen nicht, wie immens diese Konstruktionslei-
stung ist, denn wir erbringen sie unwissentlich, unbewußt,
unwillkürlich tausendmal am Tag. Dies gilt hingegen nicht
für einen Säugling, und es galt auch nicht für Virgil, noch
trifft es zum Beispiel auf einen Maler zu, der sich die Frische
und Neuheit seiner elementaren Wahrnehmungen erhalten will. Paul Cézanne schrieb einmal: «Dasselbe Sujet unter einem anderen Blickwinkel gesehen, ergibt ein
Studienobjekt von höchstem Interesse, so variationsreich,
daß ich es monatelang betrachten könnte, ohne meinen
Standort zu verändern, nur indem ich den Kopf ein wenig
nach rechts oder nach links wende.»

Wir erwerben die Wahrnehmungskonstanz – die Korrelation all der verschiedenen Ansichten von Objekten, der
«Überformen» – sehr früh, in den ersten Lebensmonaten.
Es ist eine immense Lernaufgabe, die aber so sanft, so unbewußt gelöst wird, daß wir es kaum bemerken, wie komplex
sie ist (obwohl selbst der größte Supercomputer sie nicht
einmal im Ansatz nachvollziehen kann). Für Virgil dagegen, der über ein halbes Jahrhundert hin vergessen hatte,
welche visuellen Engramme bei ihm als Kind entstanden

waren, bedeutete das Lernen oder erneute Erlernen der Überformen eine aufmerksame und systematische Exploration, die täglich viele Stunden in Anspruch nahm. Im ersten Monat erkundete er mit Augen und Händen alle kleineren Gegenstände im Haus – Früchte, Gemüse, Flaschen, Dosen, Besteck, Blumen, Nippes auf dem Fenstersims –, indem er sie wieder und wieder in seinen Händen drehte, aus der Nähe betrachtete, dann am ausgestreckten Arm, bemüht, die verschiedenen Anblicke zu einer Empfindung einheitlicher Gegenständlichkeit zu synthetisieren.[7]

Virgil hatte trotz der Bedrückung, die mit den Sehversuchen einhergingen, spielerisch weitertrainiert und ständig dazugelernt. Er konnte inzwischen Früchte, Flaschen und Dosen in der Küche, die verschiedenen Topfpflanzen im

7 Ähnliche Probleme hatte Gregorys Patient S. B., der immer wieder «verblüfft darüber war, wie Gegenstände ihre Form veränderten, während er um sie herumging... So betrachtete er einen Laternenpfahl, umrundete ihn, untersuchte ihn aus verschiedenen Perspektiven und wunderte sich, wieso er immer anders und doch gleich aussah.» Alle Menschen mit wiederhergestelltem Sehvermögen haben enorme Schwierigkeiten bei der Betrachtung von Dingen, die ihr Aussehen verändern, fühlen sich jäh in eine Welt gestoßen, die ihnen als ein Chaos sich ständig wandelnder, fließender und vergänglicher Erscheinungen entgegentritt. Sie können sich in diesem Strom der Erscheinungsbilder verlieren, der für sie noch nicht fest mit einer Welt der Objekte, einer räumlichen Welt, verbunden ist. Nachdem sie sich so lange auf ihre anderen Sinne gestützt haben, irritiert sie bereits der Begriff «Erscheinung», die Vorstellung, daß etwas verschieden aussehen kann, eine optische Vorstellung, die kein Analogon in den Wahrnehmungen der anderen Sinne hat. Wir, die wir von Geburt an in einer Welt der Erscheinungen (und ihrer Täuschungen und Trugbilder) zu leben gewohnt sind, haben gelernt, mit ihnen umzugehen, uns in ihnen sicher und zu Hause zu fühlen, während dies Menschen, denen das Augenlicht wiedergegeben wurde, ungeheuer schwerfällt. Schein und Wirklichkeit – wie sie der Philosoph F. H. Bradley in seinem Buch *Appearance and Reality* (1893) beschreibt – bleiben für sie zunächst unverbunden.

Wohnzimmer und andere Alltagsgegenstände im Haus mühelos identifizieren.

Unvertraute Gegenstände waren für ihn ungleich schwerer zu erkennen. Als ich die Manschette des Blutdruckapparats aus der Tasche nahm, war er zutiefst verwirrt und wußte mit ihr nichts anzufangen, erkannte sie aber sofort, als ich ihm erlaubte, sie zu berühren. Besondere Schwierigkeiten bereiteten ihm Dinge, die sich bewegten, da sich ihr Aussehen ständig veränderte. Selbst sein Hund, erzählte er mir, sehe immer wieder in einem solchen Maße anders aus, daß er sich frage, ob es sich immer um denselben Hund handle.[8] Vollkommen hilflos reagierte er auf rasche Veränderungen im Gesichtsausdruck anderer. Solche Schwierigkeiten sind charakteristisch für früh Erblindete, die ihr Augenlicht wiedererlangen. Auch Gregorys Patient S. B. konnte selbst ein Jahr nach der Operation noch keine individuellen Gesichter und ihre Mimik identifizieren, obwohl sein elementares Sehvermögen inzwischen vollständig wiederhergestellt war.

Wie stand es mit der Wahrnehmung von Bildern? Mir wurde erzählt, er genieße es fernzusehen und verfolge alles, was sich auf dem Bildschirm abspiele – und tatsächlich stand im Wohnzimmer ein neuer Riesenfernseher, das Emblem des neuen Lebens, das Virgil nunmehr als Sehender führte. Doch als wir ihm unbewegte Bilder, Fotos aus Zeitschriften zeigten, scheiterte er kläglich. Er erkannte

---

8 Als ich dies hörte, fiel mir eine Szene aus Borges' Erzählung «Das unerbittliche Gedächtnis» ein, in der der Protagonist Funes aufgrund seiner Schwierigkeiten mit allgemeinen Begriffen in eine ähnliche Situation gerät:

> Nicht nur machte es ihm Mühe zu verstehen, daß der Allgemeinbegriff *Hund* so viele Geschöpfe verschiedener Größe und verschiedener Gestalt umfassen soll; es störte ihn auch, daß der Hund von 3 Uhr 14 (im Profil gesehen) denselben Namen führen sollte wie der Hund von 3 Uhr 15 (gesehen von vorn).

weder Menschen noch Gegenstände, verstand nicht einmal die Idee der bildlichen Repräsentation. Gregorys Patient S. B. hatte ähnliche Schwierigkeiten gehabt. Als man ihm ein Bild der King's Bridge in Cambridge zeigte,

> konnte er darauf nichts erkennen. Er begriff nicht, daß ein Fluß zu sehen war, und nahm weder Wasser noch Brücke wahr... S. B. schien bei keinem der farbigen Bilder, die wir ihm zeigten, zu verstehen, wie die Objekte räumlich angeordnet waren, welche sich vor oder hinter anderen befanden... So drängte sich uns der Eindruck auf, daß er kaum mehr als Farbflecken sah.

Ähnlich erging es Cheseldens jungem Patienten:

> Wir hatten angenommen, er werde bald wissen, was Bilder darstellen... doch mußten wir später einsehen, daß wir uns geirrt hatten. Zwei Monate nach dem Eingriff entdeckte er plötzlich, daß die Bilder feste Körper darstellten, wogegen er sie zuvor für teilweise farbige Ebenen oder buntscheckige Oberflächen gehalten hatte. Doch auch dann ließ seine Überraschung nicht nach, denn er erwartete, die Bilder müßten sich genau so anfühlen wie die Dinge, die sie darstellen... und er fragte uns, welcher der beiden Sinne ihn trüge – die Tastempfindung oder der Seheindruck.

Um die bewegten Bilder auf dem Fernsehschirm war es nicht besser bestellt. Da wir wußten, daß er Rundfunkübertragungen von Baseballspielen mochte, suchten wir ein Programm mit einem gerade laufenden Spiel. Virgil schien ihm zuerst visuell zu folgen, denn er beschrieb seinen Verlauf im einzelnen. Als wir aber den Ton abstellten, war er verloren. Es wurde klar, daß er nicht viel mehr als Lichtstreifen, Farben und Bewegungen sah und daß alles andere (das, was er zu sehen *glaubte*) auf flinken und wohl unbewußt vollzogenen Interpretationen im Einklang mit dem Gehörten beruhte. Wie er sich als Zuschauer eines wirklichen Spiels verhalten würde, konnten wir nicht einschätzen – wir hielten es für möglich, daß er vieles erkennen und erfassen würde; in der zweidimensionalen Repräsentation der Wirklichkeit auf einem Bild oder auf dem Fernsehschirm fand er sich jedenfalls nicht zurecht.

Virgil war mittlerweile zwei Stunden lang getestet worden und begann müde zu werden. Es war eine visuelle und kognitive Ermüdung, die sich seit der Operation häufig einstellte und sich darin äußerte, daß seine Sehkraft zusehends nachließ und er immer größere Schwierigkeiten hatte, das Gesehene zu deuten.[9]

9 Wir konnten Virgil seiner Müdigkeit wegen keinem Test mit optischen Täuschungen unterziehen, was wir sehr bedauerten, denn das «Sehen» oder «Nichtsehen» optischer Täuschungen ist ein objektiver, verläßlicher Indikator für das visuelle Konstruktionsvermögen des Gehirns. Dies hat vor allem Gregory eingehend erforscht, und sein detaillierter Bericht über S. B.s Reaktionen auf optische Täuschungen ist deshalb von großer Bedeutung. Eine dieser Täuschungsfiguren besteht aus zwei Parallelen, die Normalsichtigen durch ein darüberliegendes Strahlengitter gekrümmt erscheinen, ein «Gestalt»-Effekt, der sich bei S. B. nicht einstellte: Er nahm die Linien als Parallelen wahr – und auch bei anderen Täuschungen blieben die üblichen Fehlwahrnehmungen aus. Besonders interessant war S. B.s Reaktion auf Kippfiguren – perspektivisch dargestellte Würfel oder Treppen, die normalerweise räumlich wahrgenommen werden und von Zeit zu Zeit ihre Konfiguration ändern, während man sie betrachtet; bei S. B. funktionierte weder der perspektivische noch der Kippeffekt, und auch bei zweideutigen Vorlagen («Vase oder Gesichter?») kam es zu keiner Figur-Grund-Fluktuation. Er «sah», so schien es, keine Distanz-Größen-Veränderungen in den optischen Täuschungen und erlebte auch nicht den sogenannten Wasserfalleffekt, der sich normalerweise nach Bewegungswahrnehmungen einstellt. Normalsichtige Erwachsene «sehen» in all diesen Fällen eine Täuschung (obwohl sie wissen, daß es sich um eine Fehlwahrnehmung handelt), und viele dieser Täuschungseffekte lassen sich auch bei jungen Kin-

Auch wir waren nach diesem Testvormittag unruhig und hatten Lust, einen Ausflug zu machen. So fragten wir Virgil, ob er – als letzte Aufgabe – etwas zeichnen wolle. Wir schlugen ihm als erstes Motiv einen Hammer vor (das war der erste Gegenstand gewesen, den S. B. nach seiner Operation gezeichnet hatte). Virgil war einverstanden und begann, recht unsicher, mit dem Zeichnen. Dabei nahm er die freie Hand zur Hilfe, um die Bewegungen des Stifts zu lenken. («Das tut er nur, weil er jetzt müde ist», sagte Amy.) Danach zeichnete er ein (sehr hohes und altmodisches) Auto, ein Flugzeug (ohne Heckflügel – es wäre wohl kaum flugtüchtig gewesen) und ein Haus (flach und grob, wie die Zeichnung eines dreijährigen Kindes).

Als wir schließlich in den grellen Oktobervormittag traten, war Virgil geblendet und setzte eine dunkelgrüne Sonnenbrille auf. Selbst normales Tageslicht, sagte er, sei für ihn viel zu hell, zu gleißend; am besten sehe er bei gedämpftem Licht. Wir fragten ihn, wohin er am liebsten fahren wolle, und nach kurzem Nachdenken sagte er: «Zum Tierpark.» Er habe noch nie einen Zoo besucht, erklärte er, und sei gespannt darauf, wie die verschiedenen Tiere aussähen. Seit seiner Jugendzeit auf der Farm sei er in Tiere vernarrt.

Sehr auffällig war, als wir durch den Zoo streiften, Virgils Sensitivität für Bewegungen. Als erstes faszinierte ihn eine seltsame Stolzierbewegung; er lächelte, während er ihr mit den Blicken folgte – so etwas hatte er noch nie gesehen. «Was ist das?» fragte er.

«Ein Emu.»

dern und einigen Affenarten nachweisen. Die Tatsache, daß S. B. sie nicht wahrnahm, zeigt, wie rudimentär das visuelle Konstruktionsvermögen seines Gehirns war, eine Folge des Mangels früher visueller Erfahrungen.

Er wußte nicht recht, was ein Emu ist, und so baten wir ihn, ihn uns zu beschreiben. Das fiel ihm offenbar schwer, und er konnte nur feststellen, daß das Tier etwa die Größe Amys habe – sie und der Emu standen in diesem Moment nebeneinander –, daß sich aber seine Bewegungen von den ihren deutlich unterschieden. Er wollte das Tier anfassen, es von allen Seiten betasten, weil er es dann, wie er glaubte, besser sehen würde. Doch leider war es verboten, Tiere zu berühren.

Als nächstes wurde sein Blick von einer Sprungbewegung angezogen, und sofort wußte, genauer: mutmaßte er, daß es sich um ein Känguruh handelte. Seine Augen folgten den Bewegungen des Tiers; er könne es nicht beschreiben, sagte er, wenn er es nicht berühren dürfe. Uns stellte sich hier die Frage, was er denn eigentlich sah – und was er überhaupt unter «Sehen» verstand.

Virgil schien ein Tier im allgemeinen nur an seinen Bewegungen oder an einem bestimmten Merkmal zu erkennen – so konnte er ein Känguruh aufgrund der Sprünge identifizieren, eine Giraffe aufgrund ihres langen Halses, ein Zebra aufgrund der Streifung –, doch war er nicht in der Lage, sich einen Gesamteindruck von einem Tier zu verschaffen. Zudem mußte sich das Tier deutlich vom Hintergrund abheben; so erkannte er die Elefanten trotz ihrer Rüssel nicht, weil sie sich, recht weit von ihm entfernt, vor schieferfarbenen Felsen aufhielten.

Schließlich gelangten wir zum Menschenaffengehege; Virgil war gespannt auf den Gorilla. Doch konnte er ihn nicht sehen, solange er sich halb in den Bäumen versteckte, und als er sich endlich zeigte, meinte Virgil, er sehe aus wie ein großer Mann, nur bewege er sich anders. Zum Glück stand eine lebensgroße Gorillastatue aus Bronze in der Nähe, und wir sagten Virgil, der alle Tiere hatte anfassen wollen, hier könne er wenigstens das Modell berühren. Sachte und genau erkundete er es mit seinen Händen, und dies mit einer Sicherheit, die er noch nie gezeigt hatte, wenn er etwas mit den Augen abtastete. Mir wurde klar — und vielleicht erging es auch den anderen in diesem Moment so —, wie gewandt und selbständig er als Blinder gewesen war, wie natürlich und leicht er seine Welt mit seinen Händen erfahren hatte und in welchem Ausmaß wir ihn jetzt, wenn man so will, zu etwas drängten, das ihm widernatürlich war: Wir erwarteten, daß er auf all das verzichtete, was sich ihm taktil so leicht anverwandelt hatte, und daß er die Welt auf eine Weise wahrnehmen sollte, die für ihn fremd und unglaublich mühsam war.[10]

Sein Gesicht schien im Erkennen zu erstrahlen, während er die Statue ertastete. «Das ist ganz anders als ein Mensch», murmelte er. Nachdem er die Statue erforscht hatte, öffnete er die Augen und wandte sich dem echten Gorilla zu, der im Gehege vor ihm stand. Und nun begann er, das Tier auf eine zuvor undenkbare Weise zu beschreiben — seine Haltung, die Art, wie die Klauen den Boden berührten, die kurzen, krummen Beine, die gewaltigen Eckzähne, den großen Haarbusch auf dem Kopf —, und er zeigte auf diese Körperteile, während er sie beschrieb. Gregory berichtet von einer wunderbaren Episode, die er mit

10 Kurz zuvor hatte Virgil gehört, wie in der Ferne Löwen brüllten; er hatte die Ohren gespitzt und sich auf der Stelle in ihre Richtung gewandt. «Hört», sagte er, «die Löwen werden gefüttert!» Uns anderen war das Geräusch vollkommen entgangen, und selbst als Virgil uns darauf aufmerksam machte, konnten wir es nur ganz schwach hören und waren unsicher, aus welcher Richtung es kam. Virgils Hörvermögen, seine auditive Aufmerksamkeit und Wahrnehmungsschärfe und Orientierung, seine Gewandtheit als Hörender erstaunten uns. Eine solche Hörschärfe und gesteigerte Empfindlichkeit für akustische Eindrücke entwickelt sich bei vielen Blinden, vor allem aber bei Blindgeborenen oder frühzeitig Erblindeten. Dies hängt damit zusammen, daß Aufmerksamkeit, Ansprechbarkeit und Erkenntniskräfte auf diesen Sinnesbereich fokussiert sind, was zu einer Überentwicklung der akustisch-kognitiven Hirnsysteme führt.

seinem Patienten S. B. erlebte. Da dieser ein anhaltendes Interesse für Werkzeuge und Maschinen zeigte, schlug ihm Gregory einen gemeinsamen Besuch im Londoner Science Museum vor:

Am interessantesten war seine Reaktion auf die Maudsley-Schraubendrehbank, die in einer Vitrine aufbewahrt wird... Wir führten ihn zu dem verschlossenen Glasbehälter und baten ihn, uns zu erzählen, was er darin sehe. Er konnte kaum irgendwelche Angaben machen – nur daß der ihm am nächsten gelegene Teil der Maschine ein Hebel war... Danach baten wir den Museumswächter (wie vorher abgesprochen), den Glasbehälter zu öffnen, und S. B. durfte die Drehbank nun berühren. Das Ergebnis war erstaunlich... Die Augen geschlossen, führte er die Hände begierig über die ganze Drehbank, trat dann einen Schritt zurück, öffnete die Augen und sagte: «Jetzt, nachdem ich sie gefühlt habe, kann ich sie auch sehen.»

Genauso erging es Virgil mit dem Gorilla. Dieses spektakuläre Beispiel dafür, wie das Tasten das Sehen ermöglicht, bot auch eine Erklärung für etwas anderes, das mir Rätsel aufgegeben hatte. Seit der Operation hatte Virgil Spielsoldaten, Spielautos, Spieltiere, Miniaturen berühmter Bauwerke – eine ganze Liliputanerwelt – gekauft und beschäftigte sich stundenlang mit ihnen. Weder Kindlichkeit noch Spiellust hatten ihn dazu getrieben. Indem er die Spielzeuge gleichzeitig betrachtete und berührte, konnte er eine entscheidende Korrelation herstellen; er bereitete sich auf das Sehen der wirklichen Welt vor, indem er zuerst diese Spielzeugwelt zu sehen lernte. Der Größenunterschied spielte dabei keine Rolle, wie er ja auch S. B. nichts ausgemacht hatte, der die Zeit auf einer großen Wanduhr ablesen konnte, weil er den Seheindruck mit einer Tastempfindung – dem, was er von der Berührung seiner Taschenuhr her kannte – zu korrelieren vermochte.

Zu Mittag kehrten wir in einem Fischrestaurant ein, und beim Essen warf ich von Zeit zu Zeit einen Blick auf Virgil. Er aß zuerst, beobachtete ich, wie ein Sehender und spießte die Tomatenstücke in seinem Salat akkurat auf die Gabel. Doch allmählich ließ seine Treffsicherheit nach. Die Gabel verfehlte immer häufiger ihr Ziel und verharrte dann unsicher über dem Tisch. Schließlich gab er, unfähig zu «sehen» oder zu deuten, was sich auf dem Teller befand, seine Bemühungen auf und begann mit den Händen zu essen, so wie er es früher als Blinder getan hatte. Amy hatte mir schon von solchen Rückfällen erzählt und sie auch in ihrem Tagebuch beschrieben. Ähnlich ergehe es ihm zum Beispiel beim Rasieren. Zunächst rasiere er sich mit angespannter Konzentration, den Blick auf das Messer gerichtet, vor dem Spiegel. Dann verlangsamten sich seine Bewegungen, und er starre irritiert auf sein Spiegelbild oder versuche, seine undeutlichen Seheindrücke durch Berührung zu bestärken. Schließlich wende er sich vom Spiegel ab oder schließe die Augen oder schalte das Licht aus und fahre dann, nur noch vom Tastsinn geleitet, mit dem Rasieren fort.

Daß Virgil nach starker Beanspruchung seiner Augen in Phasen visueller Ermüdung verfiel, ist nicht verwunderlich; wir alle kennen das aus Zeiten, in denen unserem Sehvermögen zuviel abverlangt wird. So geschieht etwas mit meinem visuellen System, wenn ich beispielsweise drei Stunden lang ununterbrochen EEGs analysiere: Ich übersehe manches, und es entstehen flimmernde Nachbilder der Kurvenverläufe in meinem Gesichtsfeld, wohin auch immer ich schaue. In solchen Momenten muß ich innehalten und mich mit etwas anderem beschäftigen oder, besser noch, die Augen eine Stunde lang schließen. Und Virgils visuelles

System mußte, verglichen mit einem normal entwickelten, in diesem Abschnitt seines Lebens äußerst labil sein.

Weniger leicht zu verstehen, alarmierend und vielleicht bedrohlich waren die langen Phasen der «Verschwommenheit» – eines eingeschränkten Seh- oder Erkenntnisvermögens –, die Stunden oder gar Tage anhielten und unvermittelt und ohne erkennbare Ursache einsetzten. Bob Wasserman gaben Virgils und Amys Beschreibungen dieser Fluktuationen ein Rätsel auf; in seiner Praxis als Augenarzt, in der er viele Staroperationen durchgeführt hatte, waren ihm noch nie Schwankungen dieser Art begegnet.

Nach dem Mittagessen fuhren wir zur Praxis von Dr. Hamlin. Er hatte gleich nach dem Eingriff detaillierte Netzhaut-Aufnahmen gemacht, und Bob, der nun Virgils Auge (mit direkten und indirekten ophthalmoskopischen Mitteln) untersuchte und die Ergebnisse mit den Fotos verglich, fand keinerlei Hinweise auf postoperative Komplikationen. (Mit einem besonderen Verfahren, der Fluoreszenz-Angiographie, war ein winziges zystoides Makula-Ödem entdeckt worden, doch konnte dies nicht die Ursache jener unvermittelten Schwankungen sein, die uns so erstaunten.) Da sich diese Fluktuationen nicht auf eine lokale Störung im Auge zurückführen ließen, fragte sich Bob, ob sie vielleicht mit einer verborgenen Krankheit zusammenhingen – Virgils kränkliches Aussehen hatte uns erschreckt, als wir ihm zum erstenmal begegnet waren – oder ob sie durch eine *neurale* Reaktion des visuellen Systems auf sensorische und kognitive Überlastung hervorgerufen wurden. Normalsichtigen bereitet es keine Mühe, aus den optischen Sinnesdaten Formen, Konturen, Objekte und Szenen zu konstruieren; sie haben solche visuellen Konstrukte, die Sehwelt, von Geburt an aufgebaut und dafür einen gewaltigen, reibungslos funktionierenden kognitiven Apparat entwickelt. (Normalerweise ist die Großhirnrinde zur Hälfte mit der Verarbeitung visueller Daten befaßt.) Bei

Virgil dagegen waren diese kognitiven Fähigkeiten nur rudimentär angelegt, da sie sich nicht hatten entwickeln können; es schien also durchaus möglich, daß die visuell-kognitiven Bereiche seines Gehirns überlastet waren.

Die Hirnsysteme aller Tiere reagieren auf Reizüberflutung, auf Reizungen jenseits eines bestimmten Schwellenwerts, mit unvermittelter Stillegung.[11] Diese Reaktionen haben mit dem Individuum und seinen Motiven nichts zu tun. Sie sind rein lokaler und physiologischer Natur und können sogar in eng begrenzten Abschnitten der Hirnrinde auftreten: ein biologischer Abwehrmechanismus gegen neurale Überflutung.

Doch sind perzeptiv-kognitive Prozesse ungeachtet ihrer physiologischen Anteile auch persönlich – wir konstruieren und nehmen nicht irgendeine, sondern *unsere ureigene* Welt wahr – und mit dem perzeptiven Selbst verbunden, mit dessen Willen, Orientierung und Stil. Mit dem Kollaps der Wahrnehmungssysteme kann auch dieses perzeptive Selbst zusammenbrechen, wodurch sich die Sehweise, ja die Identität des Individuums verändert. Wenn dies geschieht, wird das Individuum nicht nur blind, sondern hört auch auf, sich als sehendes Wesen zu verhalten; es spricht nicht von inneren Veränderungen, vergißt das eigene Sehvermögen und dessen Verlust. Eine solche vollständige Seelenblindheit (auch als «Antonsches Zeichen» bekannt) wird durch die massive Schädigung, etwa infolge eines Hirnschlags, der visuellen Hirnareale verursacht. Doch auch Virgil schien von Zeit zu Zeit seelenblind zu sein, und in solchen Phasen redete er zwar vom «Sehen», erweckte aber den Anschein, als sei er blind, und zeigte keine

---

11 Bei Pawlow ist im Zusammenhang derartiger Reaktionen bei Hunden von dem «passiven Schutzreflex» die Rede, «der darin besteht, daß das Tier bei einer Begegnung mit einem überstarken äußeren Reiz mehr oder weniger bewegungslos wird».

Spur eines visuellen Verhaltens. Es stellte sich die Frage, ob das gesamte Substrat der visuellen Wahrnehmung und Identität in Virgil derart schwach entwickelt war, daß er bei Überreizung oder Erschöpfung nicht nur in eine physische, sondern auch in eine totale psychische Blindheit vom Antonschen Typ verfiel.

Eine andere Art visueller Stillegung – der Rückzug – schien mit Situationen einherzugehen, in denen er großen emotionalen Belastungen oder Konflikten ausgesetzt war. Und Virgil hatte in dieser Zeit mehr Streß zu bewältigen als je zuvor: Erst vor kurzem hatte er sich einer Operation unterzogen; er hatte gerade geheiratet; der gleichmäßige Verlauf seines Junggesellendaseins war unterbrochen worden; er stand unter hohem Erwartungsdruck; und schließlich war das Sehen selbst eine verwirrende und anstrengende Erfahrung. Der Druck hatte sich in den Tagen vor der Hochzeit noch verstärkt, als seine Verwandten anreisten; sie hatten sich gegen die Operation ausgesprochen und beharrten nun darauf, daß er nach wie vor blind sei. All dies hat Amy in ihrem Tagebuch dokumentiert:

9. Oktober: Gingen in die Kirche, um sie für die Hochzeit zu schmücken. Virgil nimmt alles verschwommen wahr. Kann nicht viel erkennen. Als ob das Augenlicht abgestürzt sei. Virgil verhält sich wieder «blind»... Er will, daß ich ihn herumführe.

11. Oktober: Virgils Familie trifft heute ein. Seine Augen scheinen Urlaub zu machen... Es ist, als sei er in die Blindheit zurückgefallen! Familie angekommen. Sie wollen nicht glauben, daß er sieht. Wenn er sagt, er sehe etwas, entgegnen sie: «Ach was, du errätst es.» Sie behandeln ihn, als sei er völlig blind – führen ihn herum, reichen ihm, wonach er verlangt... Bin sehr nervös, und Virgil hat einfach aufgehört zu sehen... Werde verunsichert, ob wir das Richtige tun.

12. Oktober: Hochzeitstag. Virgil sehr ruhig... sieht etwas klarer, aber immer noch verschwommen... Konnte erkennen, wie ich den Mittelgang entlangging, aber nur sehr verschwommen... Wunderbare Hochzeit. Feier bei Mom's. Virgil von Familie umgeben. Verabschiedete sich heute abend von ihr. Begann klarer zu sehen, sobald sie abgereist war.

In allen diesen Episoden behandelten die Angehörigen Virgil als Blinden, verweigerten ihm die Identität eines Sehenden oder untergruben sie fortwährend, und er reagierte willfährig, indem er sich wie ein Blinder verhielt, ja wieder zu einem Blinden wurde – ein massiver Rückzug, eine Regression, von Teilen seines Ichs in eine vernichtende Leugnung seiner Identität. Einer solchen Regression muß eine Ursache, wenn auch unbewußt, zugrunde liegen – eine Hemmung auf einer «funktionalen» Ebene. Somit schien es zwei unterschiedliche Formen von «sich als Blinder verhalten» oder «als Blinder agieren» zu geben: zum einen den Zusammenbruch der visuellen Identität auf einer organischen Basis (eine «Bottom-up»- oder neuropsychologische Störung, wie es unter Neurologen heißt), zum anderen den Zerfall oder die Hemmung der visuellen Identität auf einer funktionalen Basis (eine «Top-down»- oder psychoneurotische Störung), die für Virgil keineswegs weniger real war. Angesichts der extremen Schwäche seines Sehvermögens – der Instabilität seiner visuellen Systeme *und* seiner visuellen Identität – war es zu diesem Zeitpunkt oft sehr schwierig, das Geschehen einzuschätzen und zwischen dem «Physiologischen» und dem «Psychologischen» zu unterscheiden. Sein Sehen war so abgedriftet, so dicht an der Grenze, daß eine neurale Überlastung oder ein Identitätskonflikt ihn über sie hinausstoßen konnte.[12]

12 Bei spezifischen organischen Schwächen kann sich emotionaler Streß leicht somatisch ausdrücken: Asthmatiker bekommen unter

Marius von Senden, der in seiner klassischen Untersuchung *Die Raumauffassung bei Blindgeborenen vor und nach ihrer Operation* (1931) eine Vielzahl veröffentlichter Fallgeschichten aus drei Jahrhunderten analysiert hat, kommt zu dem Schluß, daß alle Menschen, denen das Augenlicht gegeben wird, früher oder später in eine «Motivationskrise» geraten, die nicht jeder übersteht. Er berichtet zum Beispiel von einem Patienten, der sich durch das Sehen derart bedroht fühlte (er sollte das Blindenheim verlassen und sich von seiner dort lebenden Verlobten trennen), daß er ankündigte, er werde sich die Augen ausreißen; von Senden zitiert eine Fallgeschichte nach der anderen, von Patienten, die sich nach einer Operation «blind verhalten» oder «sich weigern zu sehen», von anderen, die den Eingriff aus Furcht vor den Konsequenzen eines visuellen Lebens ablehnen (eine dieser Studien, «L'aveugle qui refuse de voir», war bereits 1771 veröffentlicht worden). Sowohl Gregory als auch Valvo kommen ausführlich auf die emotionale Gefährdung zu sprechen, zu der der neue Wahrnehmungsmodus bei einem Blinden führen kann – dem anfänglichen Freudentaumel kann eine zerstörerische (und sogar tödliche) Depression folgen.

Von einer solchen Depression wurde Gregorys Patient befallen: In der Klinik war S. B. voller Begeisterung und machte gute Fortschritte bei seinen Sehübungen. Doch die Aussichten trübten sich. Sechs Monate nach der Operation, berichtet Gregory,

Streß Asthma-Anfälle, Parkinson-Patienten neigen zu einer Verstärkung ihrer Symptome, und ein Mensch mit begrenzter Sehkraft wie Virgil kann über die Grenze gestoßen und (vorübergehend) blind werden. Deshalb war es zuweilen außerordentlich schwer, bei ihm zwischen physiologisch bedingter Anfälligkeit und psychisch motivierter Verhaltensstörung zu unterscheiden.

verfestigte sich bei uns der Eindruck, daß ihn das Sehen fast gänzlich enttäuschte. Dank des Augenlichts konnte er ein wenig mehr unternehmen... doch die Möglichkeiten, die es ihm bot, waren viel geringer, als er es sich ausgemalt hatte... Er führte noch immer weitgehend das Leben eines Blinden; manchmal schaltete er abends nicht einmal das Licht an... Auch mit den Nachbarn kam er [jetzt] nicht gut zurecht; sie betrachteten ihn als «merkwürdigen Kauz», und seine Kollegen [die ihn zuvor bewundert hatten] machten sich über ihn lustig und verspotteten ihn, weil er nicht lesen konnte.

Die Depression wurde schlimmer; S. B. erkrankte, und zwei Jahre nach der Operation starb er. Er war bei bester Gesundheit gewesen, hatte früher das Leben genossen; er war nur vierundfünfzig Jahre alt geworden.

Valvo hat in sechs exemplarischen Fallgeschichten und einer profunden Erörterung ausführlich dargelegt, welche Gefühle und Verhaltensweisen früh erblindete Menschen entwickeln, wenn ihnen im späteren Leben das Augenlicht «geschenkt» wird und sie mit der Notwendigkeit konfrontiert sind, eine Welt, eine Identität, zugunsten einer anderen aufzugeben.[13]

13 In einem 1749 erschienenen Buch mit dem ironischen Titel *Lettre sur les aveugles à l'usage de ceux qui voient* (Brief über die Blinden, zum Gebrauch für Sehende) vertritt Diderot die erkenntnis- und kulturrelativistische Auffassung, daß die Blinden auf ihre Weise eine komplette, in sich ruhende Welt aufbauen, eine vollständige «Blindenidentität» entwickeln können, ohne ein Gefühl von Behinderung oder Inadäquatheit, daß also das «Problem» der Blindheit (mitsamt dem Wunsch, sie zu heilen) nicht ihres, sondern unseres ist.
Auch schreibt Diderot, die Frage, was Blinde zu verstehen vermögen, hänge wesentlich von Intelligenz und Bildung ab; diese könnten ihnen, argumentiert er, zumindest ein formales Verständnis vieler Dinge vermitteln, die ihnen mittels direkter Wahrnehmung nicht zugänglich seien. Zu dieser Auffassung gelangte er vor allem durch seine

Ein wesentlicher Konflikt, mit dem Virgil – wie alle, denen das Augenlicht gegeben wird – konfrontiert war, beruhte auf der unsicheren Beziehung zwischen Tast- und Gesichtssinn – der Erfahrung, nicht zu wissen, ob man etwas befühlen oder betrachten soll. Dieser Konflikt machte sich vom Tag nach der Operation an bemerkbar, und er trat deutlich an dem Tag zum Vorschein, als wir Virgil besuchten, als er seine Hände kaum von den Holzklötzen zurückhalten konnte, alle Tiere berühren wollte und es aufgab, mit der Gabel zu essen. Sein Wortschatz, seine ganze Sensitivität, sein Bild von der Welt orientierten sich an taktilen – oder zumindest nichtvisuellen – Begriffen. Er war bis in die Tiefen seines Wesens ein Tastmensch – jedenfalls bis zur Operation.

Es ist erwiesen, daß bei Taubgeborenen (und vor allem bei solchen, die die Gebärdensprache erlernen) Hirnbereiche, die für das Hören zuständig sind, in die Verarbeitung visueller Sinnesdaten einbezogen werden. Man weiß auch, daß die Finger, mit denen Blinde die Braille-Schrift lesen, durch ein außergewöhnlich großes Areal im taktilen Bereich des Kortex repräsentiert sind. So liegt die Vermutung nahe, daß die taktilen (und akustischen) Hirnrindenfelder bei einem Blinden vergrößert sind und sogar in den Bereich eindringen, der normalerweise die Sehrinde bildet. Was von dieser übrigbleibt, könnte, da es keine visuellen Reize zu verarbeiten gab, weitgehend unterentwickelt sein. Es ist sehr wahrscheinlich, daß eine solche Differenzierung der zerebralen Entwicklung mit dem frühen Ver-

Erörterung der Lebensgeschichte Nicholas Saundersons, eines berühmten blinden Mathematikers und Anhängers Newtons, der 1740 gestorben war. Daß Saunderson, der nie Licht gesehen hatte, es dennoch so tief erfassen, über Optik Vorlesungen halten und auf seine Art ein erhebendes Bild vom Universum entwerfen konnte, faszinierte Diderot.

lust eines Sinnes und der kompensatorischen Erweiterung anderer Sinne einsetzt.

Traf dies auch auf Virgil zu, so stellt sich die Frage, was in solchen Fällen geschieht, wenn das Sehen plötzlich ermöglicht wird. Man wird sicher erwarten, daß zumindest *partiell* ein visueller Lernprozeß stattfindet, daß sich einige Bahnen in der Sehrinde entwickeln. Das Aufflackern von Aktivität in der Sehrinde eines Erwachsenen ist noch nie dokumentiert worden, und wir hofften, spezielle PET-Aufnahmen von Virgils Sehrinde machen zu können, um diesen Prozeß, während er sehen lernte, aufzuzeichnen. Wie aber sieht dieses Lernen, diese Aktivierung aus? Geht es so zu wie bei den ersten visuellen Lernprozessen eines Kleinkindes? (Das jedenfalls war Amys erster Gedanke.) Doch Menschen, denen das Augenlicht erst in späteren Jahren gegeben wird, stehen, neurologisch gesehen, nicht auf der gleichen Startlinie wie Kleinkinder, deren Hirnrinde äquipotent ist — gleichermaßen bereit zur Anpassung an jegliche Form von Wahrnehmung. Der Kortex eines früh erblindeten Erwachsenen wie Virgil hat sich längst darauf eingestellt, Wahrnehmungen in der Zeit zu organisieren, nicht im Raum.[14]

14 Der kanadische Psychologe Donald Hebb hat sich intensiv mit der Entwicklung des Sehens befaßt und eine Vielzahl empirischer Daten gegen die häufig vertretene Annahme vorgelegt, sie sei Menschen «angeboren». Verständlicherweise faszinierte ihn das seltene «Experiment» (falls eine solche Bezeichnung statthaft ist) mit der Herstellung des Augenlichts bei Blindgeborenen im Erwachsenenalter, und in seinem Buch *The Organization of Behavior* setzt er sich ausführlich mit den Fällen auseinander, die von Senden zusammengestellt hat (Hebb selbst kannte aus eigener Erfahrung keinen derartigen Fall). Diese bestätigen weitgehend seine These, daß Sehen durch Erfahrung gelernt wird; er vertrat sogar die Auffassung, daß es beim Menschen erst nach etwa fünfzehn Jahren zur vollen Reife gelangt.

Vorsicht ist allerdings gegenüber Hebbs Vergleich zwischen einem Kleinkind und einem mit neuem Sehvermögen ausgestatteten Er-

Ein Kind lernt einfach. Das ist eine gewaltige und nie endende Aufgabe, aber sie ist nicht mit unlösbaren Konflikten behaftet. Ein Erwachsener mit wiederhergestelltem Augenlicht dagegen muß einen radikalen Wechsel von einem sequentiellen zu einem visuell-räumlichen Modus vollziehen, und einem solchen Wechsel stellt sich lebenslange Erfahrung entgegen. Gregory hebt hervor, daß Konflikte und Krisen geradezu unvermeidbar sind, wenn «ein Leben lang eingeübte Wahrnehmungsgewohnheiten und -strategien» geändert werden müssen. Solche Konflikte sind im Nervensystem selbst angelegt, denn ein früh erblindeter Mensch, der sein Leben auf die Anpassung und Spezialisierung seines Gehirns verwandt hat, verlangt diesem nun, da er sehen kann, eine völlige Umkehr ab. (Zudem fehlt dem Gehirn eines Erwachsenen die Plastizität des kindlichen Gehirns – weshalb man im Alter neue Sprachen oder neue Fertigkeiten schwerer erlernt. Doch gleicht das Sehenlernen bei einem zuvor blinden Menschen nicht dem Erlernen einer Fremdsprache; es ist, wie Diderot betont, als lerne er zum erstenmal eine Sprache, als lerne er seine Muttersprache.)

Menschen, denen das Augenlicht erst in späteren Lebensphasen gegeben wird, können die Aufgabe, sehen zu lernen, nur dann bewältigen, wenn in ihnen eine grundlegende Veränderung der neurologischen und damit auch der psychischen Funktionen des Selbst, der Identität, stattfindet. Die Veränderung kann, im wörtlichen Sinne, als

wachsenen geboten (darauf weist auch Gregory hin). Es mag sein, daß ein Erwachsener mit wiederhergestelltem Augenlicht einige der für die Kindheit charakteristischen Entwicklungs- und Lernstadien durchläuft; aber ein Erwachsener ist, neurologisch und psychologisch betrachtet, alles andere als ein Säugling – lebenslange Wahrnehmungserfahrungen haben ihn geprägt –, und deshalb lassen solche Fälle keine Rückschlüsse auf die Wahrnehmungswelt eines Kleinkindes zu (wie Hebb annahm).

Frage von Leben und Tod erlebt werden. Valvo zitiert einen seiner Patienten, der sagte: «Man muß als Sehender sterben, um als Blinder neu geboren zu werden.» Das Gegenteil ist nicht weniger wahr: Man muß als Blinder sterben, um als Sehender neu geboren zu werden. Und im Interim, im Limbus – «zwischen zwei Welten, die eine tot, die andere für die Geburt noch zu schwach» – geht es schrecklich zu. Blindheit mag zunächst einen furchtbaren Verlust, eine unerträgliche Entbehrung bedeuten, doch kann sich dies im Laufe der Zeit relativieren, denn es findet eine tiefgreifende Anpassung, eine Neuorientierung, statt, in deren Verlauf der Erblindete die Welt nichtvisuell rekonstruiert und wiedererwirbt. Er gelangt zu einer *anderen* Daseinsform, mit einer eigenen Sensitivität und Kohärenz und Empfindung. John Hull bezeichnet dies als «tiefe Blindheit» und sieht darin «eine Lebensmöglichkeit».[15]

15 Wenn die Blindheit als ein «Geschenk», als «Lebensmöglichkeit» empfunden werden kann, so gilt dies genauso (wenn nicht sogar in stärkerem Maße) für die Gehörlosigkeit, die nicht nur zu einer Erweiterung der visuellen (allgemeiner gesagt, der räumlichen) Fähigkeiten führt, sondern zudem eine ganze Gemeinschaft mit einer eigenen visuell-gestischen Sprache (der Gebärdensprache) und Kultur umfaßt. Mit in gewisser Hinsicht ähnlichen Problemen wie Virgil können taubgeborene oder frühzeitig ertaubte Menschen konfrontiert sein, denen eine Innenohrprothese, ein Cochlear Implant, eingesetzt wird. Für sie sind Schallphänomene zunächst bedeutungslos – sie fühlen sich einem akustischen Chaos, einer akustischen Agnosie ausgesetzt. Zu diesen kognitiven Schwierigkeiten gesellen sich Identitätsprobleme; in gewissem Sinne müssen sie als Gehörlose sterben, um als Hörende wiedergeboren zu werden. Dies kann erheblich problematischer sein und weitreichende soziale und kulturelle Folgen haben, denn Gehörlosigkeit stellt nicht nur eine persönliche, sondern darüber hinaus eine vielen Menschen gemeinsame sprachliche und kulturelle Identität dar. Diese sehr komplexen Zusammenhänge untersucht Harlan Lane in seinem Buch *The Mask of Benevolence: Disabling the Deaf Community.*

Am 31. Oktober wurde der Star in Virgils linkem Auge entfernt, und es kam eine Netzhaut zum Vorschein, die in ihrem Zustand und ihrer Sehschärfe etwa der rechten glich. Das war eine schmerzliche Enttäuschung, denn es hatte Hoffnung bestanden, daß sein linkes Auge intakter sein würde – gut genug jedenfalls, um sein Sehvermögen deutlich zu verbessern. Einige Fortschritte immerhin stellten sich ein: Er konnte, was er sah, besser fixieren, die Suchbewegungen der Augen traten etwas seltener auf, und sein Gesichtsfeld erweiterte sich.

Als beide Augen vom Star befreit waren, nahm Virgil seine Arbeit wieder auf, doch machte er immer häufiger die Erfahrung, daß das Sehen auch eine Schattenseite hatte, daß ihn vieles in Verwirrung brachte und manches gar schockierte. Dreißig Jahre lang, sagte er, habe er zufrieden am YMCA gearbeitet und geglaubt, die Körper seiner Patienten zu *kennen*. Nun erschreckte es ihn auf einmal, die Körper vor sich liegen zu sehen, die Haut zu betrachten, die er sich früher nur durch Berührungen erschlossen hatte; die Vielfalt der Hautfarben überraschte ihn, und er ekelte sich ein wenig vor den «Flecken» auf den Körpern, die sich unter seinen Händen so vollkommen weich und glatt angefühlt hatten.[16] Er empfand es als Erleichterung, wenn er mit geschlossenen Augen massierte.

In den folgenden Wochen verbesserte sich sein Sehvermögen weiterhin, vor allem wenn er die Möglichkeit hatte, seinen eigenen Rhythmus zu bestimmen. Er tat sein Bestes, um das Leben eines Sehenden zu führen, doch geriet er zugleich in immer heftigere Konflikte. Manchmal machte ihm die Vorstellung angst, er müsse seinen Stock zurück-

16 Gregory beobachtet an S. B.: «Einiges, was er mochte, sah für ihn plötzlich häßlich aus (wozu auch seine Frau und er selbst gehörten!), und der Schmutz und die Unvollkommenheit der sichtbaren Welt brachten ihn oft aus der Fassung.»

lassen, hinausgehen, die Straßen überqueren und sich da-
bei nur auf seine Augen verlassen; einmal äußerte er die
Befürchtung, man könnte von ihm «erwarten», daß er
Auto fährt und einen ganz neuen «Sehberuf» ergreift. Es
war also eine Zeit großer Anstrengungen und wirklicher
Fortschritte – Fortschritte allerdings, die, wie es schien,
psychische Kosten verursachten: die innere Spannung und
Gespaltenheit verstärkten sich.

Dies zeigte sich zum Beispiel eine Woche vor Weihnachten, als Amy und Virgil ein Ballett besuchten. Er genoß die
Aufführung des *Nußknackers*: Die Musik hatte er stets gemocht, und nun sah er zum erstenmal auch etwas davon.
«Ich sah Leute auf der Bühne umherspringen, konnte aber
nicht erkennen, was sie anhatten», sagte er. Er malte sich
aus, was für ein Erlebnis es sein müsse, ein Baseballspiel
im Stadion zu sehen, und freute sich schon auf den Saison-
beginn im Frühjahr.

Weihnachten war eine besonders feierliche und bedeutsame Zeit – das erste Weihnachtsfest nach der Heirat und
das erste Weihnachtsfest für ihn als Sehenden. In Begleitung Amys kehrte er ins heimische Kentucky zur Farm seiner Eltern zurück. Zum erstenmal seit mehr als vierzig Jahren sah er seine Mutter wieder – zur Zeit der Heirat hatte er
sie kaum, hatte er fast nichts richtig sehen können –, und
sie kam ihm «wirklich schön» vor. Er sah auch den alten
Bauernhof wieder, die Zäune, den kleinen Bach, der sich
durchs Weideland schlängelte – all die vertrauten Dinge,
deren Anblick ihm seit seiner Kindheit verwehrt war und
die er in seiner Erinnerung gehegt und gepflegt hatte. Das
zurückgewonnene Augenlicht hatte ihm oft Enttäuschun-
gen bereitet, aber das alte Zuhause und seine Familie zu
sehen war für ihn die reine Freude.

Nicht weniger wichtig war, daß die Familie ihre Einstellung zu ihm änderte. «Er schien lebhafter zu sein», sagte
seine Schwester, «er bewegte sich viel, streifte im Haus

umher, ohne gegen die Wände zu stoßen – er stand einfach auf und ging.» Es habe sich seit der ersten Operation «viel geändert», meinte sie, und die Mutter und die übrigen Angehörigen teilten diesen Eindruck.

Einen Tag vor Weihnachten rief ich Virgils Mutter an und sprach auch mit seiner Schwester und anderen. Sie luden mich ein, zu ihnen zu kommen, und ich wäre gern darauf eingegangen, denn es schien für sie alle eine Zeit der Freude und Zuversicht zu sein. Der Widerstand der Familie gegen den Versuch, Virgils Sehkraft wiederherzustellen (und vielleicht gegen Amy, die dazu gedrängt hatte), und ihre Weigerung zu glauben, daß er sehen *konnte*, waren Erfahrungen, die er verinnerlicht hatte und die sein neuerworbenes Sehvermögen hätten auslöschen können. Nun, da die Familie «bekehrt» war, bestand Hoffnung, daß sich eine gravierende seelische Blockierung löste. Weihnachten war der Höhepunkt, aber auch der Abschluß eines außergewöhnlichen Jahres.

Was würde sich im kommenden Jahr ereignen, fragte ich mich in jenen Tagen. Worauf konnte er sich bestenfalls Hoffnungen machen? Wieviel visuelle Welt, visuelles Leben würde ihm noch offenstehen? Das waren Fragen, die wir, rundheraus, zu diesem Zeitpunkt nicht beantworten konnten. So düster und erschreckend die Geschichten vieler Patienten waren, so gab es doch zumindest einige, die die schlimmsten Schwierigkeiten bewältigt hatten und relativ konfliktfrei mit dem neuen Augenlicht zu leben verstanden.

Selbst der gewöhnlich um sprachliche Nüchternheit bemühte Valvo läßt sich bei der Beschreibung eines solchen positiven Verlaufs ein wenig gehen:

Haben unsere Patienten erst einmal Sehschemata erworben, mit denen sie selbständig umgehen können, scheinen sie viel Freude am visuellen Lernen zu haben ... und erleben eine Renaissance der Persönlichkeit... Sie beginnen, über gänzlich neue Erfahrungsbereiche zu reflektieren.

«Eine Renaissance der Persönlichkeit» – genau das hatte sich Amy für Virgil gewünscht. Uns fiel es schwer, uns eine solche Renaissance bei ihm vorzustellen, denn er schien so phlegmatisch, so eingefahren in seinem Trott. Und doch hatte Virgil trotz einer Vielzahl von Problemen – dem Zustand seiner Netzhäute und der visuellen Zentren seiner Hirnrinde, der seelischen Belastung, vielleicht auch einer schlechten gesundheitlichen Verfassung – auf seine Weise große Fortschritte erzielt und seine Fähigkeit, die visuelle Welt zu erfassen, stetig erweitert. Angesichts dieser vorwiegend positiven Einstellung und der offenkundigen Freuden und Vorteile, die das Sehen für ihn bedeuteten, schien es keinen Grund zu geben, daran zu zweifeln, daß er immer weitere Fortschritte machen würde. Auf ein völlig intaktes Sehvermögen durfte er zwar nicht hoffen, wohl aber auf ein durch das Augenlicht radikal erweitertes Leben.

Die Katastrophe brach ohne Vorwarnung herein. Am 8. Februar rief mich Amy an: Virgil sei zusammengebrochen und bleich und im Stupor ins Krankenhaus eingeliefert worden. Die Diagnose: lobäre Pneumonie mit massivem Befall eines Lungenlappens. Er liege am Tropf auf der Intensivstation, werde beatmet und mit Antibiotika behandelt.

Die zuerst verabreichten Antibiotika wirkten nicht, sein Zustand verschlechterte sich, wurde kritisch, und einige Tage schwebte er zwischen Leben und Tod. Nach drei Wochen war die Entzündung endlich unter Kontrolle, und die Lunge dehnte sich nach und nach wieder aus. Doch Virgil selbst blieb schwerkrank, denn die Lungenentzündung hatte eine schwere Atemdepression verursacht – das Atemzentrum im Gehirn war fast gelähmt und nicht mehr in der Lage, angemessen auf den Sauerstoff- und Kohlendioxidgehalt im Blut zu reagieren. Die Sauerstoffwerte begannen zu sinken – sanken unter die Hälfte der Norm. Und die des Kohlendioxids begannen zu steigen – stiegen auf das Dreifache des normalen Gehalts. Virgil brauchte ständig Sauerstoff, doch durfte ihm nur wenig verabreicht werden, da sonst das Atemzentrum noch mehr geschädigt worden wäre. Aufgrund des Sauerstoffmangels im Gehirn und der Kohlendioxidvergiftung kam es zu Bewußtseinsstörungen und Dämmerzuständen, und an schlechten Tagen (wenn der Sauerstoff die niedrigsten und das Kohlendioxid die höchsten Werte erreichten) konnte Virgil nichts mehr sehen: Er war völlig blind.

Vieles trug zu dieser anhaltenden Krise bei: Virgils Lungen waren geschwollen und fibrös; es entwickelte sich eine starke Bronchitis mit Emphysem; das Zwerchfell war einseitig gelähmt, eine Folge der Polio-Erkrankung in seiner Kindheit; und überdies war er enorm fettleibig – dermaßen fettleibig, daß er ein Pickwick-Syndrom bekam (benannt nach Little Joe, dem schläfrigen, feisten Knaben aus Dickens' Roman *Die Pickwickier*). Beim Pickwick-Syndrom ist die Atmung stark beeinträchtigt, und es entsteht ein Sauerstoffmangel im Blut, verbunden mit einer Depression des Atemzentrums.

Virgil war sicher schon vor Jahren krank geworden; seit 1985 hatte er ständig zugenommen. Doch zwischen der Hochzeit und Weihnachten hatte er weitere zwanzig Kilo zugelegt und sich damit innerhalb weniger Wochen auf ein Körpergewicht von hundertfünfundzwanzig Kilogramm katapultiert – teils durch Flüssigkeitsrückhaltung infolge seiner Herzinsuffizienz, teils durch übermäßiges Essen, ein Verhalten, zu dem er unter Streß neigte. Drei Wochen mußte er in der Klinik verbringen, in denen der Sauerstoffgehalt des Blutes trotz der Beatmung immer wieder in gefährliche Zonen absank – und jedesmal, wenn der kritische Grenzwert erreicht war, wurde Virgil lethargisch und erblindete vollständig. Amy wußte, sobald sie die Tür zu seinem Zimmer öffnete, wie es um den Sauerstoffgehalt seines Blutes bestellt war, ob er einen guten oder einen schlechten Tag hatte – je nachdem, ob er Gebrauch von seinen Augen machte und aufblickte oder mit seinen Händen tastete, «blind agierte». (Wir fragten uns im nachhinein, ob nicht die seltsamen Schwankungen der Sehschärfe, die gleich nach der Operation eingesetzt hatten, zumindest teilweise durch diese Schwankungen des Sauerstoffgehalts, verbunden mit retinaler und zerebraler Anoxie, verursacht worden waren. Virgil litt vermutlich seit Jahren an einem schwach ausgeprägten Pickwick-Syndrom, und es war deshalb möglich, daß er schon vor der akuten Erkrankung eine Neigung zu Atembeschwerden und Anoxie entwickelt hatte.)

Es gab noch einen weiteren, mittleren Zustand, der Amy höchst rätselhaft vorkam; in solchen Phasen *behauptete* er, nichts sehen zu können, griff aber nach Gegenständen, ging ihnen aus dem Weg und zeigte das *Verhalten* eines Sehenden. Amy verstand diese Zustände nicht, in denen er offensichtlich auf Objekte reagierte, sie lokalisierte, etwas sah – und dennoch jegliches Bewußtsein von diesem Sehen abstritt. Dieser Zustand, den man als implizites oder unbewußtes Sehen oder auch als Blindsehen bezeichnet, tritt ein, wenn die visuellen Zentren der Hirnrinde ausfallen (beispielsweise bei Sauerstoffmangel), die visuellen Zentren der dem Kortex vorgelagerten Regionen hingegen weiterarbeiten. Optische Signale werden aufgenommen und angemessen beantwortet – aber keine Spur dieser Wahrnehmung erreicht das Bewußtsein.

Virgil war schließlich so weit wiederhergestellt, daß er die Klinik verlassen und nach Hause gehen konnte, aber er kehrte als Atemkrüppel zurück. Er war an eine Sauerstoff-flasche gefesselt, ohne die er sich nicht einmal von seinem Stuhl erheben konnte. Es bestand zu diesem Zeitpunkt kaum Aussicht, daß sich sein Zustand hinreichend bessern und er wieder seiner Arbeit nachgehen würde, und so beschloß das YMCA, ihm zu kündigen. Einige Monate später mußte er auch aus dem Haus ausziehen, das er als Angestellter der Organisation mehr als zwanzig Jahre lang bewohnt hatte. Dies war Virgils Situation in jenem Sommer: Er hatte nicht nur seine Gesundheit, sondern auch seine Arbeit und das Haus verloren.

Anfang Oktober fühlte er sich etwas besser und konnte nun ein, zwei Stunden ohne Sauerstoffflasche umhergehen. Aus den Ferngesprächen mit Virgil und Amy wurde mir nicht klar, was in all diesen Monaten mit seinem Sehvermögen geschehen war. Amy erzählte, es sei «beinahe weg» gewesen, doch habe sie den Eindruck, es kehre nun, da es ihm bessergehe, zurück. Als ich das Rehabilitationszentrum für Sehbehinderte anrief, an dem Virgil getestet worden war, bekam ich eine andere Version zu hören. Virgil schien, berichtete man mir, das ganze im Jahr zuvor wiederhergestellte Sehvermögen eingebüßt zu haben – es seien nur geringe Spuren übriggeblieben. Kathy, seine Therapeutin, glaubte, er sehe Farben, aber fast nichts anderes mehr – und manchmal Farben ohne Objekte: So könne er einen rötlichen Dunst oder Halo um eine Pepto-Bismol-Flasche sehen, ohne die Flasche selbst zu erkennen.[17] Nur dieses Farbensehen, sagte sie, bleibe konstant; für alles an-

17 Semir Zeki hat an einigen Fällen zerebraler Anoxie beobachtet, daß die für die Erzeugung der Farbwelt zuständigen Rindenbereiche weitgehend intakt bleiben können, so daß die Patienten Farben *und sonst nichts* sehen – keine Formen, keine Ränder, keine Objekte.

dere scheine er blind zu sein – er verfehle Gegenstände, nach denen er greife, tappe herum und mache insgesamt einen visuell desorientierten Eindruck. Auch die ziellosen, blinden Augenbewegungen hätten sich wieder eingestellt. Und dennoch komme es spontan, aus heiterem Himmel, zu plötzlichen erstaunlichen Momenten des Sehens, in denen er Gegenstände, sogar recht kleine, erkenne. Aber diese Wahrnehmungseindrücke lösten sich dann so unvermittelt auf, wie sie eingetreten seien, und er könne sich gewöhnlich nicht an sie erinnern. Kurzum, Virgil sei jetzt praktisch blind.

Kathys Bericht schockierte und verwirrte mich. Das waren Phänomene, die sich radikal von allem unterschieden, was wir zuvor an ihm beobachtet hatten. Was geschah nun mit seinen Augen und seinem Gehirn? Aus der Ferne konnte ich nicht feststellen, was vor sich ging, und dies um so weniger, als Amy darauf beharrte, daß sich Virgils Sehvermögen nun bessere. Sie wurde wütend, wenn jemand Virgil als blind bezeichnete, und behauptete, das Rehabilitationszentrum «trainiere ihn zum Blindsein». Im Februar 1993, ein Jahr nach dem Ausbruch der verheerenden Krankheit, baten wir Virgil und Amy, nach New York zu kommen, um uns wiederzusehen und einige physiologische Tests durchzuführen, die uns Aufschluß über seine Netzhaut- und Hirnfunktionen geben konnten.

Sobald ich Virgil am Gate des LaGuardia Airport erblickte, wurde mir klar, daß alles eine schlimme Wendung genommen hatte. Er wog nun fast fünfzig Pfund mehr als bei unserer letzten Begegnung in Oklahoma. Er trug eine Sauerstoffflasche auf dem Rücken. Er tastete sich vor; seine Augen irrten umher; er sah aus wie ein vollständig erblindeter Mensch. Amy hielt ihn am Ellbogen und führte ihn. Und doch – als wir über den East River nach Manhattan fuhren, erblickte er plötzlich etwas – ein Licht auf der Brücke –, das er nicht erkannte, aber deutlich sah. Aber er konnte sich nichts merken, sich an nichts erinnern und war somit visuell hilflos.

Bei der ersten Testsitzung in meinem Arbeitszimmer – zuerst mit großen Farbflächen, dann mit weiträumigen Bewegungen und starken Lichtblitzen – versagte Virgil vollkommen. Er schien total blind zu sein – *blinder als vor der Operation*, denn damals hatte er trotz des Stars wenigstens Lichtstrahlen, ihre Richtung und die Schatten einer vor seinen Augen bewegten Hand erkennen können. Nun nahm er nicht das geringste wahr, schien keine lichtempfindlichen Rezeptoren mehr zu besitzen: es war, als hätten sich seine Netzhäute aufgelöst. Aber eben nicht vollständig – und das war sonderbar. Denn manchmal erkannte er etwas: So sah er eine Banane, beschrieb sie, nahm sie in die Hand. Zweimal konnte er mit seinen Händen den Zufallsbewegungen eines Lichtstreifens auf dem Computerbildschirm folgen; und manchmal streckte er eine Hand nach einem Gegenstand aus oder «erriet» ihn richtig, obwohl er gleichzeitig behauptete, «nichts» zu sehen – das war das Blindsehen, das bei ihm zuerst im Krankenhaus beobachtet worden war.

Dieses fast durchgängige Versagen erschreckte uns, und er fühlte sich entmutigt und niedergeschlagen – es war also Zeit, die Tests zu unterbrechen und eine Mittagspause einzulegen. Als wir ihm eine Fruchtschale reichten und er die Früchte mit seinen flinken, sensiblen, gewandten Fingern betastete, hellte sich sein Gesicht auf, und es kam wieder Leben in ihn. Er beschrieb, während er die Früchte berührte, seine Tastempfindungen mit bewundernswerter Genauigkeit, sprach von der wachsartigen, glatten Haut der Mirabellen, dem feinen Flaum der Pfirsiche, von der Weichheit der Nektarinen («wie die Wangen eines Babys») und der rauhen, von Grübchen übersäten Schale der

Orangen. Er wog die Früchte auf seinen Händen, sprach über ihr Gewicht und ihre Konsistenz, über die Kerne und Steine und dann, während er an den Früchten roch, über ihre verschiedenen Düfte. Sein Tast-(und Geruchs-)sinn schien dem unseren an Feinheit weit überlegen zu sein. Wir legten eine Wachsbirne in die Fruchtschale, von deren naturgetreuer Form und Farbe sich schon viele Normalsichtige hatten täuschen lassen. Virgil fiel keinen Moment lang darauf herein. Er lachte auf, als er sie berührte. «Das ist eine Kerze», sagte er überrascht, aber ohne Zögern. «Fühlt sich an wie eine Glocke oder eine Birne.» Wenn er auch, um mit Marius von Senden zu sprechen, «aus der räumlichen Realität verbannt» sein mochte – in der Welt der Tastempfindungen und in der Zeit war er ganz zu Hause.

Doch während Virgils Tastsinn völlig intakt geblieben war, leuchteten in seinen Augen nur noch Fünkchen auf – sporadische, rasch verlöschende Funken in Netzhäuten, die zu 99 Prozent verkümmert zu sein schienen. Bob Wasserman, der Virgil ebenfalls seit unserem Besuch in Oklahoma nicht mehr gesehen hatte, war entsetzt über den Zerfall des Sehvermögens und wollte die Netzhäute erneut untersuchen. Es zeigte sich, daß sie genauso aussahen wie damals – scheckig, mit Bereichen übermäßiger und verminderter Pigmentierung. Es gab keine Anzeichen einer neuen Erkrankung. Doch die Funktion auch der unversehrten Retinasegmente war fast auf Null gesunken. Das Elektroretinogramm – die Kurve, die die elektrische Netzhautaktivität bei Lichtreizung darstellt – war völlig abgeflacht, und auch die visuellen evozierten Potentiale, Anzeichen der Sehrindenaktivität, waren erloschen – es gab keinen Hinweis auf irgendeinen elektrischen Vorgang, weder in den Netzhäuten noch in der Sehrinde. Dieser Aktivitätsstillstand konnte nicht auf die ursprüngliche Krankheit, auf die Retinitis, zurückgeführt werden, die längst abgeklungen war. Etwas anderes hatte sich im zurückliegenden Jahr ausgebildet und die verbliebene Netzhautfunktion zerstört.

Wir erinnerten uns, daß Virgil ständig, selbst an relativ trüben, verhangenen Tagen, über das grelle Licht geklagt hatte, das ihn blendete, so daß er eine dunkle Sonnenbrille aufsetzen mußte. War es denkbar (eine Vermutung meines Freundes Kevin Halligan), daß sich nach der Entfernung des Stars – eines Stars, durch den Virgils Augen jahrzehntelang abgeschirmt worden waren – das ganz gewöhnliche Tageslicht als tödlich für seine Netzhäute erwiesen, sie regelrecht verbrannt hatte? Es heißt, daß Patienten mit anderen Netzhautschädigungen, beispielsweise einer Degeneration der Makula, äußerst empfindlich auf Licht reagieren – nicht nur auf Ultraviolett, sondern Licht jeder Wellenlänge – und daß Licht die Zerstörung ihrer Netzhäute beschleunigen kann. Traf dies auch auf Virgil zu? Es war eine Möglichkeit. Hätten wir es vorhersehen und dafür sorgen müssen, daß er seine Augen vor dem Licht schützte?

Eine andere – die wahrscheinlichere – Möglichkeit bezieht sich auf Virgils Hypoxie, die Tatsache, daß sein Blut ein Jahr lang unzureichend mit Sauerstoff versorgt gewesen war. Uns lagen eindeutige Berichte über die vom Sauerstoffgehalt des Blutes abhängigen Schwankungen seines Sehvermögens während des Klinikaufenthaltes vor. War die wiederholte oder gar ständige Sauerstoffnot der Netzhäute (und womöglich auch der Sehrinde) die Ursache ihrer Zerstörung gewesen? Es wurde zu diesem Zeitpunkt die Frage erörtert, ob durch eine hundertprozentige Sauerstoffversorgung des Blutes, die eine länger anhaltende künstliche Beatmung mit reinem Sauerstoff erfordert hätte, die Netzhaut- und Sehrindenfunktion zum Teil wiederhergestellt werden könnte, doch kam man zu dem Ergebnis, daß eine solche Prozedur zu gefährlich sei, da sie zu einer langfristigen oder dauerhaften Depression des Atemzentrums hätte führen können.

Das ist also Virgils Geschichte, die Geschichte einer «wundersamen» Wiederherstellung des Augenlichts bei einem Blinden, eine Geschichte, die den Schicksalen von Cheseldens jungem Patienten aus dem Jahre 1728 und einer Handvoll anderer Menschen der vergangenen drei Jahrhunderte in vielem ähnelt, aber mit einer bizarren, bitteren Pointe endet. Gregorys Patient, der vor der Operation gut mit seiner Blindheit zurechtgekommen war, geriet zunächst in Entzückung, als er sehen konnte, war aber schon nach kurzer Zeit mit unerträglichen Spannungen und Schwierigkeiten konfrontiert, begann das «Geschenk» als Fluch zu empfinden, verfiel in eine tiefe Depression und starb bald darauf. Fast alle Patienten, deren Fall dokumentiert worden ist, gerieten bei ihren Bemühungen, sich an den neuen Sinnesmodus anzupassen, nach anfänglicher Euphorie in enorme Schwierigkeiten, doch einigen wenigen ist es gelungen, wie Valvo betont, sie zu bewältigen. Hätte auch Virgil diese Probleme meistern und sich ans Sehen gewöhnen können, wo doch so viele andere gescheitert sind?

Wir werden es nie wissen, denn seine Anpassungsarbeit – ja sein ganzes Leben, wie er es bis dahin geführt hatte – wurde durch einen Schicksalsschlag zunichte gemacht: durch eine Krankheit, die ihn um Arbeit, Haus, Gesundheit und Unabhängigkeit brachte und ihn als schwerkranken Mann zurückließ, der unfähig ist, für sich selbst zu sorgen. Für Amy, die die Operation durchgesetzt und sich mit Leidenschaft den Bemühungen Virgils, das Sehen zu erlernen, gewidmet hatte, war das Wunder zu einem verhängnisvollen Fehlschlag geworden. Virgil zeigt sich stoisch: «Solche Dinge geschehen eben.» Doch hat ihn sein Schicksal schwer getroffen, er hat sich in Anfälle von Wut gesteigert: Wut über seine Hilflosigkeit und sein Elend, Wut über das unerfüllte Versprechen und den unerfüllbaren Traum und unterhalb all dessen vor allem eine Wut, die fast von Anfang an in ihm gekocht hat – die Wut darüber, daß er zu einem Kampf gezwungen wurde, den er weder aufgeben noch gewinnen konnte. Zu Beginn war er sicher von Verwunderung erfüllt und manchmal auch von Glück. Auch fehlte es ihm bestimmt nicht an Mut. Es war ein Abenteuer, eine Expedition in eine neue Welt, eine Erfahrung, wie sie nur wenigen vergönnt ist. Doch dann kamen die Probleme, die Konflikte – zu sehen und zugleich nicht zu sehen, nicht fähig zum Aufbau einer visuellen Welt und gleichzeitig zur Aufgabe einer vertrauten Welt gezwungen zu sein. So war Virgil zwischen zwei Welten verloren und in keiner zu Hause – eine Qual, aus der es keinen Ausweg zu geben schien. Doch dann kam auf paradoxen Wegen die Erlösung in Gestalt einer zweiten, nunmehr endgültigen Blindheit – einer Blindheit, die er als Geschenk entgegennahm. Nun ist es ihm endlich vergönnt, *nicht* zu sehen, der grellen, verwirrenden Welt der Anblicke und Räume zu entfliehen und zu seinem wahren Dasein zurückzukehren, der Welt der Tastempfindungen, in der er fast fünfzig Jahre zu Hause gewesen war.

Die Landschaft seiner Träume

Ich lernte Franco Magnani im Sommer 1988 kennen, als ich mich anläßlich eines Symposiums und einer Ausstellung zum Thema «Gedächtnis» im Exploratorium in San Francisco aufhielt. In der Ausstellung waren fünfzig Gemälde und Zeichnungen von ihm zu sehen – sie alle zeigten Pontito, ein toskanisches Bergstädtchen, seinen Geburtsort, den er seit dreißig Jahren nicht mehr gesehen hatte. Neben ihnen hingen, in verblüffender Zusammenführung, Fotos von Pontito, die Susan Schwartzenberg, die Fotografin des Exploratoriums, aus möglichst genau derselben Perspektive aufgenommen hatte, die das jeweilige Bild Magnanis zeigte. (Dies war nicht in allen Fällen möglich, da Magnani manche Bilder von oben, von einem imaginären Standort in der Luft, gemalt hatte, einige hundert oder auch einige tausend Meter über der Erde. Schwartzenberg mußte ihre Kamera manchmal an einer Stange hochwinden und dachte sogar einmal daran, einen Hubschrauber oder einen Fesselballon zu mieten.) Magnani war als «Erinnerungskünstler» angekündigt, und ein Blick auf die Ausstellung genügte, um zu sehen, daß er in der Tat über ein höchst erstaunliches Erinnerungsvermögen verfügte – über ein Gedächtnis, das offenbar mit nahezu fotografischer Genauigkeit jedes Gebäude, jede Straße, jeden Stein in Pontito von weitem, von nahem, aus jedem beliebigen Blickwinkel reproduzieren konnte. Es war, als bewahre Magnani ein bis ins letzte Detail vollständiges, dreidimensionales Modell seines Städtchens im Kopf, das er beliebig drehen und wenden und untersuchen oder mental erkunden und dann vollkommen wirklichkeitsgetreu auf die Leinwand bringen konnte.

Angesichts dieser Ähnlichkeit zwischen Gemälden und Fotografien war mein erster Gedanke, daß wir es hier mit dem höchst seltenen Phänomen eines eidetischen Künstlers zu tun hatten: mit einem Künstler, der eine Szene, auf die er nur einen flüchtigen Blick geworfen hat, für Stunden oder Tage (vielleicht für Jahre) in allen Einzelheiten im Gedächtnis behält, mit dem Dirigenten (oder Sklaven) eines gewaltigen angeborenen Vorstellungs- und Erinnerungsvermögens. Doch ein eidetischer Künstler würde sich kaum je auf ein einzelnes Thema oder Objekt beschränken; im Gegenteil, er würde sein Erinnerungsvermögen ausbeuten und in einer ungeheuren Vielfalt von Themen und Objekten zur Schau stellen, um zu zeigen, daß ihm nichts unmöglich ist, während Magnani sich offensichtlich ausschließlich auf Pontito konzentrieren wollte. Diese Ausstellung galt also nicht dem «reinen» Erinnerungsvermögen, sondern dem Erinnerungsvermögen im Dienste eines einzigen, überwältigenden Motivs: der Erinnerung an die Stadt seiner Kindheit. Und wie mir jetzt bewußt wurde, ging es dabei nicht nur um eine Gedächtnisübung, es war gleichermaßen eine Übung in Nostalgie – und nicht nur eine Übung, sondern ein Zwang und eine Kunst.

Einige Tage später sprach ich mit Franco und verabredete mit ihm einen Besuch in seinem Haus. Er lebt in einer kleinen Gemeinde einige Kilometer außerhalb von San Francisco. Als ich die Straße gefunden hatte, brauchte ich nach der Hausnummer nicht mehr zu suchen, denn sein Haus hob sich unverkennbar von den Nachbarhäusern ab. Der kleine Vorgarten war umgeben von einer niedrigen Steinmauer, ähnlich denen auf seinen Pontito-Bildern. Sein Auto, ein älterer Sedan, versehen mit Metallplaketten («Pontito»), stand auf der Straße. Die Garage war zum Atelier geworden, ihre Tür stand weit offen, drinnen der Künstler, eifrig bei der Arbeit.

Franco war hochwüchsig und schlank, er trug eine riesige Hornbrille, die seine Augen größer erscheinen ließ. Er hatte dichtes braunes, sorgfältig auf der Seite gescheiteltes Haar; sein federnder Gang fiel mir auf, und er strahlte Elan und Vitalität aus – er war fünfundfünfzig, sah aber viel jünger aus. Er bat mich hinein und zeigte mir sein Haus. Alle Wände waren mit Bildern behängt, und in jedem Schubfach, jedem Schrank schienen sich die Bilder zu stapeln – es war weniger ein Haus als ein Museum oder Archiv, einzig dem Gedenken und der Darstellung Pontitos gewidmet.

Während unseres Rundgangs durch das Haus fesselte jedes einzelne Bild seine Aufmerksamkeit, weckte eine Flut von Erinnerungen: was an diesem Ort geschehen war, was an jenem, und wie ein Soundso einmal an dieser Stelle oder an jener gestanden hatte. «Schauen Sie, an dieser Mauer, da hat mich der Pfarrer erwischt, als ich in den Garten hinter der Kirche klettern wollte. Er jagte mich die ganze Straße hinunter. Oh, er hat die Kinder immer von dort weggejagt.» Jede Erinnerung löste andere aus, und diese wieder andere, so daß wir innerhalb von Minuten in einer Flut von Erinnerungen trieben, die weder eine klare Richtung noch einen erkennbaren Schwerpunkt hatten, doch alle in seine Kindheit zurückführten, nach Pontito, wie er es als Kind erlebt hatte. Er sprang – für mich zusammenhanglos – von einer Geschichte zur anderen. Dieses Umherschweifen – aufrichtig und voller Intensität, aber ohne Kohärenz und Fokus – schien typisch für Franco: Es zeigte das Wesen seiner Besessenheit, zeigte, daß er Tag und Nacht an nichts anderes dachte als an Pontito.

Während Franco sprach, hatte ich den Eindruck, daß seine Erinnerungen ihn überwältigten, daß diese aufwallenden Erinnerungen ihn trieben, ihn beherrschten, einen ungeheuren, unwiderstehlichen Zwang auf ihn ausübten.

Er gestikulierte, sprach mit seiner Mimik, atmete schwer, starrte irgendwohin – er schien völlig entrückt. Und dann, mit einem Ruck, kam er wieder zu sich, lächelte ein wenig verwirrt und sagte: «So war es.»

Dieser ununterbrochene Redeschwall, dieses Erinnern konkreter Episoden, schien von ganz anderer Art als seine Bilder. Wenn er allein sei, sagte er, verstumme das Gejammer und Geplapper der Erinnerungen, und ein ganz stilles Bild von Pontito tauche auf: von einem Pontito ohne Menschen, ohne Ereignisse und ohne Zeit; einem Pontito voll Frieden, schwebend in einem zeitlosen «Einst», dem «Einst» von Allegorie, Phantasie, Mythos und Märchen.

Gegen Mittag fand ich mich erneut bezaubert und gefesselt von Francos Bildern und hatte genug von seinen Erinnerungen. Er hatte nur ein einziges Thema, konnte von nichts anderem reden. Was könnte öder und langweiliger sein? Doch aus dieser Obsession schuf er eine wunderschöne, wirkliche und stille Kunst. Was ermöglichte es ihm, seine Erinnerungen zu transformieren – sie aus der Sphäre des Persönlichen, des Trivialen, des Zeitlichen in das Reich des Universellen, des Heiligen zu überführen? Langweilige, in Erinnerungen schwelgende Schwätzer trifft man zuhauf, doch keiner von ihnen ist ein Künstler wie Franco. Es war also nicht sein ungeheures Erinnerungsvermögen oder seine Besessenheit, die ihn zum Künstler machten, es war etwas viel Tieferes.

Franco kam 1934 in Pontito zur Welt. Das Fünfhundertseelendorf lag eingebettet in die Berge von Castelvecchio, in der Provinz Pistoia, etwa sechzig Kilometer westlich von Florenz. Wie alle toskanischen Bergstädtchen blickte es auf eine lange Geschichte zurück, hatte noch viele etruskische Gräber und lebte in den mehr als zweitausend Jahre alten Traditionen von Landwirtschaft und Terrassenbau, von

Olivenzucht und Winzerkunst. Seine Steinhäuser, seine steilen, sich windenden Straßen, passierbar nur für Bergesel und Fußgänger, hatten sich, ebenso wie die einfache, geregelte Lebensart seiner Bewohner, in Jahrhunderten nicht geändert. An seiner höchsten Stelle wurde das Dorf überragt vom spitzen Turm seiner alten Kirche, und Francos Haus stand gleich daneben – in seiner Kindheit konnte er fast das Kirchendach berühren, wenn er sich nur weit genug aus dem Schlafzimmerfenster lehnte. Weitgehend isoliert und unter sich bleibend, war aus den Dorfbewohnern so etwas wie eine große Familie geworden: die Magnanis, die Papis, die Vanuccis, die Tamburis, die Sarpis, sie alle waren irgendwie miteinander verwandt. Der berühmteste Mann des Dorfes war Lazzaro Papi, der im achtzehnten Jahrhundert als Augenzeuge über die Französische Revolution berichtet hatte. An ihn erinnert ein Denkmal auf dem Dorfplatz.

Abgeschieden, unberührt vom Wandel, den Traditionen verpflichtet, war Pontito ein Bollwerk gegen Veränderungen und Zeitströmungen. Sein Boden war fruchtbar, seine Bewohner fleißig; ihre Höfe und Gärten ernährten sie ohne Luxus und Mangel. Das Leben war gut und sicher für Franco, für alle Dorfbewohner – bis zum Ausbruch des Krieges.

Nun kamen Schrecken und Sorgen jeglicher Art über sie. 1942 starb Francos Vater bei einem Unfall, und im darauffolgenden Jahr marschierten die deutschen Truppen ein, besetzten das Dorf und vertrieben die Einwohner. Als diese zurückkehren konnten, fanden viele ihre Häuser verwüstet. Danach war ein Leben, wie sie es früher geführt hatten, nicht mehr möglich. Das Dorf war geplündert, Felder und Gärten waren zerstört, und – vielleicht wichtiger noch als alles andere – die alten Lebensformen und Bräuche hatten ihre Gültigkeit verloren. In gemeinsamer Anstrengung versuchten die Einwohner tapfer, nach dem Krieg wieder auf die Beine zu kommen, doch hat sich das Städtchen nie vollständig erholt. Es ist seitdem in einen langsamen Niedergang verfallen. Seine Gärten und Felder, seine Landwirtschaft erreichten nie wieder ihre frühere Blüte. Pontito verlor seine wirtschaftliche Unabhängigkeit, und die jungen Frauen und Männer mußten das Dorf verlassen und andernorts Arbeit suchen. In dem einst gedeihenden Ort mit seinen fünfhundert Einwohnern lebten jetzt nur noch siebzig Menschen, alle in fortgeschrittenem Lebensalter oder im Ruhestand. Es gab keine Kinder mehr und nur wenige im Arbeitsleben stehende Erwachsene. Das einst vitale Städtchen ist entvölkert und stirbt einen langsamen Tod.

Alle Bilder Francos zeigen das Pontito vor 1943 und sein Leben dort. Sie alle sind Erinnerungen an seine Kindheit, an den Ort, in dem er lebte, spielte und aufwuchs, bevor sein Vater starb, bevor die Deutschen kamen, vor der Besetzung des Dorfes und der Verwüstung seiner Felder.

Franco lebte bis zu seinem zwölften Lebensjahr in Pontito, bis er 1946 den Ort verließ, um die Schule in Lucca zu besuchen. 1949 begann er in Montepulciano eine Lehre als Möbelschreiner. Schon vorher war er (wie – weniger ausgeprägt – auch seine Mutter und eine seiner Schwestern) durch sein «fotografisches» Gedächtnis aufgefallen: Er konnte eine Buchseite nach einmaligem Lesen oder die Predigt in der Kirche nach einmaligem Hören wortwörtlich wiedergeben; er kannte alle Grabsteininschriften auf dem Friedhof; er konnte sich lange Zahlenreihen mit einem Blick einprägen (und im Kopf addieren). Doch erst in Lucca, zum erstenmal von zu Hause fort und krank vor Heimweh, stellte sich eine andere Form der Erinnerung ein: Bilder, die plötzlich in seinen Kopf schossen – Bilder von starker persönlicher Resonanz und großer Intensität, erfüllt von Freude oder Schmerz. Diese Bilder waren ganz anderer Natur als die «mechanische» Art, sich zu erinnern, die ihn bisher ausgezeichnet hatte. Sie kamen ungerufen und plötzlich, blitzartig aufflammend und zwingend – in Klang, Struktur, Geruch und Empfindung von fast halluzinatorischer Intensität. Diese neue Form des Erinnerns hatte vor allem persönliche Erfahrungen zum Inhalt, war autobiographisch, denn jedes Bild erschien zusammen mit dem zugehörigen persönlichen Kontext und Affekt. Jedes Bild war eine Szene, ein kurzer Augenblick aus seinem Leben. «Er vermißte Pontito schmerzlich», erzählte mir seine Schwester. «Er ‹sah› die Kirche, die Straße, die Felder, hatte aber noch nicht den Drang, sie zu malen.»

Nach seinen vier Lehrjahren kehrte Franco 1953 nach Pontito zurück, mußte aber feststellen, daß das Dorf – bereits im Niedergang – nicht in der Lage war, einen Tischler zu ernähren. Da er in Pontito weder seinen Lebensunterhalt verdienen noch sein Handwerk ausüben konnte, ging er nach Rapallo, wo er Arbeit als Koch fand. Doch er blieb unzufrieden und träumte von einem anderen Leben und fernen Ländern. Anfang 1960 – er war jetzt fünfundzwanzig Jahre alt – beschloß er, halb spontan, halb überlegt, zu kündigen, sich die Welt anzusehen und als Koch auf einem Kreuzer zu arbeiten. Und während er (vielleicht in dem Wissen, daß er nicht zurückkehren würde) seine Vorbereitungen traf, schrieb er eine Autobiographie – warf sie jedoch ins Wasser, als er an Bord seines Schiffes ging. Das Bedürfnis, sich zu erinnern, ein Bild seiner Kindheit zu entwerfen, war zu diesem Zeitpunkt bereits sehr stark, aber noch hatte er sein Medium nicht gefunden. So stach er in See. Er fuhr zwischen der Karibik und Europa hin und her und lernte Haiti, die Antillen und die Bahamas kennen – 1963 und 1964 verbrachte er vierzehn Monate in Nassau. Während dieser Zeit, so sagte er, habe er Pontito «vergessen», sei es ihm so gut wie nie in den Sinn gekommen.

1965, mit einunddreißig Jahren, beschloß er spontan, nicht nach Italien, nicht nach Pontito zurückzukehren. Er wollte sich in Amerika, in San Francisco, niederlassen. Die

Francos erste Bilder von
Pontito, die er 1965,
bald nach seiner Krankheit,
malte – links das Haus, in
dem er geboren wurde.

Einer der vielen steilen, verwinkelten Treppengänge von Pontito. Franco gibt in seinem Gemälde (unten) das Sujet treffend wieder, erweitert aber die Perspektive und fügt Elemente hinzu, die ein Foto (links) nicht erfassen kann.

Der Blick aus Francos Fenster, wieder
mit erweiterter Aussicht.

Zwei der apokalyptischen oder «Science-fiction»-Bilder Francos: Pontito, «bewahrt für die Ewigkeit im unendlichen Raum». Das erste Gemälde zeigt den Blick aus seinem Schlafzimmerfenster, das zweite einen Teil des Kirchengartens in Grün- und Goldtönen neben einem bedrohlich näher rückenden Planeten.

Entscheidung war ebenso schwer wie beängstigend. Mit ihr drohte eine vielleicht unwiderrufliche Trennung von allem, was ihm lieb und teuer war: seinem Land, seiner Sprache, seinem Dorf, seiner Familie, den Gebräuchen und Traditionen, die sein Volk seit Jahrhunderten verbanden. Doch sie versprach, zumindest scheinbar, Freiheit und vielleicht Reichtum, ein neues Leben in einem neuen Land, die Freiheit, er selber zu sein, unabhängig zu sein, wie er das an Bord erfahren hatte. (Auch sein Vater war als junger Mann nach Amerika gegangen und hatte dort einige Jahre als Kaufmann gearbeitet, bekam dann aber Heimweh und kehrte nach Pontito zurück.)

Doch als die schwere Entscheidung in ihm reifte, trat eine seltsame Krankheit auf, die ihn schließlich zwang, in ein Sanatorium zu gehen. Was für eine Erkrankung das war, wurde nie geklärt. Es war eine Entscheidungskrise zwischen Hoffnung und Angst, doch hinzu kamen hohes Fieber, Gewichtsverlust, Delir, vielleicht Krampfanfälle. Die Ärzte vermuteten eine Tuberkulose, eine Psychose oder auch ein Nervenleiden. Man kam nie wirklich dahinter, und die Natur der Krankheit blieb ein Geheimnis. Fest steht, daß Franco auf ihrem Höhepunkt – sein Gehirn vielleicht überreizt durch Erregung und Fieber – begann, die ganze Nacht hindurch auf überwältigende Weise lebhaft und lebensnah zu träumen. Allnächtlich träumte er von Pontito, nicht von seiner Familie, nicht von Aktivitäten oder Ereignissen, sondern von den Straßen, den Häusern, dem Mauerwerk, den Steinen – Träume von feinster, wirklichkeitsgetreuer Detailliertheit, einer Detailliertheit, die weit über seine bewußte Erinnerung hinausging. Eine starke, seltsame Erregung bemächtigte sich seiner in diesen Träumen: das Gefühl, daß irgend etwas gerade geschehen war oder im nächsten Moment geschehen würde; ein Gefühl von ungeheurer, wunderbarer, jedoch rätselhafter Bedeutung, begleitet von einer nicht zu stillenden, sehnsüchtigen, bittersüßen Nostalgie. Und wenn er erwachte, schien es ihm, als sei er nicht vollständig wach, denn seine Träume waren noch gegenwärtig, immer noch vor seinem inneren Auge, malten sich selbst auf die Bettwäsche, an die Zimmerdecke und an die Wände oder standen wie Modelle, festgefügt und in allen Details, auf dem Fußboden.

Mit diesen traumähnlichen Bildern, die sich seinem Bewußtsein und seinem Willen aufdrängten, ergriff dort im Krankenhaus ein neues Gefühl von ihm Besitz: das Gefühl, «berufen» zu werden. Seine Vorstellungskraft war immer stark gewesen, doch nie zuvor hatte er Bilder von solcher Intensität gesehen — Bilder, die wie Erscheinungen in der Luft schwebten und ihm versprachen, er werde Pontito «wiedergewinnen». Jetzt schienen sie zu sagen: «Male uns. Mach uns wirklich.»

Was geschah, so fragt man sich (und Franco hat nie aufgehört, sich diese Frage zu stellen), in jenen Tagen und Nächten im Krankenhaus, in jener Zeit der Krise, des Delirs, des Fiebers und der Krampfanfälle? Brach er unter der Last seiner Entscheidung zusammen, erlitt er eine «Freudsche» Spaltung seines Ich und wurde so zu einer Art hypermnestischem Hysteriker? (Hysteriker, so schrieb Freud, litten vor allem an Reminiszenzen.) Versuchte ein abgespaltener Teil von ihm, sich in Erinnerung und Phantasie das zu verschaffen, wovon er sich selbst abgeschnitten hatte, wohin er nicht mehr zurückkehren konnte? Waren diese Träume, diese Erinnerungsbilder die Reaktion auf ein tiefes, emotionales Bedürfnis? Oder wurden sie ihm von einem seltsamen physiologischen Trommelfeuer des Gehirns aufgezwungen, einem Prozeß, an dem er (als Person) unbeteiligt war, auf den er aber reagieren mußte? Franco selbst hatte diese «medizinischen» Möglichkeiten erwogen, aber schließlich verworfen (und er erlaubte es nie, daß man ihnen auf angemessene Weise nachging), und war statt dessen zu einer spirituelleren Erklärung gelangt.[1] Er glaubte an eine Gabe, eine Bestimmung, und seine Aufgabe war nicht, sie zu hinterfragen, sondern ihr zu gehorchen. In diesem religiösen Geist nahm Franco nach kurzem Kampf seine Visionen an und machte sich an die Arbeit, sie zu greifbarer Wirklichkeit werden zu lassen.

Obwohl er vorher kaum je gezeichnet oder gemalt hatte, fühlte er, daß er einen Stift oder Pinsel nehmen und die Umrisse nachzeichnen konnte, die so klar vor ihm in der Luft schwebten oder sich, wie durch eine Camera lucida, auf die weißen Wände seines Zimmers projizierten. In diesen ersten Krisennächten erschienen vor allem Bilder seines Geburtshauses, Bilder von unvorstellbarer Schönheit, die jedoch auch etwas Bedrohliches hatten.

Und Francos erstes Bild zeigt dieses Haus, ein Bild, das trotz mangelnder Schulung erstaunlich forsch und klar in seiner Strichführung ist und eine seltsame, dunkle emotionale Kraft hat. Franco selbst war überrascht von diesem Bild, von der Tatsache, daß er malen, sich auf diese wundervolle Weise ausdrücken konnte. Selbst heute, ein Vierteljahrhundert später, ist diese Überraschung noch nicht gewichen. «Phantastisch», sagt er, «phantastisch. Wie war das möglich? Und wie war es möglich, daß ich diese Gabe besaß und es nicht gewußt habe?» Als Kind hatte er sich gelegentlich vorgestellt, er sei ein Künstler, doch das war reine Phantasie, und er hatte nie mehr getan, als mit Stift

---

1 Der Maler Giorgio de Chirico litt an sehr schweren klassischen Migränen und Migräne-Auren – er selbst hat sie lebhaft und eingehend beschrieben – und nahm ihre geometrischen Muster, ihre Zickzacklinien, ihre blendende Helle und ihre Dunkelheit zuweilen in seine Bilder auf (G. N. Fuller und M. V. Gale beschreiben dies ausführlich im *British Medical Journal*). Doch auch de Chirico lehnte eine rein medizinische oder körperliche Erklärung für seine Visionen ab, da sie für ihn eine starke spirituelle Note besaßen. Der Name, den er schließlich dafür fand, war ein Kompromiß – er nannte sie «Geistesfieber».

oder Pinsel zu spielen – hatte etwa mit ein paar Strichen ein Schiff auf eine Postkarte gezeichnet oder eine karibische Kulisse. Er war auch erschrocken über die Kraft, die er jetzt fühlte – eine Kraft, die sich seiner bemächtigt und von ihm Besitz ergriffen hatte, doch die er vielleicht auch lenken und mit einer Stimme ausstatten konnte. Und die Stimme seiner Bilder, sein Stil, war von Anfang an da, sogar – oder besonders – in den ersten Bildern, die er malte. «Die ersten beiden Bilder sind ganz anders als die späteren», sagte mir sein Freund Bob Miller. «Sie haben etwas Unheilvolles – man kann sehen, daß etwas Tiefes und Bedeutsames geschieht.»

Daß Franco vor dieser Zeit noch nicht zwanghaft an Pontito gedacht, Tag und Nacht von Pontito geträumt hat, bestätigt auch sein Schwager, der ihn zwischen 1961 und 1987 nicht gesehen hatte. «61 hat Franco über alles mögliche gesprochen», erzählte er mir. «Er hatte keine Zwangsvorstellungen, er war normal. Aber als ich ihn 87 wiedersah, schien er besessen. Er hatte ständig Visionen von Pontito und sprach über nichts anderes.»

«Er begann mit den Bildern während dieser Krise», erzählt Miller. «Er war im Krankenhaus, dem psychischen Zusammenbruch nahe, und die Bilder schienen eine Art Lösung oder Heilmittel zu sein. Manchmal sagt er: ‹Ich habe diese Erinnerungen, ich habe diese Träume, ich bin nicht in Ordnung›, aber er scheint recht gut in Ordnung zu sein. Trotzdem ist es schwierig, sich normal mit ihm zu unterhalten – es geht immer nur um ‹Pontito, Pontito, Pontito›. Es ist, als habe er so ein 3-D-Konstrukt, so ein Modell von Pontito, das er aufstellen kann – er bewegt den Kopf, dreht sich um, um verschiedene Aspekte zu ‹betrachten›. Er schien diese Art zu ‹sehen› immer für ganz normal zu halten, bis Ende der siebziger Jahre Gigi, eine Freundin, mit

Fotos von Pontito zurückkam. Damals wurde ihm zum erstenmal bewußt, wie außergewöhnlich diese Fähigkeit ist... Alles ist frisch, voller Gefühl, als ob er sich gerade daran erinnert. Es ist nichts Feststehendes, nichts Repertoirehaftes. Er erinnert sich an Szenen. Er spielt sie, erweckt sie wieder zum Leben. Es ist also eine sehr konkrete, ins einzelne gehende Erinnerung, die sich zu Geschichten und Szenen organisiert – eine Erinnerung daran, wer wann was gesagt hat.» Manchmal stelle sich das Gefühl ein, die Bilder hätten etwas Theatralisches, und bis zu einem gewissen Grad sehe auch Franco sie so.

Die Stimmung, die sich in nächtlichen Träumen angekündigt hatte, vertiefte und intensivierte sich. Er fing an, auch tagsüber «Visionen» von Pontito zu haben – emotional überwältigende Visionen, doch von einer minutiösen und dreidimensionalen Qualität, die er mit der Holographie vergleicht. Diese Visionen können sich jederzeit einstellen, beim Essen, Trinken, Spazierengehen, unter der Dusche. Für ihn gibt es keinen Zweifel an ihrer Wirklichkeit. So kommt es zum Beispiel vor, daß er sich gerade ruhig mit jemandem unterhält und sich dann plötzlich vorlehnt, die Augen starr ins Unendliche gerichtet, in einer Art Verzückung: Eine Erscheinung von Pontito taucht vor ihm auf. «Viele von Francos Bildern», schreibt Michael Pearce (in einer faszinierenden Analyse, die zu der Ausstellung im *Exploratorium Quarterly* erschien), «beginnen mit dem, was er eine Art Erinnerungsblitz nennt, durch den ihm plötzlich eine bestimmte Szene in den Sinn kommt. Oft fühlt er dann den starken Drang, diese Szene unverzüglich aufs Papier zu bannen, und er ist bekannt dafür, daß er dann die Bar verläßt, ohne sein Glas auszutrinken, um sofort mit einer Skizze zu beginnen... Offensichtlich ist so ein Blitz keine statische Ansicht von der Art einer Fotografie... Er kann den Ausschnitt räumlich betrachten, aus verschiedenen Richtungen ‹sehen›. Dazu muß er seinen Körper physisch umorientieren, sich nach rechts wenden, um die rechte Seite der Pontito-Szene zu erfassen, nach links, um zu ‹sehen›, was dort ist... Seine Augen blicken dabei in die Ferne, als sehe er dort die Steinhäuser, Bogengänge und Straßen.»

Solche Erscheinungen sind nicht nur visueller Natur. Franco kann die Kirchenglocken hören («als ob ich dort bin»), kann die Kirchhofmauer fühlen und kann vor allem riechen, was er sieht – den Efeu an der Kirchenmauer, die Mischung von Weihrauch, Moder und Feuchtigkeit und dazu den schwachen Duft der Nuß- und Olivenhaine, die das Pontito seiner Jugend umgaben. Anblick, Laute, Berührung, Geruch gehören für Franco dann nahezu untrennbar zusammen, und was er erlebt, kommt dem komplexen und koenästhetischen Erleben seiner frühen Kindheit gleich, dem «unmittelbaren Erfassen von Gesamtsituationen», wie das der Psychologe Harry Stack Sullivan einmal genannt hat.

Wahrscheinlich findet in Francos Gehirn eine plötzliche und tiefgreifende Veränderung statt, wenn er «inspiriert» oder «besessen» ist. Als ich zum erstenmal erlebte, wie eine Vision von Franco Besitz ergriff, seine starren Augen, die erweiterten Pupillen und seine plötzliche Aufmerksamkeit bemerkte, fragte ich mich unwillkürlich, ob er nicht eine Art übersinnlichen Anfall habe. Erstmals beschrieben hat derartige übersinnliche Anfälle vor hundert Jahren der große Neurologe John Hughlings Jackson, der besonders die beeindruckenden Halluzinationen, den Strom unwillkürlichen «Erinnerns», das Gefühl der Offenbarung und den seltsamen, halbmystischen «dreamy state» hervorhob, der für diese Anfälle typisch sein kann. Die Anfälle gehen einher mit epileptischer Aktivität in den Schläfenlappen des Gehirns.

Schon im letzten Jahrhundert vermuteten Jackson und andere, daß sich bei manchen Patienten mit häufigen übersinnlichen Anfällen zu Beginn der Störung seltsame Veränderungen des Denkens und der Persönlichkeit einstellen. Doch erst in den fünfziger und sechziger Jahren des zwanzigsten Jahrhunderts begann man dem «interiktalen Persönlichkeitssyndrom», wie es nun genannt wurde, mehr Aufmerksamkeit zu widmen. 1956 schrieb der französische Neurologe Henri Gastaut einen bedeutenden Aufsatz über van Gogh. Er stellte van Gogh als einen Menschen dar, der nicht nur unter Schläfenlappenanfällen litt, sondern mit Beginn dieser Anfälle auch eine charakteristische Persönlichkeitsveränderung erfuhr, die sich dann im Laufe der Jahre immer stärker ausprägte. 1961 sprach Norman Geschwind, einer der fähigsten amerikanischen Neurologen, über die mögliche Rolle einer Schläfenlappenepilepsie in Leben und Werk Dostojewskijs und war Anfang der siebziger Jahre zu der Überzeugung gelangt, das etliche Patienten mit Schläfenlappenepilepsie eine auffallende Intensivierung (aber auch Einengung) ihres Gefühlslebens und ein «zunehmendes Interesse an philosophischen, religiösen und kosmischen Fragen» zeigten. Viele dieser Patienten seien bemerkenswert produktiv: Sie schrieben Autobiographien, führten endlose Tagebücher, zeichneten zwanghaft (sofern sie dazu begabt seien) und hätten ganz allgemein ein Gefühl von Erleuchtung, «Berufung» und «Fügung», und dies gelte auch für die Ungebildeten, «Nichtintellektuellen» unter ihnen, die zuvor keinerlei diesbezügliche Neigungen bekundet hätten.

Geschwinds erste Publikationen über Häufigkeit und Wesen des Syndroms, die er zusammen mit seinem Kollegen Stephen Waxman verfaßt hatte, erschienen 1974 und 1975 und elektrisierten die neurologische Fachwelt. Zum erstenmal wurde hier eine ganze Konstellation von Symptomen und Verhaltensweisen, hinter denen man entweder eine Geisteskrankheit oder göttliche Eingebung vermutete, einer spezifischen neurologischen Ursache zugeschrieben, insbesondere (wie David Bear, ein anderer Kollege, betonte) einer «Hyperkonnektivität» zwischen sensorischen und emotionalen Teilen des Gehirns, die zu stark vermehrten und emotional geladenen Wahrnehmungen, Erinnerungen und inneren Bildern führt. «Mit der Persönlichkeitsveränderung bei Schläfenlappenepilepsien», schreibt Geschwind, «verfügen wir über den vielleicht bedeutendsten Komplex von Hinweisen zur Entschlüsselung der neurologischen Systeme, die den verhaltensbestimmenden emotionalen Kräften zugrunde liegen.»

Derartige Veränderungen, betonte Geschwind, könne man als solche weder positiv noch negativ bewerten. Entscheidend sei die Rolle, die sie im Leben eines Menschen spielten, und diese Rolle könne kreativ oder destruktiv sein, der Anpassung dienen oder ihr zuwiderlaufen. Er selbst interessierte sich allerdings besonders für die (relativ seltene) Situation eines Betroffenen, der das Syndrom höchst kreativ nutzt. «Wenn diese tragische Krankheit einen genialen Mann heimsucht», schrieb er von Dostojewskij, «ist er in der Lage, aus ihr eine Tiefe des Verstehens... eine Vertiefung der emotionalen Reaktion zu beziehen.»[2] Es war die Verbindung von Krankheit oder biologischer Disposition mit individueller Kreativität, die Geschwind vor allem reizte.[3]

2 So sah es auch Dostojewskij. «Was, wenn es Krankheit ist», läßt er Fürst Myschkin sagen. «Was macht es schon, daß es eine abnorme Intensität ist, wenn das Ergebnis, wenn der Zeitpunkt der Empfindung, anschließend in Gesundheit erinnert und analysiert, sich als der Gipfel von Harmonie und Schönheit erweist... von Vollständigkeit, von Proportion?»

3 Obwohl die Interpretation von Leben, Werk und Persönlichkeit berühmter Menschen im Lichte ihrer neurologischen oder psychiatrischen Veranlagungen nichts Neues ist, so ist sie doch heute zur Obsession, ja fast zu einer Industrie geworden. Eve LaPlante spricht in ihrem Buch *Seized* von den charakteristischen «Merkmalen» von Schläfenlappenepilepsie und Geschwindschem Syndrom nicht nur bei

Aus der recht trockenen Bezeichnung «interiktales Persönlichkeitssyndrom» wurde «Waxman-Geschwind-Syndrom» oder manchmal auch einfach «Dostojewskij-Syndrom». Ich fragte mich nun, ob die Krankheit, die Franco 1965 befallen hatte, jenes von lebhaften Träumen, anfallartigen Halluzinationen, von mystischen Erleuchtungen und Entrückungen begleitete Fieber, nicht in Wirklichkeit der Ausbruch eines solchen Dostojewskij-Syndroms gewesen war.

Jackson spricht in Zusammenhang mit solchen Anfällen von einer Neigung zur «Verdopplung des Bewußtseins». Und genau das geschieht mit Franco: Wenn eine Vision,

van Gogh und Dostojewskij, sondern auch bei so unterschiedlichen Persönlichkeiten wie Poe, Tennyson, Flaubert, Maupassant, Kierkegaard und Lewis Carroll (ganz zu schweigen von Zeitgenossen wie Walker Percy, Philip Dick und Arthur Inman mit seinem 155bändigen Tagebuch). William Gordon Lennox (Verfasser eines umfangreichen, zweibändigen Standardwerks über Epilepsie) fügt dieser Liste eine Unzahl weiterer Geistesgrößen hinzu, von Sokrates, Paulus und Buddha bis hin zu Newton, Strindberg, Rasputin, Paganini und Proust. Die berühmte plötzliche Wiederkehr von Erinnerungen in dem Roman *Auf der Suche nach der verlorenen Zeit* hält Lennox ausnahmslos für hypermnestische oder Erlebnisanfälle, hervorgerufen durch bestimmte Reize, die die Vergangenheit wiederauferstehen lassen.

In anderen Büchern und Aufsätzen wird Samuel Johnson und Mozart ein Tourettesches Syndrom attestiert, Bartók und Einstein Autismus und fast allen kreativen Künstlern eine manisch-depressive Störung: Als manisch-depressiv diagnostiziert Kay Redfield Jamison in *Touched with Fire* Balzac, Baudelaire, Beddoes, Berlioz, Blake, Boswell, Brook, Bruckner, Bunyan, Burns und *alle* Byrons und Brontës, um nur die «B» zu nennen. Vielleicht sind viele dieser Diagnosen richtig. Die Gefahr dabei ist nur, daß wir in der Pathologisierung unserer Vorfahren (und Zeitgenossen) zu weit gehen, ihre Komplexität auf Ausdrucksformen neurologischer oder psychiatrischer Störungen reduzieren und darüber all die anderen Faktoren vernachlässigen, die ein Leben bestimmen, nicht zuletzt die auf nichts zu reduzierende Einzigartigkeit des Individuums.

ein Wachtraum, eine Erinnerung an Pontito von ihm Besitz ergreift, ist er wie entrückt – ist in gewissem Sinne dort. Seine Erinnerungen kommen plötzlich, unangekündigt, mit der Gewalt einer Offenbarung. Wenngleich er – wie alle Künstler – im Laufe der Jahre gelernt hat, sie bis zu einem gewissen Grad zu kontrollieren, sie hervorzurufen, bleiben sie ihrem Wesen nach unwillkürlich. Und genau das hielt Proust für das eigentlich Wertvolle: Für ihn war die willentlich evozierte Erinnerung begrifflich, alltäglich und flach – einzig die unwillentliche Erinnerung, schrieb er, aus den Tiefen hervorbrechend oder heraufbeschworen, könne die Kindheitserfahrung in ihrer ganzen Fülle vermitteln, mit all ihrer Unschuld, all ihren Wundern und Schrecken.

Die Verdopplung des Bewußtseins ist für Franco verwirrend: Die Vision von Pontito, der Vergangenheit, steht in Wettstreit mit dem Hier und Jetzt, und das kann ihn gelegentlich in einem solchen Maße überwältigen, daß er die Orientierung verliert, nicht mehr weiß, wo er ist. Und die Verdopplung des Bewußtseins hat zu einer seltsamen Verdopplung seines Lebens geführt. Franco lebt und arbeitet im San Francisco der Gegenwart, doch ein großer – vielleicht der größere – Teil von ihm lebt in der Vergangenheit, in Pontito. Und dieses vermehrte und tiefe Eintauchen in die Vergangenheit geht einher mit einer gewissen Verarmung und Geringschätzung des Hier und Jetzt. Franco geht kaum unter Leute, reist kaum, geht weder ins Kino noch ins Theater. Außer seiner Kunst interessiert ihn wenig. Seine einstmals zahlreichen Freunde hat er durch seine endlosen Pontito-Erzählungen verloren. Er arbeitet lange Stunden als Koch im Stadtteil North Beach; er läßt sich durch den Tag treiben, blind für die Welt, eingesponnen in seinen Traum von Pontito. Und diese Obsession hat all seine zwischenmenschlichen Beziehungen verkümmern lassen – alle außer der zu seiner Frau Ruth, und das liegt daran, daß sie seine Obsession teilt. *Sie* war es, die in North Beach eine Galerie eröffnete und sie Pontito Gallery nannte, und es war *ihre* Idee, «Pontito»-Schilder für das Auto zu besorgen. Der Preis, den Franco für seine Vergangenheitssehnsucht und seine Kunst zu zahlen hat, ist also, in der Gegenwart auf eine Halbexistenz reduziert zu sein.

Der Psychoanalytiker Ernest Schachtel schreibt über Proust, er sei auf seiner Suche nach der «verlorenen Zeit» bereit gewesen, «all dem zu entsagen, was Menschen gewöhnlich für ein aktives Leben halten, der Betriebsamkeit, der Freude des Augenblicks, der Beschäftigung mit der Zukunft, mit Freundschaft und gesellschaftlichem Umgang». Die Erinnerungen, nach denen Proust suchte und Franco sucht, sind flüchtige, scheue Nachtgebilde. Sie können nicht mit dem hellen Licht, dem Lärm und der Geschäftigkeit des Tages wetteifern – sie müssen erweckt, heraufbeschworen werden wie Träume, in Ruhe und Dunkelheit, in einem mit Kork verkleideten Raum oder einem Zustand ähnlich der Trance oder der Tagträumerei.

Und doch wäre es unzulässig vereinfachend, ja absurd anzunehmen, die Schläfenlappenepilepsie, die «Erinnerungsanfälle» seien, selbst wenn sie die letztendlichen Auslöser von Francos Visionen sind, die einzigen Determinanten seiner Erinnerungen und seiner Kunst. Der Charakter des Mannes – seine Bindung an die Mutter, seine Neigung zur Idealisierung und nostalgischer Sehnsucht, seine Lebensgeschichte mit dem plötzlichen Verlust des Kindheitsparadieses und des Vaters und nicht zuletzt der starke Wunsch, berühmt zu sein, etwas zu leisten, eine ganze Kultur zu repräsentieren – all das spielt sicher eine ebenso wichtige Rolle. Ein einzigartiger Zufall scheint zu einem gemeinsamen Auftreten oder einem Zusammentreffen eines tiefen Bedürfnisses und eines physiologischen Zustands geführt zu haben. Denn wenn sein Gefühl des Verbanntseins, des Verlustes und der nostalgischen Sehnsucht nach einer bestimmten Welt verlangte, einem Ersatz für die wirkliche Welt, die er verloren hatte, gaben ihm seine Anfälle jetzt, was er brauchte, einen endlosen Strom von Bildern aus der Vergangenheit – oder vielmehr ein fast unbegrenzt detailliertes, dreidimensionales «Modell» von Pontito, ein ganzes Theater oder eine Kulisse, die er geistig durchwandern und erkunden konnte, um neue Aspekte, neue Ansichten und Ausblicke zu entdecken, wohin auch immer er seinen Blick richtete. Doch Voraussetzung dafür ist natürlich gleichermaßen das ungeheure Erinnerungs- und Vorstellungsvermögen, das ihm seit jeher eigen ist.

Als ich die Ereignisse des Jahres 1965 rekonstruierte, erinnerte ich mich an die durch epileptische Anfälle hervorgerufenen Reminiszenzen, die meine Patientin Mrs. O'C. «attackiert» (aber auch tief befriedigt) hatten und die, solange sie anhielten, längst vergessene Erinnerungen an die Vergangenheit in ihr wachriefen, kostbare und bedeutsame Erinnerungen. Doch bei Mrs. O'C. verlor sich das epileptische Erinnern innerhalb weniger Wochen, schloß sich diese seltsame, durch physiologische Vorgänge geöffnete Tür zur Vergangenheit, und sie wurde, wohl oder übel, wieder «normal». Bei Franco sollte das Erinnern jedoch nicht aufhören, vielmehr nahm es, wenn es sich überhaupt veränderte, an Intensität und Umfang zu, so daß er seit dem Einsetzen der Erinnerungen nie wieder wirklich «normal» war. Viele Menschen mit Schläfenlappenepilepsie werden auf solche Weise in Besitz genommen oder enteignet – was manchmal das Leben der Betroffenen sehr bereichert (doch häufiger spaltet und zerstört). Franco besaß – wieder ein einzigartiger Zufall – die zuvor unbemerkt gebliebene Fähigkeit, seine Visionen zu malen, die Visionen eines Kindes mit den Fähigkeiten des Erwachsenen zu vermitteln und aus seiner Pathologie, seiner Vergangenheitssehnsucht eine Kunst zu machen.

Eine von Francos älteren Schwestern, die jetzt in Holland lebende Antonietta, erinnert sich, wie die Familie nach der deutschen Besatzung in ihr Haus zurückkehrte und alles verunstaltet und verändert fand. Francos Mutter war zutiefst betroffen – und ebenso Franco selbst. Dieses zehnjährige, vaterlose Kind sagte zu seiner Mutter: «Ich werde Pontito für dich wieder aufbauen, ich werde es für dich neu erschaffen.» Und als er sein erstes Bild malte – von dem Haus, in dem er geboren wurde –, schickte er es ihr. In gewissem Sinne löste er sein Versprechen ein, Pontito für sie wiederzuerrichten.

Er, wie auch andere, sahen in seiner Mutter einen Menschen mit besonderer Macht. «Sie hatte die Macht, die Kinder zu heilen – sie gab das Geheimnis an meine Schwester Caterina weiter», erzählte mir Franco. «Sie hatte auch die Macht, mit ihrem Blick den Körper zu verletzen.» Solch magisches Denken war in Pontito an der Tagesordnung. Franco stand seiner Mutter immer sehr nahe, war ihr Liebling und wurde das um so mehr nach dem Tod seines Vaters, als sich zwischen ihnen wieder eine Art präödipale, fast symbiotische Intimität und Nähe entwickelte. Franco schickte ihr Kopien von all seinen Bildern, und als sie 1972 starb, fühlte er sich wie vernichtet. Mit ihrem Tod, sagte er, «hörte ich auf zu malen». Er glaubte, dies sei sein Ende, das Ende seines Lebens, seiner Kunst. Neun Monate rührte er keinen Pinsel an. Als er wieder auftauchte aus seiner Trauer, hatte er das dringende Bedürfnis, eine andere Frau zu finden, zu heiraten, und er traf seine zukünftige Frau, eine junge irisch-amerikanische Künstlerin. «Als ich Ruth kennenlernte, wollte ich für immer nach Italien. Ruth hielt mich zurück. Ich sagte: ‹Kein Grund mehr zu malen.› Doch Ruth trat an die Stelle meiner Mutter. Ohne Ruth hätte ich nie mehr gemalt.»

Franco hatte seit jeher die Phantasie, nach Pontito zurückzukehren. Ständig sprach er von «einer Wiedervereinigung», von «Heimkehr», und manchmal sprach er so, als lebte seine Mutter mysteriöserweise noch, als wartete sie in ihrem Haus auf ihn. Doch obwohl sich ihm zahlreiche Gelegenheiten zur Rückkehr boten, schaffte er es, sie alle zu sabotieren. «Irgend etwas hält ihn davon ab, nach Pontito heimzukehren», sagte Bob Miller. «Irgendeine Kraft, eine Angst – ich weiß nicht, was es ist.» Franco war schockiert, als er Ende der siebziger Jahre aufgenommene Fotos von Pontito sah – die Auflösung von Feldern und Gärten, die Verwilderung überall, entsetzte ihn –, und er ertrug es kaum, sich die Aufnahmen anzusehen, die Susan Schwartzenberg 1987 aus Pontito mitbrachte. Das war nicht sein Pontito, das Pontito seiner Jugend, das Pontito, das er in seinen Halluzinationen gesehen, von dem er geträumt hatte und das er seit mehr als zwanzig Jahren malte.

Hierin lag etwas Ironisches und Paradoxes: Franco dachte ununterbrochen an Pontito, sah es in seiner Phantasie, malte es als den Ort, dem seine ganze Sehnsucht galt, und doch widerstrebte es ihm zutiefst, dorthin zurückzukehren. Aber genau dieses Paradox ist das Wesen der Nostalgie, denn die nostalgische Sehnsucht richtet sich auf eine Phantasie, die niemals Wirklichkeit wird, die sich daraus nährt, daß sie sich nicht erfüllt. Und doch sind solche Phantasien nicht nur leere Tagträume oder Luftschlösser. Sie drängen auf Erfüllung, doch ist diese Erfüllung eine indirekte – es ist die Erfüllung in der Kunst. So jedenfalls beschreibt es der französische Psychoanalytiker D. Geahchan. Und mit Bezug auf den größten aller Nostalgiker, Marcel Proust, spricht der Psychoanalytiker David Werman von einer «ästhetischen Kristallisierung der Nostalgie» – die Nostalgie erhoben auf die Ebene von Kunst und Mythos.

Franco ist zweifellos zugleich Opfer und Eigner eines Bildwerks, dessen Macht wir uns nur schwer vorstellen können. Er hat nicht die Freiheit, sich falsch zu erinnern, noch steht es ihm frei, dem Erinnerungsstrom Einhalt zu gebieten. Es prasseln Tag und Nacht, ob er will oder nicht, Erinnerungen von nahezu unerträglicher Gewalt und Genauigkeit auf ihn ein. «Niemand... hat die Hitze und den Druck einer derart nimmermüden Wirklichkeit gefühlt, wie sie Tag und Nacht auf dem unseligen Ireneo... lastete», schreibt Borges in seiner Erzählung «Das unerbittliche Gedächtnis». Eine solche unerträglich lebendige Wirklichkeit lastet auch auf Franco.

Man mag mit dem Potential für ein gewaltiges Gedächtnis geboren sein, doch man ist nicht geboren mit einer Neigung, sich zu erinnern. Diese Neigung entwickelt sich erst mit den Veränderungen und Trennungen im Leben – Trennungen von Menschen, von Orten, von Ereignissen und Situationen, vor allem wenn sie sehr bedeutsam waren, zutiefst verhaßt oder geliebt. Es sind also Diskontinuitäten, die großen Diskontinuitäten im Leben, die wir mit Hilfe der Erinnerung und darüber hinaus mit der Hilfe von Mythos und Kunst überbrücken oder integrieren oder versöhnen wollen. Diskontinuität und Nostalgie reichen am tiefsten, wenn wir als Heranwachsende den Ort verlieren oder verlassen, wo wir geboren wurden und unsere Kindheit verbrachten, wenn wir auswandern oder ins Exil gehen müssen, wenn der Ort oder die vertraute Umgebung, in der wir aufgewachsen sind, sich bis zur Unkenntlichkeit verändert oder zerstört wird. Wir alle sind Verbannte aus der Vergangenheit. Doch ganz besonders gilt dies für Franco, der sich als einziger Überlebender einer auf immer vergangenen Welt fühlt, und als der einzige, der sich ihrer erinnert.

Welche persönlichen Gaben und Pathologien Franco auch immer mitbringen mag – sein Gedächtnis, seine Malbegabung, (vielleicht) seine Anfälle, seine nostalgische Sehnsucht –, Triebfeder waren und sind für ihn immer auch ein Gefühl und ein Motiv über das Persönliche hinaus: ein kulturelles Bedürfnis, an die Vergangenheit zu erinnern, ihre Bedeutung zu bewahren oder ihr eine neue Bedeutung zu geben in einer Welt, die sie vergessen hat. Kurz, wir erkennen in Francos Werk die Kunst des Exils. Ein großer Teil der Kunst – und der Mythologie – hat ihren Ursprung in der Verbannung.[4] Die Verbannung (aus dem Garten Eden, aus Zion) ist ein zentraler Mythos der Bibel, vielleicht jeder Religion. Das Exil – und vielleicht, wenngleich stark transformiert, eine Art von Nostalgie – ist natürlich ein wesentlicher Impuls im Leben und Werk von James Joyce. Als junger Mann verließ er Dublin und kehrte nie zurück, doch das Bild seiner Heimatstadt prägt alles, was er schrieb: zuerst als wirklichkeitsgetreuer Hintergrund von *Stephen der Held*, *Dubliner* und *Verbannte*, später als zunehmend mythologisierter und universalisierter Hintergrund von *Ulysses* und *Finnegans Wake*. Joyces Erinnerung an Dublin war erstaunlich, und er erweiterte und ergänzte sie ständig durch peinlich genaue Nachforschungen. Doch es war das Dublin seiner Jugend, das ihn inspirierte; wie es sich später entwickelte, interessierte ihn wenig. Und so ist es, auf bescheidenere Weise, auch bei Franco: Pontito ist der Hintergrund all seiner Gedanken, von den persönlichsten, alltäglichsten Erinnerungen bis hin zu allegorischen Visionen von Pontito als dem Zentrum eines kosmischen Kampfes zwischen den ewigen Kräften von Gut und Böse.

Im März 1989 reiste ich nach Pontito, um das Dorf zu sehen und mit einigen von Francos Verwandten zu sprechen. Die

---

4 An der Verbannung – aus dem tropischen Paradies seiner ersten Lebensjahre – litt Gauguin sein ganzes Erwachsenenleben, bis er schließlich nach Tahiti ging und versuchte, dort das Eden seiner Kindheit, das er einst gekannt hatte, wiederzufinden.

Ortschaft selbst schien mir den Gemälden außerordentlich ähnlich und zugleich völlig anders zu sein. Die Art, wie Franco sich nach dreißig Jahren an die Details von Pontito erinnert, hat etwas fast Fotografisches, offenbart eine erstaunliche Fähigkeit zu mikroskopischer Reproduktion. Und doch war ich gleichzeitig überrascht von den Unterschieden: Pontito ist sehr viel kleiner, als man es sich nach den Bildern vorstellt, die Straßen sind schmaler, die Häuser ungleichmäßiger, der Kirchturm niedriger und gedrungener. Für diese Unterschiede gibt es viele Gründe, und einer davon ist sicher, daß Franco malt, was er mit den Augen eines Kindes sah, und für ein Kind ist alles größer und weiträumiger. Angesichts dieser genauen Wiedergabe der kindlichen Sicht fragte ich mich, ob irgendein Gaukelspiel des Gehirns Franco in die Lage versetzte oder sogar zwang, Pontito genauso wiederzuerleben, wie er es als Kind erlebt hatte, ob er Zugang erhielt, konvulsiven Zugang, zu den Kindheitserinnerungen in ihm.

Wilder Penfield glaubt, daß ihm einige Patienten mit Schläfenlappenepilepsie eben diesen Zugang zur Vergangenheit – einer Vergangenheit, die unverändert in den Archiven des Gehirns ruht – beschrieben haben. Solche Erinnerungen ließen sich während der Operation durch elektrische Reizung des betroffenen Teils der Schläfenlappen hervorrufen. Während die Patienten sich vollkommen bewußt blieben, daß sie im Operationssaal waren und der Chirurg ihnen Fragen stellte, fühlten sie sich gleichzeitig in eine Zeit in der Vergangenheit versetzt, jeder Patient immer in dieselbe Zeit und dieselbe Szene. Die durch solche Anfälle heraufbeschworenen Erlebnisse waren von Patient zu Patient völlig verschieden: Einer erlebte sich wieder in einem Moment, als er «Musik hörte», ein anderer, wie er «auf die Tür eines Tanzsaals blickt», eine Patientin sah sich «bei der Geburt im Kreißsaal» liegen, ein anderer beobachtete Menschen, «die das Zimmer betreten, mit Schnee auf ihren Kleidern». Weil die Erinnerungen der einzelnen Patienten bei jedem Anfall und jeder Stimulation konstant blieben, spricht Penfield von «Erlebnisanfällen».[5] Er glaubt, daß das Gedächtnis die Erfahrungen eines Lebens kontinuierlich und vollständig speichert und daß während der Anfälle ein Segment des Gespeicherten konvulsiv, unwillkürlich ins Bewußtsein gerufen wird und automatisch abläuft. In den meisten Fällen, so glaubt er, besitzen die auf diese Weise aktivierten Erinnerungen keine besondere Bedeutung und sind lediglich zusammenhanglose, zufällig aktivierte Segmente. Doch er gesteht zu, daß solche Segmente gelegentlich auch mehr sein können – daß manche für die Aktivierung möglicherweise besonders prädestiniert sind, weil sie so wichtig, im Gehirn so massiv repräsentiert sind. War es das, was mit Franco geschah? War er konvulsiv gezwungen, eingefrorene Segmente seiner Vergangenheit zu sehen, «Fotografien» aus dem Archiv seines Gehirns?

Die Vorstellung, daß alte Erinnerungen im Gehirn überdauern, wenn auch in etwas weniger buchstabengetreuer, weniger mechanischer Form, ist ein Gedanke, der die Psychoanalyse – und die großen Autobiographen – seit langem beschäftigt. So stellte Freud sich den Geist bevorzugt als eine archäologische Stätte vor, Schicht für Schicht gefüllt mit den vergrabenen Zeugnissen der Vergangenheit (wobei diese Schichten jedoch jederzeit ins Bewußtsein ge-

5 Es gibt zwar sich wiederholende oder stets wiederkehrende Elemente in solchen Anfällen, doch inzwischen wissen wir, daß immer auch phantastische oder traumähnliche Elemente beteiligt sind. (Um die Jahrhundertwende beschrieb Gowers eine Patientin, die immer «eine plötzliche Vision von London in Ruinen hatte und selbst die einzige Zuschauerin in dieser Szenerie der Zerstörung war», bevor sie einen Krampfanfall bekam oder das Bewußtsein verlor.) Eine Diskussion und radikal andere Interpretation von Penfields Ergebnissen findet sich in *The Invention of Memory* von Israel Rosenfield.

langen können). Und für Proust war das Leben eine «Sammlung von Momentaufnahmen», und die Erinnerungen daran, so schreibt er, hätten «nicht von allem Kunde, was zuvor geschehen ist», und blieben «hermetisch versiegelt» wie Krüge mit Eingemachtem in der Vorratskammer des Geistes.[6] (Proust ist nur einer der Großen, die sich mit der Erinnerung befaßt haben – mindestens seit Augustinus denken Menschen über sie nach, ohne eine Antwort auf die Frage zu finden, was Erinnerung «ist».)

Diese Vorstellung vom Gedächtnis als einer Aufzeichnung oder einem Speicher ist uns so vertraut, scheint uns so angemessen, daß wir sie als gegeben hinnehmen und zunächst nicht erkennen, wie problematisch sie eigentlich ist. Und doch haben wir alle die gegenteilige Erfahrung gemacht, haben erlebt, daß «normale», alltägliche Erinnerungen alles andere als starr und fixiert sind – sie verschieben und wandeln sich, verändern sich jedesmal, wenn wir sie uns ins Bewußtsein rufen. Nie haben zwei Zeugen je dieselbe Geschichte erzählt, und keine Geschichte, keine Erinnerung bleibt sich jemals gleich. Eine Geschichte wird mehrfach erzählt und verändert sich mit jeder Wiederholung. Experimente, in denen Versuchspersonen dieselbe Geschichte mehrere Male wiedergeben oder sich an Bilder erinnern sollten, brachten Frederic Bartlett in den zwanziger und dreißiger Jahren zu der Überzeugung, daß es so etwas wie «Erinnerung» nicht gibt, sondern lediglich den

---

6 In *Auf der Suche nach der verlorenen Zeit* schreibt Proust:

Sicher bedeutet es eine große Schwäche für ein Wesen, in einer bloßen Sammlung von Momentaufnahmen existent zu sein, doch auch eine große Stärke; es ersteht von neuem aus dem Gedächtnis, das Gedächtnis eines Augenblicks aber hat nicht von allem Kunde, was zuvor geschehen ist; der Augenblick, den das Gedächtnis registriert hat, lebt weiter, dauert noch immer an, damit jedoch auch das Wesen, das sich darin abgezeichnet hat.

dynamischen Prozeß des «Erinnerns» (in seinem großen Buch *Remembering* ist er stets bemüht, das Nomen zu vermeiden und nur das Verb zu verwenden). Er schreibt:

> Erinnern ist nicht ein Wiederaufrufen unzähliger fixer, lebloser und fragmentarischer Spuren. Es ist eine imaginative Rekonstruktion oder Konstruktion, hervorgehend aus unserer Einstellung gegenüber einer ganzen, aktiven Masse organisierter vergangener Reaktionen oder Erfahrungen und der Beziehung zu einem kleinen, herausragenden Detail, das im allgemeinen in bildlicher oder sprachlicher Form erscheint. Sie ist also, selbst in den elementarsten Fällen mechanischer Rekapitulation, kaum je wirklich genau.

Bartletts Schlußfolgerung findet starke Unterstützung in der neurowissenschaftlichen Arbeit von Gerald Edelman, in dessen Auffassung vom Gehirn als einem ubiquitär aktiven System, innerhalb dessen sich die Dinge fortwährend umgestalten und alles ständig auf den neuesten Stand gebracht und neu zueinander in Beziehung gesetzt wird. Es gibt nichts Kameraähnliches, nichts Mechanisches in Edelmans Verständnis des Geistes: Jede Wahrnehmung ist eine Schöpfung, jede Erinnerung eine Neuschöpfung – alles Erinnern ist In-Beziehung-Setzen, Verallgemeinern, Umkategorisieren. In solch einem Verständnis haben starre, unveränderliche Erinnerungen, hat eine «reine» Auffassung von einer nicht durch die Gegenwart gefärbten Vergangenheit keinen Platz. Für Edelman wie für Bartlett sind immer dynamische Prozesse am Werk und ist Erinnern immer Rekonstruktion, nicht Reproduktion.

Und doch muß man sich fragen, ob es nicht ungewöhnliche oder pathologische Formen von Erinnerung gibt, für die dies nicht gilt. Wie steht es zum Beispiel mit den offenbar dauerhaften und identisch wiederholbaren Erinnerungen von Lurijas «Gedächtniskünstler», die den unveränderlichen, starren «künstlichen Erinnerungen» an die Vergangenheit so nahe kommen? Und wie verhält es sich mit den sehr genauen, archivarischen Erinnerungen in Kulturen mit mündlicher Überlieferung, wo ganze Stammesgeschichten, Mythologien und epische Dichtungen über Dutzende von Generationen zuverlässig weitergegeben werden? Mit der Fähigkeit von Idiots savants, Bücher, Musik und Bilder originalgetreu im Gedächtnis zu speichern und noch Jahre später nahezu unverändert zu reproduzieren? Den traumatischen Erinnerungen, die sich noch Jahre oder Jahrzehnte nach dem Trauma – für die Betroffenen unerträglich – immer wieder abzuspulen scheinen (Freuds «Wiederholungszwang»)? Den neurotischen oder hysterischen Erinnerungen oder Phantasien, die ebenfalls gegenüber der Zeit immun zu sein scheinen? Hier sind offenbar ungeheure Reproduktionskräfte am Werk, die jedoch in sehr viel geringerem Maße rekonstruktiv sind als zum Beispiel Francos Erinnerungen. Man hat das Gefühl, als setze sich in all diesen Fällen ein Element der Fixierung oder Versteinerung durch, als seien die Betroffenen von den normalen Prozessen des Umkategorisierens und Überprüfens abgeschnitten.[7]

7 Erinnerung kann viele Formen annehmen – jede auf ihre Weise von unschätzbarem kulturellem Wert –, und wir sollten von Pathologie nur dann sprechen, wenn wir es mit einem Extrem zu tun haben. Manche Menschen haben ein bemerkenswertes Wahrnehmungsgedächtnis, sie scheinen zum Beispiel all die vielen Einzelheiten eines Sommerurlaubs, die vielen Menschen, die sie getroffen haben, ihre Kleidung, die Gespräche, die tausend kleinen Ereignisse eines Strandtages automatisch aufzunehmen und sich ohne die geringste Schwierigkeit zu merken. Bei anderen überdauert die Erinnerung an solche Dinge nicht (vielleicht speichern sie sie gar nicht erst), dafür verfügen

Vielleicht müssen wir mit beidem rechnen – mit der Erinnerung als etwas Dynamischem, das ständiger Überarbeitung unterliegt, aber auch mit Erinnerung in Form von Bildern, die in ihrer ursprünglichen Form erhalten bleiben, wenn auch – wie Palimpseste – wieder und wieder überschrieben durch nachfolgendes Erleben. In diesem Sinne findet man in den Arbeiten Francos, so genau und starr die ursprüngliche Erinnerung sein mag, stets auch Elemente von Rekonstruktion. Dies gilt besonders für seine persönlichsten Bilder, etwa den Blick aus seinem Schlafzimmerfenster. Auf diesem Bild verschmilzt Franco eine Reihe von Gebäuden zu einer sehr persönlichen und ästhetischen Einheit, die man nicht auf einmal sehen (oder fotografieren) kann, sondern die er zu verschiedenen Zeitpunkten mit liebevollem Auge betrachtet hat. Er hat eine ideale Sicht konstruiert, die die Wahrheit der Kunst besitzt und das Faktische transzendiert. Unabhängig von der fotografischen oder eidetischen Kraft, die aus ihm spricht, besitzt solch ein Bild immer auch eine gewisse Subjektivität, eine stark persönliche Färbung. Der Psychoanalytiker Ernest Schachtel erörtert dies im Zusammenhang mit Kindheitserinnerungen:

> Erinnerung als eine Funktion der lebendigen Persönlichkeit kann nur verstanden werden als Fähigkeit, frühere Erfahrungen und Eindrücke im Dienste gegenwärtiger

sie aber über ein riesiges konzeptuelles Gedächtnis, in dem sie in höchst abstrakter, logisch geordneter Form ungeheure Mengen an Gedanken und Informationen speichern. Zu ersterem neigt vielleicht der Geist des Romanschriftstellers, des gegenständlichen Malers, zu letzterem der des Wissenschaftlers, des Gelehrten (und natürlich kann es unterschiedliche Kombinationen beider Gedächtnisformen geben). Das rein perzeptuelle Gedächtnis mit wenig oder keinerlei konzeptueller Ausrichtung oder Fähigkeit ist vielleicht typisch für einige autistische Savants.

Bedürfnisse, Ängste und Interessen zu organisieren und zu rekonstruieren… Unpersönliche Erinnerung gibt es ebensowenig wie unpersönliche Wahrnehmung und unpersönliche Erfahrung.

Kierkegaard geht in der Einleitung zu *Stadien auf des Lebens Weg* noch weiter:

> Das Gedächtnis ist lediglich eine dahinschwindende Bedingung. Mittels des Gedächtnisses stellt sich das Erlebte vor, um die Weihe der Erinnerung zu empfangen… Die Erinnerung ist nämlich die Idealität, als solche aber ganz anders anstrengend und verantwortlich als das gleichgiltige Gedächtnis… Deshalb ist es eine Kunst, sich zu erinnern.

Francos Pontito ist noch in den winzigsten Details von minutiöser Genauigkeit und dennoch heiter und idyllisch. Es liegt eine große Stille über dem Städtchen, ein Eindruck von Frieden, nicht zuletzt deshalb, weil Francos Pontito entvölkert ist, Häuser und Straßen sind menschenleer. Die Bilder haben etwas Verlassenes, Postnukleares. Doch zugleich strahlen sie auch eine tiefere, geistige Stille aus. Man kann sich des Gefühls nicht erwehren, daß hier etwas sonderbar ist, daß nicht, wie bei Proust, die Aktualität der Kindheit erinnert wird, sondern eine verleugnende und verklärende Sicht des Kindes, wobei der Ort, Pontito, an die Stelle von Personen tritt – der Eltern, der lebendigen Menschen –, die so wichtig für das Kind gewesen sein müssen.[8]

---

8 In einer späten Schrift, «Konstruktionen in der Analyse», spricht Freud von der Tatsache, daß sich in Erinnerungen von Patienten an bestimmte bedeutsame Ereignisse oft außerordentliche Schärfe und Detailliertheit auf seltsame Weise mit Ausfällen, dem Fehlen entscheidender (insbesondere menschlicher) Elemente, verbinden. So

Franco ist sich dessen durchaus bewußt und erzählt, wenn er in einer bestimmten Stimmung ist, von der Wirklichkeit der Kindheit, wie er sie erlebt hat – von den Schwierigkeiten, Konflikten, Kümmernissen und Schmerzen. Doch in seiner Kunst wird dies alles ausgeklammert, hier herrscht paradiesische Einfachheit. Man findet den Glauben an eine glückliche Kindheit «selbst bei Menschen, die als Kinder grausame Erfahrungen machen mußten», schreibt Schachtel. «Der Mythos einer glücklichen Kindheit nimmt den Platz der verlorenen Erinnerung an die wirkliche… Erfahrung ein.»

Und doch können wir Francos Vision nicht auf bloße Phantasie oder Obsession reduzieren. Es ist nicht nur das neurotische Auslöschen, das seine Pontito-Bilder kennzeichnet, sondern ein imaginatives Hervorheben, eine Intensivierung. Die Philosophin Eva Brann nennt die Erinnerung gern «die Schatzkammer der Imagination» und betrachtet (wie Edelman) Erinnerungen als imaginativ und kreativ von Beginn an[9]:

können sich Patienten «überdeutlich» an das Zimmer erinnern, in dem sich ein traumatisches Ereignis abgespielt hat, oder an die Möbel – aber nicht an das Ereignis selbst. Freud sieht darin das Ergebnis eines Konfliktes und eines Kompromisses im Unbewußten, wobei wichtige Erinnerungsspuren ins Bewußtsein gelangen, aber verschoben werden auf angrenzende Objekte von geringerer Bedeutung. Freud betont, daß solche Erinnerungen oft in Träumen (und anschließend in Tagträumen) auftauchen, sobald das belastete Thema einmal ins Bewußtsein gedrungen ist.

9 T.J. Murray zitiert den Maler Robert Pope, der ebenfalls betont, daß zwischen der ursprünglichen Erfahrung und der Neuschöpfung Zeit vergehen muß – eine Zeit, die bei ihm im Durchschnitt fünf Jahre betrug, während es bei Franco ein Vierteljahrhundert oder mehr war:

Während dieser Zeit der Schwangerschaft [schreibt Pope] wirken die kreativen Fähigkeiten als Filter, durch den persönliche, undurchsichtige und chaotische Daten öffentlich und transparent gemacht werden und sich ordnen. Dies ist ein Prozeß der Mytholo-

Das imaginative Gedächtnis speichert für uns nicht nur die vorübergehenden Augenblicke der Wahrnehmung, sondern gestaltet sie auch um, schafft Distanz zu ihnen, macht sie lebendig und nimmt ihnen ihre Bösartigkeit — formt frühere Eindrücke um, verwandelt bedrückende Unmittelbarkeiten in weiträumige Perspektiven... lokkert den starren Griff eines akuten Verlangens und transformiert es in einen fruchtbaren Plan.

Und genau an diesem Punkt werden Francos persönliche, nostalgische Gefühle zu kulturellen und transzendenten. Pontito, so glaubt er, sei Gott besonders wohlgefällig und müsse bewahrt werden vor Zerstörung und Korruption. Etwas Besonderes sei der Ort zudem, weil er eine kostbare Kultur verkörpere — eine Art, zu bauen, zu leben, die fast von der Erde verschwunden sei. Er sieht seine Mission auch darin, Pontito genau so zu bewahren, wie es war, über alle Wechselfälle und Zufälle hinaus. Daß dies eine oder *die* zentrale Dynamik ist, zeigt sich in einer Reihe von apokalyptischen oder «Science-fiction»-Bildern, die er in Phasen geistiger Anspannung oder Not zu malen scheint. Auf ihnen wird die Erde durch einen anderen Planeten oder einen Kometen, durch nahe bevorstehende oder tatsächliche Zerstörung bedroht, doch Pontito überlebt: Franco zeigt die alte Kirche oder einen Garten, ganz in Grün und Gold, leuchtend, verklärt, im Glanz der Sonne, wunderbarerweise unberührt inmitten der allumfassenden Zerstörung. (Ein anderes allegorisches Bild zeigt eine Satellitenschüssel auf der Kirche: Sie ist auf die Sterne gerichtet — und auf Gott.) Diese apokalyptischen Bilder tragen Titel wie *Pontito, bewahrt für die Ewigkeit im unendlichen Raum.*

gisierung. Mythos und Traum sind einander ähnlich: Der Unterschied ist, daß Träume eine private, persönliche Bedeutung, Mythen dagegen öffentliche Bedeutungen haben.

Franco steht jeden Morgen früh auf und weiß, was er zu tun hat. Er hat seine Aufgabe, seine Mission: zu erinnern – das Andenken an Pontito zu heiligen. Seine Visionen sind voll von Gefühlen und Erregung, genauso wie vor fünfundzwanzig Jahren, als sie zum erstenmal in ihm aufstiegen. Und der Akt des Malens – in der Erinnerung wieder die vielgeliebten Wege und Straßen zu durchwandern, und das auf so meisterliche Weise, in solcher Fülle und Detailliertheit artikulieren zu können – gibt ihm dadurch, daß er seinen Visionen eine kontrollierte und künstlerische Form verleiht, ein Gefühl von Identität und Erfüllung.

«Ich glaube nicht, daß ich die Anerkennung für diese Bilder verdiene», schrieb Franco mir in einem Brief. «Ich habe sie für Pontito gemalt... Ich will, daß die ganze Welt weiß, wie phantastisch und wunderschön der Ort ist. Auf diese Weise wird er vielleicht nicht sterben, obwohl er im Sterben liegt. Vielleicht halten meine Bilder wenigstens sein Andenken lebendig.»

Bis Anfang 1989 hatte ich Franco mehrere Male gesehen und in seinem Haus in San Francisco besucht. Ich hatte mit seinen dortigen Freunden gesprochen und zwei seiner Schwestern in Holland getroffen. Doch vor allem hatte ich Pontito besucht, was Franco erregte und ärgerte, denn er dachte jetzt – mehr als je zuvor in den letzten zwanzig Jahren – selbst daran, nach Pontito zu reisen. Sein Leben hatte bisher eine seltsame Art von Stabilität besessen; er lebte, aß, funktionierte – etwas geistesabwesend – in der Gegenwart, doch sein Geist und seine Kunst waren auf die Vergangenheit fixiert. Dabei war ihm Ruth eine große Hilfe, die sich, obwohl selbst Künstlerin, zutiefst mit Francos Beziehung zu Pontito und seiner Pontito-Kunst identifiziert hatte und alles tat, um für seine Lebensbedürfnisse zu sorgen und ihm den Schutz und die Abgeschirmtheit zu geben, die er brauchte, um ungestört an seiner nostalgischen Kunst arbeiten zu können. Doch tragischerweise erkrankte sie 1987 an Krebs und starb nach einem schmerzvollen Kampf gegen die Krankheit drei Monate vor Francos Exploratorium-Ausstellung. Das war sein erster großer Auftritt, und zusammen mit dem Tod seiner Frau weckte dieses Ereignis in ihm das Gefühl, daß er nicht so weitermachen konnte wie bisher – irgend etwas mußte geschehen, neue Entscheidungen mußten getroffen werden. Das klang auch in einem Brief an, den er mir einen Monat später schrieb:

> Vielleicht gehe ich sehr bald fort von hier. Wahrscheinlich nach San Francisco, aber vielleicht auch nach Italien, für immer... Meine Situation ist seit dem Tod meiner Frau schwierig. Ich bin mir nicht sicher, was ich tun soll... Ich muß mein Haus verkaufen, mich nach einer Wohnung und Arbeit in San Francisco umsehen oder später nach Pontito zurückgehen. Das wird das Ende meines Pontito-Gedenkens sein – aber nicht das Ende meines Lebens. Ich werde mit einem neuen Gedenken beginnen.

Ich war bestürzt darüber, wie er die Rückkehr nach Pontito mit dem Ende seines Gedenkens, seiner Identität, dem Ende seiner einzigartigen Erinnerung und Kunst gleichsetzte. Jetzt wurde klar, warum er bis jetzt alle Rückkehrmöglichkeiten sabotiert hatte. Konnte das Märchen, der Mythos, die Wirklichkeit überleben?

Im März 1989 sprach ich in Florenz auf einer Tagung über Franco und seine Kunst. Danach ergoß sich eine Flut von Einladungen über Franco – Bitten um Interviews, um Dias von seinen Bildern, um eine Ausstellungserlaubnis und vor allem um eine Rückkehr nach Pontito. Pescia, die Pontito nächstgelegene größere Stadt, organisierte für September 1990 eine Ausstellung seiner Bilder. Diese öffentliche Aufmerksamkeit verstärkte den inneren Konflikt, in dem er sich seit langem befand. Er geriet in einen Zustand immer stärkerer Erregung und Ambivalenz. Schließlich beschloß er in jenem Sommer, zu fahren.

Er hatte sich vorgestellt, von Pescia aus zu Fuß zu gehen, die gewundene Bergstraße nach Pontito hinaufzuwandern, ein selbstgefertigtes Kreuz auf dem Rücken, das er in Pontito in die alte Kirche stellen wollte. Er würde allein sein, vollkommen allein auf diesem geheiligten Gang. An einer Quelle würde er anhalten, einer uralten Quelle mit frischem Wasser, kurz vor Pontito, und sein Gesicht in dem hervorsprudelnden Wasser baden. Vielleicht, so dachte er, würde er von dem Wasser trinken, sich niederlegen und sterben. Oder er würde, geläutert und neugeboren, in Pontito Einkehr halten. Niemand würde ihn erkennen, den grauhaarigen Fremden, der von weither kam, bis ein alter Hund – jener Hund, mit dem er als Kind gespielt hatte, jetzt so alt, daß er sich kaum noch bewegen konnte (tatsächlich müßte er so alt sein wie Franco selbst) –, bis sein alter Hund ihn begrüßen, mit letzter Kraft lecken und dann, nachdem sein Warten ein Ende hat, mit dem Schwanz wedeln und sterben würde. Es war seltsam, diese so sorgfältig ausgemalte Phantasie von Franco zu hören, diese Phantasie mit Elementen von Sophokles und Homer, aber auch des Neuen Testaments – Sophokles und Homer kannte er nicht.

Doch schließlich sollte alles ganz anders verlaufen.

Am Abend vor seinem Abflug rief er mich in panischer Angst an. Unzählige Gedanken, Wünsche und Ängste kämpften in ihm: Sollte er fahren, sollte er nicht fahren? Er schwankte hin und her. Da seine Kunst auf Phantasie und Nostalgie gründete, auf einer Erinnerung, die von der Aktualität unberührt war, hatte er furchtbare Angst, daß er sie verlieren würde, wenn er nach Pontito zurückkehrte. Ich hörte ihm aufmerksam zu, wie ein Analytiker, und machte ihm keinerlei Vorschläge. «*Du* mußt dich entscheiden», sagte ich schließlich. Er nahm den Nachtflug am selben Abend.

Er hatte auf die Möglichkeit gehofft, den Papst zu sehen und sein Kreuz segnen zu lassen, bevor er damit nach Pontito wanderte. Doch der Papst war in Afrika. Auch konnte er den Via-Dolorosa-Gang nach Pontito nicht antreten. Bei seiner Ankunft teilte man ihm mit, der Bürgermeister von Pescia und andere Würdenträger warteten bereits in Pontito auf ihn, und er wurde umgehend dorthin verfrachtet.

Nach den Begrüßungsfeierlichkeiten machte Franco sich selbständig und ging zu dem Haus, in dem er als Kind gewohnt hatte. Sein erster Eindruck: «O mein Gott, es war so klein. Ich mußte mich bücken, um durch mein Fenster zu schauen. Ich sah äußere Veränderungen – aber für mich gibt es keine Veränderungen.» Als er durch das Städtchen ging, schien es ihm unheimlich ruhig und verlassen, «als seien alle gegangen, als gehöre der Ort mir». Für eine Weile genoß er das Gefühl, daß Pontito ihm gehörte, und dann überkam ihn das Gefühl eines schmerzlichen Verlustes: «Ich vermißte die Hühner, den Hufschlag der Esel. Wie ein Traum. Alle sind gegangen. Früher war immer eine Menge Lärm – die Kinder, die Frauen, die Esel. Alles fort.» Niemand begrüßte ihn, niemand erkannte ihn, die Straßen waren menschenleer bei seinem ersten Rundgang. Er sah keine Gardinen an den Fenstern, keine Wäsche auf den Leinen, kein Leben rührte sich in den leeren, verschlossenen Häusern. Nur halbwilde Katzen streunten durch die Gassen. In ihm wuchs das Gefühl, daß Pontito tot war und er in eine Geisterstadt heimkehrte.

Er ließ die Häuser hinter sich, wanderte aus der Stadt hinaus, dorthin, wo früher wohlbestellte Felder und Obstgärten gelegen hatten. Überall war der Boden geborsten und trocken; alles war verkommen und von Unkraut und Kletterpflanzen überwuchert. Es kam ihm vor, als läge nicht nur Pontito, sondern das ganze Unternehmen Zivilisation in Trümmern. Er dachte an seine eigenen apokalyptischen Visionen: «Eines Tages wird Pontito verseucht und überwuchert sein. Es wird einen Atomkrieg geben. Also werde ich es in den Weltraum versetzen, um es für die Ewigkeit zu bewahren.»

Doch dann ging die Sonne auf, und die reine Schönheit dieses Schauspiels nahm ihm den Atem: «Ich kann es nicht glauben, es ist so wunderschön.» Und mit der aufgehenden Sonne erschien oben auf dem Berg, Häuserreihe für Häuserreihe, Pontito, sein Pontito, grün und golden, und ganz oben schimmerte der Kirchturm jetzt in der frühen Morgensonne – *seine* Kirche, vollkommen unverändert. «Ich ging hoch zum Turm. Ich berührte die Steine. Für mich sind sie tausend Jahre alt. All die verschiedenen Farben – das Kupfer, das Grün.» Indem Franco die Steine berührte, sie streichelte, liebkoste, schuf er sich wieder Grund, auf dem er stehen konnte, bekam er wieder das Gefühl, daß Pontito wirklich war. Steine sind seit jeher ein wesentliches Element in seinen Bildern. Er malt sie mit äußerster Genauigkeit – jeder Schatten, jede Farbe, jede Wölbung, jeder Riß ist liebevoll ausgestaltet. Francos Steine haben eine außerordentliche taktile oder kinästhetische Qualität. Und jetzt, da er die Steine berührte, gewann die «Heimkehr» ihre Wirklichkeit für ihn zurück, und zum erstenmal freute er sich. Wenigstens die Steine hatten sich nicht verändert. Auch nicht die Kirche, die Häuser, die Gassen. Zumindest fühlten sie sich an wie einst. Und jetzt kamen auch die Bewohner, viele davon Verwandte, aus ihren Häusern, begrüßten ihn aufgeregt, bombardierten ihn mit Fragen. Alle waren stolz auf ihn: «Wir haben deine Bilder gesehen, wir haben von dir gehört – bleibst du jetzt hier?» Und er begann sich zu fühlen wie der verlorene Sohn. Das, so sagte er später, sei der Höhepunkt seiner Reise gewesen: «Als Kind in Pontito dachte ich, eines Tages bin ich groß. Leiste etwas, bin etwas, für meine *madre*. Zeige es den Leuten in Pontito. Nach dem Tod meines Vaters hatte ich keine Schuhe, alle kaputt. Ich schämte mich. Man verachtete uns.»

Seine Kindheitsphantasie war Wirklichkeit geworden: Er hatte etwas geleistet, war jemand, die Leute – und zwar nicht einfach Leute in Amerika oder Italien, sondern seine eigenen Leute, die Leute aus Pontito – liebten und bewunderten ihn. Ein zärtliches Gefühl für die Menschen – «meine Leute» – ergriff ihn. Sie konnten sich an die Vergangenheit nicht so erinnern wie er – ihren Erinnerungen fehlte die Kraft, die von seinen ausging, oder sie waren der Gegenwart angepaßt, verwischten die Vergangenheit. Dies spürte er, wann immer er mit ihnen sprach. Also würde er ihr Archiv, ihr Gedächtnis sein: «Ich bringe diesen Menschen die Erinnerung zurück.» Und später sagte er zum Bürgermeister: «Ich werde eine Galerie bauen, ein kleines Museum, etwas, das die Menschen in die Stadt zurückbringt.»

Oberflächlich betrachtet, war die Rückkehr nach Pontito nicht die erwartete intensive Erfahrung – es gab keine mystischen Offenbarungen, keine Ekstasen auf Berggipfeln –, doch er starb auch nicht an vergiftetem Wasser und bekam keine Herzattacke, wie er es sich auch ausgemalt hatte. Erst als er Pontito verließ, verspürte er die Wirkung dieser Erfahrung.

Nach San Francisco zurückgekehrt, geriet er in eine Krise. Zunächst verfiel er in eine überwältigende sensorische Konfusion. Er schien zwei Bilder von Pontito zu sehen, in seinem Kopf liefen zwei «Wochenschauen», wie er es nannte, gleichzeitig ab, und die aktuellere, die neue, begann die alte zu verwischen. Er war diesem Wahrnehmungskonflikt hilflos ausgeliefert, und als er versuchte,

Pontito zu malen, merkte er, daß er nicht mehr wußte, was er tun sollte: «Ich bin verwirrt, ich sehe diese beiden Bilder gleichzeitig», erzählte er mir. «Ich glaubte, Pontito zu malen, wie es war, aber ich ‹sehe›, wie es jetzt ist. Ich dachte, ich werde verrückt. Was konnte ich tun? Vielleicht würde ich Pontito nie wieder malen können. Ich hatte Angst. Mein Gott – noch mal ganz von vorn anfangen? ...Ich brauchte zehn Tage, um zurückzukommen.»

Zehn Tage dauerte es, bis die halluzinatorisch lebendigen Bilder des neuen Pontito verblaßten, bis sie aufhörten, mit dem alten Pontito zu wetteifern; zehn Tage, um nur den sensorischen Konflikt zu lösen. Seine Gefühle waren so verwirrt, daß er sich kaum traute, darüber nachzudenken. Der Verzweiflung nahe, sagte er: «Ich wollte, ich wäre nie zurückgekehrt. Ich arbeite am besten mit meiner Phantasie. Ich kann jetzt nicht arbeiten.» Das war einen Monat, bevor er wieder anfing, Pontito zu malen. Diese neuen Zeichnungen und Gemälde, sehr kleine quadratische Bilder, waren ungewöhnlich zart und intim: Ecken, Winkel, wie sie einem Jungen gefallen konnten, Winkel, in denen er als Kind gesessen und geträumt hatte. Diese kleinen Szenen strahlen, obwohl keine menschliche Gestalt zu sehen ist, etwas intensiv Menschliches aus, als ob die Menschen, die zu ihnen gehören, gerade gegangen seien oder jeden Moment kommen würden – ganz anders als die idealisierten, aber verödeten Szenen, die er gewöhnlich malte.

Als Franco Bilanz zog, fand er seinen Pontito-Aufenthalt ebenso erfreulich wie erschöpfend, doch auf einer tieferen Ebene waren diese drei Wochen ein Kompromiß gewesen, weil er kaum Zeit für sich gehabt hatte – man war ihm auf Schritt und Tritt gefolgt, hatte ihn ausgefragt, und so war ihm keine Zeit zum Zeichnen oder Nachdenken geblieben. Er hatte das Bedürfnis, ein zweites Mal zurückzukehren, um sich mit den tieferen Fragen auseinanderzusetzen, um einige Zeit allein in Pontito zu verbringen.

Im März 1991 gab es eine zweite Ausstellung von Francos Bildern in Italien – diesmal im Palazzo Medici-Riccardi in Florenz –, und ich begleitete Franco dorthin. Das prachtvolle Ambiente, seine Bilder in riesigen, palastartigen Sälen zu sehen, machte ihn verlegen. «Ich fühle mich wie ein Eindringling», sagte er, «sie gehören nicht hierher.» Er und seine Bilder, sagt er, seien in den Hügeln der Toskana zu Hause. In der kosmopolitischen Grandeur von Florenz fühle er sich unwohl.

Am nächsten Morgen brechen Franco und ich nach Pontito auf. Das erste Mal werden wir sein Dorf gemeinsam sehen. Wir fahren am Dom vorbei und am Baptisterium im Zentrum von Florenz, vorbei am Innocenti, dem alten Kinderhospital, durch die Altstadt, die jetzt, in der sonntäglichen Morgendämmerung, sauber und menschenleer ist. Franco neben mir ist tief in seine Gedanken versunken.

Wir fahren die Straße Richtung Pistoia und biegen nach Montecatini ab; auf den Hängen rechts und links liegen wie hingetupft alte Bergstädtchen. Jeder Künstler habe eine Art Muster oder Typ von Architektur im Hinterkopf, schrieb G. K. Chesterton: «Es ist so etwas wie die Landschaft seiner Träume; die Art von Welt, die er gern schaffen oder durchwandern würde; die seltsame Flora und Fauna seines eigenen, geheimen Planeten.» Für Auden bestand diese Landschaft aus Kalkstein und Bleiminen; für Franco ist es diese alte, bergige, sich stets gleichbleibende Toskana.

Ein Schild, das Autofahrer vor Schnee warnt, veranlaßt mich, Franco zu fragen, ob es in Pontito jemals geschneit und ob er je ein verschneites Pontito gemalt habe. Ja, es habe Schnee gegeben, sagt er, und er habe es einmal mit einer Schneelandschaft versucht, doch fast alle seine Bilder zeigten Pontito *in primavera*, im Frühling.

Als wir Pescia erreichen, am Fuße des Berges, unterhalb von Pontito, erkennt Franco Menschen und Orte: das Geschäft, in dem er vor vierzig Jahren seine Farben kaufte; eine Kellerbar. Es hat sich wenig geändert in dieser Stadt mit ihrer langsamen Gangart. Er erkennt den Briefträger wieder, der schon in den vierziger Jahren die Post brachte: Sie umarmen sich auf der Straße. Jeder heißt ihn willkommen, überall lächelt man dem verlorenen Sohn zu, der noch einmal heimkommt. Wir gehen weiter zum Rathaus, wo Franco bei seinem ersten Besuch geehrt worden war. Ein Prophet gilt jetzt etwas im eigenen Land. Dieser Ruhm in der Heimat freut ihn. Hierher gehört er, nicht nach Florenz, das ihm fremd ist.

Hinter Pescia wird die Straße schmal und steil. Wir schlängeln uns im zweiten Gang empor, nachdem wir in der zweiten Kurve beinahe im Graben gelandet wären, kurz hinter Pietrabuona, einer Stadt, die nach ihrem feinen Stein benannt ist, auf ihrem höchsten Hügel gekrönt von ihrer Kirche und ihren ältesten Häusern. Wir fahren durch die in sanftem Licht daliegenden Hügelterrassen mit ihren Weinstöcken und knorrigen Olivenbäumen. Diese Terrassen sind uralt, stammen noch aus etruskischer Zeit. Unser Weg führt weiter hinauf, vorbei an vielen kleinen Städtchen — Castelvecchio, Stiappa, San Quirico. Und schließlich, nach einer weiteren Kurve, sehen wir zum erstenmal Pontito. «Mein Gott, schauen Sie nur!» rief Franco *sotto voce*. «Jesus Christus! Ich kann mein Zuhause sehen. Nein, kann ich nicht... Alles überwuchert, das ist schlimm. Hier wuchsen Kirschbäume, Pfirsichbäume, Orangenbäume. Kastanien, Getreide, Mais, Linsen.» Er erzählt mir, wie er als Jugendlicher mit weiten Schritten von einem Dorf zum anderen gewandert war. Als wir uns Pontito nähern, werden Francos Augen feucht. Er starrt aufs höchste gespannt hinaus und spricht zu sich selbst, während er alles in sich aufnimmt: «Das ist die Brücke, der Fluß, wo die Wäsche gewaschen wurde. Diesen Pfad hier gingen die Frauen mit ihren Körben auf den Köpfen hinunter.»

Wir halten an, Franco springt hinaus, entdeckt und erinnert sich an immer mehr Einzelheiten. Und seine Erinnerung bleibt nicht auf die Topographie beschränkt, sie umfaßt auch die Kultur. Er schildert, wie die Dorfbewohner den Hanf für ein Jahr, mit Steinen beschwert, im Fluß versenkten, ihn dann wieder aus dem Wasser holten, um ihn zu trocknen und zu Stoff für Hemden, Handtücher und Kastaniensäcke zu weben: eine ganze lokale Industrie, eine Tradition, jetzt nahezu vergessen, nur Franco erinnert sich daran. In plötzlichem Zorn über das Unkraut, das den Weg überwuchert, reißt er es aus, in riesigen Bücheln. Ärgerlich über ein neues Gebäude, erzählt er mir bis ins Detail, wie es früher war: «Da war ein großer Felsen, das Wasser floß hier.» Jeder Stein, jeder Zentimeter ist in sein Gedächtnis eingegraben.

«*Come sta?*» Wir steigen die steile, kopfsteingepflasterte Gasse hinauf, wo Franco einen beleibten, mit einem grünen Mantel bekleideten Mann mittleren Alters begrüßt. («Sein Vater schenkte uns immer Bonbons.») Franco hat das Gedächtnis eines Barden, doch das Triviale und das Bedeutende, das Persönliche und das Mythische sind ununterscheidbar miteinander vermischt. Er bleibt vor dem Geburtshaus seiner Mutter stehen.

«Sabatoni!»

«Franco!» Ein alter Mann erscheint. («Das ist mein Onkel.») «Du warst in Amerika. Was führt dich hierher? Ich hab gehört, da war eine große Sache in Florenz.» Der alte Mann spricht vom Trocknen der Kastanien. Er vergißt Einzelheiten, an die ihn Franco erinnert. Die vier Nachbarhäuser, erzählt der Alte, die einst so voll von Leben gewesen seien, stünden jetzt leer. «Wenn ich tot bin, wird es hier auch leer sein.»

Wir besuchen Francos Schwester Caterina. Sie und ihr Mann haben sich in Pontito zur Ruhe gesetzt, und es betrübt Franco, daß sie älter aussieht als in seiner Erinnerung.

Caterina bewirtet uns mit toskanischen Leckereien – Käse, Brot, Wein, Tomaten aus ihrem Garten –, und dann machen Franco und ich uns auf den Weg zur Kirche. Es ist ein wundervoller Flecken, oben auf dem Berg, mit Blick über den ganzen Ort. Auf dem Friedhof zeigt Franco auf das Grab seiner Mutter, seines Vaters, dieses und jenes Verwandten. «Es gibt mehr Menschen auf dem Friedhof als im Dorf», sagt er leise. Franco plant, noch zwei oder drei Wochen in Pontito zu bleiben, um in Ruhe einige Skizzen anzufertigen. «Ich werde hier wieder Wurzeln schlagen», sagt er. Doch als ich abreise, ist das letzte, was ich sehe, Franco, der versunken auf dem Friedhof steht und über das entvölkerte Städtchen blickt – allein.

Die drei Wochen in Pontito schienen in Franco neue Energien geweckt zu haben. Zumindest war er seit seiner Rückkehr ständig aktiv. Sein Garagen-Atelier birst förmlich vor Leben. Überall Bilder, alte und neue – die neuen nach Skizzen, die er im März gezeichnet hat, die alten, 1987 begonnen, aber nach Ruths Tod liegengeblieben, jetzt vollendet in einem Ausbruch neuer Entschiedenheit und Energie.

Franco wieder bei der Arbeit zu sehen, dieser Ansturm von Erinnerung und Kreativität, wirft erneut all die Fragen auf, die sich zu seinem einzigartigen Unterfangen stellen, Fragen nach der *Bedeutung*, die Pontito für ihn hat. Seine «neuen» Bilder sind nicht wirklich neu – er mag hier und da das Neue hinzufügen (einen Zaun, ein Tor, einen neuen Baum vielleicht), doch im wesentlichen bleiben sie sich gleich. Sein Projekt bleibt in einem fundamentalen Sinne unverändert. Als ich Franco im letzten Sommer besuchte, sah ich ein Paar Turnschuhe von den Sparren seiner Garage hängen, daran befestigt ein Zettel, auf dem in Schönschrift auf italienisch zu lesen war: «In diesen Schuhen habe ich nach vierunddreißig Jahren zum erstenmal den Boden betreten, der einst das gelobte Land war.» Jetzt, nachdem er in sein gelobtes Land gereist ist, hat es einiges von seinem Glanz, seiner Verheißung verloren. «Manchmal wünschte ich, ich wäre nie zurückgekehrt», sagte er, als er mich die Schuhe betrachten sah. «Phantasie, Erinnerung, das ist das Schönste.» Und fügte dann nachdenklich hinzu: «Kunst ist wie Träumen.»

Die jetzige Wirklichkeit Pontitos zu sehen hat Franco sehr beunruhigt, ihn aus dem Gleis gebracht, auch wenn er sich davon erholen konnte. Doch es hat ihn in dem Gefühl bestärkt, daß das Pontito des Hier und Heute eine Bedrohung für seine Vision ist, und ihm deutlich gemacht, daß er seine Besuche dort in Zukunft gleichsam rationieren muß. Man hat ihn seither häufig eingeladen, doch er ist keiner dieser Einladungen gefolgt, nicht einmal der zu einer Ausstellung seiner Bilder in den Straßen von Pontito. Andere Künstler strömen jetzt in Scharen nach Pontito, doch für sie ist es nicht mehr als eines von vielen bezaubernden toskanischen Bergstädtchen. Franco ist all dem entflohen, ist in seine Garage zurückgekehrt, zu der Aufgabe, die ihn seit neunundzwanzig Jahren erfüllt. Es ist ein Vorhaben, das kein Ende hat, weder Abschluß noch Vollendung finden kann, und man hat manchmal das Gefühl, daß er in einer Art Raserei malt, ein Bild kaum vollendet und schon mit dem nächsten beginnt. Er experimentiert auch mit anderen Darstellungsformen: mit Pappmodellen von Pontito, die er mit seinen langen, gewandten Fingern formt und gestaltet, und (mit Musik untermalten) Videoaufnahmen von seinen Bildern, die einen Gang durch das Städtchen simulieren. Ihn fasziniert die Vorstellung von Computersimulationen Pontitos und der Gedanke, dazu auch Helm und Handschuhe anzulegen – um die virtuelle Wirklichkeit nicht nur zu sehen, sondern auch zu *spüren*, zu *berühren*.

Als ich Franco kennenlernte, war er dem Publikum als «Erinnerungskünstler» angekündigt und damit in die

Nähe von Proust, dem «Dichter der Erinnerung», gerückt. Zunächst glaubte ich, es gebe wirklich eine Ähnlichkeit zwischen ihnen – beides Männer, beides Künstler, die sich von der Welt zurückgezogen hatten, um die verlorene Welt der Kindheit wiederzufinden. Doch mit jedem Jahr wird deutlicher, wie vollkommen sich Francos Vorhaben von dem Prousts unterscheidet. Auch Proust wurde verfolgt von der verlorenen, der vergessenen Vergangenheit, und sein Bestreben war es, herauszufinden, ob sich das Tor zu ihr öffnen lasse. Als ihm das gelang, teils dank «unwillkürlicher Erinnerungen», teils dank ungeheurer geistiger Arbeit, konnte das Werk seinen Abschluß und seine Vollendung finden (eine künstlerische Vollendung, die zugleich auch eine seelische war).

Für Franco ist dies nicht möglich, denn statt in das innere Wesen, in die «Bedeutung» Pontitos einzudringen, ist sein Werk eine ungeheure, ja unendliche Aufzählung all seiner äußeren Aspekte – seiner Häuser, seiner Straßen, seiner Steine, seiner Topographie –, als könnten diese äußeren Dinge auf irgendeine Weise die Menschenleere in seinem Innern ausgleichen. Halb weiß er das, und doch weiß er es nicht, und auf jeden Fall hat er keine Wahl. Er hat weder Zeit noch Neigung noch Kraft zur Introspektion und argwöhnt vielleicht auch, daß es für seine Kunst verhängnisvoll wäre, wenn er sie zuließe. Franco sieht noch zwanzig, dreißig Jahre Arbeit vor sich, denn die Tausende von Bildern, die er seit 1970 gemalt hat, geben nur einen Teil der Wirklichkeit wieder, die er abbilden will. Er muß Bilder, oder Nachbildungen, von jedem Detail, aus jeder Perspektive haben – von der Stadt aus der Entfernung, wenn man, aus Pistoia kommend, zu ihr hinauffährt, bis hin zu den subtilsten Feinheiten der mit Flechten überwachsenen Steine in der Kirche. Er stellt sich ein Museumsgebäude hoch über der Stadt vor, das ein riesiges Archiv von Pontito, seines Pontito, beherbergt – die Tausende von Bildern, die er gemalt hat, und die Tausende, die er noch malen will. Es wird die Krönung seines Lebenswerks sein und die Einlösung des Versprechens, das er seiner Mutter gab: «Ich werde es für dich neu erschaffen.»

Wunderkinder

Am 19. Mai 1862 enthielt der Fayetteviller *Observer* einen ungewöhnlichen Brief seines Korrespondenten Long Grabs, der in Camp Mangum stationiert war.

Vor überfülltem Haus hat hier der blinde Schwarze Tom eine Vorstellung gegeben. Er ist zweifellos ein Wunderknabe... Er sieht aus wie ein normaler Negerjunge von dreizehn Jahren, ist vollkommen blind und ein Idiot in jeder Hinsicht, abgesehen von der Musik, der Sprache, der Nachahmung und vielleicht dem Gedächtnis. Nie hat er musikalische Unterweisung oder sonst eine Ausbildung genossen. Das Klavierspiel hat er anderen abgelauscht, Melodien und Töne nach dem Gehör gelernt, und dennoch kann er jedes Stück nach einmaligem Hören wie der vollkommenste Virtuose spielen... Eine seiner erstaunlichsten Vorführungen war die Darbietung dreier Musikstücke zugleich. «Fisher's Hornpipe» spielte er mit der einen Hand, den «Yankee Doodle» mit der anderen und gleichzeitig sang der das Lied «Dixie». Ferner spielte er ein Stück mit dem Rücken zum Klavier und überkreuzten Händen. Außerdem gibt er viele eigene Lieder zum besten – eines, sein «Battle of Manassas», verdient die Bezeichnung pittoresk und erhaben, wahrlich die Schöpfung eines musikalischen Genies, eines autodidaktischen und blinden Genies... Dieser arme blinde Junge hat offenbar nur wenig Menschenähnliches; er scheint ein unbewußtes Agens zu sein, nur von Diktionen bestimmt, ein willenloses Gefäß, in dem die Natur ihre Juwelen aufbewahrt, um sie nach Belieben hervorzuholen.

Mehr vom Blinden Tom erfahren wir von dem französischen Arzt Edouard Séguin, der 1866 in seinem Buch *Idiocy and Its Treatment by the Psychological Method* viele eindringliche Beschreibungen jener Menschen lieferte, die man später «Idiots savants» nennen sollte, sowie von Darold Treffert, Séguins geistigem Nachfahren, dessen Untersuchung *Extraordinary People: Understanding «Idiots Savants»* 1989 erschien. Tom kam fast blind zur Welt, war das vierzehnte Kind eines Sklaven, wurde an Colonel Bethune verkauft und war seit frühester Kindheit, wie Treffert schreibt, «von Lauten aller Art fasziniert – dem Regen auf dem Dach, dem Mahlen des Getreides, vor allem aber von Musik. So lauschte Tom selbstvergessen, wenn die Tochter des Colonel ihre Sonaten und Menuette auf dem Klavier übte.»

«Bis zu seinem fünften oder sechsten Lebensjahr», schreibt Séguin, «konnte er nicht sprechen, kaum gehen und zeigte keine Regung von Intelligenz außer seinem unstillbaren Hunger nach Musik. Schon mit vier Jahren spielte er schöne Melodien, wenn man ihn aus der Ecke hervorholte, in der er stumpfsinnig hockte. Seine kleinen Hände hatten bereits Besitz von den Tasten ergriffen, und sein wunderbares Ohr hatte jede jemals vernommene Tonfolge aufbewahrt.» Als Sechsjähriger begann Tom eigene Improvisationen zu spielen. Die Kunde vom «blinden Genie» begann sich zu verbreiten, mit sieben gab Tom sein erstes Konzert, und in seinem achten Lebensjahr verdiente er bereits hunderttausend Dollar. Mit elf spielte er Präsident Buchanan im Weißen Haus vor. Eine Kommission von Musikern, die glaubten, er habe den Präsidenten hinters Licht geführt, prüfte am folgenden Tag sein Gedächtnis, indem man ihm zwei völlig neue Kompositionen vorspielte, die eine dreizehn, die andere zwanzig Seiten lang – ohne erkennbare Mühe wiederholte er sie fehlerlos.

Eine Passage, in der Séguin beschreibt, wie Tom einem neuen Stück lauschte, bietet weitere faszinierende Details hinsichtlich Ausdruck, Haltung und Bewegungen:

> Seine Zufriedenheit bringt [er] durch seine Contenance zum Ausdruck – er lacht, beugt sich nach vorn, reibt sich mehrfach die Hand oder versetzt den Körper in seitliche Schwingungen und lächelt dabei wunderlich. Sobald die neue Melodie erklingt, nimmt Tom eine äußerst sonderbare Haltung ein [das eine Bein ausgestreckt, während er mit dem anderen langsame Pirouetten ausführt]... verziert mit spasmodischen Bewegungen der Hände.

Gewöhnlich wurde Tom als Idiot oder Schwachsinniger bezeichnet, doch solche Haltungen und Stereotypien sprechen eher für Autismus; dieser wurde allerdings erst in den vierziger Jahren unseres Jahrhunderts entdeckt, war also damals unbekannt.

Natürlich ist der Autismus ein Leiden, das es schon immer gab und das in jeder Kultur einzelne Menschen heimgesucht hat. In der öffentlichen Vorstellung hat er stets eine erstaunte, ängstliche oder bestürzte Aufmerksamkeit hervorgerufen (und vielleicht zur Entstehung mythischer oder archetypischer Topoi beigetragen – der Fremde, der Wechselbalg, das verhexte Kind). In den vierziger Jahren wurde das Leiden fast gleichzeitig von Leo Kanner in Baltimore und Hans Asperger in Wien beschrieben. Unabhängig voneinander nannten sie es beide «Autismus».

Kanners und Aspergers Berichte sind sich in vieler Hinsicht erstaunlich (manchmal geradezu unheimlich) ähnlich – ein hübsches Beispiel für historische Synchronizität. Beide bezeichnen sie die «Kontaktstörung», das seelische Für-sich-Sein, als das entscheidende Merkmal des Autismus, was sie auch zu ihrer Namensgebung veranlaßte. Nach Kanner führt diese Kontaktstörung dazu, «daß, wenn möglich, alles, was von außen auf das Kind eindringt, nicht zur Kennt-nis genommen, übergangen, ausgeschlossen wird». Diese Kontaktarmut bezog sich nach seinen Beobachtungen nur auf Menschen; an Gegenständen konnten diese Kinder nor-male Freude finden. Das andere Merkmal des Autismus sei, so Kanner, «ein zwanghaftes Beharren auf Gleichförmig-keit» in Form von repetitiven, stereotypen Bewegungen und Geräuschen, kurzum von Stereotypien, sodann in Gestalt von Ritualen und Gewohnheiten und schließlich von seltsa-men, festumgrenzten Präokkupationen – sehr speziellen, intensiven Faszinationen und Fixierungen. Das Auftreten solcher Faszinationen und Rituale, häufig noch vor dem fünften Lebensjahr, sei, so Kanner und Asperger, bei keiner anderen Krankheit zu beobachten. Asperger berichtet noch von weiteren auffälligen Merkmalen:

Es ist ... bezeichnend, daß diese Kinder nicht mit fest zu-packenden Blicken schauen – sondern so, als würden sie mehr mit dem peripheren Gesichtsfeld wahrnehmen – und ... daß [sie] auch arm an Mimik und Gestik sind ... Immer kommt uns ... die Sprache abartig vor ... unnatür-lich ... In allem folgen diese Kinder ihren eigenen Impul-sen ... unbekümmert um die Anforderungen der Um-welt.

Besondere Begabungen, die sich gewöhnlich schon in sehr frühem Alter zeigen und verblüffend rasch entwickeln, tre-ten bei ungefähr zehn Prozent der Autisten auf (und bei einer geringeren Zahl retardierter Kinder – obwohl viele Idiots savants sowohl autistisch als auch retardiert sind). Ein Jahrhundert vor dem Blinden Tom lebte Gottfried

Mind, ein «schwachsinniger Kretin», der 1768 in Bern geboren wurde und von frühester Kindheit an ein erstaunliches Zeichentalent bewies. Laut A. F. Tredgolds klassischem Werk *A Text-Book of Mental Deficiency* aus dem Jahre 1908 hatte er eine so wunderbare Fähigkeit, Katzen zu zeichnen, daß man ihn den «Katzen-Raffael» nannte, doch er fertigte auch Zeichnungen und Aquarelle von Hirschen, Kaninchen, Bären und Kindergruppen an. Bald war er in ganz Europa berühmt; eines seiner Bilder erwarb Georg IV. für seine Sammlung.

Auch Rechenkünstler erregten im achtzehnten Jahrhundert große Aufmerksamkeit. Eine Berühmtheit unter ihnen war Jedediah Buxton, ein einfältiger Arbeiter, der vielleicht das beste Gedächtnis von allen hatte. Als man ihn fragte, was es kosten würde, ein Pferd mit hundertvierzig Nägeln zu beschlagen, wenn der Preis für den ersten Nagel ein Farthing betrage und dann für jeden weiteren Nagel verdoppelt werde, errechnete er die fast korrekte Summe von 725 958 096 074 907 868 531 656 993 638 851 106 Pfund, 2 Shilling und 8 Pence. Anschließend aufgefordert, diese Zahl zu quadrieren (das heißt, 2^{139} zum Quadrat zu erheben), gelangte er (zweieinhalb Monate später) zu einem achtundsiebzigstelligen Ergebnis. Obwohl Buxton für manche seiner Rechnungen Wochen oder Monate brauchte, konnte er, während er sie ausführte, arbeiten, sich unterhalten, sein gewohntes Leben fortsetzen. Die erstaunlichen Berechnungen vollzogen sich automatisch und gaben dem Bewußtsein die Ergebnisse erst bekannt, wenn sie abgeschlossen waren.

Wunderkinder sind natürlich nicht zwangsläufig retardiert oder autistisch – es hat auch professionelle Rechenkünstler von normaler Intelligenz gegeben. Zu ihnen gehörte George Parker Bidder, der als Kind und Jugendlicher in England und Schottland auftrat. Er konnte im Kopf den Logarithmus jeder Zahl auf sieben oder acht Stellen berechnen und, offenbar intuitiv, die Faktoren für jede beliebige große Zahl angeben. Diese Fähigkeit behielt Bidder sein ganzes Leben lang bei (und zog als Ingenieur erheblichen Nutzen aus ihr), und er hat häufig versucht, seine Rechenverfahren zu beschreiben, was ihm jedoch nicht gelang; er wußte nur zu berichten, daß seine Ergebnisse «blitzschnell» in seinem Kopf auftauchten, daß sich ihm die eigentlichen Rechenoperationen aber weitgehend entzögen.[1] Auch sein Sohn war hochbegabt und ein hervorragender Kopfrechner, wenn auch kein Rechenkünstler.

Neben diesen beiden Hauptbereichen der Savant-Fähigkeiten gibt es auch einige Idiots savants mit erstaunlichem Sprachvermögen – eigentlich das Letzte, was man von geistig beeinträchtigten Menschen erwarten würde. So gibt es Idiots savants, die schon mit zwei Jahren Bücher und Zeitungen fließend lesen können, allerdings ohne das geringste zu verstehen (ihre Fertigkeit, ihre Dekodierung, vollzieht sich ausschließlich auf phonologischer und syntaktischer Ebene, ohne daß sich dabei irgendeine semantische Vorstellung herausbildet).

1 Später hat Bidder doch einige seiner Techniken und Algorithmen beschrieben, die ihm während des Rechnens aufgefallen waren; ihre Entdeckung schien jedoch, wie ihre Verwendung, jeweils ein unbewußter Vorgang zu sein. Vor einigen Jahren schrieb der große Mathematiker und Rechenkünstler A. C. Aitgen:

Zuweilen bemerkte ich, daß der Verstand dem Willen zuvorkam; ich hatte die Antwort, bevor sich überhaupt die Absicht regte, die Rechnung durchzuführen; wenn ich solche Ergebnisse überprüfe, überrascht es mich stets, daß sie stimmen. Das ist, nehme ich an (aber vielleicht stimmt die Terminologie nicht), auf die Wirkung des Unterbewußtseins zurückzuführen. Ich glaube, es kann auf mehreren Ebenen arbeiten, und ich bin der Meinung, daß jede dieser Ebenen ihre eigene Geschwindigkeit hat, sehr verschieden von der unseres gewöhnlichen Wachzustands, in dem unsere Rechenprozesse recht zögerlich verlaufen. (Zitiert nach Steven B. Smith, «Calculating Prodigies».)

Fast alle Savants haben wunderbare Gedächtnisfähigkeiten. Dr. J. Langdon Down, einer der erfahrensten Beobachter auf diesem Feld, der 1887 den Ausdruck «Idiot savant» prägte, schreibt, daß «das außergewöhnliche Gedächtnis häufig mit einer gravierenden Beeinträchtigung der Denkfähigkeit gepaart» sei. Einem seiner Patienten gab er Gibbons *Decline and Fall of the Roman Empire* in die Hand. Der Mann las das Buch durch und prägte sich dabei den gesamten Text ein. Auf einer Seite hatte er eine Zeile ausgelassen, den Fehler aber sogleich entdeckt und berichtigt. «Wenn er später Gibbons herrlichen Text hersagte», berichtet Down, «ließ er, wenn er zur dritten Seite kam, stets die betreffende Zeile aus, hielt dann jedoch inne und korrigierte den Fehler mit einer Regelmäßigkeit, als sei er Teil des normalen Textes.» Der Idiot savant Martin A., über den ich in der Geschichte «Ein wandelndes Musiklexikon» schreibe, hatte alle neun Bände von Groves *Dictionary of Music and Musicians* vollständig im Gedächtnis. Sein Vater hatte sie ihm vorgelesen, und deshalb wurden sie auch mit der Stimme des Vaters «abgespielt».

Idiots savants zeigen eine große Vielfalt meist weniger ausgeprägter Fähigkeiten, wie sie häufig von Ärzten wie Down und Tredgold beschrieben worden sind, die Anstalten für «geistig Behinderte» aufsuchten, um Patienten zu beobachten. So beschreibt Tredgold J. H. Pullen, «das Genie vom Earlswood Asylum», einen Mann, der seit mehr als fünfzig Jahren hochkomplizierte Schiffs- und Maschinenmodelle baute und obendrein eine sehr reale Guillotine, die um Haaresbreite einen seiner Wärter ins Jenseits befördert hätte. Ferner berichtet Tredgold von einem sonst in jeder Hinsicht retardierten Idiot savant, der einen komplexen Mechanismus wie zum Beispiel ein Uhrwerk sofort «erfaßte» und ihn ohne vorherige Unterweisung rasch auseinanderzunehmen und wieder zusammenzusetzen vermochte. In jüngerer Zeit haben Ärzte von Idiots savants mit außerordentlichen körperlichen Fähigkeiten berichtet, die mit größter Leichtigkeit akrobatische Kunststücke und sportliche Hochleistungen vollbringen konnten – ebenfalls ohne die geringste Ausbildung. (In den sechziger Jahren habe ich auf einer Station selbst einen solchen Savant erlebt – man hatte ihn mir als «Nijinskij-Idioten» angekündigt.)[2]

Frühe medizinische Beobachter verstanden die Savant-Fertigkeiten häufig als Hypertrophie einer bestimmten geistigen Fähigkeit und zeigten wenig Gespür dafür, daß diese Begabungen von weitaus größerem als nur anekdotischem Interesse sein könnten. Eine Ausnahme bildet in dieser Hinsicht der exzentrische Psychologe F. W. H. Myers, der in seinem um die Jahrhundertwende veröffentlichten grandiosen Werk *Human Personality* zu analysieren versuchte, durch welche Prozesse Rechenkünstler zu ihren Ergebnissen gelangen. Das gelang ihm zwar nicht, genausowenig wie den Rechenkünstlern selbst, aber er war davon überzeugt, daß dabei «unterschwellige» geistige oder rechnerische Aktivitäten eine Rolle spielten, die dem Bewußtsein ihre Resultate bekanntgäben, sobald sie abgeschlossen seien. Die Verfahren der Rechenkünstler schienen – anders als die formalen Methoden, die in der Schule gelehrt werden – subjektiv und persönlich zu sein, individuelle Abläufe, die sich jeder auf seine Weise angeeignet hatte. Myers hat als einer der ersten über unbewußte oder vorbe-

---

2 Tredgold berichtet von Savants mit besonderen Fähigkeiten und Fertigkeiten in verschiedenen sensorischen Bereichen – von olfaktorischen und sogar taktilen Savants:

Dr. J. Langdon Down erzählte mir von einem Jungen in Normansfield, dessen Tastsinn so ausgeprägt war und der so geschickte Finger hatte, daß er ein Blatt Zeichenpapier in zwei vollkommene Blätter aufspalten konnte, so mühelos, als löste er eine Briefmarke von einem Umschlag.

wußte kognitive Prozesse geschrieben und vorausgesehen, daß die Ergründung der Idiots savants und ihrer Talente nicht nur zu Erkenntnissen über das Wesen von Intelligenz und Begabung führen könnten, sondern auch zu Einblikken in den großen Bereich, den wir heute als kognitives Unbewußtes bezeichnen.

In den vierziger Jahren, als der Autismus erstmals beschrieben wurde, zeigte sich, daß die meisten Idiots savants tatsächlich autistisch sind und daß die Häufigkeit des Savantismus bei Autisten – fast zehn Prozent – nahezu zweihundertmal so groß ist wie in der retardierten Bevölkerung und mehrere tausendmal so häufig wie in der Bevölkerung generell. Ferner stellte sich heraus, daß viele autistische Idiots savants mehrere Talente zugleich besaßen – musikalische, mnestische, visuell-grafische, rechnerische und so fort.

1977 veröffentlichte die Psychologin Lorna Selfe den Bericht *Nadia: A Case of Extraordinary Drawing Ability in an Autistic Child*. Mit dreieinhalb Jahren begann Nadia plötzlich zu zeichnen, zunächst Pferde und später auch andere Motive, die sie so wiedergab, daß Psychologen es «nicht für möglich» hielten. Nach ihrem Urteil gab es klare Unterschiede zwischen den Zeichnungen des Mädchens und denen anderer Kinder: Nadia hatte ein Gefühl für räumliche Verhältnisse, für Erscheinungsbild und Schatten, ein Empfinden für die Perspektive, wie es sehr begabte normale Kinder erst entwickeln, wenn sie dreimal so alt sind. Ständig experimentierte sie mit verschiedenen Blickwinkeln und Perspektiven. Während normale Kinder eine Folge von Entwicklungsstadien durchlaufen – vom zufälligen Gekritzel über schematische und geometrische Figuren zu «Kaulquappengestalten» –, schien Nadia diese Stufen übersprungen zu haben und begann sogleich mit sehr naturgetreuen, perspektivischen Zeichnungen. Damals war man der Meinung, die Entwicklung der zeichnerischen

Fähigkeit beim Kind entspreche der Entwicklung seines begrifflichen Vermögens und seiner Sprachkompetenz; doch Nadia zeichnete offenbar einfach, was sie sah, ohne das übliche Bedürfnis, es zu «verstehen» oder zu «deuten». Dabei zeigte sie nicht nur eine enorme Zeichenbegabung, eine Frühreife, wie sie noch nie zuvor beobachtet worden war, sondern gestaltete ihre Bilder zudem in einer Art, die von einer ganz anderen Wahrnehmungs- und Denkweise zeugte.[3]

Der Fall Nadia – in einer ausführlichen Monographie beschrieben und genauestens dokumentiert – rief große Aufregung unter Neurologen und Psychologen hervor, die nun plötzlich und ein wenig spät ihre Aufmerksamkeit auf Savant-Begabungen und das Wesen von Talenten und Sonderbegabungen im allgemeinen richteten. Während sich Neurologen seit einem Jahrhundert oder mehr ausschließlich mit dem Versagen und Zusammenbruch neuraler Funktionen beschäftigt hatten, gab es nun einen Ruck

3 Während sich außergewöhnliche musikalische Fähigkeiten in der Regel schon sehr früh zeigen – fast alle großen Komponisten sind Beispiele dafür –, «gibt es in der Malerei keine Wunderkinder», wie Picasso einmal sagte. (Als Zehnjähriger immerhin hatte Picasso ein großes Talent entwickelt, doch konnte er nicht mit drei Jahren Pferde zeichnen, wie Nadia, oder mit sieben Kathedralen.) Dafür muß es entscheidende Gründe in der neuralen und kognitiven Entwicklung geben. Obwohl Yani, ein nichtautistisches chinesisches Mädchen, ihr künstlerisches Talent schon sehr früh unter Beweis stellte – mit sechs Jahren hatte sie bereits Tausende von Bildern gemalt –, sind ihre Gemälde doch die Erzeugnisse eines sehr begabten, sensiblen (und extrem geschulten) Kindes, das Ergebnis einer normalen, wenn auch beschleunigten perzeptuellen Entwicklung, die zweifellos von ihrem Vater, der selbst Maler war, gefördert wurde. Ihre Bilder sind ganz anders als die plötzlich auftretenden, vollkommen ausgereiften, «unkindlichen» Zeichnungen, die für Savant-Wunderkinder wie Stephen Wiltshire kennzeichnend sind. Natürlich kann es bei manchen nichtautistischen Menschen zu einer Mischung aus Savant- und Normalbegabungen kommen (vgl. Fußnote 9, S. 314).

in die andere Richtung, hin zur Erforschung der Struktur besonderer Befähigungen und ihrer biologischen Basis im Gehirn. Dafür boten Idiots savants eine einzigartige Gelegenheit, schienen sie doch ein breites Spektrum angeborener Begabungen zu zeigen – rohe, reine Manifestationen des Biologischen: weit weniger beeinflußt oder abhängig von umweltbedingten und kulturellen Faktoren als die Begabungen «normaler» Menschen.

Im Juni 1987 erhielt ich von einem Verleger in England ein großes Paket. Es war voller Zeichnungen, Zeichnungen, die mich entzückten, weil sie viele markante Londoner Gebäude zeigten, mit denen ich aufgewachsen bin: bekannte Sehenswürdigkeiten wie St. Paul's Cathedral, St. Pancras Station, Albert Hall, Natural History Museum, aber auch andere, seltsame und versteckte Bauwerke wie die Pagode in Kew Gardens. Sie waren sehr genau gezeichnet, aber keineswegs mechanisch – ganz im Gegenteil, die Bilder steckten voller Energie, Spontaneität, Eigentümlichkeit und Leben.

In dem Paket fand ich auch einen Brief des Verlegers: Der Maler, Stephen Wiltshire, hieß es darin, sei Autist und habe schon von früher Kindheit an Savant-Begabungen gezeigt. Sein *London Alphabet*, eine Folge von sechsundzwanzig Zeichnungen, war entstanden, als er zehn gewesen sei, und einen frappierenden Fahrstuhlschacht mit schwindelerregender Perspektive habe er als Achtjähriger gezeichnet. Eine Zeichnung zeige eine Phantasieszene – St. Paul's von Flammen umgeben während des großen Brandes von London. Stephen sei ein Idiot savant, aber zugleich ein Wunderkind. Wie ich dem Brief weiter entnehmen konnte, sollten sechzig seiner Zeichnungen, ein kleiner Bruchteil seines Werks, veröffentlicht werden, und der Künstler war gerade dreizehn Jahre alt geworden.

In vielerlei Hinsicht erinnerten mich Stephens Zeichnungen an die Bilder, die mein Patient José angefertigt hatte, «Der autistische Künstler», den ich Jahre zuvor kennengelernt und beschrieben hatte. Obwohl José und Stephen völlig verschiedener Herkunft waren, zeigten ihre Zeichnungen eine so frappierende Ähnlichkeit, daß ich mich fragte, ob es möglicherweise eine besondere «autistische» Form der Wahrnehmung und künstlerischen Darstellung gibt. Doch José vegetierte trotz seiner wunderbaren Begabung (vielleicht nicht so außergewöhnlich wie Stephens Talent, aber doch sehr bemerkenswert) in einer geschlossen psychiatrischen Anstalt dahin; Stephen dagegen hatte etwas mehr Glück.

Ein paar Wochen später, als ich Angehörige und Freunde in England besuchte, erwähnte ich Stephen und seine Zeichnungen in einem Gespräch mit meinem Bruder David, einem praktischen Arzt im Nordwesten Londons. «Stephen Wiltshire!» rief er höchst erstaunt aus. «Das ist ein Patient von mir – ich kenne Stephen seit seinem dritten Lebensjahr.»

Von David erfuhr ich nun ein wenig über Stephens Herkunft und Entwicklung. Im April 1974 wurde er als zweites Kind eines im Westindienhandel tätigen Arbeiters und seiner Frau in London geboren. Im Gegensatz zu seiner älteren Schwester Annette, die zwei Jahre früher geboren worden war, erreichte Stephen die wichtigen motorischen Entwicklungsstufen des Säuglingsalters – Sitzen, Stehen, Koordination der Handbewegungen, Gehen – mit einer gewissen Verzögerung und sträubte sich, wenn man ihn auf den Arm nahm. Im zweiten und dritten Lebensjahr verstärkten sich die Probleme. Er spielte nicht mit anderen Kindern, und wenn man sich ihm näherte, schrie er meist oder verbarg sich in einer Ecke. Augenkontakt mit den Eltern oder anderen konnte er nicht ertragen. Manchmal schien er für menschliche Stimmen taub zu sein, obwohl er

275

normal hörte (und Donner ihn sogar entsetzte). Doch am beunruhigendsten war wohl, daß er nicht sprach; er war praktisch stumm.

Kurz vor Stephens drittem Geburtstag kam sein Vater bei einem Motorradunfall ums Leben. Stephen hatte sehr an ihm gehangen, und sein Tod trieb ihn noch tiefer in seine Verstörung. Er begann zu schreien, hin- und herzuschaukeln, mit den Händen zu flattern, und die wenigen Ansätze zum Sprechen, die er gezeigt hatte, blieben aus. Zu diesem Zeitpunkt hatte man bereits frühkindlichen Autismus diagnostiziert und ihn an eine Sonderschule für entwicklungsgestörte Kinder verwiesen. Der Schulleiterin in Queensmill, Lorraine Cole, fiel auf, daß Stephen extrem in sich gekehrt war, als er mit vier Jahren an diese Schule kam. Andere Menschen schien er überhaupt nicht zu bemerken, und er zeigte auch kein Interesse an seiner Umgebung. Er ging einfach ziellos umher und lief gelegentlich aus dem Zimmer. Dazu Cole:

> Er hatte praktisch keine Vorstellung vom Sprechen und auch kein Interesse daran. Offenbar hatten andere Menschen keine Bedeutung für ihn, außer daß sie zur Befriedigung bestimmter unmittelbarer, unausgesprochener Bedürfnisse dienten. Er konnte keine Enttäuschungen und keine Veränderungen in den täglichen Gewohnheiten oder der Umgebung ertragen. Traten sie jedoch auf, reagierte er mit verzweifeltem, wütendem Gebrüll. Er hatte keinen Begriff von Spielen, kein normales Gespür für Gefahr und wenig Neigung, sich mit etwas anderem als Kritzeln zu beschäftigen.

Später schrieb sie mir: «Oft kletterte Stephen auf ein Spielrad, trat wild in die Pedale, ließ sich hinunterfallen und brüllte vor Lachen, aber manchmal schrie er auch.»

Doch zu diesem Zeitpunkt offenbarten sich auch erste

Anzeichen seiner visuellen Vorliebe und Begabung. Offensichtlich faszinierten ihn Schatten, Formen und Winkel, und mit fünf Jahren zeigte er sich auch fasziniert von Bildern. «Plötzlich stürzte er in andere Zimmer, wo er aufmerksam vor Bildern verharrte, die ihn fesselten», schreibt Cole. «Dann suchte er sich Papier und Bleistift und war lange Zeit vollkommen absorbiert.»

In seinen «Kritzeleien» stellte Stephen vor allem Autos, manchmal auch Tiere und Menschen dar. Wie Lorraine Cole weiter berichtet, fertigte er «boshaft-treffende Karikaturen» von einigen der Lehrer an. Doch sein spezielles Interesse, seine Fixierung, die im Alter von sieben Jahren auftrat, war das Zeichnen von Gebäuden – Londoner Gebäuden, die er auf Schulausflügen, im Fernsehen oder in Zeitschriften gesehen hatte. Warum er dieses plötzliche, spezielle Interesse entwickelte, warum diese Faszination so groß und so ausschließlich ist, daß er heute keinen Impuls spürt, etwas anderes zu zeichnen, ist nicht ganz klar. Zu solchen Fixierungen kommt es außerordentlich häufig bei Autisten. Jessy Park, eine autistische Malerin, ist besessen von Wetteranomalien und Konstellationen des Nachthimmels.[4] Shyoichiro Yamamura, ein autistischer Maler in

4 Als ich vor kurzem dem jungen Astrophysiker Ben Oppenheimer begegnete, erwähnte ich Jessys Bilder und zeigte ihm einige Reproduktionen. Er war über ihre astronomische Genauigkeit erstaunt und erinnerte sich in diesem Zusammenhang an den Amateurastronomen und Pfarrer Robert Evans in Australien. Ganz allein auf sich gestellt, nur mit einem kleinen Teleskop ausgestattet, ermittelte Evans die Häufigkeit von Supernovae in einer Stichprobe von 1017 hellen (Shapley-Ames-)Galaxien, die er über einen Zeitraum von fünf Jahren untersucht hatte (nach Oppenheimers Berechnung mindestens sechzig Galaxien pro Nacht); daraus leitete er einen neuen Wert für die Supernovahäufigkeit in solchen Galaxien ab. (Diese Arbeit wurde von van den Bergh, McClure und Evans in der Zeitschrift *The Astrophysical Journal* veröffentlicht.) Da Evans keine fotografischen oder elektronischen Hilfsmittel verwendete, war er offenbar in

Japan, zeichnete fast ausschließlich Insekten, und Jonny, der autistische Junge, der von der Psychologin Mira Rothenberg in einer wegweisenden Arbeit beschrieben wurde, malte eine Zeitlang nur elektrische Lampen oder Gebäude und Menschen, die aus elektrischen Lampen zusammengesetzt waren. Von frühestem Lebensalter an hat sich Stephen fast ausschließlich Gebäuden gewidmet – vorzugsweise Gebäuden, die sehr verschachtelt und groß waren, und mit einer Vorliebe für die Vogelperspektive und andere extreme Blickpunkte. Nur ein einziges weiteres Interesse zeigte er mit sieben: Plötzliche Katastrophen, vor allem Erdbeben, faszinierten ihn. Wenn Stephen sie zeichnete oder Bilder von ihnen im Fernsehen oder in Zeitschriften sah, geriet er in einen Zustand seltsamer Erregtheit und Überdrehtheit – nichts anderes vermochte ihn so zu verstören. Es stellt sich die Frage, ob seine Erdbebenobsession nicht (wie die apokalyptischen Phantasien mancher Psychotiker) sein Empfinden für die eigene innere Instabilität widerspiegelte, die er zeichnend zu meistern suchte.

In Erstaunen versetzten Stephens Zeichnungen den jungen Lehrer Chris Marris, der 1982 nach Queensmill kam. Seit neun Jahren unterrichtete er behinderte Kinder, doch so etwas hatte er noch nie gesehen. «Dieser kleine Junge, der allein in einer Ecke des Raums saß und zeichnete, verblüffte mich», erzählte er mir. «Stephen zeichnete und zeichnete und zeichnete – in der Schule hieß er nur ‹der Zeichner›. Und es waren völlig unkindliche Zeichnungen – St. Paul's, Tower Bridge und andere Londoner Sehenswürdigkeiten, in allen Einzelheiten, während andere Kinder

der Lage, ein absolut genaues und stabiles Bild, eine Karte, der mehr als tausend Galaxien des südlichen Himmels zu entwickeln und im Gedächtnis zu behalten. Wahrscheinlich ist sein Gedächtnis eidetisch oder savantistisch, obwohl es keinen Hinweis darauf gibt, daß Evans Autist wäre.

seines Alters noch Strichmännchen malten. Mich verblüffte die Perfektion dieser Zeichnungen, die Beherrschung von Strich und Perspektive – und all das war schon vorhanden, als er sieben war.»

Stephen war eines von sechs Kindern in Chris' Klasse. «Er kannte die Namen der anderen in der Klasse», berichtete Chris, «aber es gab kein Anzeichen für Interaktion oder Freundschaft mit ihnen. Der kleine Kerl war schrecklich isoliert.» Doch war seine natürliche Begabung, meinte Chris, so groß, daß er nicht auf die übliche Weise «unterrichtet» werden mußte. Offenbar hatte er von sich aus Zeichentechniken und eine perspektivische Sicht entwickelt oder besaß ein angeborenes Verständnis für sie. Daneben verfügte er über ein unglaubliches visuelles Gedächtnis, das in der Lage zu sein schien, in wenigen Sekunden die kompliziertesten Gebäude und Stadtlandschaften aufzunehmen und sie mit allen Einzelheiten zu speichern – in beliebiger Menge, wie es schien, und ohne die geringste Anstrengung. Auch brauchten die Details keinen Zusammenhang zu bilden, keiner konventionellen Struktur anzugehören; nach Chris' Einschätzung gehörte zu den verblüffendsten frühen Zeichnungen eine, die die zerstörerische Wirkung eines Erdbebens zeigt – kreuz und quer ragen geborstene Balken hervor, so daß eine vollständige, fast chaotische Unordnung herrscht. Und doch erinnerte sich Stephen an solche Szenen und gab sie mit der gleichen Genauigkeit und Leichtigkeit wieder, mit der er seine klassischen Motive zu Papier brachte. Für ihn schien es keinen Unterschied zu machen, ob er aus dem unmittelbaren Erleben heraus oder nach seinen Erinnerungsbildern zeichnete. Er brauchte keine Gedächtnishilfen, keine Skizzen oder Notizen – ein einziger Blick aus den Augenwinkeln, nur ein paar Sekunden lang, reichte aus.

Nicht nur im visuellen Bereich zeigte Stephen solche

Fähigkeiten. Noch bevor er sprechen konnte, stellte er sein mimisches Talent unter Beweis. Er hatte ein exzellentes Gedächtnis für Lieder und konnte sie fehlerfrei nachsingen. Jede Bewegung vermochte er perfekt zu imitieren. Somit bewies Stephen, ein achtjähriges Kind, die Fähigkeit, höchst komplexe visuelle, auditive, motorische und verbale Muster offenbar unabhängig von ihrem Kontext, ihrer Bedeutung und ihrem Zusammenhang zu erfassen, zu behalten und zu reproduzieren.

Es ist typisch für das Savant-Gedächtnis, daß es sich (egal in welchem Bereich – dem visuellen, musikalischen oder lexikalischen) alle Besonderheiten auf geradezu wundersame Weise einprägt. Das Große und Kleine, das Triviale und das Wichtige werden unterschiedslos gemischt, ohne das geringste Empfinden für Gewichtung, für das Verhältnis von Vordergrund und Hintergrund. Es ist kaum ein Ansatz vorhanden, diese Besonderheiten zu verallgemeinern, sie – kausal oder historisch – aufeinander oder auf das Selbst abzustimmen. In einem solchen Gedächtnis (dem sogenannten konkret-situativen oder episodischen Gedächtnis) besteht häufig eine unauflösliche Verbindung von Bild und Zeit, Inhalt und Zusammenhang – deshalb ist bei autistischen Savants die erstaunliche Fähigkeit, sich Texte Wort für Wort zu merken, so verbreitet, verbunden mit der Schwierigkeit, aus diesen besonderen Erinnerungen die wichtigen Merkmale herauszufiltern, um allgemeine Vorstellungen und Gedächtnisinhalte zu gewinnen. So waren die Savant-Zwillinge, kalendarische Rechenkünstler, die ich in meinem Buch *Der Mann, der seine Frau mit einem Hut verwechselte* beschrieben habe, zwar in der Lage, jedes Ereignis ihres Lebens etwa vom vierten Lebensjahr an zu nennen, hatten aber keine Vorstellung von ihrem Leben, von Wandel, als Ganzem. Eine solche Gedächtnisstruktur unterscheidet sich grundlegend von der normalen und hat außergewöhnliche Stärken, aber auch außergewöhnliche Schwächen. Jane Taylor McDonnell, Autorin des Buches *News from the Border: A Mother's Memoir of Her Autistic Son*, schreibt über ihren Sohn: «Paul verallgemeinert die Besonderheiten seiner Erfahrung nicht so, daß er sie in das Gewöhnliche, die normalen Abläufe einordnen kann, so wie es viele (die meisten) Menschen tun. Jeder Augenblick scheint klar unterschieden und mit anderen kaum verbunden in seinem Bewußtsein zu verharren. Dabei scheint nichts verlorenzugehen und nichts unterdrückt zu werden.» Oft habe ich gedacht, daß dies auch für Stephen gilt, scheint doch auch für ihn das Leben aus eindringlichen, isolierten Momenten zu bestehen, ohne Verbindung untereinander oder zu ihm und damit ohne tiefere Kontinuität und Entwicklung.

Stephen zeichnete zwar unablässig, zeigte jedoch kein Interesse für die fertigen Zeichnungen, denn Chris fand sie im Papierkorb oder auf dem Tisch, wo sie achtlos liegengeblieben waren. Auch machte er den Eindruck, als konzentriere er sich noch nicht einmal auf seinen Gegenstand, während er zeichnete. «Einmal saß Stephen gegenüber dem Albert Memorial», erzählte Chris, «und fertigte eine wunderbare Zeichnung davon an, sah sich dabei aber ständig nach anderen Dingen um – den Bussen, Albert Hall und so fort.»

Obwohl Chris den Eindruck hatte, daß Stephen keinerlei «Unterweisung» brauchte, widmete er ihm und seinen Zeichnungen so viel Zeit wie möglich, brachte ihm Vorlagen mit, ermutigte ihn. Das war nicht immer leicht, weil Stephen wenig persönliche Gefühle zeigte. «In gewisser Weise reagierte er zwar auf uns, die Erwachsenen – er sagte etwa: ‹Hallo, Chris› oder ‹Hallo, Jean›. Aber es war schwer, ihn zu erreichen, zu wissen, was in seinem Kopf vorging.» Er schien Gefühle nicht unterscheiden zu können und lachte, wenn eines der Kinder einen Wutanfall hatte oder schrie. (Stephen selbst hatte selten Wutanfälle in der

Schule, sie wohl aber manchmal zu Hause gehabt, als er noch jünger war.)

Von 1982 bis 1986 spielte Chris eine zentrale Rolle in Stephens Leben. Häufig nahm er Stephen auf Klassenausflüge mit nach London, wo sie St. Paul's besichtigten, die Tauben auf dem Trafalgar Square fütterten und zusahen, wie die Tower Bridge hochgezogen und heruntergelassen wurde. Diese Ausflüge veranlaßten Stephen schließlich in seinem neunten Lebensjahr, Wörter zu äußern. Alle Gebäude und Plätze, an denen sie mit ihrem Schulbus vorbeikamen, erkannte er und rief aufgeregt ihren Namen aus. (Mit sechs Jahren lernte er, nach «Papier» zu verlangen, wenn er es brauchte – jahrelang hatte er solche Forderungen überhaupt nicht äußern können, noch nicht einmal durch Gebärden. Das war also nicht nur eines seiner ersten Wörter, sondern auch das erste Mal, daß er sich mit einem Wort an andere Menschen wandte – sich der Sprache in einem sozialen Kontext bediente, etwas, was Kinder normalerweise im zweiten Lebensjahr lernen.)

Es bestand die Gefahr, daß Stephen, wenn er sprechen lernte, seine erstaunlichen visuellen Fähigkeiten verlieren würde, so wie es Nadia ergangen war. Doch Chris und Lorraine Cole waren sich darin einig, daß nichts unversucht bleiben durfte, um Stephens Leben zu bereichern, ihn aus seiner wortlosen Isolation in eine Welt der Interaktion und Sprache zu führen. Sie konzentrierten sich darauf, Sprache für Stephen interessanter, bedeutsamer zu machen, indem sie sie mit Gebäuden und Plätzen verknüpften, die er liebte; und sie brachten ihn dazu, eine Folge von Gebäuden zu zeichnen, denen je ein Buchstabe des Alphabets entsprach («A» für Albert Hall, «B» für Buckingham Palace, «C» für County Hall und so fort bis hin zu «Z» für Londoner Zoo).

Chris fragte sich, ob wohl andere Menschen Stephens Zeichnungen ebenso außergewöhnlich finden würden wie er. Anfang 1986 reichte er zwei bei der National Children's Art Exhibition ein; beide wurden ausgestellt, und eine gewann einen Preis. Etwa zur selben Zeit ließ Chris Stephens Fähigkeiten von Experten einschätzen – von den Psychologen Beate Hermelin und Neil O'Connor, deren Untersuchungen über autistische Idiots savants sehr bekannt sind. Stephen erwies sich als einer der begabtesten Savants, die sie je getestet hatten, mit enormen Leistungen im visuellen Erkennen und im Zeichnen aus dem Gedächtnis. Andererseits schnitt er bei den allgemeinen Intelligenztests ziemlich schlecht ab und erreichte nur einen verbalen IQ von 52.

Allmählich sprachen sich Stephens ungewöhnliche Talente herum, und man vereinbarte, im Rahmen der BBC-Reihe *The Foolish Wise Ones*, einer Savant-Serie, einen Film über Stephen zu drehen. Die Aufnahmearbeiten nahm er sehr ruhig hin, offenbar nicht im mindesten durch die Kameras und Aufnahmeteams gestört – vielleicht machte ihm das Ganze sogar ein bißchen Spaß. Man forderte ihn auf, St. Pancras Station zu zeichnen («ein ausgesprochenes ‹Stephen-Gebäude›», meinte Lorraine Cole, «verschnörkelt, detailreich und unglaublich kompliziert»). Die Genauigkeit seiner Zeichnung belegt ein gleichzeitig aufgenommenes Foto. (Sie enthält allerdings einen merkwürdigen Fehler: Stephen gibt die Uhr und die gesamte Spitze des Gebäudes seitenverkehrt wieder.) Die Exaktheit war ebenso erstaunlich wie die Geschwindigkeit, mit der er zeichnete, die Sparsamkeit der Linienführung, der Charme und der Stil seiner Bilder – und damit gewann er die Herzen der Zuschauer. Der BBC-Film wurde im Februar 1987 gesendet und löste ein geradezu stürmisches Interesse aus – stapelweise trafen Briefe ein, die immer wieder in die Frage mündeten, wo Stephens Zeichnungen zu sehen seien, und Verlage boten Verträge an. Sehr rasch wurde eine Sammlung seiner Arbeiten unter dem schlichten Titel *Drawings* zur Veröffentlichung vorbereitet, deren Fahnen ich, wie berichtet, im Juni 1987 erhielt.

Stephen, gerade dreizehn Jahre alt, war jetzt in ganz England bekannt – aber so autistisch, so behindert wie zuvor. Mühelos konnte er jede Straße zeichnen, die er je gesehen hatte, aber ohne fremde Hilfe war er unfähig, eine von ihnen zu überqueren. Ganz London vermochte er vor seinem geistigen Auge zu sehen, aber die menschlichen Aspekte der Stadt blieben ihm verschlossen. Mit niemandem konnte er ein wirkliches Gespräch führen, obwohl er nun immer häufiger eine Art pseudosoziales Verhalten an den Tag legte, indem er auf unverständliche und bizarre Weise mit Fremden plapperte.

Chris, der sich einige Monate in Australien aufgehalten hatte, stellte bei seiner Rückkehr fest, daß sein junger Schüler nun eine Berühmtheit – aber sonst, wie er meinte, völlig unverändert – war. «Er begriff zwar, daß sie ihn im Fernsehen gezeigt und daß er ein Buch veröffentlicht hatte, aber er hob deshalb nicht ab, wie es viele Kinder an seiner Stelle getan hätten. Er war davon völlig unbeeindruckt, noch immer der Stephen, den ich kannte.» Zwar schien Stephen Chris während dessen Abwesenheit nicht allzusehr vermißt zu haben, doch freute er sich offenbar, ihn wiederzusehen, und sagte mit einem breiten Lächeln: «Hallo, Chris!»

Für mich paßte das alles nicht recht zusammen. Auf der einen Seite stellte man Stephens Bilder aus und hielt ihn für einen bedeutenden Künstler – für den ehemaligen Präsidenten der Royal Academy of Arts, Sir Hugh Casson, war er «vielleicht Englands bester Maler im Kindesalter»; auf der anderen Seite verwiesen Chris und andere, auch die, die ihn am besten verstanden, auf seine schwerwiegenden Intelligenzdefizite und Identitätsstörungen. Die Tests, denen er sich unterzogen hatte, schienen zu bestätigen, wie schwer er emotional und geistig beeinträchtigt war. Besaß er trotzdem eine geistige und persönliche Dimension, eine Tiefe und Empfindsamkeit, die (wenn auch sonst nirgendwo) zumindest in seinen Zeichnungen zutage treten konnte? Ist die Kunst nicht ihrem Wesen nach Ausdruck einer persönlichen Sehweise, eines Selbst? Kann es einen Künstler geben, der kein «Selbst» hat? Alle diese Fragen beschäftigten mich, seit ich Stephens Bilder zum erstenmal erblickt hatte, und ich brannte darauf, ihn kennenzulernen.

Im Februar 1988 bot sich die Gelegenheit, als Stephen, von Chris begleitet, zu den Aufnahmen für einen weiteren Fernsehfilm nach New York kam. Stephen hatte schon ein paar Tage in New York verbracht, die Sehenswürdigkeiten der Stadt bestaunt, sie gezeichnet und sie – zu seinem größten Vergnügen – mit einem Hubschrauber überflogen. Ich dachte, es würde ihm vielleicht Spaß machen, City Island zu sehen, die kleine Insel vor New York, auf der ich wohne, und lud ihn deshalb zu mir nach Hause ein. Als Chris und er eintrafen, tobte ein Schneesturm. Stephen war ein ernster, kleiner schwarzer Junge, in dessen Gesicht aber hin und wieder auch ein schelmischer Zug trat. Auch mich wirkte er sehr jung, eher wie zehn, er hatte einen ziemlich kleinen Kopf, den er schräg geneigt hielt. In gewisser Weise erinnerte er mich an die autistischen Kinder, die ich kannte, mit ihrem manieristischen oder ticartigen Kopfnicken und ihrem seltsamen Handflattern. Er sah mich nie direkt an, sondern schien mir kurze Blicke aus den Augenwinkeln zuzuwerfen.

Ich fragte ihn, wie ihm New York gefalle, und er antwortete mit starkem Cockney-Akzent: «Sehr gut.» Ich kann mich kaum daran erinnern, daß er mehr gesagt hätte; sehr still war er, fast stumm. Doch seine Sprache, erzählte Chris, habe sich inzwischen erheblich entwickelt, und manchmal, wenn Stephen aufgeregt sei, plappere er fast. Im Flugzeug sei er sehr aufgeregt gewesen – er war noch nie geflogen –, und er habe «während des Flugs mit der Crew und anderen Passagieren gesprochen und sein Buch herumgezeigt».[5]

Stephen zeigte mir seine neuesten Zeichnungen – New Yorker Motive, die Chris in einer Mappe mitgebracht hatte –, die mich in Erstaunen versetzten (vor allem die Bilder aus der Vogelperspektive, zu denen er bei seinem Hubschrauberflug angeregt worden war). Er nickte emphatisch, während er sie mir präsentierte, wobei er einige als «gut» oder «nett» bezeichnete. Gefühle wie Eitelkeit oder Bescheidenheit schien er nicht zu kennen; er gab völlig unbefangen treffende Kommentare ab, während ich die Zeichnungen betrachtete.

Nachdem er sie mir gezeigt hatte, fragte ich ihn, ob er etwas für mich zeichnen würde, vielleicht mein Haus. Er nickte, und wir gingen nach draußen. Es schneite, war kalt und naß, kein Tag, um sich länger als unbedingt nötig im Freien aufzuhalten. Stephen warf nur einen kurzen, beiläufigen Blick auf das Haus – anscheinend ohne besondere Aufmerksamkeit –, betrachtete anschließend den Rest der Straße und das Meer, zu dem sie führte, und wollte dann ins Haus zurück. Als er den Stift nahm und zu zeichnen begann, hielt ich den Atem an. «Keine Sorge», meinte Chris, «Sie können so laut sprechen, wie Sie wollen. Das macht gar nichts – Sie können ihn nicht stören – er könnte sich auch konzentrieren, wenn das Haus einstürzte.» Ohne

---

5 Als Stephen eingeladen wurde, sich während der Landung in New York auf den Notsitz im Cockpit zu setzen, erinnerte sich Chris an einen Wahrtraum, von dem ihm Stephen vor ihrem Aufbruch in London berichtet hatte. «Ich bin der Pilot des Jumbojets», hatte er gesagt. «Ich kann die Wolkenkratzer und die Skyline von Manhattan sehen.»

Skizze oder Entwurf begann Stephen einfach an einem Rand des Bogens (ich hatte das Gefühl, er hätte überall anfangen können) und arbeitete sich dann stetig über das Papier vor, als übertrage er unauslöschliche innere Bilder oder Vorstellungen. Als er das Verandageländer einzeichnete, meinte Chris: «Ich habe von all den Einzelheiten nichts bemerkt.»

«Nein», sagte Stephen ausdruckslos, «natürlich nicht.»

Stephen hatte das Haus nicht gründlich inspiziert, hatte sich keine Skizzen gemacht, hatte es nicht abgezeichnet, sondern hatte mit einem kurzen Blick alles in sich aufgenommen, das Wesentliche erfaßt, jede Einzelheit gesehen, in seinem Gedächtnis gespeichert und es dann in einem einzigen raschen Strich zu Papier gebracht. Und ich zweifelte nicht daran, daß er, hätten wir ihn gelassen, die ganze Straße hätte zeichnen können.

Stephens Zeichnung war einerseits exakt, zeigte aber auch verschiedene Abweichungen – er versah das Haus mit einem Schornstein, wo es keinen hatte, und ließ die drei Tannen, den Lattenzaun und die Nachbarhäuser fort. Unter Ausschluß aller anderen Objekte hatte er sich auf das Haus konzentriert. Häufig heißt es, Savants hätten ein fotografisches oder eidetisches Gedächtnis, aber als ich Stephens Zeichnung fotokopierte, wurde mir klar, wie *wenig* er einem Xerox-Apparat ähnelt. Seine Bilder erinnern nicht im geringsten an Kopien oder Fotos, haben nichts Mechanisches und Unpersönliches – stets findet man in ihnen Zusätze, Auslassungen, Änderungen und natürlich seinen unverwechselbaren Stil. Sie vermitteln uns einen Eindruck von den ungeheuer komplexen neuralen Prozessen, die erforderlich sind, um mentale Bilder zu erzeugen. Stephens Zeichnungen sind individuelle Konstruktionen, aber lassen sie sich auch in einem tieferen Sinne als Schöpfungen verstehen?

Seine Bilder hielten sich (wie die meines Patienten José)

eng an die Wirklichkeit, waren direkte Umsetzungen und in gewissem Sinne naiv. Clara C. Park, die Mutter eines autistischen Malers, nennt dies die «ungewöhnliche Fähigkeit, einen Gegenstand wiederzugeben, wie man ihn wahrnimmt» (und nicht, wie man ihn begreift). Zu den besonderen Eigenschaften von Savant-Malern zählt sie zudem die «ungewöhnliche Fähigkeit zur verzögerten Wiedergabe». Und das war in der Tat sehr verblüffend bei Stephen, der nur einen einzigen Blick auf ein Gebäude zu werfen brauchte und es dann Tage oder Wochen später zeichnete, als hätte er es direkt vor sich.

In seiner Einleitung zu *Drawings* schreibt Sir Hugh Casson:

> Im Gegensatz zu den meisten Kindern, die sich beim Zeichnen in der Regel nicht so sehr an der direkten Beobachtung, sondern an Symbolen oder Bildern aus zweiter Hand orientieren, zeichnet Stephen Wiltshire genau das, was er sieht – nicht mehr und nicht weniger.

Maler stecken voller Symbole und Vorstellungsbilder, die sie aus zweiter Hand beziehen, und sie lassen in ihre Werke nicht allein die Darstellungskonventionen einfließen, die sie als Kinder erworben haben, sondern die gesamte Geschichte der abendländischen Malerei. Vielleicht ist es notwendig, all das hinter sich zu lassen, sogar die Kategorie der «Objekthaftigkeit». Claude Monet schreibt:

> Wann auch immer du dich zum Malen ins Freie begibst, versuch zu vergessen, was für Objekte du vor dir hast – einen Baum, ein Feld oder was auch immer... Denk nur: hier ist ein Klecks Blau, dort ein Rechteck Rosa, hier ein Streifen Gelb, und male es genau so, wie du es siehst, exakt die Farbe und die Form, bis es deinem naiven Eindruck vom Motiv vor deinen Augen entspricht.

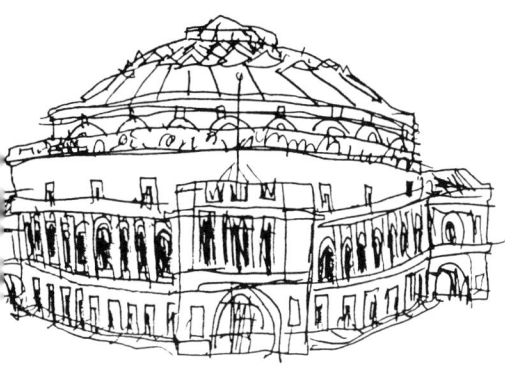

«A für Albert Hall»

«U für U-Bahn»

Zwei Beispiele aus Stephens *London Alphabet*, das er zeichnete, als er zehn war.

27th october 1988

notre dame.

Notre-Dame zeichnete Stephen mit vierzehn.

Stephens Wiedergabe von Matisses «Tanz»: die Eremitage-Fassung in den Farben der Version, die im Museum of Modern Art hängt.

Eine Porträtzeichnung von Matisse (oben links), von Stephen wiedergegeben: direkt nach Betrachtung des Bildes und dann, aus dem Gedächtnis, jeweils im Abstand von einer Stunde.

Blick aus Stephens Hotelzimmer in Amsterdam: die alten Häuser an der Herengracht; der Dogenpalast in Venedig.

Eine von Stephens Zeichnungen der Basiliuskathedrale am Roten Platz.

Das Chrysler Building, von der Spitze des Pan Am Building aus gesehen.

Üppiges Interieur im Chicago Theater

Drei kleine, rasch entworfene
Skizzen: Landschaft in Arizona,
Elefant im Londoner Zoo,
Basiliuskathedrale.

Stephen hingegen (wenn Casson recht hat) wie auch José, Nadia und andere Savants sind nicht auf solche «Dekonstruktionen» angewiesen, müssen sich nicht von derartigen Konstrukten befreien, weil sie sie (auf vielen Ebenen, von der neuralen bis zur kulturellen) nie oder nur in geringem Maße entwickelt haben. Insofern unterscheidet sich ihre Situation radikal von der «normalen» – was nicht heißt, daß sie nicht auch Künstler sein können.

Auch die Beziehungen in Stephens Leben begannen mich zu interessieren: Wie wichtig waren sie und wie weit hatten sie sich angesichts seines Autismus (und des schweren frühen Verlustes) entwickelt? Im Juli 1987, als er Queensmill verlassen mußte, um auf eine weiterführende Schule überzuwechseln, drohte seine Beziehung zu Chris Marris, die wohl wichtigste während der letzten fünf Jahre, zu enden. Eine Zeitlang hatte Chris es noch einrichten können, Stephen an den Wochenenden zu sehen, mit ihm Zeichenexkursionen in die Umgebung Londons und sogar erste Reisen nach Paris und New York zu unternehmen. Doch vom Mai 1989 an ließen sich diese Ausflüge nicht mehr fortsetzen, und Stephen schien es an eigenem Antrieb zum Zeichnen zu mangeln. Offenbar brauchte er einen anderen Menschen, der ihn anregte, ihm das Zeichnen «ermöglichte». Ob er Chris auch persönlich vermißte, war weit weniger klar. Als ich mich später mit Stephen über Chris unterhielt, sprach er von ihm sehr sachlich und nüchtern, ohne erkennbare Gefühlsregung. Ein normales Kind wäre über den Verlust eines Menschen, der ihm so viele Jahre lang nahegestanden hat, tieftraurig gewesen, doch Stephen ließ keine Spur von Kummer erkennen. Ich fragte mich, ob er seinen Schmerz unterdrückte oder sich von ihm distanzierte, aber ich war mir nicht sicher, ob ihn, in seiner autistischen Welt, überhaupt irgendwelche Empfindungen bewegten. Christopher Gillberg berichtet von einem fünfzehnjährigen Autisten, dessen Mutter gerade an

Krebs gestorben war. Auf die Frage, wie es ihm gehe, erwiderte der Junge: «Oh, mir geht es gut. Wissen Sie, ich habe das Asperger-Syndrom, und das macht mich weniger anfällig für den Verlust geliebter Menschen als die meisten anderen Leute.» Natürlich wäre Stephen nie in der Lage gewesen, seine innere Verfassung auf diese Weise zu formulieren, und doch mußte man sich fragen, ob er den Verlust nicht mit der gleichen Nüchternheit hinnahm wie Gillbergs junger Patient – und ob diese Nüchternheit nicht für die meisten menschlichen Beziehungen in seinem Leben charakteristisch war.

Diese Lücke füllte Margaret Hewson. Seit der BBC-Sendung zwei Jahre zuvor war Margaret Stephens Literaturagentin, und in dieser Zeit war ihr persönliches und künstlerisches Interesse an ihm stetig gewachsen. Zum erstenmal war ich ihr 1988 begegnet, als wir mit Stephen eine Zeichenexkursion durch London unternahmen. Margaret und Stephen, das war deutlich zu sehen, verstanden sich prächtig. Obwohl Stephen in dieser Zeit wohl kaum zu einer tieferen Empfindung oder Zuneigung fähig war, zeigte er dennoch starke instinktive Reaktionen gegenüber Menschen, denen er begegnete. Zu Margaret fühlte er sich von Anfang an hingezogen – was, wie ich denke, an ihrer enormen Energie und Lebendigkeit lag, an ihrem ansteckenden Frohsinn und ihrer offenkundigen Zuneigung zu ihm und seiner Kunst. Margaret schien jeden zu kennen und überall gewesen zu sein, und vielleicht gab dies Stephen das Gefühl, mit einer größeren Welt in Berührung zu kommen, Horizonte weit jenseits der Grenzen zu erblicken, die sein Leben bislang eingeengt hatten. Und nicht zuletzt verstand Margaret eine Menge von Malerei – Kenntnisse, die nicht nur die Kunstgeschichte, sondern auch die technischen Aspekte des Zeichnens betrafen.

Im Herbst 1989 bekam Margaret Aufträge für Stephen und unternahm jedes Wochenende Ausflüge mit ihm und Andrew, ihrem Mann und zugleich Partner in der Literaturagentur. Sofort schaffte sie die Verwendung von Pauspapier und Linealen ab (wie er sie für einige der Zeichnungen in seinem zweiten Buch *Cities* aus dem Jahre 1989 benutzt hatte) und bestand auf freihändigen Tuschezeichnungen. «Den Wert einer Linie kann man nur erkennen, wenn man sofort mit Tusche beginnt und auch Fehler riskiert», erklärte sie. Unter ihrer schwungvollen Anleitung begann Stephen wieder regelmäßig zu zeichnen, und zwar kühner, als er es je getan hatte. (Dennoch gibt es in *Cities* einige außergewöhnliche freihändige Improvisationen – imaginäre Städte, die Stephen erfunden hat, indem er Eindrücke aus verschiedenen wirklichen Städten verschmolz.)

Nachdem sie morgens auf der Suche nach Motiven umhergefahren waren, aßen sie bei Margaret zu Mittag, wo sich häufig Annie, die Tochter der Hewsons, ein paar Jahre älter als Stephen, zu ihnen gesellte. Stephen schien sich auf diese Ausflüge zu freuen und wartete am Sonntagvormittag ungeduldig auf Margaret und Andrew. Die Hewsons empfanden echte Zuneigung zu Stephen, auch wenn sie sich nicht sicher waren, ob er ihre Gefühle erwiderte. Gelegentlich nahmen sie ihn jetzt auch auf längere Fahrten mit – einen Ausflug nach Salisbury und zwei Wochenenden in Schottland.

Stephens offenkundige Vorliebe für die optischen Effekte des Wassers – er wohnte in London in der Nähe eines Kanals, den er hin und wieder mit seiner Mutter oder Schwester aufsuchte, um kleine Skizzen von den Booten und Schleusen zu machen – brachte Margaret auf das Thema zu einem neuen Buch. Sie wollte mit ihm in Städte reisen, die von Kanälen durchzogen sind, «schwimmende Städte» – Venedig, Amsterdam und Sankt Petersburg –, und er sollte sie zeichnen.

Im Spätherbst 1989 rief Margaret kurz entschlossen Mrs. Wiltshire an, um ihr vorzuschlagen, daß Stephen und seine Schwester Annette sie über die Weihnachtsferien nach Venedig begleiteten. Mühelos verkraftete der inzwischen fünfzehnjährige Stephen die Aufregungen der Reise, die ihn noch ein paar Jahre zuvor aus der Fassung gebracht hätten. Wie Margaret gehofft hatte, zeichnete er San Marco, den Dogenpalast und all die anderen berühmten venezianischen Baudenkmäler, was ihm offenbar Spaß machte. Doch als man ihn nach einwöchigem Aufenthalt in diesem Zentrum europäischer Kultur fragte, wie ihm Venedig gefalle, sagte er nur: «Chicago ist mir lieber» (und das nicht wegen der Gebäude, sondern wegen der amerikanischen Autos – Stephen war verrückt nach ihnen und konnte jedes Nachkriegsmodell, das in den Vereinigten Staaten gebaut worden war, identifizieren, benennen und zeichnen).

Ein paar Wochen später wurde die nächste Reise vorbereitet – diesmal nach Amsterdam. Stephen gefiel der Plan aus einem ganz besonderen Grund: Nachdem er Fotografien der Stadt gesehen hatte, sagte er: «Ich mag Amsterdam lieber als Venedig, weil es dort *Autos* gibt.» Abermals fing Stephen die Atmosphäre der Stadt mit sicherem Blick in seinen Zeichnungen ein, von obligatorischen Motiven wie der Westerkerk und dem Begijnhof bis hin zu einer winzigen, bezaubernden Skizze einer seltsamen Statue mit Leierkasten. In Amsterdam wirkte Stephen sehr lebhaft und gutgelaunt und schien ganz neue Seiten seines Charakters zu offenbaren. Besonders verblüfft über diese Veränderungen zeigte sich Lorraine Cole, die an der Reise teilnahm:

Als Stephen klein war, konnte ihn nichts erheitern. Heute findet er alles mögliche lustig, und sein Gelächter ist unglaublich ansteckend. Er hat wieder damit begonnen, die Menschen in seiner Umgebung zu karikieren, und es bereitet ihm eine diebische Freude, die Reaktionen seiner Opfer zu beobachten.

Eines Abends, in Amsterdam, als Stephen ein Interview in einer Fernsehsendung geben sollte, erlitt Margaret einen schweren Asthmaanfall und mußte im Hotelzimmer bleiben. Stephen war verzweifelt, weigerte sich, zu der TV-Show zu fahren, und war nicht von Margarets Bett loszueisen. «Ich bleibe hier, bis es dir bessergeht», erklärte er. «Du sollst nicht sterben.» Margaret und Andrew waren davon sehr gerührt.

«Da habe ich zum erstenmal gemerkt, daß ihm etwas an mir liegt», erklärte sie mir.[6]

Zeigte Stephen vielleicht trotz seines Autismus Anzeichen einer verspäteten Persönlichkeitsentwicklung? Fasziniert von Margarets Bericht über den Aufenthalt in Amsterdam, schlug ich vor, sie auf der nächsten Reise – nach Moskau und Sankt Petersburg (damals noch Leningrad) –, die für den Mai 1990 geplant war, zu begleiten. Ich flog nach London, traf mich mit Stephen und Margaret und führte einige Untersuchungen durch. Bei diesen von Uta Frith und ihren Mitarbeitern entwickelten Tests müssen die Versuchspersonen auf verschiedene Bilderfolgen reagieren, deren Verständnis in einigen Fällen leicht, in anderen jedoch nur dann möglich ist, wenn man den dargestellten Personen verschiedene Absichten, Auffassungen, Überzeugungen oder Bewußtseinszustände (und manchmal auch Verstel-

---

6 Bei einem Besuch der autistischen Malerin Jessy Park fiel mir auf, wieviel Zuneigung die Eltern ihrer Tochter entgegenbrachten. «Ich sehe, daß Sie sie lieben», sagte ich zu dem Vater. «Liebt sie Sie auch?»
«Sie liebt uns so sehr, wie sie kann», erwiderte er.

lungen) zuschreibt. Ganz offenkundig besaß Stephen nur eine sehr begrenzte Fähigkeit, sich in andere Menschen hineinzuversetzen. (Eine Psychologin führte, wie Frith berichtet, «in Amerika eine informelle Untersuchung mit Cartoons aus dem *New Yorker* durch. Sehr begabten und hochgebildeten autistischen Menschen gelang es nicht, sie zu verstehen oder sie lustig zu finden.»)

Als nächstes gab ich ihm ein großes Puzzle, das er im Handumdrehen zusammensetzte. Dann legte ich ihm ein zweites Puzzle vor, aber diesmal *mit der Rückseite nach oben,* so daß er sich nicht an dem Motiv orientieren konnte. Es bereitete ihm ebensowenig Mühe wie das erste. Das Bild – die Bedeutung – schien er nicht zu brauchen; entscheidend, und außerordentlich beeindruckend, war seine Fähigkeit, eine große Zahl abstrakter Formen zu erfassen und im Nu zu erkennen, wie sie zusammenpaßten.

Solche Leistungen sind charakteristisch für autistische Menschen, die auch hervorragend bei Würfeltests und Vexierbildern abschneiden. So gelangte die Psychologin Lynn Waterhouse, als sie den visuellen Idiot savant J. D. testete (der nach Berichten seiner Eltern als Junge Fünfhundert-Teile-Puzzles in rund zwei Minuten zusammenlegen konnte, so daß er bald Fünftausend-Teile-Puzzles brauchte), zu der Erkenntnis, daß er in fast jedem visuellen Wahrnehmungstest, den sie durchführen konnte, «phänomenal gut» abschnitt: ob Linienorientierung, Formergänzung oder Würfeltest – stets erzielte er beinahe Höchstwerte und erreichte das Mehrfache der normalen Punktzahl. Wie J. D. verfügte Stephen über ein unglaubliches Geschick im Erkennen abstrakter Muster und bei der visuellen Analyse. Doch damit allein ließen sich seine Zeichnungen noch nicht erklären – J. D. beispielsweise hatte trotz seiner Wahrnehmungsfähigkeiten kein besonderes Zeichentalent entwickelt.

Stephen zehrte also noch von einem anderen Vermögen

Olivers sakks house

Olivers Sack's House

Stephen Wiltshire

·Oliver Sack's House

as erste Bild von meinem Haus zeichnete Stephen bei seinem ersten Be-
ch im Februar 1988 aus dem Gedächtnis, nachdem er das Gebäude kurz,
e beiläufig, von der Straße aus betrachtet hatte. Die zweite Zeichnung,
enfalls aus dem Gedächtnis angefertigt, entstand mehr als zwei Jahre spä-
r, die dritte ein Jahr danach. Zwar haben sich im Laufe der Zeit verschie-
ne Details verändert, doch ist es ihm in allen drei Versionen gelungen, den
til» des Hauses herauszuarbeiten.

— einer lebhaften Darstellungskraft, die seinen Wahrnehmungen Gestalt verlieh und seinen unverwechselbaren, persönlichen Stil hervorbrachte. Ob dieses Darstellungsvermögen tiefere innere Resonanz oder Reaktionen auslöste, blieb unklar.

Angesichts seiner enormen Befähigung zu abstrakter visueller Analyse stellte sich die Frage, wie wichtig «Bedeutung» für ihn war. Inwieweit erfaßte er den Sinn dessen, was er zeichnete? Und inwieweit spielte es eine Rolle, ob er es tat oder nicht? Ich zeigte Stephen ein Matisse-Porträt und fragte ihn, ob er es zeichnen könnte. (Margaret und Andrew lieben Matisse, und ich gab Stephen einen ihrer Drucke als Vorlage.) Rasch und entschieden fertigte er eine Skizze nach dem Original an. Zwar war sie nicht ganz genau, hatte aber sehr viel Matisse-Charakter. Als ich ihn eine Stunde später bat, sie aus dem Gedächtnis zu zeichnen, brachte er sie anders zu Papier und eine weitere Stunde später wiederum anders. Doch alle Zeichnungen (er fertigte insgesamt fünf an) blieben dem Original, sosehr sie auch in den Einzelheiten abwichen, verblüffend ähnlich. In gewissem Sinne hatte Stephen also das «Matissesche» der Zeichnung erfaßt, hatte es auf verschiedene Weise abgewandelt und zum Gegenstand aller Kopien gemacht. War das ein rein formaler, kognitiver Vorgang, ahmte er Matisses «Stil» formelhaft nach – oder machte er sich auf einer tieferen Ebene Matisses Sehweise, seine Empfindungswelt und Kunst zu eigen?

Nun fragte ich Stephen, ob er sich an mein Haus erinnere, in dem er vor mehr als zwei Jahren gewesen sei, und ob er es noch einmal für mich zeichnen würde. Wieder nickte er und zeichnete das Haus, allerdings mit verschiedenen Abänderungen. Jetzt versah er es nur mit einem unteren Fenster statt mit zweien; er ließ eine Säule auf der Veranda fort und arbeitete die Treppe deutlicher heraus. Den (erfundenen) Schornstein behielt er bei und fügte außerdem eine fiktive amerikanische Flagge auf einem hohen Fahnenmast hinzu – ich denke, für sein Empfinden waren das unentbehrliche Elemente des typischen «amerikanischen» Hauses. So wurden der Matisse und mein Haus in einer Vielzahl von Variationen erfaßt und dargestellt. In beiden Fällen hatte er den Stil sofort erfaßt, und seine späteren Zeichnungen waren Improvisationen im Rahmen dieses Stils.

Nach all diesen Tests war ich noch immer verwirrt. Stephen erschien zugleich sehr behindert und sehr begabt. Waren nun seine Behinderungen und seine Begabungen völlig getrennt oder auf einer tieferen Ebene ineinander verwoben? Gab es da Eigenschaften, wie die autistische Detailtreue und Konkretheit, die in manchen Zusammenhängen Begabungen und in anderen Beeinträchtigungen waren? Die Tests riefen auch ein Unbehagen in mir hervor, als hätte ich tagelang versucht, Stephen auf Behinderungen und Begabungen zu reduzieren, ohne ihn als Menschen, als Ganzes zu sehen. Gerade hatte ich Uta Friths Buch *Autismus* zum zweitenmal gelesen und schrieb ihr: «Morgen fahre ich mit Stephen nach Rußland ... Ich habe einige von seinen seltsamen Fertigkeiten und Behinderungen gesehen – jetzt muß ich ihn noch als geistiges Wesen und Person wahrnehmen. Vielleicht lerne ich es, wenn ich eine Woche mit ihm zusammen bin.»

Solche Hoffnungen bewegten mich, als ich mit Stephen nach Rußland aufbrach. Am Gatwick Airport, wo wir auf unseren Flug warteten, beeindruckte mich seine Konzentrationsfähigkeit. Er war völlig versunken in die Zeitschrift *Classic Cars*. Mit größter Aufmerksamkeit betrachtete er die Bilder – und blickte mehr als zwanzig Minuten lang nicht ein einziges Mal auf. Hin und wieder beugte er sich vor, um eine Einzelheit genauer in Augenschein zu nehmen – was er sah, denke ich, prägte sich seinem Kortex für immer ein. Manchmal lachte er auf. Was mochte ihn bei dieser doch ziemlich abstrakten Tätigkeit belustigen?

Während des Flugs vertiefte sich Stephen in eine Zeichnung von Balmoral, nachdem er eine Postkarte des Schlosses studiert hatte. Die Gespräche um ihn her schien er ebensowenig wahrzunehmen wie die herrlichen Landschaften und Meeresweiten, die unter uns vorbeizogen.

Auf dem Moskauer Flughafen betrachtete Stephen stumm die Autos – gelbe Taxis und schwarze Sils mit Nummernschildern, die mit den Buchstaben «MK» begannen. Ein unangenehmer Geruch nach schlecht raffiniertem Benzin hing über dem Flughafen. Stephen schnupperte, rümpfte die Nase; er ist extrem geruchsempfindlich. Als wir um zwei Uhr nachts in die Stadt fuhren, sahen wir hohe Birken mit silbrigen Stämmen am Straßenrand und einen riesigen Mond dicht über dem Horizont. Selbst Stephen, der seiner Umgebung zuvor so wenig Interesse entgegengebracht hatte, blickte, die Nase an die kalte Scheibe des Busses gepreßt, entzückt auf die weite mondbeschienene Landschaft.

Als wir am nächsten Morgen über den Roten Platz schlenderten, war Stephen voller Neugier, machte Schnappschüsse und beäugte die Gebäude, von ihrem ungewohnten Aussehen verblüfft. Auf der Straße drehten sich Passanten um und starrten ihn an – Schwarze waren in Moskau offenbar ein ungewohnter Anblick. Dann entdeckte er eine Stelle, von der aus er den Erlöserturm zeichnen wollte, und genau dorthin mußte Margaret den Hocker stellen. Nicht auf diese oder jene Stelle, sondern *hierhin* – so passiv er in vielerlei Hinsicht war, so genau wußte er jetzt, was er wollte. Mitten auf dem Roten Platz saß er, eine winzige Gestalt mit Pelzmütze und marineblauen Wollhandschuhen. Dutzende von Touristen streunten in der gleißenden Maisonne umher, und viele warfen einen Blick auf die entstehende Zeichnung. Stephen nahm sie nicht zur Kenntnis – oder war sich ihrer nicht bewußt – und zeichnete unbeirrt weiter. Dabei summte er vor sich hin und hielt den Stift, wie es für ihn typisch war, unbeholfen, kindlich, zwischen dem dritten und vierten Finger. Einmal begann er plötzlich zu kichern und zu lachen – aber das war, wie sich herausstellte, weil ihm ständig eine Szene aus *Rain Man* in den Sinn kam («Du *kannst* jetzt nicht fahren!» sagte er). Während er zeichnete, saß Margaret neben ihm, ermutigte ihn – «Gut! Kluger Junge!» – und wies ihn auf ästhetische Gesichtspunkte und architektonische Details hin. Beispielsweise betrachtete Stephen auf ihren Vorschlag hin die Zinnen des Turms genauer. In gewisser Weise ist sie fast eine Mitarbeiterin, und obwohl seine Begabung sehr subjektiv und angeboren ist, braucht er ganz offenkundig ihre Zuneigung und Bestätigung.

Später besuchten wir das Historische Museum, einen eklektischen roten Ziegelbau, entworfen von einem britischen Architekten. Margaret instruierte Stephen: «Schau dir das Gebäude gut an! Präg dir seine Einzelheiten ein – ich möchte, daß du es nachher aus dem Gedächtnis zeichnest.» Was Stephen später zu Papier brachte, unterschied sich erheblich von dem Historischen Museum, wie es hier vor uns stand; er versah es mit einem halben Dutzend Zwiebeltürmen, die es in Wirklichkeit nicht gibt.

Ich fragte mich zunächst, ob es sich um eine Gedächtnisstörung handelte, und bat ihn, die Basiliuskathedrale aus dem Gedächtnis zu zeichnen. Er machte sich sofort ans Werk, und zwei Minuten später war das Bild fertig, eine sehr genaue und hübsche Skizze. Etwas später an diesem Tag begann er eine weitläufige Einkaufspassage des Warenhauses GUM zu zeichnen, ein Bild, das er in Muße bei einer Coca-Cola im Hotel beendete. Sogar die Ladenschilder hatte er im Gedächtnis behalten, obwohl sie in für ihn unverständlichen kyrillischen Buchstaben abgefaßt waren. Zweifellos arbeitete sein Gedächtnis einwandfrei.

Margaret und ich überlegten, was beim Historischen Museum falsch gelaufen sein mochte. Stephen war abgelenkt gewesen, als sie ihn aufgefordert hatte, es sich einzuprägen (die Polizei auf dem Roten Platz hatte ihn nervös gemacht), und als er gefragt worden war, wie ihm das Gebäude gefalle, hatte er nur gesagt: «Es ist okay» (was hieß, daß er es nicht mochte). Vermutlich wollte er das Gebäude attraktiver machen, indem er es mit Zwiebeltürmen krönte, doch die vertrugen sich so schlecht mit dem Rest, daß das Gebäude vollkommen disproportioniert aussah.

Als wir uns am nächsten Morgen zum Frühstück im Hotelrestaurant trafen, begrüßte mich Stephen mit einem lauten «Hallo, Oliver!», das außerordentlich freundlich und herzlich war oder mir zumindest so vorkam. Doch dann kamen mir Zweifel: War es vielleicht nur ein sozialer Automatismus? Der große Neurologe Kurt Goldstein hat über einen anderen autistischen Jungen geschrieben:

Er entwickelt eine Vorliebe für einige Menschen ... Gleichzeitig bleiben seine emotionalen Reaktionen und menschlichen Bindungen jedoch oberflächlich und beiläufig. Wenn man nach einer Pause von mehreren Monaten wieder mit ihm zusammenkommt, wird man mit der gleichen unpersönlichen Freundlichkeit begrüßt und verabschiedet, als sei die Bekanntschaft auf die Dauer des tatsächlichen Zusammenseins beschränkt ... es ist eine Anwesenheit ohne emotionalen Inhalt.

In einem Intouristgeschäft kaufte ich ein Stück Bernstein, das Stephen mit einem gleichgültigen Blick bedachte – es hatte keinen visuellen Reiz für ihn –, bis ich es rieb und ihm zeigte, wie es sich elektrisch auflud. Jetzt zog es kleine Papierschnitzel an, so daß sie, wenn ich den Bernstein ein paar Zentimeter über sie hielt, plötzlich zu ihm emporflatterten. Seine Augen weiteten sich vor Staunen; er nahm den Bernstein und wiederholte die Elektrifizierung. Doch dann schien seine Verwunderung nachzulassen. Er fragte nicht, was geschah oder warum, und es schien ihn auch nicht zu interessieren, als ich es ihm erklärte. Seine anfängliche Verblüffung hatte ich mit Freude registriert – ich hatte ihn noch nie wirklich erstaunt gesehen –, doch dann verblaßte sie und erstarb. Und das bereitete mir Sorgen.

In ausgelassener Stimmung zeichnete Stephen einen Cartoon von uns allen beim Abendessen, auf dem er sich selbst darstellt, wie er mir gerade Luft zufächelt. (Ich kann Hitze schlecht vertragen und habe deshalb immer einen japanischen Fächer bei mir, den er mich oft hatte gebrauchen sehen.) Auf der Zeichnung kauere ich mich unter dem Luftzug des Fächers zusammen, während er, ganz Herr der Situation, mich groß und mächtig überragt – das war eine symbolische Darstellung, die erste, die ich je von ihm gesehen habe.

Das Reisen und Zusammensein mit Stephen – wir waren jetzt seit fünf Tagen unterwegs – führte mir sehr deutlich vor Augen, wie anfällig er physiologisch war, welch wechselhafte Zustände er durchlebte. Manchmal zeigte er sich lebhaft und interessiert an seiner Umgebung und war dann zu herrlich komischen Parodien und Karikaturen fähig, und manchmal verfiel er in tiefsten Autismus und reagierte, wenn überhaupt, ganz automatisch, echolalisch. Zu solchen Schwankungen, die in der Regel einige Stunden, selten Tage dauern, kommt es häufig bei Kindern mit klassischem Autismus, und ihre Ursachen sind völlig ungeklärt. Wie man mir sagte, sind sie bei Stephen viel schlimmer gewesen, als er noch jünger war.

Am folgenden Tag bestiegen wir den Zug nach Sankt Petersburg. Margaret hatte einen großen Korb mit Verpflegung gepackt, mehr als genug für uns und alle Mitreisenden im Abteil. Kaum hatte sich der Zug in Bewegung gesetzt, begannen wir mit einem ersten Frühstück – wir hatten, um ihn zu erreichen, das Hotel um fünf Uhr verlassen müssen. Als Margaret den Korb auspackte, ruckte Stephen fast konvulsiv mit dem Kopf nach vorn, um an allem zu riechen, was zum Vorschein kam. Dies erinnerte mich an einige meiner postenzephalitischen Patienten und ein paar Menschen mit dem Touretteschen Syndrom, bei denen ich ähnliche olfaktorische Verhaltensweisen beobachtet habe. Plötzlich wurde mir klar, daß Stephens Geruchswelt möglicherweise genauso intensiv war wie seine visuelle; nur gibt es keine Sprache, keine Mittel, um Eindrücke von dieser Welt zum Ausdruck zu bringen.

Unentschlossen betrachtete Stephen die hartgekochten Eier – war es denkbar, daß er noch nie eines aufgeschlagen hatte? In vergnügter Stimmung nahm ich ein Ei und schlug es gegen meine Stirn, so daß die Schale zerbrach. Stephen war begeistert und lachte schallend auf. Er hatte noch nie gesehen, daß man auf diese Weise ein Ei aufschlagen kann, und gab mir ein zweites, um zu sehen, ob ich es noch einmal tun würde, um es dann, mutig geworden, selbst zu probieren. Diese Eier-Szene hatte etwas Spontanes, und ich glaube, Stephen fühlte sich danach unbefangener mir gegenüber, weil er gesehen hatte, wie ausgelassen, wie verrückt ich sein konnte.

Nach dem Frühstück vertrieben Stephen und ich uns die Zeit mit Wortspielen. «Ich sehe was, was du nicht siehst» beherrschte er souverän, und als ich ihn mit «Ich sehe was, was du nicht siehst, und das beginnt mit ‹K›» herausforderte, rappelte er rasch herunter: «Kiste, Katze, Koffer, Kaffee, Kanne, Kühe, Kühle.» Sehr geschickt verstand er es auch, unvollständige Wörter durch die fehlenden Buchstaben zu ergänzen. Und doch war er zum Beispiel mit seinen sechzehn Jahren trotz wiederholter Vorführungen noch immer nicht in der Lage zu verstehen, daß das Volumen einer Flüssigkeit erhalten bleibt, wenn man sie in ein anderes Gefäß füllt – eine Vorstellung, die, wie Piaget gezeigt hat, die meisten Kinder mit sieben Jahren begreifen.

Der Zug fuhr durch winzige Dörfer mit Holzhäusern und bemalten Kirchen, so daß ich mich in eine Tolstoijsche Welt versetzt fühlte, die sich in hundert Jahren nicht verändert hatte. Während Stephen das alles aufmerksam betrachtete, dachte ich an die Tausende von Bildern, die er aufnahm und zusammenfügte – und die er alle in raschen Zeichnungen und Skizzen wiederzugeben vermochte, von denen er aber in seiner Vorstellung keines, wie ich vermutete, zu einem allgemeinen Eindruck verarbeiten konnte. Ich hatte das Empfinden, daß die ganze sichtbare Welt durch Stephen hindurchströmte wie ein Fluß, ohne Bedeutung zu gewinnen, ohne angeeignet, ohne im mindesten ein Teil von ihm zu werden. Daß es, obwohl er möglicherweise alles behielt, was er sah, in gewisser Weise etwas Äußerliches blieb, etwas, das nicht integriert wurde, auf dem er nicht aufbauen, das er nicht verknüpfen und abändern konnte, etwas, das nichts beeinflußte und von nichts beeinflußt wurde. Seine Wahrnehmung und sein Gedächtnis erschienen mir mehr oder weniger mechanisch – wie ein riesiger Speicher, eine Bibliothek oder ein Archiv, noch nicht einmal mit einer Registratur oder einem Suchsystem ausgestattet, sondern einfach durch Assoziationen zusammengehalten, in dem aber alles sofort zugänglich war, wie im Direktzugriffsspeicher eines Computers. Unwillkürlich stellte ich ihn mir auch als eine Art Zug vor, als eine Wahrnehmungsrakete, die durchs Leben glitt, registrierte, aufzeichnete, aber sich nichts zu eigen machte, eine Art Übertragungsstation für alles, was an ihm vorbeihuschte – und ihn, von jeder Erfahrung unverändert, unerfüllt ließ.

Als wir uns Sankt Petersburg näherten, entschied Stephen, daß es an der Zeit sei zu zeichnen. «Bleistift, Margaret, Daahling!» sagte er. Das «Daahling», eine Margaretsche Eigenheit, die er übernommen hatte, amüsierte mich, doch wußte ich nicht, ob es sich um einen Automatismus oder eine bewußte, humoristische Parodie handelte. Der Zug holperte sehr stark, so daß ich nur kurze Notizen machen konnte. Stephen dagegen zeichnete mühelos, in seinem üblichen Tempo und Fluß. Das hatte mich schon im Flugzeug erstaunt. (Er sah ungeschickt aus, schien sich aber bestimmte motorische Fertigkeiten fast augenblicklich aneignen zu können, was bei Autisten nicht selten vorkommt. In Amsterdam war er ohne zu zögern über eine schmale Laufplanke auf ein Hausboot gegangen, obwohl er so etwas noch nie zuvor getan hatte, und das erinnerte mich an einen anderen autistischen Jugendlichen, der plötzlich äußerst geschickt und furchtlos über ein Drahtseil balanciert war, nachdem er dies am Tag zuvor im Zirkus gesehen hatte.)

Nach elf Stunden langsamer Fahrt – gemächlich entrollte sich das ländliche Rußland vor unseren Augen – erreichten wir einen großen Bahnhof in Sankt Petersburg, einen Bahnhof im verblichenen Glanz der Zarenzeit. Von unseren Hotelfenstern aus konnten wir das ganze Panorama der Stadt mit ihren prachtvollen niedrigen Gebäuden aus dem achtzehnten Jahrhundert überblicken, geprägt von der kosmopolitischen Kultur Europas, schimmernd in der weißen Nacht des Nordens. Stephen brannte darauf, sie bei Tageslicht zu sehen, und beschloß, gleich am nächsten Morgen zu zeichnen. Als er begann, war ich nicht im Zimmer, aber Margaret erzählte mir später, er habe einen eigenartigen «Fehlstart» gehabt. Am Ufer der Newa lag ein berühmter alter Segler, die «Aurora», vertäut, und Stephen hatte ihn in groteskem Mißverhältnis zu den Gebäuden auf der anderen Seite des Flusses gezeichnet. Als er bemerkte, was er angerichtet hatte, sagte er: «Ich fang noch mal an. Das taugt nichts. So geht das nicht.» Daraufhin riß er ein neues Blatt ab und begann von vorn.

Die auffällige Unstimmigkeit der Größenverhältnisse zwischen dem Schiff und den Gebäuden brachte mir andere, kleinere Disproportionen in seinem Werk in Erinnerung — möglicherweise verwendete er mehrere Perspektiven in seinen Zeichnungen, die nicht immer ganz zusammenpaßten.[7]

Später besuchten wir das Alexander-Newskij-Kloster und platzten unverhofft in eine russisch-orthodoxe Hochzeit. Der Chor bestand aus einer Schar hagerer, ärmlich gekleideter Menschen, dirigiert von einer blinden Frau mit funkelnden blauen Augen, aber ihre Stimmen waren herrlich, fast überirdisch schön, vor allem der Baß, der, wie Margaret und ich fanden, aussah, als sei er gerade dem Gulag entflohen. Margaret war der Meinung, ihre Stimmen ließen Stephen unberührt, während ich den Eindruck hatte, daß sie ihn sehr bewegten —, was zeigt, wie schwer sich manchmal entscheiden ließ, *was* er fühlte.

Der Höhepunkt unseres Aufenthalts in Sankt Petersburg war ein Besuch in der Eremitage, bei dem Stephen allerdings recht kindisch auf die wunderbaren Gemälde reagierte. «Siehst du, wie es aus Würfeln aufgebaut ist?» sagte Margaret vor einem Bild von Picasso, einer Frau mit geneigtem Kopf, und Stephen fragte nur: «Tut ihr was weh?»

Margaret forderte ihn auf, Matisses «Tanz» besonders sorgfältig zu betrachten, und Stephen blickte das Bild ohne besondere Anzeichen von Interesse eine halbe Minute lang an. Nach London zurückgekehrt, bat sie ihn, es

7 Darauf hat mich, anhand vieler Beispiele, John Williamson aus Brownsville in Texas hingewiesen, ein sehr scharfsinniger Briefpartner, der beabsichtigt, eine längere Arbeit darüber zu schreiben.

zu zeichnen, was er auch tat – ohne zu zögern und sehr gekonnt. Erst später bemerkten wir eine eigenartige Verschmelzung (was wir abermals einem Hinweis von Mr. Williamson verdanken): Stephen hatte die Formen der Tänzer von dem Gemälde in der Eremitage verwendet, ihnen aber die Farben einer anderen Version des Bildes gegeben (das im Museum of Modern Art in New York hängt). Wie sich herausstellte, hatte ihm seine Schwester Annette Jahre zuvor ein Poster des New Yorker «Tanzes» geschenkt, und nun stattete er das «russische» Bild mit den «amerikanischen» Farben aus. Man könnte sich natürlich fragen, ob ihm hier sein Gedächtnis einen Streich gespielt hat. Doch ich vermute, Stephen hat einfach in einer necki-schen Anwandlung *beschlossen*, dem Bild in der Eremitage die Farben der Museum-of-Modern-Art-Version zu geben, so wie er beschlossen hatte, das Historische Museum mit Zwiebeltürmen zu versehen (oder auch mein Haus mit einem Schornstein und auf einer anderen Zeichnung den Prometheus vom Rockefeller Center mit einem Penis).

Erschöpft von diesem Tag der Besichtigung und Motiv-suche verließen wir die Eremitage und fuhren zum Tee ins Hotel zurück. Margaret, die sah, daß Stephen etwas Ablen-kung brauchte, sagte zu ihm: «*Du* bist jetzt der Lehrer... und du, Oliver, der Schüler.»

In Stephens Augen leuchtete es auf. «Was ist zwei weni-ger eins?» fragte er.

«Eins», sagte ich wie aus der Pistole geschossen.

«Gut! Und zwanzig minus zehn?»

Ich tat so, als müßte ich ein bißchen nachdenken, dann sagte ich: «Zehn.»

«Sehr schön», sagte Stephen. «Und nun sechzig minus zehn?»

Ich dachte angestrengt nach und verzog das Gesicht: «Vierzig?»

«Nein», sagte Stephen. «Falsch. Denk nach!»

Ich nahm die Finger zur Hilfe, je einen für jeden Multiplikanden von zehn. «Ich hab's – fünfzig.»

«Richtig», sagte Stephen mit anerkennendem Lächeln. «Sehr gut. Und nun vierzig minus zwanzig.»

Das war wirklich schwierig. Eine ganze Minute dachte ich darüber nach. «Zehn?»

«Nein», sagte Stephen. «Du mußt dich konzentrieren! Aber du hast es bisher prima gemacht», fügte er freundlich hinzu.

Die Szene war die verblüffende Nachahmung einer Rechenstunde, wie man sie etwa einem retardierten Kind geben würde. Stephens Stimme, seine Gesten waren eine perfekte Imitation eines wohlmeinenden, aber herablassenden Lehrers und speziell (wie ich mit einigem Unbehagen dachte) meines Verhaltens, als ich ihn in London testete. Er hatte es nicht vergessen. Das lehrte mich, uns alle, ihn nicht zu unterschätzen. Stephen fand großen Gefallen an solchen Rollenumkehrungen, das hatte auch die Karikatur gezeigt, auf der er mir Luft zufächelt.

In mancher Hinsicht war die Rußlandreise erfreulich, ermutigend, in anderer traurig, enttäuschend, ernüchternd. Ich hatte gehofft, das Geheimnis von Stephens Autismus zu ergründen, den Menschen dahinter zu erblicken, das geistige Wesen; doch davon hatten sich nur schwache Andeutungen gezeigt. Etwas sentimental vielleicht hatte ich gehofft, daß er mir mit etwas tieferen Gefühlen begegnen würde; beim ersten «Hallo, Oliver» hatte mein Herz einen Sprung gemacht, aber es hatte keine Fortsetzung gegeben. Ich wünschte, daß Stephen mich mochte oder mich zumindest als individuelle Person wahrnahm, doch in seiner Haltung lag etwas, das zwar nicht unfreundlich war, aber keine Unterschiede machte, etwas, das sogar in seiner indifferenten, automatischen Artigkeit und guten Laune

zugegen war. Ich hatte mir ein bißchen Austausch gewünscht, und statt dessen bekam ich eine leise Ahnung davon, wie sich Eltern autistischer Kinder fühlen müssen,
wenn sie sich einem Kind gegenüber sehen, das praktisch
keine Reaktionen zeigt. Irgendwie hatte ich trotz allem
einen relativ normalen Menschen erwartet, mit bestimmten Begabungen und bestimmten Problemen – nun hatte
ich den Eindruck von einer ganz anderen, fast fremden
Denk- und Wesensart, die sich auf ganz eigene, von meinen Normen völlig unabhängige Weise entfaltete.

Und doch gab es Zeiten – das Eiaufschlagen, das gemeinsame Schüler-Lehrer-Spiel –, in denen ich das Gefühl
hatte, daß etwas zwischen uns vorging, so daß ich immer
noch auf eine Art Beziehung zu ihm hoffte und es nie ver-
säumte, ihn zu besuchen, wenn ich nach London kam, was
gewöhnlich ein paarmal im Jahr vorkommt. Ein-, zweimal
gelang es mir, ihn zu einem Spaziergang zu bewegen. Immer noch hoffte ich, daß er aus sich herausgehen, mir
etwas von seinem spontanen, «wirklichen» Selbst zeigen
würde. Doch obwohl er mich stets mit seinem fröhlichen
«Hallo, Oliver» begrüßte, blieb er so höflich, ernsthaft und
distanziert wie je.

Allerdings gab es eine Leidenschaft, die wir teilten – unsere Begeisterung für das Erkennen von Automarken. Stephen hatte eine besondere Vorliebe für die großen Kabrios
der fünfziger und sechziger Jahre, während ich in die
Sportwagen meiner Jugend vernarrt bin – Bristols, Frazer-
Nashes, die alten Jaguars, Aston Martins. Gemeinsam
konnten wir die meisten Autos auf der Straße benennen,
und ich glaube, Stephen begann in mir einen Verbündeten
oder Kameraden in diesem Spiel zu sehen – doch das war
die größte Nähe, die sich je zwischen uns einstellte.

Im Februar 1991 erschien *Floating Cities* und kletterte
rasch an die Spitze der britischen Bestsellerliste. Als man
Stephen davon berichtete, sagte er: «Sehr nett!» Offenbar

war er unbeeindruckt oder verständnislos, und dabei blieb es. Inzwischen besuchte er eine Berufsfachschule, machte eine Ausbildung als Koch, benutzte die öffentlichen Verkehrsmittel und begann einige der Fertigkeiten zu erwerben, die man für ein unabhängiges Leben braucht. Doch die Sonntage blieben dem Zeichnen vorbehalten, so daß sein Werk, als Auftragsarbeit oder aus eigenem Impuls geschaffen, mit jedem Wochenende anwuchs.

Die Frage nach Stephens künstlerischen Talenten erinnerte mich oft an Martin, einen retardierten musikalischen und mnestischen Savant, mit dem ich mich in den achtziger Jahren beschäftigt hatte. Martin liebte Opern – sein Vater war ein berühmter Opernsänger gewesen –, und er hatte die Fähigkeit, sie sich bei einmaligem Hören vom Anfang bis zum Ende einzuprägen. («Ich kenne mehr als zweitausend Opern», hat er mir einmal erzählt.) Doch seine größte Leidenschaft galt Bach, und es erschien mir seltsam, daß dieser einfache Mensch von einer solchen Passion erfüllt war. Bach erschien mir so intellektuell, und Martin war retardiert. Was ich nicht bemerkt hatte – bis ich ihm Kassetten der Kantaten, der «Goldberg-Variationen» und des «Magnificat» mitbrachte –, war der Umstand, daß Martin, ungeachtet seiner allgemeinen geistigen Einschränkungen, über eine musikalische Intelligenz verfügte, die es ihm erlaubte, den ganzen Reichtum und die Vielschichtigkeit der Bachschen Kompositionen zu würdigen, alle Feinheiten des Kontrapunktes und der Fuge zu erfassen; er hatte die musikalische Intelligenz eines Berufsmusikers.

Ich hatte die kognitive Struktur von Savant-Begabungen zuvor nie richtig begriffen. Im großen und ganzen hatte ich sie für wenig mehr als den Ausdruck eines mechanischen

Gedächtnisses gehalten. In der Tat hatte Martin ein phänomenales Gedächtnis, aber es war auch klar, daß dieses Gedächtnis in bezug auf Bach struktural oder kategorial war (und eine spezifische Architektonik hatte) – er *verstand*, wie sich die Musik zusammenfügte, wie eine Variation eine andere invertierte, wie verschiedene Stimmen ein Thema aufnahmen und sich zu einem Kanon oder einer Fuge verbinden konnten, und er war selbst in der Lage, einfache Fugen zu komponieren. Zumindest ein paar Takte im voraus wußte er, wie sich ein Thema entwickeln würde. Zwar konnte er dies alles nicht formulieren, es war kein explizites oder bewußtes Wissen, aber er besaß ein immenses *implizites* Verständnis für die musikalische Form.

Nachdem ich diese Eigenschaften bei Martin erkannt hatte, konnte ich Ähnlichkeiten bei den künstlerisch, kalendarisch und rechnerisch begabten Savants entdecken, mit denen ich mich befaßt hatte. Sie alle waren zweifellos intelligent, aber es handelte sich um eine Intelligenz besonderer Art, die auf begrenzte kognitive Bereiche beschränkt war. So liefern Savants den stärksten Hinweis darauf, daß es viele verschiedene Formen der Intelligenz geben kann, die alle potentiell unabhängig voneinander sind. In seinem Buch *Abschied vom IQ* schreibt der Psychologe Howard Gardner:

> Bei Idiots savants... stellen wir die Erhaltung einer bestimmten Fähigkeit bei sonst mittelmäßigen oder stark unterdurchschnittlichen Leistungen in anderen Bereichen fest... Auch solche Individuen erlauben es uns, die menschliche Intelligenz in relativer, oft weitgehender Isolation zu beobachten.

Gardner postuliert eine Vielfalt separater und unterscheidbarer Intelligenzen – visuelle, musikalische, lexikalische etc. –, alle autonom und unabhängig, mit je eigenen Fähig keiten, in jedem kognitiven Bereich Regelmäßigkeiten und Strukturen zu erkennen, mit eigenen «Regeln» und wahrscheinlich auch eigenen neuralen Substraten.[8]

Anfang der achtziger Jahre wurde dieses Konzept von Beate Hermelin und ihren Kollegen überprüft, indem sie die Ausprägungen vieler verschiedener Formen von Savant-Begabungen untersuchten. Wie sie feststellten, sind visuelle Savants weit besser als Normalsichtige in der Lage, die wesentlichen Züge eines Bildes zu erfassen und sie zu zeichnen, und sie haben ein Gedächtnis, das weder fotografisch noch eidetisch ist, sondern eher kategorial und analytisch, fähig, «signifikante Merkmale» auszuwählen und zu integrieren, mit deren Hilfe sie eigene Vorstellungsbilder entwickeln können.

Wie sich ferner zeigte, ließen sich mit Hilfe einer «Strukturformel», sobald sie entdeckt war, Modifikationen und Variationen erzeugen. Zusammen mit Treffert arbeiteten Hermelin und ihre Mitarbeiter auch mit dem blinden, retardierten und musikalisch außerordentlich begabten Wunderkind Leslie Lemke, der, wie der Blinde Tom ein Jahrhundert zuvor, berühmt ist, weil er über ein phänomenales Improvisationstalent und musikalisches Gedächtnis verfügt. Nach einmaligem Hören hat Lemke den Stil eines jeden Komponisten, von Bach bis Bartók, erfaßt und kann

8 Bei einem seltenen angeborenen Leiden, dem Williams-Syndrom, tritt eine erstaunliche verbale (und soziale) Frühreife in Verbindung mit geistigen (und visuellen) Beeinträchtigungen auf – eine extreme Streuung zwischen verschiedenen Intelligenzen. Diese Kombination von sprachlicher Begabung und geistiger Behinderung ist besonders verblüffend: Kinder mit dem Williams-Syndrom erscheinen häufig außerordentlich selbstbeherrscht, eloquent und witzig, so daß sich dem Beobachter ihre geistige Behinderung erst allmählich erschließt. Die exakten neuroanatomischen Korrelate dieses Syndroms werden gegenwärtig von Ursula Bellugi und anderen untersucht.

danach jedes Stück in diesem Stil mühelos spielen oder improvisieren.

Diese Untersuchungen schienen zu bestätigen, daß es in der Tat eine Reihe separater, autonomer kognitiver Fähigkeiten oder Intelligenzen gibt, jede mit ihren eigenen Algorithmen und Regeln, genau so wie Gardner es postuliert hatte. Vorher hatte eine gewisse Neigung bestanden, Savant-Fähigkeiten als außergewöhnlich, als abnorm zu betrachten. Jetzt schien man sie wieder in den Bereich der «Normalität» zurückzuholen; von gewöhnlichen Fähigkeiten unterschieden sie sich diesen neuen Erkenntnissen zufolge nur durch ihre Isoliertheit und Intensität.

Aber gleichen Savant-Begabungen tatsächlich den normalen Talenten? Niemand kann mit einem Stephen, einer Nadia, einem Martin, mit irgendeinem Savant in Kontakt treten, ohne zu spüren, daß in ihnen etwas von Grund auf anderes seine Wirkung entfaltet. Dabei sprengen Savant-Leistungen nicht nur statistisch gesehen jeden Maßstab oder treten unglaublich früh auf (Martin konnte schon Teile aus Opern singen, bevor er zwei war) –, sondern sie scheinen auch von allen bekannten Entwicklungsmustern radikal abzuweichen. Besonders deutlich zeigte sich dies bei Nadia, die offenbar die üblichen Kritzel-, Schablonen- und Kaulquappenstadien übersprang und ganz anders als jedes normale Kind zeichnete. Genauso verhielt es sich mit Stephen, der mit sieben, wie wir von Chris wissen, «die unkindlichsten Zeichnungen» anfertigte, die er je gesehen hatte.

Die andere Seite der Frühvollendung, der Unkindlichkeit von Savant-Talenten zeigt sich darin, daß sie sich nicht, wie normale Begabungen, zu entwickeln scheinen. Von Anfang an sind sie vollständig entfaltet. Mit sieben war Stephen zweifellos hinsichtlich seiner Kunst ein Wunderkind, doch hatte sich seine Begabung, als er neunzehn war, trotz leiser Anzeichen einer sozialen und persönlichen Entwicklung kaum weiter ausgeprägt. In gewisser Weise ähneln Savant-

Talente Apparaten, Ready-mades, gebrauchsfertig und betriebsbereit. Und genauso beschreibt Gardner sie auch: «Nehmen wir an, der menschliche Geist bestünde aus einer Reihe von genau abgestimmten Rechnern ... und wir würden uns in der ‹Einsatzfähigkeit› dieser Rechner erheblich voneinander unterscheiden.»

Zudem sind Savant-Begabungen autonomer, ja automatischer als normale. Sie scheinen das Denken oder die Aufmerksamkeit nicht völlig in Anspruch zu nehmen – Stephen blickt umher, hört Walkman, singt oder unterhält sich sogar, während er zeichnet. Jedediah Buxtons gewaltige Rechnungen entfalteten sich mit ihrem eigenen, immer gleichen, konstanten Tempo, während er seinem Alltagsleben nachging. Im Gegensatz zu normalen Talenten scheinen Savant-Begabungen nicht mit dem Rest der Person verbunden zu sein. All das läßt auf einen neuralen Mechanismus schließen, der sich von dem normaler Begabungen erheblich unterscheidet.

Möglicherweise haben Savants ein hochspezialisiertes, ungeheuer entwickeltes System im Gehirn, ein «Neuromodul», das zu bestimmten Zeiten «eingeschaltet» wird – wenn der richtige Reiz (musikalischer, visueller oder welcher Art auch immer) zum richtigen Zeitpunkt auf das System einwirkt, das dann sofort mit voller Kraft zu arbeiten beginnt. Als die von mir beschriebenen Savant-Zwillinge John und Michael mit sechs Jahren einen Almanach sahen, wurden ihre außergewöhnlichen kalendarischen Fertigkeiten aktiviert – sie waren fortan in der Lage, weitreichende strukturelle Regelmäßigkeiten im Kalender wahrzunehmen, vielleicht auch ihnen selbst nicht bewußte Regeln und Algorithmen abzuleiten, zu erkennen, wie sich das Zusammentreffen von Daten und Tagen vorhersagen läßt – Leistungen, die anderen Menschen, wenn überhaupt, nur gelingen, wenn sie über bewußt ausgearbeitete Formeln und viel Zeit und Übung verfügen.

Gelegentlich läßt sich auch die Umkehrung dieser plötzlichen Zündung oder Aktivierung beobachten, wenn nämlich die Inselbegabungen bei retardierten oder autistischen
Savants oder auch bei normal entwickelten Menschen mit
Savant-Fähigkeiten plötzlich verschwinden. So besaß etwa
Vladimir Nabokov neben vielen anderen Talenten eine ungewöhnliche mathematische Begabung, die ihm, wie er
schreibt, nach hohem Fieber mit Delirium im Alter von sieben Jahren « völlig abhanden kam». Nabokov glaubte, sein
Rechentalent, das auf so rätselhafte Weise kam und ging,
habe wenig mit «ihm» zu tun gehabt und offenbar eigenen
Gesetzen gehorcht – es sei von anderer Art gewesen als
seine übrigen Fähigkeiten.

Ganz anders verhält es sich mit normalen Begabungen;
sie entwickeln sich, bleiben, verstärken sich, nehmen
einen persönlichen Stil an, während sie sich mit anderen
Eigenschaften verbinden, und verankern sich immer fester
in Bewußtsein und Persönlichkeit. Ihnen fehlt der eigen-
tümlich isolierte, unbeeinflußbare, automatische Charakter von Savant-Begabungen.[9]

9 Savant- und Normalbegabungen können auch gleichzeitig auftreten, manchmal in verschiedenen Bereichen (wie bei Nabokov),
manchmal auch auf verwirrende Weise im selben Bereich. Sehr stark
hatte ich diesen Eindruck bei einem außerordentlich begabten jungen Mann, Eric W., den ich seit seiner frühesten Kindheit kannte. Mit
zwei konnte er fließend lesen – wobei es sich nicht einfach um einen
Fall von Hyperlexie handelte, denn der Junge erfaßte durchaus den
Sinn des Gelesenen. Im gleichen Alter konnte er jede Melodie wiederholen, die er hörte, sie beim Singen harmonisieren und Fuge und
Kontrapunkt begreifen. Mit drei gelangen ihm bemerkenswerte perspektivische Zeichnungen. Mit zehn schrieb er sein erstes Streich-
quartett. Im frühen Jugendalter zeigte sich eine große naturwissenschaftliche Befähigung, und heute, mit Anfang zwanzig, betreibt er
Grundlagenforschung in der Chemie. (Ich hatte nie den Eindruck,
daß Eric W. autistisch sei – er war ein sehr spontanes und munteres
Kind und verfügt heute als junger Erwachsener über das ganze Spek-

Doch der Geist ist nicht nur eine Ansammlung von Begabungen. Man kann ihn nicht als rein zusammengesetzte oder modulare Größe betrachten, wie es heute viele Neurologen und Psychologen tun. Dies beraubt ihn jener allgemeinen Eigenschaft – mag man sie Reichweite oder Bandbreite oder Horizont nennen –, die bei normalen Menschen stets sofort zu erkennen ist. Es handelt sich um eine Fähigkeit, die sich keiner Sinnesmodalität zuordnen läßt und durch jedes besondere Talent hindurchschimmert. Das meinen wir, wenn wir sagen, jemand sei ein «kluger Kopf». Ein modulares Verständnis des Geistes hebt außerdem, was nicht weniger gravierend ist, den persönlichen Mittelpunkt, das Selbst, das «Ich» auf. Normalerweise gibt es eine bindende und vereinheitlichende Kraft (Coleridge nennt sie «esemplastisch»), die all die verschiedenen geistigen Fähigkeiten integriert und sie auch mit unseren Erfahrungen und Gefühlen verbindet, so daß sie eine besondere, persönliche Prägung gewinnen. Dank dieser globalen oder integrierenden Kraft sind wir in der Lage, zu verallgemeinern und zu reflektieren, Subjektivität und ein sich seiner selbst bewußtes Ich zu entwickeln.

Besonders interessiert an einer solchen globalen Fähigkeit war Kurt Goldstein, der sie als die «abstrakt-kategoriale Fähigkeit» oder «abstrakte Einstellung» des Organismus bezeichnete. Zum Teil ging es in Goldsteins Arbeit um die Auswirkungen von Hirnschädigungen, und er stellte fest, daß sich immer dann, wenn massive Läsionen oder Schäden der Stirnlappen vorlagen, neben den Beeinträchtigungen spezifischer Fähigkeiten auch eine Störung des

trum tieferer Gefühle.) Hätte er nur Savant-Begabungen gehabt, so wären sie nicht entwicklungs- oder integrationsfähig gewesen. Hätte er nur normale Talente (zumindest auf grafischem Gebiet) gehabt, wären sie nicht so savantartig aufgetreten. Ihm ist das einzigartige Glück zuteil geworden, mit Talenten beider Art ausgestattet zu sein.

abstrakt-kategorialen Vermögens einstellte – oft genauso schwerwiegend wie die spezifischen Beeinträchtigungen, wenn nicht gar mit gravierenderen Folgen. Ferner untersuchte Goldstein verschiedene Entwicklungsprobleme und veröffentlichte (zusammen mit seinen Kollegen Martin Scheerer und Eva Rothmann) die profundeste Studie über einen Idiot savant, die je verfaßt worden ist. Gegenstand ihrer Untersuchung war L., eine schwer autistischer Junge mit bemerkenswerten musikalischen, mathematischen und mnestischen Talenten. In der Arbeit «A Case of ‹Idiot Savant›: An Experimental Study of Personality Organization» kommen sie auf die Grenzen einer Theorie zu sprechen, die den Geist als ein aus vielen Faktoren zusammengesetztes Ganzes beschreibt:

> [Wenn] es ... nur eine Konfiguration individueller Fähigkeiten gibt, die weitgehend unabhängig voneinander sind ... dann hätte L. theoretisch ein erfolgreicher Musiker und Mathematiker werden müssen ... Da jedoch die Fakten dieses Falls ein ganz anderes Bild ergeben, müssen wir erklären, [warum dies] ... trotz seiner «Interessen» und seiner «Ausbildung» [nicht der Fall war].

Er entwickelte sich nicht zu einem erfolgreichen Musiker und Mathematiker, so lautet ihr Schluß, weil ihm bei all seinen eindrucksvollen und durchaus realen Begabungen etwas anderes, etwas Globales gänzlich fehlte:

> L. leidet unter einer Beeinträchtigung seiner abstrakten Einstellung, die sein Verhalten durchgehend bestimmt. Dies zeigt sich im sprachlichen Bereich an seiner «Unfähigkeit», die Sprache in ihrer symbolischen oder begrifflichen Bedeutung zu verstehen oder zu verwenden, die Eigenschaften von Objekten auf abstrakte Weise zu erfassen oder zu formulieren ... angesichts realer Ge-

schehnisse die Frage nach dem «Warum» zu stellen, mit fiktiven Situationen umzugehen, die ihnen zugrunde liegende Logik zu erfassen … Und dieselbe Beeinträchtigung bedingt seinen Mangel an sozialem Verständnis und sein fehlendes Interesse an Menschen, die unzulängliche Ausbildung seiner Wertvorstellungen, seine Unfähigkeit, irgend etwas von der soziokulturellen und zwischenmenschlichen Matrix um ihn her zu registrieren oder aufzunehmen … Die gleiche Störung im abstrakten Bereich zeigt sich auch in seiner [Savant-]Leistung … [die] er nicht aus ihrem konkreten Kontext lösen kann, um sie zu reflektieren und zu verbalisieren … Infolge der Beeinträchtigung seiner abstrakten Einstellung kann L. seine Anlage nicht aktiv und kreativ entwickeln … [Sie bleibt] *abnorm* konkret, spezifisch und steril; sie läßt sich nicht mit einer allgemeineren Bedeutung des Gegenstandes oder mit sozialer Einsicht verbinden … So ähnelt [sie] eher der Karikatur einer normalen Begabung.

Wenn Goldsteins Überlegungen zu Idiots savants und Autismus im großen und ganzen stimmen und wenn es Stephen tatsächlich gänzlich oder weitgehend an einer abstrakten Einstellung mangelt – wieviel Identität oder Selbst kann er dann erwerben? Welches Maß an reflektierendem Bewußtsein ist für ihn erreichbar? In welchem Umfang kann er durch persönliche oder kulturelle Kontakte lernen oder beeinflußt werden? In welchem Ausmaß kann er solche Kontakte knüpfen? Wieweit kann er echte Sensibilität oder einen persönlichen Stil entwickeln? In welchem Maße ist eine persönliche (im Gegensatz zu einer auf Techniken bezogenen) Entwicklung für ihn möglich? Und welche Auswirkungen hätte all das auf seine Kunst? Diese und viele andere Fragen, die einem in den Sinn kommen, wenn man sich mit diesem Paradoxon konfrontiert – ein Riesentalent, gebunden an eine relativ rudimentäre Geisteskraft und Identität –, stellen sich im Licht der Goldsteinschen Überlegungen in noch schärferer Form.

Im Oktober 1991 traf ich Stephen in San Francisco. Ich war erstaunt, wie sehr er sich seit unserer letzten Begegnung verändert hatte – er war jetzt siebzehn, war in die Höhe geschossen, sah attraktiv aus und hatte eine tiefere Stimme. Daß er in San Francisco war, fand er aufregend, und immer wieder beschrieb er die Erdbebenszenen, die er 1989 im Fernsehen gesehen hatte, in kurzen, haikuartigen Wendungen: «Brücken stürzen ein. Autos werden zerdrückt. Gas explodiert. Hydranten sprudeln. Risse öffnen sich. Menschen fliegen durch die Luft.»

Am ersten Tag kletterten wir auf die Spitze von Pacific Heights. Stephen begann die Broderick Street zu zeichnen, die sich den Hügel hinaufschlängelt. Während er zeichnete, blickte er zerstreut umher, war aber meistens in die Musik seines Walkman versunken. Zuvor hatten wir ihn gefragt, warum die Broderick Street in Serpentinen ansteigt, statt geradewegs nach oben zu führen. Daß es an der steilen Steigung lag, fiel ihm nicht ein, und als Margaret «steil» sagte, wiederholte er das Wort echolalisch. Immer noch wirkte er deutlich retardiert, kognitiv beeinträchtigt.

Bei unserem Spaziergang stießen wir plötzlich auf einen Punkt, der einen herrlichen Ausblick auf die Bucht bot, von Schiffen übersät, mit Alcatraz in ihrer Mitte wie einem Edelstein. Doch einen Moment lang «sah» ich das nicht, sah keine Szenerie, sondern nur ein kompliziertes Muster aus vielen Farben, ein hochabstraktes, nichtkategorisiertes Bündel aus Sinnesdaten. War das die Art, wie Stephen es erblickte?

Stephens Lieblingsgebäude in San Francisco war die Transamerica Pyramid. Als ich ihn fragte, warum sie ihm am besten gefalle, sagte er: «Ihre Form», und dann, mit unsicherer Miene: «Es ist ein Dreieck, ein gleichschenkliges Dreieck... Das mag ich!» Ich war verblüfft, daß Stephen trotz seiner häufig primitiven Sprache ein so kompliziertes Wort wie «gleichschenklig» (englisch *isosceles*) verwendete – wenn es auch typisch für Autisten ist, daß sie sich, manchmal schon in früher Kindheit, geometrische Begriffe und Ausdrücke weit eher aneignen als persönliche oder soziale.[10]

Explizit weiß er sehr wenig vom Autismus – dies zeigte sich etwa bei einem höchst unwahrscheinlichen Vorfall in der Polk Street. Durch einen Zufall, wie er einmal unter einer Million Fällen vorkommt, standen wir hinter einem Auto, dessen Buchstaben das Wort «Autism» bildeten. Ich zeigte es Stephen. «Was heißt das?» fragte ich. Mühsam buchstabierte er: «A-U-T-I-S-M-2.»

«Ja», sagte ich, «und was heißt das?»

---

10 Dazu schreibt Freeman Dyson, der Jessy Park seit ihrer Kindheit kennt:

> Ich hatte immer den Eindruck, daß sie für mich die größtmögliche Annäherung an eine nichtmenschliche Intelligenz darstellt. Autistische Kinder sind so seltsam und so verschieden von uns – und doch ist eine Verständigung möglich; es gibt viele Dinge, über die man mit ihr sprechen kann ... [aber] sie hat keinen Begriff von ihrer Identität, sie versteht den Unterschied von «du» und «ich» nicht – Pronomen verwendete sie fast unterschiedslos. Und deshalb unterscheidet sich ihr Universum grundsätzlich von dem meinen. Konkrete soziale Beziehungen sind für sie sehr, sehr schwer zu verstehen. Mit allen abstrakten Dingen hat sie dagegen keine Schwierigkeiten. Deshalb ist die Mathematik natürlich kein Problem für sie. Über Mathematik können wir uns mühelos unterhalten ... Ich glaube, wenn wir die neurologische Grundlage der Persönlichkeit finden wollen, dann kommen wir diesem Problem mit dem Autismus so nahe, wie es nur möglich ist, denn die Intelligenz dieser Menschen ist intakt, und doch fehlt irgend etwas in ihrem Zentrum.

«U... U... Utismus», stotterte er.

«Fast, nicht ganz. Nicht Utismus, sondern Autismus. Was ist Autismus?»

«Das, was auf dem Nummernschild steht», sagte er. Und weiter kam ich nicht.

Natürlich erkennt er, daß er anders, nicht wie die meisten Menschen ist. Für den Film *Rain Man* hat er eine regelrechte Leidenschaft, und vermutlich identifiziert er sich mit der von Dustin Hoffman dargestellten Figur, dem wahrscheinlich einzigen autistischen Protagonisten, der jemals für die breite Öffentlichkeit porträtiert worden ist. Stephen hat den ganzen Soundtrack des Films auf Band und spielt ihn ständig in seinem Walkman ab. Außerdem kann er große Teile des Dialogs auswendig rezitieren und dabei jede Rolle in der Intonation des Originals wiedergeben. (Daß ihn der Film übermäßig beschäftigte und er die Kassette pausenlos abspielte, lenkte ihn nicht im geringsten von seiner künstlerischen Betätigung ab, machte ihn aber für Unterhaltungen und soziale Kontakte weit weniger zugänglich.)

Zu Stephens *Rain-Man*-Obsession gehört auch sein leidenschaftlicher Wunsch, nach Las Vegas zu fahren, wo er, wie Rain Man, ein Kasino besuchen wollte. Also verbrachten wir dort eine Nacht und fuhren dann in einem 1991er Lincoln Continental durch die Wüste nach Arizona. «Er hätte am liebsten einen 72er Chevrolet Impala genommen», berichtete mir Margaret, aber der sei zu Stephens Enttäuschung nicht erhältlich gewesen.

Wir hielten auf einem Parkplatz in der Nähe des Grand Canyon, von dem aus wir einen weiten Teil des Canyon überblicken konnten, aber Stephens Aufmerksamkeit wurde sogleich von den anderen Wagen auf dem Parkplatz in Anspruch genommen. Als ich ihn fragte, was er von dem

Canyon halte, sagte er: «Er ist sehr, *sehr* nett, ein sehr nettes Motiv.»

«Woran erinnert er dich?»

«An Gebäude, Architektur», antwortete Stephen.

Wir fanden eine Stelle, von der aus er den Nordrand des Canyon zeichnen konnte. Er fing auch unverzüglich mit der Arbeit an, nicht so flüssig und sicher vielleicht, wie er ein Gebäude gezeichnet hätte, aber es gelang ihm doch, die Architektur der Felsen herauszuarbeiten. «Du bist ein Genie, Stephen», meinte Margaret.

Stephen nickte lächelnd: «Ja, ja.»

Da wir Stephens Vorliebe für die Vogelperspektive kannten, beschlossen wir, den Grand Canyon mit einem Hubschrauber zu überfliegen. Aufgeregt reckte Stephen den Kopf in alle Richtungen, als wir durch den Canyon flogen, über den Nordrand glitten und dann immer höher stiegen, um die ganze Landschaft aus der Höhe zu betrachten. Pausenlos berichtete unser Pilot von der Geologie und Geschichte des Canyon, doch Stephen hörte ihm nicht zu. Er sah, glaube ich, nur Formen – Linien, Ränder, Schatten, Abstufungen, Farben, Perspektiven. Und da ich neben ihm saß, folgte ich seinem Blick und versuchte, das Ganze mit seinen Augen zu sehen, warf mein theoretisches Wissen über die Gesteinsformationen dort unten über Bord und nahm sie nur noch als rein visuelle Formen wahr. Stephen hatte keinerlei wissenschaftliche Kenntnisse oder Interessen und konnte, wie ich vermute, keines der geologischen Erklärungsmodelle begreifen, und doch war sein Wahrnehmungsvermögen, seine visuelle Einfühlung so ausgeprägt, daß er die geologischen Besonderheiten des Canyon ergründen und später mit einer Präzision und Selektivität zeichnen konnte, die durch kein Foto zu erzielen war. Er fing die Eigenart, das Wesen des Canyon ein, so wie er das Wesen des Matisse-Bildes erfaßt hatte.

Wieder durchquerten wir die Wüste, und als wir zum

Flagstaff hinauffuhren, wurden die Kandelaber-Kakteen seltener – dem letzten, trotzig und einsam, waren wir auf achthundertvierzig Meter Höhe begegnet. Die öde Bradshaw Range, wo man in den achtziger Jahren Silber und Gold gefunden hatte, erhob sich zu unserer Linken. Dann kamen wir auf eine flache Ebene, die mit Feigenkakteen bedeckt war und auf der wir gelegentlich frei umherstreifende Rinder erblickten. Auf diesen Ebenen kann man auch Pferde und Esel sehen, manchmal sogar Gabelantilopen. Am Horizont schwebten wie riesige Schiffe die San Francisco Peaks.

«Sehr hübsche Landschaft, um Autos hineinzusetzen», meinte Stephen. (Zuvor hatte er einen großen, grünen Buick vor dem Hintergrund von Monument Valley gezeichnet.) Ich war amüsiert – und außer mir: Angesichts der erhabensten, grandiosesten Landschaft, die unser Planet zu bieten hat, fiel Stephen nichts weiter ein, als daß Autos gut in sie hineinpassen würden!

Während ich mir Notizen machte, zeichnete Stephen Kakteen; er hatte sie zu einem Emblem des Westens erkoren, wie Gondeln für ihn zum Sinnbild Venedigs und die Wolkenkratzer zum Symbol New Yorks geworden waren. Vor uns wieselte ein Tier, wahrscheinlich ein Kaninchen, über die Straße. Irgendein Impuls überkam mich, und ich rief: «Coypu» (Sumpfbiber). Stephen war fasziniert von diesem Wort, seiner akustischen Gestalt, und wiederholte es mit offensichtlichem Vergnügen mehrere Male.

Die Arizonareise zeigte uns, daß Stephen Wüsten, Canyons, Kakteen, Landschaftsmotive mit ebenso traumwandlerischer Sicherheit wiederzugeben vermochte wie Gebäude und Städte. Am verblüffendsten war wohl ein Nachmittag im Canyon de Chelly, in den Stephen mit einem Navajo-Maler hinabstieg, der ihm einen ganz besonderen, heiligen Aussichtspunkt zeigte, von dem aus sie zeichneten, während der Indianer Stephen mit Mythen und Geschichten seines Volkes traktierte, das vor Jahrhunderten in diesem Canyon gelebt hatte. Stephen, den das alles nicht interessierte, machte sich auf seine nonchalante Art ans Werk – blickte umher, summte und murmelte vor sich hin –, während der Navajo-Maler dasaß, sich kaum bewegte, ganz auf das Zeichnen konzentriert war. Doch trotz ihrer unterschiedlichen Haltungen war Stephens Zeichnung deutlich besser und fing (selbst in den Augen des Navajo-Malers) das eigenartige Geheimnis und die Heiligkeit des Ortes ein. Dabei scheint Stephen überhaupt keine spirituellen Empfindungen zu kennen, und doch hatte er mit unfehlbarem Blick und sicherer Hand den konkreten Ausdruck dessen erfaßt, was wir als «heilig» bezeichnen.

War Stephen auf irgendeine Weise doch zu einem geistlichen Empfinden fähig, das er in seine Zeichnung projiziert hatte, oder projizieren wir, die wir seine Zeichnung betrachten, es selbst hinein? Wie bei den Hochzeitsgesängen im Petersburger Kloster waren Margaret und ich unterschiedlicher Meinung in der Einschätzung dessen, was Stephen tatsächlich empfand – nur daß hier, im Canyon de Chelly, unsere Rollen vertauscht waren: Margaret glaubte, Stephen sei von der Heiligkeit des Ortes beeindruckt, während ich skeptisch blieb. Diese tiefe Verunsicherung hinsichtlich Stephens Gedanken und Gefühlen stellt sich bei jedem, der ihn kennt, unweigerlich ein.

Ich habe mich manchmal gefragt, ob «Gefühl» oder «Gefühlsreaktion» bei Stephen einen völlig anderen Charakter haben könnte: nicht weniger intensiv, aber irgendwie lokalisierter als bei anderen Menschen – objektgebunden, motivgebunden, ereignisgebunden, ohne je über sich hinauszureichen, ohne mit etwas Allgemeinerem zu verschmelzen, ein Teil von ihm selbst zu werden. Manchmal hatte ich den Eindruck, er erfasse die Stimmung oder die Atmosphäre von Orten, Menschen, Landschaften durch eine Art unmittelbarer Einfühlung oder Mimikry und nicht durch das, was man üblicherweise Sensibilität nennt. Vielleicht reproduzierte oder spiegelte er einfach die Schönheiten der Welt, besaß aber keinerlei «ästhetisches Empfinden». Genauso bildete er möglicherweise einen Resonanzboden für die «heilige» Atmosphäre im Canyon de Chelly oder im Leningrader Kloster, ohne selbst irgendein «religiöses» Gefühl zu haben.

Als wir wieder in unserem Hotel in Phoenix waren, hörte ich nebenan in Stephens Zimmer Blasinstrumente erklingen. Ich klopfte an und trat ein – Stephen war allein und hatte die Hände trichterförmig vor den Mund gelegt. «Was war das?» fragte ich.

«Eine Klarinette», sagte er, und dann spielte er mir täuschend echt eine Tuba, ein Saxophon, eine Trompete und eine Flöte vor.

Als ich in mein Zimmer zurückkehrte, beschäftigten mich Stephens Veranlagung und Fähigkeit zur Reproduktion, die vielen Ebenen, auf denen sie zum Ausdruck kamen, und wie sie sein Leben beherrschten. Als Kind hatte er zu Echolalie geneigt, hatte die letzten ein, zwei Wörter wiederholt, mit denen er angesprochen worden war, und das geschah noch immer, in der Regel wenn er müde war oder regredierte. Die Echolalie transportiert kein Gefühl, keine Absicht, nicht die geringste persönliche «Färbung» – sie ist rein automatisch und kann sogar während des Schlafes auftreten. Allerdings war Stephens «Coypu» vom Vortag komplexer, denn er hatte Gefallen an dem Laut gefunden, an der besonderen Betonung, die ich ihm gegeben hatte, wiederholte ihn aber auf seine eigene Weise, eine Nachahmung mit Variationen. Auf einem noch höheren Niveau lag seine Reproduktion von *Rain Man*, bei der er ganze Figuren, ihre Interaktionen, Unterhaltungen und

Stimmen wiedergab, die ihn oft zu stärken und anzuregen, aber manchmal auch zu überwältigen, in Besitz zu nehmen und dann wieder freizugeben schienen.

Eine solche «Besessenheit» kann sich auf vielen Ebenen vollziehen und ist manchmal auch bei Patienten mit postenzephalitischen Syndromen oder dem Touretteschen Syndrom zu beobachten. Bei diesen Menschen tritt eine automatische Mimikry auf, der Reflex einer physiologischen Kraft niedriger Ebenen, die einen normalen Verstand und eine normale Persönlichkeit einfach überwältigt. Möglicherweise bestimmt eine solche Kraft auch die automatischeren Aspekte autistischer Mimikry. Doch auf höheren Ebenen gibt es vielleicht auch eine Art Identitätssehnsucht – das Bedürfnis, in andere Personen zu schlüpfen und sie wieder abzustreifen. Deshalb hat Mira Rothenberg autistische Menschen mit Sieben verglichen, die ständig andere Identitäten annehmen, aber nicht in der Lage sind, sie zu bewahren und zu assimilieren. Und doch – nach fünfunddreißig Jahren Erfahrung mit Autisten weist sie auch darauf hin, daß sie noch immer das Gefühl habe, es gebe in ihnen ein wirkliches Selbst, zu dem sie Verbindung aufnehmen könne.

An unserem letzten Morgen in Phoenix betrachtete ich morgens um halb acht auf dem Balkon meines Hotelzimmers den Sonnenaufgang. Da hörte ich ein fröhliches «Hallo, Oliver» – Stephen stand auf dem Nebenbalkon.

«Herrlicher Tag», sagte er, nahm seine gelbe Kamera und fotografierte mich, wie ich ihm von meinem Balkon aus zulächle. Diese Geste wirkte so freundlich und persönlich, daß sie mir als unser Abschied von Arizona im Gedächtnis bleiben wird. Als wir hinausgingen, lief er zu den Kakteen hinüber: «Bye, Kandelaberkaktus! Bye, Barrel! Bye, Feigenkaktus! Bis zum nächstenmal!»

Diese Reise hatte mir das Paradoxon von Stephens Kunst, so unauflösbar es nach wie vor war, noch deutlicher vor Augen geführt. Margaret war immer wieder hingerissen von seinen Arbeiten, nahm ihn in den Arm und sagte: «Stephen! Du schenkst so viel Freude! Du ahnst ja gar nicht, was du bewirkst!» Stephen setzte dann sein naives Lächeln auf und gluckste – aber Margaret hatte recht. Mit seinen Zeichnungen machte er anderen tatsächlich große Freude, und doch war nicht klar, ob sie bei ihm mit irgendwelchen Gefühlen verbunden waren, außer dem Vergnügen, eine Fähigkeit zu üben und zur Geltung zu bringen.

Einmal hielten wir während der Arizonareise an einer Raststätte, wo Stephen zwei Mädchen an einem Tisch beäugte und so fasziniert von ihnen war, daß er ganz vergaß, auf die Toilette zu gehen. In mancherlei Hinsicht ist er, ungeachtet seiner autistischen und savantistischen Züge, ein völlig normaler Jugendlicher. Später ging er zu den Mädchen hinüber, doch sprach er sie so unangemessen und kindlich an, daß sie sich anblickten, kicherten und ihn dann ignorierten.

Wohl etwas verspätet scheint er seine körperliche und seelische Adoleszenz jetzt sehr rasch zu durchlaufen. Plötzlich zeigt Stephen großes Interesse an seinem Äußeren, seiner Kleidung, an Rockmusik und Mädchen. Als er jünger gewesen sei, sagt Margaret, habe er Spiegel nie zur Kenntnis genommen, doch jetzt brauche er sie ständig, um sein Äußeres zu überprüfen und zu korrigieren. Hinsichtlich seiner Kleidung hat er einen sehr entschiedenen Geschmack entwickelt: «Ich mag Western-Jeans, hellblaue, verwaschene Sachen... und schwarze Cowboystiefel.»

«Wie findest du Olivers Schuhe?» fragte Margaret einmal verschmitzt.

«Öde», sagte er, während er sie mit einem abfälligen Blick bedachte.

Bislang sind für Stephen nur sehr begrenzte soziale Beziehungen möglich. Flüchtig lernt er Menschen kennen, weiß aber nicht, wie er mit ihnen sprechen soll, und hat, von seinen Angehörigen oder den Hewsons abgesehen, nur wenige Freunde und wirkliche Bekannte. Zu seiner Schwester Annette hat er eine sehr enge Beziehung, und er ist oft zärtlich zu ihr. Er fühlt sich als Mann im Haus, als Beschützer der Mutter; und er spürt, daß für ihn Margaret als Beschützerin sehr wichtig ist. Doch im wesentlichen bleiben ihm nur seine Zeichnungen und seine immer detaillierteren und immer stärker mit Emotionen aufgeladenen Tagträume.

Die Welt, die Stephen gegenwärtig wirklich fasziniert, ist «Beverly Hills, 90210», eine Fernsehserie, die er über alles liebt. Letztes Jahr fragte ich ihn danach: «Ich liebe Jennie Garth», sagte er. «Sie ist das coolste Mädchen von L.A. Sie hat roten Lippenstift … Sie ist einundzwanzig. Sie kommt aus Illinois. Sie spielt in ‹Beverly Hills, 90210›. Ich habe mich in Jennie Garth verliebt. Das hat, glaube ich, 1991 angefangen. Sie spielt Kelly Taylor. Sie trägt immer Jeans, Cowboyhemden und Bodies.» Doch Stephen ist nicht nur in Jennie Garth, sondern in alle Personen der Serie vernarrt, und er verwebt sie in ausschweifende Phantasien. «Ich sammel ihre Bilder», sagte er. «Ich hab ihnen schon einige Zeichnungen geschickt.» Nun möchte er ein Penthouse in der Park Avenue für sie entwerfen. Dort sollen sie dann alle zusammen leben, und er mit ihnen als ihr «Hausmaler». Er entscheidet, wer sie besucht und wer nicht. Am Abend, wenn sie den ganzen Tag gearbeitet haben, essen sie auswärts oder treffen sich zu einem Picknick im Penthouse. Das alles hat er schon gezeichnet.

Er hat auch Pinups von Phantasiemädchen gezeichnet, was Margaret eines Tages zufällig auf einer Reise entdeckte, als sie in sein Hotelzimmer ging und eine solche Zeichnung an seinem Bett fand. Seine anderen Zeichnungen – selbst die großartigsten, an denen er tagelang gesessen hat – sind ihm so gut wie gleichgültig. Es kümmert ihn kaum, wenn sie verlorengehen oder beschädigt werden. Ganz anders verhält es sich offenkundig mit seinen Pinup-Zeichnungen. Sie scheint er als etwas Eigenes zu empfinden und bewahrt sie in seinem Zimmer auf – nie käme er auf den Gedanken, sie jemandem zu zeigen. Sie unterscheiden sich grundlegend von seinen anderen Zeichnungen, seinen Auftragsarbeiten, weil sie ein Ausdruck seines Innenlebens, seiner Träume und Bedürfnisse, seiner emotionalen und personalen Identität sind. Dagegen strebt er bei seinen architektonischen Zeichnungen, so perfekt und beeindruckend sie auch sind, nicht mehr als Ähnlichkeit, Reproduktion an.

Stephens Interesse an Mädchen, die Phantasien, die um sie kreisen, das alles scheint sehr normal, altersgemäß zu sein, und doch ist es geprägt von einer Kindlichkeit, einer Naivität, die seinen Mangel an menschlichem und sozialem Wissen widerspiegelt. Man kann sich nur schwer vorstellen, daß er sich mit Mädchen verabredet, und noch weniger, daß er eine tiefere persönliche oder sexuelle Beziehung eingeht. Solche Erfahrungen werden ihm wohl verschlossen bleiben. Ich frage mich, ob er das spürt und ob es ihn manchmal traurig macht.

Im Juli 1993 rief mich Margaret an, ganz außer sich vor Aufregung. «Bei Stephen sind plötzlich musikalische Talente zum Vorschein gekommen», verkündete sie. «*Ungeheure* Talente! Sie müssen sofort kommen und sich das ansehen.» Der Anruf verblüffte mich; so euphorisch hatte ich sie noch nie erlebt.

Wie Stephens Zeichenbegabung reichten auch seine musikalischen Fähigkeiten bis in die frühe Kindheit zurück. Lorraine Cole schreibt, er habe sich, selbst als er noch kaum sprechen konnte, als Naturtalent in schauspielerischen und pantomimischen Darbietungen offenbart: «Seine Darstellung eines wütenden Mannes in einem Restaurant war so lebendig und so komisch, daß uns erst bei der Betrachtung der Videoaufnahme klar wurde, daß er keine richtigen Wörter benutzt hatte, sondern nur eine Vielzahl ärgerlicher Laute. Damals erkannten wir seine Fähigkeit zur Nachahmung von Geräuschen.» Dies zeigte sich besonders deutlich nach einer kurzen Japanreise – der Klang der Sprache faszinierte ihn, und als Andrew ihn und Margaret in Heathrow abholte, gab Stephen ein plapperndes Pseudo-Japanisch, einschließlich «japanischer» Gebärden, zum besten, das so täuschend ähnlich war, daß Andrew vor Lachen fast in den Straßengraben gefahren wäre.

Uns allen war seit Jahren klar, daß Stephen eine enorme Fähigkeit besaß, Musikinstrumente, Stimmen, Akzente, Intonationen, Melodien, Rhythmen, Arien und Schlager nachzuahmen – einschließlich der Texte, wenn erforderlich –, was auf die mühelose Nutzung eines umfangreichen und präzisen auditiven Gedächtnisses schließen ließ. Bezeichnenderweise hatte er auch eine Vorliebe für Musik. Sie bereitete ihm ein fast physisches Vergnügen, mehr noch, glaube ich, als das Zeichnen.

Doch Margaret, die das alles besser wußte als ich, meinte offenbar etwas anderes, eine ganz neue und unerwartete Entwicklung. Entscheidend sei gewesen, sagte sie, daß man die richtige Musiklehrerin für Stephen gefunden habe. («Sie ist einfach wunderbar, Darling!») Die beiden hätten sich sofort verstanden. Deshalb verabredete ich einen Besuch in London an einem Tag, an dem eine ihrer wöchentlichen Musikstunden stattfand, und nahm meine Nichte Liz Chase mit, eine Musiklehrerin und Pianistin mit sehr feinem Gehör, bewandert in Improvisation, Analyse und Theorie.

Liz und ich hatten uns schon ein paar Minuten mit Evie Preston, seiner Musiklehrerin, unterhalten, als Stephen Punkt zwölf hereinstürmte. «Hallo, Evie, wie geht's, mir geht's gut», sagte er, und dann: «Hallo, Oliver Sacks, wie geht's?», und als ich ihm meine Nichte vorgestellt hatte: «Hallo, Liz Chase, wie geht's?» Dann stürzte er sich auf das Klavier und begann unter Evies Anleitung Tonleitern zu spielen und Akkorde zu singen, wobei er mit Dur-Dreiklängen begann. Das alles führte er mühelos und vergnügt aus; die Beziehung zu Terzen, Quinten – dem pythagoräisch-numerischen Geist der Intervalle – schien Stephen angeboren zu sein. «Das brauchte ich ihm nicht beizubringen», erklärte Evie.

Er schien begierig nach schwierigeren Übungen zu sein. «Versuchen wir es jetzt mit Septimen», meinte Evie. Stephen nickte und strahlte, als sei ihm eine Tafel Schokolade versprochen worden.

Anschließend sagte Evie: «Spielen wir jetzt den Blues. Du übernimmst die hohen Töne, ich die Bässe.» Mit drei Fingern (was ungeschickt aussah, aber prächtig funktionierte) improvisierte Stephen die Oberstimme, voll faszinierender, herrlicher Verwicklungen. Zunächst beschränkte er seine Improvisationen auf die untere Hälfte einer Oktave, wurde aber rasch kühner, so daß seine Improvisationen immer ausschweifender und komplexer wurden. Insgesamt spielte er sechs Improvisationen, deren Höhepunkt die letzte bildete. «Aber improvisieren ist leicht», meinte Liz später. «Das macht man aus dem Handgelenk.» Wenn man die musikalische Intelligenz besitze, die erforderlich sei, um die Variationsstruktur zu erfassen, fügte sie hinzu, dann stelle sich die Fähigkeit zu variieren fast von selbst ein; sie sei gewissermaßen ein Teil dieser musikalischen Intelligenz. Bemerkenswert fand sie jedoch, wie Stephen seine Improvisationen mit Gefühl angereichert hatte, mit etwas, das aus seinem Innern kam, und wie es ihm gelungen war, ihnen einen «kreativen, kühnen und überaus interessanten» Anstrich zu geben.

Evie bat Stephen, «What a Wonderful World» zu singen.

Sein Gesang schien von echtem Gefühl getragen zu sein, und seine Bewegungen wirkten, während er sang, nicht so steif und ticartig wie sonst. Sobald er das Lied beendet hatte, forderte Evie ihn auf, den harmonischen Aufbau zu analysieren, alle Akkorde zu singen und aufzuzählen. Ohne zu zögern, kam er ihrem Wunsch nach. «Ganz offensichtlich besitzt er außergewöhnliche Fähigkeiten, Harmonien zu erkennen, zu analysieren und wiederzugeben», notierte Liz. Dann stellte Evie ihm eine «Interpretationsaufgabe», wie sie es jede Woche tat, indem sie ihm ein Thema vorspielte, das er noch nie gehört hatte, in diesem Falle Schumanns «Träumerei». Aufmerksam hörte Stephen zu und nannte uns seine «Assoziationen»: «Es geht um... ein Lied auf dem Feld, Osterblumen im Frühling... einen Fluß, Sonnenschein... (Ich mag es)... Rosengärten... leichte Brisen, Frische... Kinder, die hinauslaufen, um mit ihren Freunden zu spielen.»

Empfand Stephen – dem doch Gefühle meist so fremd oder unzugänglich waren – diese Affekte und Stimmungen tatsächlich? Oder hatte er es irgendwie gelernt, hatte man es ihm beigebracht, Musik zu «entschlüsseln», zu erkennen, daß diese oder jene Form «pastoral» oder «frühlingshaft» war und entsprechende Vorstellungen verlangte? War es eine Art Trick, den er ohne echtes Gefühl ausführte? Später sprach ich mit Evie darüber, und sie erzählte mir, seine ersten Assoziationen bei der Musik seien zufällig oder egozentrisch gewesen, in auffälliger Diskrepanz zur tatsächlichen Stimmung des Stückes. Dann habe sie ihm erklärt, welche Empfindungen oder Vorstellungen zu verschiedenen Musikformen «passen», und diese habe er nun gelernt. Nach ihrer Einschätzung fühle er sie aber auch.

Zum Schluß durfte sich Stephen ein Lied zum Vorsingen aussuchen, und er entschied sich für «It's Not Unsual», einen Schlager, der ihm gefiel – ein Stück, bei dem er aus sich herausgehen konnte. Er sang mit großer Begeisterung, wiegte sich in den Hüften, tanzte, gestikulierte, spielte mit seiner Mimik, preßte ein imaginäres Mikrofon dicht an den Mund, den Blick auf ein riesiges Publikum gerichtet, vor dem er in seiner Vorstellung auftrat. «It's Not Unsual» ist zur Erkennungsmelodie von Tom Jones geworden, und in seiner Version übernahm Stephen Jones' körperbetonte Gestik, der er eine Prise Stevie Wonder hinzufügte. Er schien vollkommen in der Musik aufzugehen, vollkommen von ihr in Besitz genommen zu sein. Nichts war mehr zu merken von der schiefen Kopfhaltung, die er gewöhnlich einnimmt, nichts mehr von der Steifheit, den Tics, dem ausweichenden Blick. Offenbar war seine autistische Persönlichkeit völlig verschwunden, durch Bewegungen ersetzt, die frei, anmutig, emotional angemessen und ausdrucksvoll waren. Aufs äußerste verblüfft von dieser Verwandlung, schrieb ich in großen Buchstaben in mein Notizbuch: «AUTISMUS VERSCHWUNDEN». Doch sobald die Musik zu Ende war, zeigte Stephen wieder sein autistisches Erscheinungsbild.

Bis dahin hatte ich gedacht, es gehöre zu Stephens Wesen, sei Teil seines Autismus, daß er exakt in jenem Spektrum von Gefühlen und Geisteszuständen beeinträchtigt sei, das für uns definiert, was wir «Selbst» nennen. Doch in der Musik schien ihm dieses Spektrum «gegeben», schien ihm eine Identität «geborgt» worden zu sein, wenn diese auch wieder in dem Moment verlorenging, da die Musik verklungen war.

Es war, als sei er für kurze Zeit wirklich lebendig geworden.

Stephens Musikstunde war somit eine Offenbarung für mich — nicht nur von weiteren Talenten (was bei einem autistischen Savant nicht völlig überraschend ist), sondern von einer *Seinsweise*, die ich bei ihm nicht für möglich gehalten hätte. Nichts von dem, was ich zuvor an ihm beobachtet hatte, und nichts von dem, was seine Malerei zeigte, hatte mich darauf vorbereitet. Er schien sein ganzes Selbst, seinen ganzen Körper mit seinem gesamten Repertoire an Bewegungen und Ausdrucksmöglichkeiten zu nutzen, um das Lied vorzutragen – wenn mir auch unklar blieb, ob es sich nicht letztlich doch nur um eine glänzende pantomimische Leistung handelte oder ob er wirklich die Worte, die Gefühle, die Stimmungen des Liedes in sich aufnahm. So stellte sich mir (noch deutlicher als bei einigen seiner Matisse-Zeichnungen) die Frage, ob die Originale (Bilder oder Lieder) für ihn Ausdruck von Innerlichkeit, von Geistesverfassungen anderer Menschen, oder nur *Objekte* waren. Versetzte er sich gewissermaßen in den Kopf des Malers oder Komponisten, hatte er Teil an ihrer Subjektivität, oder waren ihre Werke (wie die Häuser) rein physische Gebilde, Sujets? (War die ständige Wiederholung von *Rain Man* nur ein wortwörtliches Playback, Mimikry oder Echolalie, oder war sie besetzt mit einem Gefühl für die Bedeutung des Films?) Waren seine Talente lediglich Begabungen ohne Verstand, «amentale Talente», wie Goldstein sagt, oder waren sie echte Aktivposten seines Verstandes und seiner Identität?

Goldstein neigt leicht dazu, «Geist» mit dem Abstrakt-Kategorialen, dem Begrifflichen, gleichzusetzen und alles andere als pathologisch oder nutzlos abzutun. Es gibt Formen von Gesundheit, Geisteszustände, die nichtbegrifflicher Art sind und denen Neurologen und Psychologen nur selten mit angemessener Aufmerksamkeit begegnen. So gibt es die Mimesis – selbst eine Geisteskraft, eine Gabe, die Wirklichkeit mit Körper und Sinnen darzustellen, eine ausschließlich menschliche Fähigkeit, die nicht weniger wichtig ist als Symbol oder Sprache. In seinem Buch *Origins of the Modern Mind* äußert Merlin Donald die Hypothese, daß die mimetische Fähigkeit der Nachbildung, der inneren Repräsentation, einer gänzlich nonverbalen und nichtbegrifflichen Art bei dem unmittelbaren Vorfahren des Menschen,

Homo erectus, über eine Million Jahre oder mehr die vorherrschende Erkenntnisweise gewesen sei, bevor sich mit dem Homo sapiens das abstrakte Denken und die Sprache herausgebildet hätten.[11] Als ich Stephen beim Singen und Darstellen beobachtete, fragte ich mich, ob sich nicht zumindest einige Aspekte des Autismus und Savantismus durch die normale, vielleicht auch übermäßige Entwicklung der für Mimesis, dieser alten Erkenntnisweise, zuständigen Gehirnsysteme erklären lassen, verbunden mit erheblichen Entwicklungsstörungen neuerer, auf die Verarbeitung von Symbolen spezialisierter Systeme. Und doch – wenn sich hier irgendwelche Analogien herstellen lassen, sind sie sehr partiell und dürfen uns nicht in die Irre führen. Stephen ist weder schwachsinnig noch ein Computer noch ein Homo erectus – keines unserer Modelle, keine unserer Kategorien läßt sich auf ihn anwenden.

Von Anfang an war Stephens Entwicklung einzigartig, qualitativ anders als die anderer Menschen. Er macht sich ein anderes Bild von der Welt – und seine Erkenntnisweise, seine Identität, seine künstlerischen Begabungen gehören zusammen. Letztlich wissen wir nicht, wie Stephen denkt, wie er sich die Welt vorstellt, was ihn in die Lage versetzt, so

---

11 Jerome Bruner, der sich eingehend mit der kognitiven Entwicklung von Kindern beschäftigt hat, bezeichnet als deren ersten Ausdruck die «figurative» Wiedergabe. Das Figurative, schreibt er, wird zwar durch später sich entwickelnde Formen der Kognition oder Repräsentation ergänzt (die er «ikonisch» und «symbolisch» nennt), aber nicht von ihnen verdrängt, so daß es unser ganzes Leben hindurch eine leistungsfähige Ausdrucksform bleibt, auf die wir jederzeit zurückgreifen können. Genauso verhält es sich mit Donalds mimetischem Stadium – es starb nicht mit dem Homo erectus aus, sondern bleibt ein ständiger und nützlicher Teil unseres «Sapiens-Repertoires». Wir alle bedienen uns häufig solcher nonverbalen Verhaltens- und Kommunikationsweisen, und in ausgeprägter Form treten sie bei Pantomimen, Schauspielern, allen Künstlern des Showbusiness und gehörlosen Menschen zutage.

zu zeichnen und zu singen, aber wir wissen, daß er, mag es ihm auch an Symbolisierungs- und Abstraktionsvermögen fehlen, eine Art Genie des Konkreten, der mimetischen Darstellung ist, egal ob er eine Kathedrale, einen Canyon, eine Blume zeichnet oder eine Szene, ein Schauspiel, ein Lied darbietet – eine Art Genie im Erfassen formaler Eigenschaften, der strukturellen Logik, des Stils, der «Diesheit» (wenn auch nicht unbedingt der «Bedeutung») dessen, was er wiedergibt.

Zu Kreativität, wie sie gewöhnlich verstanden wird, gehört nicht nur ein «Was», ein Talent, sondern auch ein «Wer» – ausgeprägte persönliche Eigenheiten, eine ausgebildete Identität, persönliche Sensibilität, ein persönlicher Stil, der in die Begabung einfließt, sie durchdringt, ihr eine unverwechselbare Gestalt gibt. Wenn wir Kreativität so verstehen, setzt sie die Fähigkeit voraus, Ursprüngliches hervorzubringen, sich von den üblichen Betrachtungsweisen loszureißen, sich frei im Reich der Imagination zu bewegen, immer wieder neue geistige Welten zu erschaffen – und dies alles gleichzeitig mit einem kritischen inneren Auge zu überprüfen. Kreativität hat mit dem Innenleben zu tun – mit dem Strom neuer Ideen und starker Gefühle.

Zu Kreativität in diesem Sinne wird Stephen wahrscheinlich nie fähig sein. Doch das Erfassen der «Diesheit», die Genialität auf dem Gebiet der Wahrnehmung, ist keine geringe Gabe; sie ist genauso selten und kostbar wie intellektuellere Talente. Über José habe ich einmal geschrieben, er lebe nicht in einem Universum, sondern, wie William James es nennt, in einem «Multiversum», in unzähligen, unverbundenen, wenn auch äußerst lebendigen Besonderheiten, und erlebe die Welt (wie Proust sagt) als «eine Sammlung von Momentaufnahmen» – lebhaft, isoliert, ohne Vorher oder Nachher. Ich habe mir José, der mit Vorliebe Tiere oder Pflanzen zeichnet, als Illustrator für botanische Werke und Kräuterbücher vorgestellt (tatsächlich habe ich inzwischen gehört, daß ein autistischer Künstler für die Royal Botanical Gardens in Kew arbeitet).

Ist der Autismus notwendig für Stephens Kunst, ist er eines ihrer Elemente? Die meisten Autisten sind keine Künstler, so wie die meisten Künstler keine Autisten sind; doch wenn beides zusammenkommt (so wie bei Stephen oder José), muß sich, denke ich, eine Wechselbeziehung zwischen beiden einstellen, so daß die Kunst einige der Stärken und Schwächen des Autismus annimmt, etwa die Fähigkeit zu ungeheuer detaillierter Wiedergabe und Darstellung, aber auch die Tendenz zu Wiederholung und Stereotypie. Doch bin ich mir nicht sicher, ob man von einer eigenen «autistischen» Kunst sprechen kann.

Wird Stephen oder sein Autismus durch seine Kunst verändert? Diese Frage, denke ich, muß man verneinen. Ich habe nicht den Eindruck, daß seine Kunst in irgendeiner Weise auf seinen Charakter übergreift oder sich auf seinen allgemeinen Geisteszustand auswirkt. Doch das ist vielleicht gar nicht so überraschend. Es gibt viele Beispiele von Künstlern, die großartige, ja erhabene Werke geschaffen haben, deren persönliches Leben aber belanglos, zerrissen oder schaurig war (wenn es natürlich auch andere gab, deren Leben ihrer Kunst gerecht wurde).

Fünfzig Prozent der Patienten mit klassischem Autismus sind stumm, sie sprechen nie ein Wort; fünfundneunzig Prozent sind in ihrer Lebensweise stark eingeschränkt – Stephen ist diesem statistischen Getto zumindest partiell entkommen, zum Teil durch seine Kunst, zum Teil dank der Menschen, die ihn so engagiert gefördert haben. Begabung und Kunst sind, wenn sie keine Anerkennung und Unterstützung finden, nicht genug: José ist fast genauso begabt wie Stephen, hat aber nie diese Anerkennung und Hilfe genossen, so daß er noch immer in einer geschlossenen Abteilung dahinvegetiert. Dagegen führt Stephen heute ein abwechslungsreiches und interessantes Leben, sogar mit einer gewissen Unabhängigkeit, er reist, macht Zeichenausflüge und besucht inzwischen auch eine Kunstschule. Margaret Hewson, Chris Marris und andere haben dabei eine entscheidende Rolle gespielt – sie haben ihm geholfen, sein Talent gefördert und ihm damit sein gegenwärtiges kreatives Leben ermöglicht. Er wird wohl, denke ich, auch weiterhin solche persönliche Hilfe brauchen, so wie der Blinde Tom auf die Hilfe von Colonel Bethune angewiesen war.

Vielleicht werden sich Stephens Zeichnungen nicht weiterentwickeln, niemals zu einem großen Werk werden, dem Ausdruck eines tiefen Gefühls, eines Modells oder Bildes von der Welt. Und vielleicht wird auch *er* sich nicht weiterentwickeln, nie in vollem Ausmaß erleben können, was es heißt, ein Mensch zu sein, in seiner Größe und in seinem Elend.

Doch damit will ich seine Bedeutung nicht schmälern, seiner Begabung nicht ihren Rang absprechen. Paradoxerweise können sich seine Grenzen auch als Stärke erweisen. Seine Art zu sehen ist so wertvoll, wie mir scheint, gerade weil sie uns einen wunderbar direkten, von aller Begrifflichkeit entkleideten Blick auf die Welt vermittelt. Stephen mag behindert, sonderbar, exzentrisch, autistisch sein, aber er besitzt die Gabe, etwas zu leisten, was wenigen von uns vergönnt ist – eine bedeutsame Darstellung und Erschließung der Welt.

Eine Anthropologin auf dem Mars

Im Juli hatte ich ein paar Tage mit Stephen Wiltshire verbracht. Ich war hinauf nach Massachusetts gefahren, um Jessy Park, eine andere autistische Künstlerin, zu besuchen (deren Mutter eine wunderschöne und feinsinnige persönliche Erzählung – *The Siege* – über sie geschrieben hat), hatte ihre farbenprächtigen, sternenübersäten Bilder gesehen (die so ganz anders waren als die von Stephen) und einiges von ihrer labyrinthischen Zauberwelt der Korrelationen (zwischen Zahlen, Farben, Moralität, dem Wetter). Ich hatte Stippvisiten in einigen Schulen für autistische Kinder gemacht. Ich hatte eine unvergeßliche Woche in einem Sommerlager für autistische Kinder, im Camp Winston in Ontario, verbracht – unvergeßlich auch deshalb, weil dort in diesem Sommer Shane, ein Freund von mir mit Touretteschem Syndrom, als Berater arbeitete, der mit seinen ungestümen Ausfällen und seinem Zwang, Dinge zu berühren, seinen verrückten Bewegungen mit Kopf und Armen, seiner enormen Vitalität und Impulsivität auch die zutiefst in ihrem Autismus gefangenen Kinder zu erreichen schien, auf eine Weise, die uns anderen unmöglich war. Ich war westwärts gereist und hatte in Kalifornien eine autistische Familie besucht – zwei hochbegabte Eltern und ihre beiden Kinder, sie alle (neben den ernsten Geschäften des Lebens) hingebungsvoll damit beschäftigt, Trampolin zu springen, mit den Händen zu flattern und zu schreien. Und jetzt war ich auf dem Weg nach Fort Collins in Colorado zu Temple Grandin, einem der bemerkenswertesten autistischen Menschen, von denen ich je gehört habe: Trotz ihres Autismus hat sie in Viehwirtschaftslehre promoviert, lehrt an der Colorado State University und betreibt ein eigenes Geschäft.

Leo Kanner und Hans Asperger haben den Autismus in den vierziger Jahren fast gleichzeitig beschrieben, doch während ihn jener ausschließlich für ein Unglück gehalten zu haben scheint, hat Asperger auch mögliche positive oder kompensatorische Merkmale hervorgehoben – eine «besondere Originalität des Denkens und Erlebens, die oft auch zu besonderen Leistungen im späteren Leben führen».

Doch schon diese ersten Annäherungen an den Autismus machen deutlich, daß wir es mit einer großen Vielfalt von Phänomenen und Symptomen zu tun haben – und die Liste von Kanner und Asperger ist bei weitem nicht vollständig. Die meisten Kinder mit dem von Kanner beschriebenen Autismus-Typ sind – oft schwer – retardiert. Viele von ihnen leiden an epileptischen Anfällen und weisen oft auch «leichte» neurologische Symptome auf – ein ganzes Spektrum repetitiver oder automatischer Bewegungen wie Spasmen, Tics, Schaukeln, sich um sich selbst drehen, mit den Fingern spielen, mit den Händen flattern, Probleme mit Koordination und Gleichgewicht, zuweilen – ähnlich wie Parkinson-Patienten – auffallende Schwierigkeiten beim Einleiten von Bewegungen. Sehr typisch sind auch die vielfältigen abnormen (und häufig «paradoxen») sensorischen Reaktionen, wobei manche Sinneswahrnehmungen verstärkt oder sogar unerträglich sind, während andere (wozu die Schmerzwahrnehmung gehören kann) nur schwache Signale übermitteln oder offenbar ganz fehlen. Mit der Entwicklung sprachlicher Fähigkeiten können sich seltsame und komplexe Sprachstörungen einstellen –

eine Neigung zu Weitschweifigkeit, leerem Geplapper, klischee- und formelhaftem Sprechen. Die Psychologin Doris Allen bezeichnet diese Seite des von Kanner beschriebenen Autismus als «semantisch-pragmatisches Defizit». Im Gegensatz dazu verfügen Kinder mit Asperger-Syndrom häufig über eine normale (und manchmal auch weit überdurchschnittliche) Intelligenz und haben im allgemeinen weniger neurologische Probleme.

Kanner und Asperger betrachteten den Autismus mit den Augen von Klinikern, und ihre Beschreibungen sind so umfassend und genau, daß man es jetzt, fünfzig Jahre später, kaum besser machen könnte. Doch erst in den siebziger Jahren beschäftigten sich Beate Hermelin und Neil O'Connor und ihre Mitarbeiter in London, alle ausgebildet in der neuen Disziplin der Kognitionspsychologie, systematischer mit der geistigen Struktur des Autismus. Ihre Arbeit (und ganz besonders die von Lorna Wing) läßt vermuten, daß allen Autisten ein Kernproblem, eine in sich stimmige Triade von Störungen gemeinsam ist: die Beeinträchtigung der sozialen Interaktion mit anderen, die Beeinträchtigung der verbalen und nonverbalen Kommunikation und die Beeinträchtigung von Spiel und Imagination. Das gemeinsame Auftreten dieser drei Beeinträchtigungen ist, so glauben die Forscher, kein Zufall; alle sind Ausdruck einer einzigen fundamentalen Entwicklungsstörung. Autisten, so vermuten sie, fehlt das Gespür für das geistige Leben anderer Menschen, ja sogar für ihr eigenes, sie haben keinen Begriff, keine Vorstellung davon, verfügen, in der Sprache der Kognitionspsychologie, über keinerlei «Theorie des Geistes». Das ist allerdings nur eine Hypothese unter vielen; bis auf den heutigen Tag gibt es keine Theorie, die die ganze Vielfalt autistischer Phänomene umgreift. In den siebziger Jahren grübelten Kanner und Asperger immer noch über den Syndromen, die sie mehr als dreißig Jahre zuvor beschrieben hatten, und alle führenden Forscher heutiger Zeit haben zwanzig Jahre und mehr damit verbracht, darüber nachzudenken. Der Autismus als Forschungsprojekt berührt die tiefsten Fragen der Ontologie, denn er stellt hinsichtlich der Entwicklung von Gehirn und Geist eine radikale Abweichung dar. Unsere Einsicht wächst, allerdings mit quälender Langsamkeit. Um den Autismus endgültig zu verstehen, bedarf es möglicherweise technischer und theoretischer Fortschritte, von denen wir heute noch nicht einmal träumen können.

Was sich uns als «klassischer frühkindlicher Autismus» präsentiert, ist furchterregend. Die meisten Menschen (und auch die meisten Ärzte) fassen ihre Vorstellung von diesem Syndrom, wenn man sie danach fragt, in dem Bild eines schwerbehinderten Kindes mit stereotypen Bewegungen zusammen, das zum Beispiel mit dem Kopf gegen die Wand schlägt, nur über eine rudimentäre Sprache verfügt, nahezu unzugänglich ist: eine Kreatur, für die es kaum Zukunft und Hoffnung gibt.

Tatsächlich hört man seltsamerweise fast ausschließlich von autistischen Kindern und nie von autistischen Erwachsenen, als seien die Kinder irgendwie einfach vom Erdboden verschwunden. Doch auch wenn sich ein dreijähriger Autist in einem schrecklichen Zustand befinden kann, entwickeln doch etliche autistische Kinder entgegen allen Erwartungen im Laufe der Zeit eine passable Sprache, ein wenig soziale Interaktion und sogar eine beträchtliche intellektuelle Leistungsfähigkeit. Sie können zu selbständigen Menschen heranwachsen, die ein – zumindest äußerlich – vollständiges und normales Leben führen, auch wenn darunter eine beständige und sogar tiefgreifende autistische Eigenheit bestehen bleibt. Asperger hatte eine klarere Vorstellung von dieser Möglichkeit als Kanner; daher sprechen wir heute in Zusammenhang mit solchen Autisten auf «hohem Funktionsniveau» von einem Asperger-Syndrom. Der eigentliche Unterschied läßt sich vielleicht folgendermaßen fassen: Menschen mit Aspergerschem Syndrom können uns von ihren Erfahrungen, ihren inneren Gefühlen und Zuständen erzählen, Menschen mit klassischem Autismus dagegen nicht. Bei klassischem Autismus gibt es kein Fenster, und wir können nur beobachten und unsere Schlüsse ziehen. Menschen mit Asperger-Syndrom verfügen über ein Bewußtsein ihrer selbst und sind zumindest in gewissem Umfang fähig, sich selbst introspektiv wahrzunehmen und von sich zu erzählen.

Ob sich das Asperger-Syndrom radikal vom klassischen frühkindlichen Autismus unterscheidet (bei Dreijährigen können alle Formen des Autismus gleich aussehen) oder ob alle Ausprägungen – von den schwersten Fällen frühkindlichen Autismus (unter Umständen begleitet von Retardation und verschiedenen neurologischen Störungen) bis hin zu den begabtesten, gut angepaßten Autisten – in einem Kontinuum liegen, ist umstritten. (Isabelle Rapin, eine auf Autismus spezialisierte Neurologin, betont, daß beide Zustände auf biologischer Ebene möglicherweise getrennt sind, auch wenn sie auf der Verhaltensebene zuweilen Ähnlichkeiten aufweisen.) Unklar ist auch, ob man dieses Kontinuum so weit fassen sollte, daß es auch isolierte «autistische Züge» einschließt – seltsame, intensive Vorlieben und Fixierungen, oft kombiniert mit Rückzugstendenzen oder Unnahbarkeit –, wie man sie immer wieder bei Menschen trifft, die durchaus als «normal» gelten oder allenfalls als ein wenig seltsam, exzentrisch, pedantisch oder eigenbrödlerisch.

Auch über die Ursachen des Autismus ist viel diskutiert worden. Sein Vorkommen beträgt etwa eins zu tausend, und man findet ihn – mit erstaunlich konsistenten Merkmalen selbst in extrem unterschiedlichen Kulturen – überall auf der Welt. Im ersten Lebensjahr bleibt er oft unerkannt, prägt sich dann aber im zweiten und dritten Lebensjahr zumeist deutlich aus. Während Asperger einen biologischen

Defekt der Fähigkeit zu affektivem Kontakt vermutete – genetisch verankert, angeboren, analog einem physischen oder geistigen Defekt –, hielt Kanner den Autismus eher für eine psychogene Störung, für eine Folge unzureichender elterlicher Zuwendung, insbesondere von seiten einer kühl-distanzierten, häufig berufstätigen «Eisschrank-Mutter». Man betrachtete den Autismus seinerzeit als eine seinem Wesen nach «defensive» Reaktion oder verwechselte ihn mit der Schizophrenie im Kindesalter. Eine ganze Generation von Eltern – insbesondere Müttern – mußte sich somit schuldig fühlen am Autismus ihrer Kinder. Erst in den sechziger Jahren kehrte sich dieser Trend langsam um, setzte sich die Auffassung durch, daß der Autismus organischen Ursprungs sei. (Bernard Rimlands 1964 erschienene Untersuchung *Infantile Autism* spielte dabei eine wichtige Rolle.)

Daß die Disposition zum Autismus biologischer Natur ist, bestreitet heute niemand mehr, ebensowenig wie die zunehmenden Hinweise darauf, daß in manchen Fällen genetische Faktoren eine Rolle spielen. Genetisch ist der Autismus heterogen – manchmal wird er dominant vererbt, manchmal rezessiv. Jungen sind sehr viel häufiger betroffen als Mädchen. Die erbliche Form kann beim betroffenen Individuum oder innerhalb einer Familie mit anderen genetisch bedingten Störungen verbunden sein, etwa einer Dyslexie, Aufmerksamkeitsdefiziten, inneren Zwängen oder einem Touretteschen Syndrom. Doch der Autismus kann auch eine erworbene Erkrankung sein. Festgestellt wurde dies erstmalig in den sechziger Jahren anläßlich einer Rötelnepidemie, als sich viele der pränatal mit dem Rubellavirus infizierten Kinder zu Autisten entwickelten. Unklar ist weiterhin, ob die sogenannten regressiven Formen des Autismus – mit manchmal abruptem Verlust von Sprache und sozialem Verhalten bei Zwei- bis Vierjährigen, die sich bis dahin relativ normal entwickelt haben – genetische Ursachen haben oder auf Umwelteinflüsse zurückzuführen sind. Autismus kann auch eine Folge von Stoffwechselstörungen (etwa einer Phenylketonurie) oder einer organischen Krankheit (etwa eines Hydrocephalus) sein.[1] Autismus oder autismusartige Syndrome entwickeln sich gelegentlich sogar noch im Erwachsenenalter, vor allem als Folge bestimmter Formen von Enzephalitis. (Ich glaube, daß auch einige meiner *Awakening*-Patienten Elemente von Autismus aufwiesen.)

Und doch sind Eltern eines autistischen Kindes vielleicht immer noch versucht, sich Vorwürfe zu machen, wenn sie erleben, wie sich ihr Kind von ihnen zurückzieht, unerreichbar und unzugänglich wird und kaum noch auf äußere Reize reagiert. Sie kämpfen darum, eine Beziehung zu ihrem Kind zu finden, ein Kind zu lieben, das diese Liebe anscheinend nicht erwidert. Es kostet sie übermenschliche Anstrengung, durchzuhalten, zu einem Kind zu stehen, das in einer unvorstellbaren, fremden Welt lebt; und doch kann all ihre Mühe vergeblich sein.

Teilweise stellt sich die Geschichte der Autismus-Forschung als verzweifelte Suche nach «Durchbrüchen» verschiedenster Art dar, die auch als solche propagiert wurden. Der Vater eines autistischen Jungen brachte dies in einem Gespräch mit einer gewissen Bitterkeit zum Ausdruck: «Alle vier Jahre kommen sie mit einem neuen ‹Wundermittel› – erst war es Eliminationsdiät, dann Magnesium und Vitamin B_6, dann gewaltsames Festhalten, dann operantes Konditionieren und Verhaltenstraining – und jetzt dreht sich alles um akustische Desensibilisierung

---

1 Die Fernsehsendung «20/20» berichtete über eine Stadt in Massachusetts mit einem sehr hohen Vorkommen von Autismus, insbesondere in der näheren Umgebung einer ehemaligen Plastikfabrik – doch ist der mögliche ursächliche Zusammenhang zwischen Autismus und dem Kontakt mit toxischen Substanzen noch nicht hinreichend erforscht.

und gestützte Kommunikation.» Sein Sohn war mit zwölf Jahren immer noch quälend stumm und unerreichbar, und dieser Zustand hatte Therapieversuchen jeglicher Art widerstanden – daher der Pessimismus des Vaters und seine pauschale Verurteilung. Die Reaktionen auf therapeutische Maßnahmen sind offenbar extrem unterschiedlich: Bei manchen Autisten führen einige dieser Methoden zu spektakulären Erfolgen, bei anderen bleiben sie vollkommen wirkungslos.[2]

2 Die jüngste und wohl umstrittenste Methode ist die gestützte Kommunikation *(facilitated communication)*. Dieses Verfahren (ursprünglich entwickelt für Kinder mit zerebraler Kinderlähmung) gründet sich auf die Annahme, ein sprachunfähiges autistisches Kind sei in der Lage, mit Hilfe einer Schreibmaschine, eines PC oder einer Buchstabentafel zu kommunizieren, wenn dabei eine Vertrauensperson seine Hand oder seinen Arm stützt. Dem liegt die Vorstellung zugrunde, daß ein solches Kind (ähnlich wie ein Parkinson-Patient) möglicherweise Schwierigkeiten hat, Bewegungen einzuleiten, und daß ein leichter Berührungskontakt mit einem anderen Menschen ihm helfen kann, diese Blockade zu überwinden und normale motorische Gewandtheit zu erlangen (einige Parkinson-Patienten lassen sich durch Berührung, ja manchmal nur durch Blickkontakt, dazu bewegen – in meinem Buch *Awakenings – Zeit des Erwachens*, Fußnote S. 104 ff., gehe ich ausführlicher darauf ein). Man hofft, daß zumindest in einigen dieser unzugänglichen Patienten eine reiche, aber «eingekerkerte» Gedanken- und Gefühlswelt existiert, die sich mit Hilfe dieses einfachen Verfahrens erschließen läßt.

Die Bandbreite der Erfolge, über die berichtet wird, ist außerordentlich groß: Sie reicht von seltenen, einfachen Mitteilungen mancher Patienten bis hin zu ganzen Autobiographien, angeblich verfaßt von bis dahin stummen Kindern. Diese Berichte entfachten bei vielen Eltern und Lehrern autistischer Kinder eine nahezu missionarische Begeisterung, während ihnen die Fachleute mit einhelliger Skepsis begegnen. Es war schwierig, in dieser aufgeheizten Atmosphäre von Behauptungen und Gegenbehauptungen zu einem ausgewogenen Urteil zu gelangen. Während sich manche Dokumente bei genauerer Prüfung eindeutig als Artefakte erwiesen – als Ergebnis unbewußter Beeinflussung durch die unterstützende Person – und bei anderen

Kein Autist ist wie der andere; Form oder Ausdruck des Autismus ist in keinem Fall gleich. Überdies können die autistischen Merkmale auf höchst komplexe (und potentiell kreative) Weise mit anderen Eigenschaften des Betroffenen zusammenwirken. Für die klinische Diagnose mag also ein Blick genügen, doch wollen wir das autistische Individuum je wirklich verstehen, bedarf es dazu nichts Geringerem als einer umfassenden biographischen Erhebung.

Ich selbst habe meine ersten Erfahrungen mit Autisten Mitte der sechziger Jahre in einem staatlichen Krankenhaus gemacht. Viele der autistischen Patienten auf dieser düsteren Station, vielleicht die meisten, waren zusätzlich retardiert; viele litten an epileptischen Anfällen; viele neigten zu gewaltsamen selbstschädigenden Verhaltensweisen, schlugen zum Beispiel ihren Kopf gegen die Wand; viele hatten noch andere neurologische Probleme. Diese am schwersten betroffenen Patienten waren nicht nur autistisch, sondern darüber hinaus mehrfach behindert (und einige traumatisiert durch Mißhandlungen). Und doch – selbst bei diesen Menschen schimmerten «Inselbegabungen» durch die Verwüstung, zuweilen spektakuläre Talente, so, wie sie Kanner und Asperger beschreiben – zum Beispiel erstaunliche Fähigkeiten im Rechnen und Zeichnen. Und es waren diese besonderen, offenbar vom übrigen Geist und der übrigen Persönlichkeit isolierten und durch leidenschaftliche, intensiv gebündelte Fixierung oder Motivation am Leben erhaltenen Talente – diese Savant-Syndrome –, die mein besonderes Interesse weckten und die ich in jener Zeit mit großer Aufmerksamkeit unter-

einiger Vorbehalt angebracht ist, bleibt ein Kern von offenbar echten Phänomenen, die eine sorgfältige und vorurteilsfreie Untersuchung verdienen.

suchte. Und sogar in dieser Versammlung der scheinbar hoffnungslosen Fälle gab es einige Patienten, die auf individuelle Zuwendung reagierten. Ein sprachunfähiger junger Mann reagierte auf Musik und tanzte; ein anderer spielte nach einigen Wochen Pool-Billard mit mir und sagte später im botanischen Garten sein erstes Wort – «Löwenzahn». Viele dieser in den vierziger und frühen fünfziger Jahren geborenen Menschen hatte man, als sie jung waren, nicht einmal als Autisten identifiziert, sondern unterschiedslos mit Retardierten und Psychotikern in einen Topf geworfen und seit früher Kindheit in riesigen Institutionen verwahrt. So hat man autistische Menschen wahrscheinlich seit Jahrhunderten behandelt. Erst in den letzten zwanzig Jahren hat sich die Situation entscheidend gewandelt, seit Ärzte und Pädagogen mehr und mehr über die besonderen Stärken und Schwierigkeiten autistischer Kinder in Erfahrung bringen und es für sie besondere Schulen und Ferienlager gibt.[3]

Im August hatte ich einige dieser Einrichtungen besucht und die unterschiedlichsten Kinder kennengelernt, manche intelligent, andere leicht retardiert, einige forsch, andere ängstlich, alle mit einer eigenen, individuellen Persönlichkeit. In einer Schule hatte ich bei meiner Ankunft von weitem Kinder auf dem Spielplatz schaukeln und mit einem Ball spielen sehen. Wie normal, dachte ich – doch als ich näher kam, sah ich ein Kind wie besessen in furchterregenden Halbkreisen schwingen, so hoch die Schaukel es trug; ein anderes warf einen kleinen Ball monoton von einer Hand in die andere; ein weiteres drehte endlose Runden auf einem Karussell; und ein Kind baute nicht mit seinen Klötzchen, sondern legte sie, immer wieder neu, zu

---

3 Eine Pionierin auf diesem Gebiet war Mira Rothenberg, die 1958 die Blueberry Treatment Centers ins Leben rief, eine frühe Erfahrung, über die sie in ihrem Buch *Children with Emerald Eyes* berichtet.

ordentlichen, monotonen Reihen aneinander. Alle waren sie mit einsamen, repetitiven Handlungen beschäftigt, keines spielte wirklich, sei es allein oder mit anderen. Im Gebäude schaukelten einige Kinder, wenn kein Unterricht stattfand, mit dem Oberkörper vor und zurück, manche flatterten mit den Händen oder plapperten unverständliche Laute. Es gebe Kinder, erzählte mir ein Lehrer, die in plötzlichen Panik- oder Wutanfällen völlig unbeherrscht und außer sich schrien oder um sich schlügen. Manche wiederholten wie ein Echo jedes Wort, das man zu ihnen sagte. Ein Junge kannte offenbar eine ganze Fernsehshow auswendig, die er den ganzen Tag über «abspielte», wieder und wieder, mit allen Stimmen und Gesten, einschließlich der Applausgeräusche. In Camp Winston hatte ein recht attraktiver Sechzehnjähriger eine Schere bekommen und war damit beschäftigt, winzige, perfekte «H» aus einem Blatt Papier auszuschneiden. Äußerlich sahen die meisten Kinder ganz normal aus – es war ihr Eingekapseltsein, ihre Unzugänglichkeit, die so unheimlich wirkte.

Manche Kinder tauchen als Jugendliche gewissermaßen aus ihrem Autismus auf, beginnen fließend zu sprechen, erwerben soziale Fertigkeiten (was diesen Kindern sehr viel schwerer fällt, als sich Schulwissen anzueignen), schaffen sich eine soziale Oberfläche, die sie der Welt präsentieren können.

Ohne besondere Förderung – die für viele schon im Kindergarten oder zu Hause begonnen hatte – wären diese autistischen jungen Menschen trotz guter Intelligenz und Herkunft vielleicht tief in ihrer Isolation verhaftet und behindert geblieben. Viele von ihnen hatten sicher gelernt, in gewisser Weise zu «funktionieren», soziale Konventionen zumindest auf eine formale und äußerliche Weise zu befolgen – und doch war gerade die Formalität oder Äußerlichkeit ihres Verhaltens beunruhigend. Mir fiel dies besonders

an einer Schule auf, wo die Kinder mir steif ihre Hand ent-
gegenstreckten und mit lauter, monotoner Stimme ihr
«Guten Morgen ich heiße Peter... Mir geht es sehr gut
danke wie geht es Ihnen» hersagten ohne Sprechpausen
oder Satzmelodie, ohne Gefühl oder Betonung, wie eine
Litanei. Würde auch nur eines dieser Kinder, so fragte ich
mich, je wirkliche Autonomie erlangen? Würden sie je ihre
sozialen Automatismen pragmatisch nutzen, als Möglichkeit, in der Welt zu funktionieren, und darüber hinaus
zu wirklicher Innerlichkeit zu gelangen, zu einem, wenn
auch vielleicht ganz anderen Innenleben, als wir es besitzen, einem autistischen Innenleben, das vielleicht nur ganz
wenige Menschen verstehen und das sie nur ganz wenigen
Menschen öffnen?

Uta Frith schreibt in ihrem Buch: «Autismus... verschwindet nicht... Gleichwohl können autistische Menschen ihr Handicap in bemerkenswertem Maße kompensieren, und viele tun das auch. [Doch] ein Defizit bleibt...
etwas, das sich weder korrigieren noch ausgleichen läßt.»
Vielleicht, so spekuliert sie, besitzt dieses «etwas» auch
eine Kehrseite, eine Art moralischer oder intellektueller Intensität oder Reinheit, so weit entfernt vom Normalen, daß
es uns anderen edelmütig, lächerlich oder beängstigend erscheint. Sie denkt dabei an die «gesegneten Narren» des
alten Rußland, an den erfindungsreichen Bruder Ginepro,
einen der ersten Anhänger des heiligen Franziskus, und interessanterweise an Sherlock Holmes mit seiner Verschro-
benheit und seinen seltsamen Fixierungen – seiner «kleinen Monographie über die Asche von 140 verschiedenen
Sorten Pfeifen-, Zigarren- und Zigarettentabaks», seiner
«scharfen Beobachtungsgabe», seinem «ausgeprägten Talent, logische Schlüsse zu ziehen, unbeeindruckt von den
alltäglichen Gefühlen gewöhnlicher Menschen» und seinem äußerst unkonventionellen Denken und Handeln,
das es ihm oft erlaubt, Fälle zu lösen, an denen die Polizei,

die sich in konventionelleren Bahnen bewegt, scheitert. Asperger selbst sprach von «autistischer Intelligenz» und sah darin eine Intelligenz, die von Tradition und Kultur nahezu unberührt ist – unkonventionell, unorthodox, seltsam «rein» und originell, ähnlich der Intelligenz wahrer Kreativität.

Während eines ausführlichen Gesprächs über diese Themen in London sagte mir Dr. Frith, ich solle unbedingt die erstaunlichste autistische Person besuchen, die sie kenne – sie bei der Arbeit und zu Hause erleben, einige Zeit mit ihr verbringen. «Besuchen Sie Temple», sagte Dr. Frith, als ich ihr Büro verließ.

Natürlich hatte ich schon von Temple Grandin gehört – jeder, der sich für Autismus interessiert, stößt früher oder später auf ihren Namen –, und ich hatte auch ihre Autobiographie *Emergence: Labeled Autistic* gleich nach ihrem Erscheinen 1986 gelesen. Als ich das Buch zum erstenmal las, konnte ich mich eines gewissen Mißtrauens nicht erwehren: Der autistische Geist, so glaubte man damals, sei unfähig, sich selbst und andere zu verstehen, und folglich unfähig zu authentischer Introspektion und reflektierender Rückschau. Wie war es einem autistischen Menschen also überhaupt möglich, eine Autobiographie zu schreiben? Das schien ein Widerspruch in sich. Als ich erfuhr, daß das Buch in Zusammenarbeit mit einer Journalistin entstanden war, fragte ich mich, ob seine schönen und überraschenden Qualitäten – seine Kohärenz, seine Schärfe, sein häufig «normaler» Ton – wirklich ihr zuzuschreiben waren. Mit diesem Mißtrauen gegenüber ihrem Buch und Autisten-Autobiographien im allgemeinen stand ich damals nicht allein, doch als ich Temple Grandins wissenschaftliche Untersuchungen (und ihre zahlreichen autobiographischen Aufsätze) las, fand ich

darin eine Genauigkeit und Stimmigkeit, eine Unmittel-
barkeit, die meine Meinung änderten.[4]

Liest man ihre Autobiographie und ihre Artikel, bekommt man ein Gefühl dafür, wie seltsam, wie anders sie
als Kind war, wie weit entfernt vom Normalen.[5] Mit sechs
Monaten fing sie an, sich in den Armen ihrer Mutter steif
zu machen, mit zehn Monaten kratzte sie sie «wie ein ge-
fangenes Tier». Jeder normale Kontakt wurde so nahezu
unmöglich. Temple Grandin lebt in einer Welt gesteigerter
Sinneswahrnehmungen; gesteigert manchmal bis zur Pei-
nigung (und zuweilen bis zum völligen Erlöschen gehemmt): Sie spricht von ihren Ohren als hilflosen Mikrofo-
nen, die der Zwei- oder Dreijährigen jedes Geräusch, ob
bedeutsam oder nicht, in voller, unerträglicher Lautstärke
übermittelten – und auch ihren übrigen Sinnen mangelte
es an Modulation. Gerüche interessierten sie sehr, und
sie hatte einen ausgeprägten Geruchssinn. Sie neigte zu
unvermittelten Impulsen und, konnte sie diese nicht aus-

4 Was in Grandins Schriften (und in denen anderer sehr fähiger
autistischer Erwachsener, einige literarisch sehr begabte Autoren eingeschlossen) allerdings auffällt, sind seltsame Lücken und Diskontinuitäten im Erzählfluß, plötzliche, verwirrende Themenwechsel, die
(so vermutet Francesca Happé in einem neueren Aufsatz) Grandins
mangelndem Vermögen zuzuschreiben sind, «zu berücksichtigen,
daß ihre Leser die wichtige Hintergrundinformation, die sie besitzt,
nicht mit ihr teilen». Allgemeiner gesagt scheinen autistische Autoren «den Draht» zu ihren Lesern zu verlieren, scheinen sich ihren
eigenen Erfahrungshorizont oder den ihrer Leser nicht bewußt zu
machen.

5 Kaum ein «Normaler» verfügt über authentische Erinnerungen
an das zweite (oder gar erste) Lebensjahr, Autisten dagegen können
sich mit glaubhafter Detailtreue an diese frühe Zeit erinnern. «Er
scheint sich bis in kleinste Einzelheiten an Dinge zu erinnern, die er
mit zwei oder drei Jahren erlebt hat», schreiben Lucci *et al.* über einen
autistischen Jungen. Von koenästhetischen Kindheitserinnerungen
berichtet auch Lurija in Zusammenhang mit S., dem von ihm untersuchten Gedächtniskünstler.

leben, zu heftiger Wut. Sie war blind für die üblichen Regeln und Codes des menschlichen Miteinanders. Sie lebte, manchmal vor Wut rasend, auf unfaßbare Weise zerrüttet, in einer heillos chaotischen Welt. Mit drei Jahren wurde sie destruktiv und gewalttätig:

> Normale Kinder nehmen Ton zum Modellieren, ich nahm meine Fäces und verteilte meine Kreationen im ganzen Zimmer. Ich kaute Puzzle-Teile weich und spuckte den Pappebrei auf den Boden. Ich hatte ein heftiges Temperament, und wenn sich dem etwas oder jemand widersetzte, warf ich mit allem um mich, was mir in die Finger geriet – sei es eine kostbare Vase oder übriggebliebene Fäces. Ich schrie ununterbrochen...

Und doch entwickelte sie wie viele autistische Kinder bald auch eine ungeheure Konzentrationsfähigkeit, eine derart intensive selektive Aufmerksamkeit, daß sie sich eine eigene Welt schaffen konnte, einen Ort der Ruhe und der Ordnung in all dem Lärm und Chaos: «Ich konnte stundenlang am Strand sitzen, Sand durch die Finger rinnen lassen und Miniaturberge formen», schreibt sie. «Jedes Sandkorn fesselte mich, als sei ich ein Wissenschaftler, der durch sein Mikroskop schaut. Oder ich erforschte alle Linien in meinem Finger, als seien es Straßen auf einer Landkarte.» Oder sie drehte sich um sich selbst oder drehte eine Münze und war dabei so versunken, daß sie nichts anderes sah und hörte. «Die Menschen um mich herum waren durchsichtig... Selbst ein plötzliches lautes Geräusch schreckte mich nicht aus meiner Welt.» (Unklar ist, ob diese überfokussierte – ebenso eingeengte wie intensive – Aufmerksamkeit ein primäres Autismus-Phänomen ist oder eine Anpassung an ein überwältigendes Sperrfeuer von Sinneswahrnehmungen. Eine ähnliche Hyperfokussierung finden wir manchmal beim Touretteschen Syndrom.)

Mit drei Jahren brachte man sie zu einem Neurologen, der den Autismus diagnostizierte und durchblicken ließ, daß wahrscheinlich eine lebenslange Unterbringung in einer Anstalt notwendig sei. Besonders bedenklich schien, daß sie in diesem Alter noch kein Wort sprach.

Wie um alles in der Welt, so mußte ich mich fragen, hatte sie sich nach dieser nahezu unbegreiflichen Kindheit mit ihrem Chaos, den Fixierungen, der Unzugänglichkeit, der Gewalttätigkeit – nach diesem elenden und hoffnungslosen Zustand, der beinahe zu einer Hospitalisierung der Dreijährigen geführt hätte – zu der erfolgreichen Biologin und Ingenieurin entwickeln können, die ich bald kennenlernen sollte?

Ich rief Temple vom Flughafen in Denver an, um unsere Verabredung zu bestätigen – möglicherweise, so dachte ich, war sie in solchen Situationen etwas unflexibel, daher wollte ich Ort und Zeit so eindeutig und genau wie möglich festlegen. Die Fahrt nach Fort Collins, erklärte mir Temple, dauere eineinviertel Stunden, und sie beschrieb mir minutiös den Weg zu ihrem Büro in der Colorado State University, wo sie als Assistenzprofessorin am Institut für Viehwirtschaft arbeitet. Einmal verstand ich etwas nicht und bat Temple, es zu wiederholen. Ich war bestürzt, als sie die ganze, minutenlange Wegbeschreibung in fast identischen Worten wie eine Litanei wiederholte. Es schien, als müsse sie die Anweisungen so geben, wie sie sie gespeichert hatte, in ihrer ganzen Länge – als seien sie zu einer festen Verbindung oder einem Programm verschmolzen und nicht mehr als einzelne Komponenten verfügbar. An einer Stelle mußte sie ihre Beschreibung allerdings modifizieren. Beim erstenmal hatte sie mich angewiesen, an einer bestimmten Kreuzung, erkennbar an einem Taco-Bell-Restaurant, rechts in die College Street einzubiegen. Im zweiten Durchgang fügte sie hinzu, das Taco Bell sei kürzlich renoviert und im Landhausstil umgebaut worden und sehe jetzt überhaupt nicht mehr «bellisch» aus. Mich überraschte das charmante, launige Adjektiv «bellisch» – autistische Menschen gelten oft als humor- und phantasielos, doch «bellisch» war ohne Zweifel eine originelle Wortschöpfung, ein spontaner und lustiger Einfall.

Ich erreichte das Universitätsgelände und fand das Gebäude des Instituts für Viehwirtschaft, wo mich Temple erwartete, eine hochgewachsene, kräftig gebaute Frau Mitte vierzig: Sie trug Jeans, Strickhemd, Westernstiefel – ihr übliches Outfit. Ihre Art, sich zu kleiden, ihre Erscheinung, ihr Verhalten waren einfach und geradeheraus. Sie machte den Eindruck einer kräftigen, sattelfesten Viehzüchterin, gleichgültig gegenüber gesellschaftlichen Konventionen, Aussehen oder Zier, ohne jeden Schnörkel, vollkommen offen und direkt in Verhalten und Denken. Als sie ihren Arm zum Gruß hob, ruckte er zu hoch, schien einen Moment lang gefangen in einer Art Spasmus oder Starrheit – eine Andeutung, ein Echo ihrer einstigen Stereotypien. Sie drückte mir fest die Hand und ging mir voraus zu ihrem Büro. (Ihr Gang erschien mir etwas schwerfällig und unbeholfen, wie man es häufig bei autistischen Erwachsenen sieht. Temple selbst schrieb es einer leichten Ataxie, verbunden mit einer fehlerhaften Entwicklung des vestibulären Systems und einiger Kleinhirnbereiche, zu. Als ich sie später kurz untersuchte und insbesondere die Kleinhirnfunktion und das Gleichgewichtsvermögen überprüfte, stellte ich tatsächlich eine geringfügige Ataxie fest, die aber, wie ich fand, nicht hinreichend ausgeprägt war, um ihren seltsamen Gang zu erklären.)

Sie wies mir ohne Umschweife einen Platz zu, ohne Präliminarien, ohne Nettigkeiten, ohne Small talk über meine Reise oder darüber, wie mir Colorado gefalle. Ihr Büro war übersät mit Papieren, mit getaner und noch zu erledigender Arbeit – das typische Arbeitszimmer eines Wissenschaftlers, mit Fotos ihrer Projekte an der Wand und allerlei Tier-Nippes, den sie von ihren Reisen mitgebracht hatte. Unvermittelt begann sie über ihre Arbeit zu sprechen, erzählte von ihrem frühen Interesse an Psychologie und dem Verhalten von Tieren, wie beides mit Selbstbeobachtung und einem Gespür für ihre eigenen Bedürfnisse als autistischer Mensch zusammenhing und wie sich dies alles mit ihrem planerischen und technischen Verstand verbunden hatte, um sie schließlich auf das besondere Gebiet zu lenken, das sie zu ihrem Beruf gemacht hatte: das Planen von Farmen, Fütterungsanlagen, Pferchen, Schlachthäusern – von Systemen unterschiedlichster Art, wie sie in der Viehwirtschaft benötigt werden.

Sie zeigte mir ein Buch mit einigen der Entwürfe, die sie im Laufe der Jahre angefertigt hatte – das Buch trug den Titel *Beef Cattle Behaviors, Handling, and Facilities Design* –, und ich bewunderte die komplexen und schönen Entwürfe und den logischen Aufbau des Buches, das mit Verhaltensdiagrammen von Rindern, Schafen und Schweinen beginnt und sich dann mit der Anlage von Pferchen und dann immer komplexeren Ranch- und Weideanlagen befaßt.

Sie sprach deutlich und klar, aber mit einer nicht zu bremsenden Getriebenheit und Zielstrebigkeit. Ein Satz, ein Absatz mußte – einmal begonnen – zu Ende geführt werden; nichts blieb implizit im Raum stehen. Ich fühlte mich etwas erschöpft und war hungrig und durstig – ich war den ganzen Tag unterwegs gewesen und hatte mittags nichts gegessen –, und ich hoffte, Temple würde das bemerken und mir Kaffee anbieten. Sie tat nichts dergleichen. Nach einer Stunde, dem Zusammenbruch nahe unter dem Hagel ihrer übergenauen, unerbittlichen Sätze und durch die Anstrengung, die es bedeutete, auf mehrere Dinge gleichzeitig achten zu müssen (nicht nur darauf, was sie sagte – und das war häufig komplex und völlig neu für

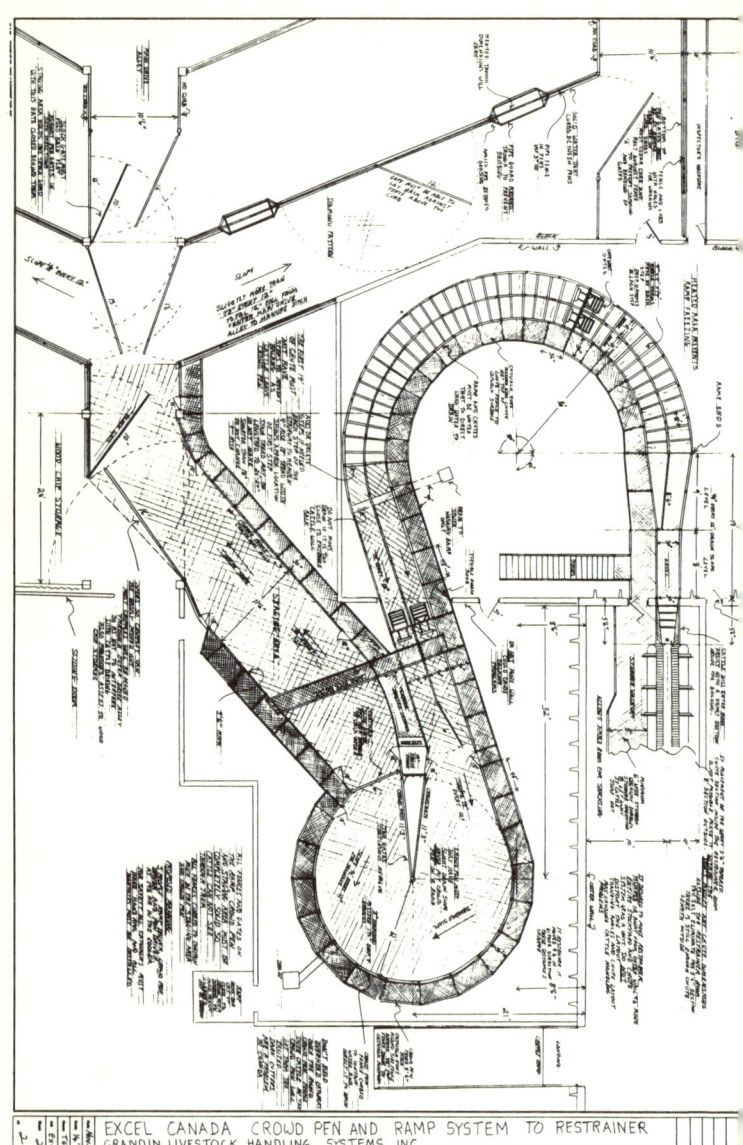

EXCEL CANADA   CROWD PEN AND RAMP SYSTEM TO RESTRAINER
GRANDIN LIVESTOCK HANDLING SYSTEMS INC.
SUITE 3, 1401 SILVER, URBANA, ILLINOIS 61801   217-384-4815

mich –, sondern auch auf ihre geistige Verfassung, darauf, was für ein Mensch sie war), bat ich schließlich um Kaffee. Es kam weder ein «Entschuldigen Sie, ich hätte Ihnen längst einen anbieten sollen» noch irgend etwas Vermittelndes, etwas, das eine soziale Verbindung oder Verbindlichkeit signalisiert hätte. Statt dessen führte sie mich unverzüglich zu einer Kaffeekanne, die eine Treppe höher im Büro der Sekretärinnen stand. Etwas schroff und kurz angebunden stellte sie mich den Sekretärinnen vor, und ich hatte einmal mehr das Gefühl, es mit einem Menschen zu tun zu haben, der in groben Zügen gelernt hat, wie man sich in solchen Situationen «benimmt», ohne eigentlich wahrzunehmen, was andere Menschen fühlen – einschließlich der Nuancen, der Feinheiten des sozialen Umgangs.

Zeit zum Abendessen», verkündete Temple plötzlich nach einer weiteren Stunde in ihrem Büro. «Wir essen früh hier im Westen.» Wir gingen in ein nahegelegenes Western-Restaurant, eines mit Schwingtüren und Gewehren und Stierhörnern an den Wänden – es war dort, wie es Temple prophezeit hatte, bereits um fünf Uhr nachmittags sehr voll –, und bestellten ein klassisches Westernessen mit Rippchen und Bier. Wir aßen mit großem Appetit und sprachen währenddessen über die technischen Aspekte von Temples Arbeit und darüber, wie sie sich jeden Entwurf, jedes Problem im Geist bildhaft vor Augen führt. Als wir das Restaurant verließen, schlug ich einen Spaziergang vor, und Temple führte mich zu einer Wiese entlang einer alten Eisenbahnlinie. Die Luft kühlte sich schnell ab – wir waren siebzehnhundert Meter hoch –, und in der langen Dämmerung umschwirrten uns Mückenschwärme, und überall zirpten Grillen. Ich entdeckte in einer Schlammpfütze unter den Gleisen ein paar Schachtelhalme (eine meiner Lieblingspflanzen) und wies aufgeregt auf sie hin. Temple bedachte sie mit einem kurzen Blick, sagte «Equisetum», schien aber meine Freude nicht zu teilen.

Auf dem Flug nach Denver hatte ich ein bemerkenswertes Prosastück von einer hochbegabten, normalen Neunzehnjährigen gelesen – sie hatte, mit einem wundervollen Gespür für Mythisches, ein Märchen geschaffen, eine ganze Welt voll Magie, Animismus und Kosmogonien. Wie, fragte ich mich, während wir durch die Schachtelhalme stapften, stand es mit Temples Interesse an der mythischen Entstehung der Welt? Wie reagierte sie auf Mythen oder Dramen? Besaßen sie für sie überhaupt Sinn und Bedeutung? Ich fragte sie nach den griechischen Sagen. Als Kind habe sie viele davon gelesen, sagte sie, und besonderen Eindruck habe Ikarus auf sie gemacht – wie er bei seinem Flug der Sonne zu nahe gekommen sei, das Wachs seiner Flügel der Hitze nicht standgehalten und er sich zu Tode gestürzt habe. «Nemesis und Hybris verstand ich», sagte sie. Doch die Liebesgeschichten der Götter, so stellte ich fest, ließen sie unberührt – und blieben ihr rätselhaft. Ähnlich war es mit Shakespeare. *Romeo und Julia* fand sie verwirrend («Ich habe nie verstanden, was sie eigentlich wollten»), und bei *Hamlet* verlor sie sich im Hin und Her der Handlung. Sie selbst schrieb dies ihren «Schwierigkeiten bei der Sequenzierung» zu, doch schien das eigentliche Problem darin zu bestehen, daß sie sich in die Figuren nicht einfühlen, dem verschlungenen Spiel von Motiv und Intention nicht folgen konnte. «Einfache, starke, universelle» Gefühle könne sie verstehen, erklärte sie mir, doch die komplexeren Empfindungen und Spiele der Menschen brächten sie in Verlegenheit. «Die meiste Zeit», sagte sie, «fühle ich mich wie eine Anthropologin auf dem Mars.»

Sie bemühe sich sehr, erzählte sie, ihr eigenes Leben einfach zu gestalten und alles sehr klar und eindeutig zu halten. Sie habe sich im Laufe der Jahre einen ungeheuren

Fundus an Erfahrungen aufgebaut. Sie stünden ihr wie eine Videothek zur Verfügung, deren Bänder sie jederzeit innerlich abspielen und anschauen könne – «Videos», die ihr zeigten, wie Menschen sich in unterschiedlichen Situationen verhalten. Sie lasse sie wieder und wieder ablaufen und lerne auf diese Weise allmählich, das, was sie sehe, zueinander in Beziehung zu setzen, so daß sie mit einer gewissen Wahrscheinlichkeit vorhersagen könne, wie Menschen unter vergleichbaren Bedingungen handelten. Sie ergänzte ihre Erfahrungen durch ständige Lektüre, unter anderem auch von Wirtschaftsjournalen und dem *Wall Street Journal* – und jedes Buch, jede Zeitschrift trage dazu bei, ihr Wissen über die Spezies zu erweitern. «Es ist ein streng logischer Prozeß», erklärte sie.

In einer von ihr entworfenen und konstruierten Maschinenanlage habe es immer wieder Pannen gegeben, erzählte sie, doch sei das immer nur dann passiert, wenn ein bestimmter Mann, John mit Namen, im Raum gewesen sei. Sie habe diese Vorkommnisse «korreliert» und sei zu dem Schluß gekommen, daß John die Anlage sabotiere. «Ich mußte lernen, mißtrauisch zu sein, ich mußte es auf kognitivem Wege lernen. Ich konnte zwei und zwei zusammenzählen, aber ich war unfähig, ihm den Neid vom Gesicht abzulesen.» Solche Vorfälle waren nichts Ungewöhnliches für sie: «Manche Menschen bringt es aus der Fassung, daß diese autistische Närrin einfach hereinspazieren und ihnen die ganzen Maschinen hinstellen kann. Sie wollen die Maschinen, aber es ärgert sie, daß sie das nicht selbst können, daß Tom» – ein Ingenieurkollege – «und ich das können, daß wir Hunderttausend-Dollar-Maschinenanlagen im Kopf haben.» In ihrer Arglosigkeit und Leichtgläubigkeit wurde Temple zunächst auf vielerlei Weise hintergangen und ausgenutzt. Diese Unschuld der Arglosigkeit entsprang nicht moralischer Tugend, sondern dem Unvermögen, Heuchelei und Verstellung zu erkennen («die schmutzigen

Mittel der Welt», um mit Traherne zu sprechen), eine Schwierigkeit, die fast alle Autisten haben. Doch im Laufe der Jahre lernte Temple auf ihre indirekte Weise, mit Hilfe ihrer «Videothek», einiges über den Lauf der Welt. Sie konnte ihre eigene Firma gründen und arbeitete weltweit als freiberufliche Beraterin und Planerin von Einrichtungen im Bereich von Viehzucht und Viehverwertung. Beruflich ist sie außerordentlich erfolgreich, doch andere menschliche Interaktionen − soziale etwa oder sexuelle − gehen «über meinen Horizont». «Meine Arbeit ist mein Leben», sagte sie mehrfach. «Etwas anderes gibt es nicht.»

In ihrer Stimme schienen sich Schmerz, Entsagung, Entschlossenheit und Akzeptanz zu mischen, und diese Gefühle sprechen auch aus allen ihren schriftlichen Äußerungen. In einem Aufsatz schreibt sie:

Ich nehme am gesellschaftlichen Leben der Stadt oder der Universität nicht teil. Meine sozialen Kontakte beschränken sich fast ausschließlich auf Leute, die mit Viehwirtschaft zu tun haben oder sich für Autismus interessieren. Meine Freitag- und Samstagabende verbringe ich meistens damit, Aufsätze zu schreiben und zu zeichnen. Meine Interessen sind sachlicher Natur, und meine Feierabendlektüre besteht überwiegend aus wissenschaftlichen Publikationen und Fachliteratur zur Viehwirtschaft. Romane mit komplizierten zwischenmenschlichen Beziehungen interessieren mich kaum, weil ich unfähig bin, die Abfolge der geschilderten Ereignisse im Kopf zu behalten. Sehr viel interessanter finde ich detaillierte Beschreibungen neuer Technologien in Science-fiction-Romanen oder Schilderungen exotischer Länder. Ohne die Herausforderungen meines Berufes wäre mein Leben schrecklich.

Am nächsten Morgen, einem Samstag, holte Temple mich in aller Frühe mit ihrem Jeep ab, einem holprigen Gefährt, mit dem sie Farmer, Rancher und Viehzüchter im ganzen Westen besucht. Während wir Kurs auf ihr Haus nahmen, fragte ich sie nach Einzelheiten ihrer Dissertation. Ihr Thema waren die Auswirkungen einer angereicherten im Vergleich zu einer verarmten Umwelt auf die Gehirnentwicklung von Schweinen. Sie erzählte mir von den großen Unterschieden zwischen beiden Gruppen – wie gesellig und gutmütig sich die «angereicherten» Schweine entwikkelt hätten, wie übererregbar und aggressiv (und fast «autistisch») dagegen ihre «verarmten» Artgenossen gewesen seien. (Sie fragte sich, ob Mangel an Erfahrungen nicht auch ein Faktor sei, der zum menschlichen Autismus beitrage.) «Ich habe meine angereicherten Schweine schließlich richtig geliebt», sagte sie. «Ich habe sehr an ihnen gehangen. So sehr, daß ich sie nicht töten konnte.» Sie hatte die Tiere nach Abschluß des Experiments opfern müssen, um ihre Gehirne untersuchen zu können. Sie schilderte, wie die Schweine ihr voller Vertrauen gefolgt seien, als sie sie auf ihrem letzten Gang begleitete, und wie sie die Tiere beruhigend gestreichelt und zu ihnen gesprochen habe, während man sie tötete. Sie sei sehr unglücklich über den Tod der Tiere gewesen – «Ich habe geweint und geweint.»

Sie hatte die Geschichte gerade beendet, als wir bei ihrem Haus ankamen – einem kleinen, zweigeschossigen Stadthaus, ein ganzes Stück vom Campus entfernt. Das Wohnzimmer unten war behaglich, versehen mit den üblichen Annehmlichkeiten – Sofa, Armsessel, Fernseher, Bilder an den Wänden –, aber ich hatte das Gefühl, daß hier wenig gelebt wurde. Ein überdimensionaler Farbdruck zeigte die Farm ihres Großvaters in Grandin, North Dakota, im Jahr 1880. Ihr anderer Großvater, erzählte sie, hatte den Autopiloten für Flugzeuge erfunden. Von diesen beiden, so

glaubte sie, hatte sie ihre landwirtschaftlichen und technischen Talente geerbt. Im oberen Stockwerk befand sich ihr
Arbeitszimmer mit ihrer Schreibmaschine (aber ohne Text-
verarbeitung), überquellend von Manuskripten und Büchern – Bücher allerorten, sie ergossen sich aus dem Arbeitszimmer in jeden Raum des Hauses. (Irgend jemand hat
mein eigenes Häuschen einmal eine «Arbeitsmaschine»
genannt, und einen ähnlichen Eindruck hatte ich von
Temples Zuhause.) An einer Wand hing ein großes Rinder-
fell, bestückt mit einer riesigen Sammlung von Namens-
schildchen und Plaketten – Andenken an die Hunderte von
Tagungen, auf denen sie Vorträge gehalten hatte. Amüsiert
sah ich dort ein I. D. des American Meat Institute und eines
der American Psychiatric Association Seite an Seite hängen. Temple hat mehr als hundert Aufsätze veröffentlicht,
einen Teil davon über Tierverhalten und die Ausstattung
von viehwirtschaftlichen Betrieben, einen anderen Teil
über Autismus. Die innige Verbindung beider Bereiche war
symbolisch am einträchtigen Nebeneinander und Durcheinander der Konferenzschildchen abzulesen.

Ohne Scheu oder Scham (Gefühle, die sie nicht kennt)
zeigte Temple mir schließlich auch ihr Schlafzimmer,
einen nüchternen Raum mit weißgekalkten Wänden und
einem Einzelbett, neben dem eine große, befremdlich aus-
sehende Apparatur stand. «Was ist das?» fragte ich. «Das
ist meine Drückmaschine», antwortete Temple. «Manche
nennen sie auch meine Schmusemaschine.»

Der Apparat hatte zwei schwere, schräge Holzseiten,
jede etwa hundertzwanzig mal neunzig Zentimeter, ge-
polstert mit einer dicken, weichen Auflage. Scharniere
verbanden sie mit einem langen, schmalen Bodenbrett zu
einer V-förmigen, körpergroßen Wanne. An einem Ende
war ein kompliziertes Kontroll- und Schaltpult installiert,
von dem Druckschläuche zu einem weiteren Gerät in
einem Schrank führten, das mir Temple ebenfalls zeigte.

«Das ist ein Industriekompressor», erklärte sie, «so einer, mit dem man Autoreifen aufpumpt.»

«Und wozu diese Vorrichtung?»

«Sie übt einen starken, aber angenehmen Druck auf den Körper aus, von den Schultern bis zu den Knien», sagte Temple. «Einen gleichbleibenden Druck, einen variierenden oder einen pulsierenden, wie Sie wollen», fügte sie hinzu. «Man kriecht hinein – warten Sie, ich zeige es Ihnen – und stellt den Kompressor an, und hat hier, direkt vor sich, die vollkommene Kontrolle darüber.»

Als ich sie fragte, warum sich jemand freiwillig so einem Druck aussetzen sollte, erklärte sie es mir. Als kleines Mädchen hatte sie sich danach gesehnt, gewiegt und umarmt zu werden, sich aber gleichzeitig vor jeglichem Körperkontakt gefürchtet. Wenn sie in den Arm genommen wurde, besonders von einer Lieblingstante (die allerdings enorm groß war), fühlte sie sich vollkommen überwältigt von Empfindungen; das war ein Gefühl von Frieden und Freude, aber auch ein Erschrecken und die Angst, in einen Abgrund zu stürzen. Sie war gerade fünf, als sie begann, sich in ihren Tagträumen eine Zaubermaschine auszumalen, die sie kraftvoll und doch sanft drückte, ähnlich einer Umarmung, und auf eine Weise, die allein sie bestimmte und kontrollierte. Jahre später, als junges Mädchen, sah sie ein Bild von einem Druckkasten zum Festhalten von Kälbern und wußte: das war es – ein paar kleine Veränderungen, um es für den menschlichen Gebrauch passend zu machen, und es könnte ihre Zaubermaschine sein. Sie hatte auch andere Möglichkeiten in Erwägung gezogen, aufblasbare Anzüge etwa, die einen gleichmäßigen Druck auf den ganzen Körper ausübten – aber der Druckkasten war in seiner Einfachheit unübertrefflich.

Da sie ein praktisch denkender Mensch war, hatte sie ihre Phantasie bald in die Wirklichkeit umgesetzt. Die ersten Modelle waren noch unvollkommen, aber schließlich entstand ein sehr komfortables, verläßlich funktionierendes System, das sie mit «Umarmungen» von jeder gewünschten Art versorgte. Ihre Maschine arbeitete exakt so, wie sie es sich erhofft hatte, und erzeugte in ihr genau das Gefühl von Ruhe und Freude, von dem sie seit ihren Kindertagen träumte. Ohne ihre Drückmaschine hätte sie die stürmischen College-Tage sicher nicht überstanden, sagte sie. An Menschen konnte sie sich nicht wenden, wenn sie Trost und Zuwendung brauchte, an die Maschine immer. Die Maschine, die sie weder zur Schau stellte noch verheimlichte, die aber offen in ihrem Zimmer im College stand, rief Spott und Argwohn hervor, und Psychiater sahen darin eine «Regression» oder «Fixierung» – ein Problem, das psychoanalytisch untersucht und therapiert werden mußte. Mit der ihr eigenen Sturheit und Zielstrebigkeit, gefördert durch die Tatsache, daß sie weder Hemmung noch Zögern kannte, ignorierte Temple all diese Kommentare und Reaktionen und beschloß, nach einer wissenschaftlichen «Validierung» ihrer Gefühle zu suchen.

Vor und nach ihrer Doktorarbeit erforschte sie systematisch die Wirkungen von Tiefendruck bei autistischen Menschen, College-Studenten und Tieren, und kürzlich hat sie einen Aufsatz zu diesem Thema im *Journal of Child and Adolescent Psychopharmacology* veröffentlicht. Inzwischen ist ihre Drückmaschine, vielfach modifiziert, Gegenstand umfassender klinischer Versuche. Sie selbst ist zur weltweit führenden Konstrukteurin von Druckkästen für Großvieh geworden und hat viele Aufsätze zur Theorie und Praxis humaner, sanfter Tierhaltung verfaßt, die in veterinärmedizinischen Zeitschriften und Organen der fleischverarbeitenden Industrie erschienen sind.

Während Temple mir das alles erzählte, kniete sie sich hin, legte sich dann bäuchlings und lang ausgestreckt in das «V», stellte den Kompressor an (es dauerte eine Minute, bis sich der Hauptzylinder gefüllt hatte) und drehte an den

Knöpfen. Die Seiten klappten zusammen, umfingen sie fest und lockerten dann ihren Griff wieder etwas, als Temple die Einstellung leicht veränderte. Es war das bizarrste Ding, das ich je gesehen habe, und doch war es, bei aller Seltsamkeit, anrührend und einfach. Seine Wirkung war offensichtlich. Temples oft laute, harte Stimme wurde weicher und sanfter. «Ich konzentriere mich darauf, wie sanft ich es machen kann», sagte sie, und sprach dann von der Notwendigkeit, «sich dem völlig hinzugeben… Ich bin jetzt wirklich entspannt», fügte sie ruhig hinzu. «Ich denke, die meisten kriegen das durch ihre Beziehungen zu anderen Menschen.»

Die Maschine ist für Temple nicht nur eine Quelle der Freude und Entspannung, sondern vermittelt ihr auch, wie sie betont, ein Gefühl für andere. Wenn sie in der Maschine liege, erzählt sie, sei sie mit ihren Gedanken oft bei ihrer Mutter, ihrer Lieblingstante, ihren Lehrern. Sie spürt die Liebe dieser Menschen und ihre Liebe für sie. Die Maschine öffnet ihr eine Tür in eine sonst für sie verschlossene emotionale Welt und ermöglicht es ihr, fast könnte man sagen, lehrt sie, sich in andere einzufühlen.

Nach etwa zwanzig Minuten stand sie auf, sichtbar ruhiger und emotional weniger starr (sie sagt, ihre Katze zeige durch ihr Verhalten, daß sie die Veränderung in ihr in solchen Momenten spüre), und fragte mich, ob ich nicht Lust hätte, die Maschine auszuprobieren.

Ich war tatsächlich neugierig und kletterte hinein. Ich kam mir dabei ein bißchen lächerlich vor und war verlegen – aber nicht so sehr, wie das vielleicht unter anderen Umständen der Fall gewesen wäre, weil Temple ihrerseits so völlig unbefangen war. Sie schaltete den Kompressor wieder ein und füllte den Hauptzylinder, und ich experimentierte behutsam mit den Schaltknöpfen. Es war in der Tat ein wohltuendes, beruhigendes Gefühl – es erinnerte mich an meine weit zurückliegenden Tiefsee-Tauchgänge, bei

denen ich den Druck des Wassers auf meinen Taucher-
anzug wie eine den ganzen Körper umschließende Umarmung empfunden hatte.

Nach der Massage in der Maschine fuhren wir – beide angenehm entspannt – zur Versuchsfarm der Universität, wo
Temple einen großen Teil ihrer grundlegenden Feldarbeit
leistet. Ich hatte eine deutliche Trennung, wenn nicht gar
eine Kluft zwischen dem persönlichen – und sozusagen
privaten – Bereich ihres Autismus und der öffentlichen
Sphäre ihres Berufslebens erwartet. Doch mir wurde mehr
und mehr klar, daß beides überhaupt nicht voneinander
zu trennen war; für sie waren Persönliches und Beruf-
liches, Inneres und Äußeres vollkommen miteinander
verschmolzen.

«Für Vieh sind dieselben Geräusche unerträglich wie für
autistische Menschen – hohe Töne, zischende Luft oder
plötzliche laute Geräusche; die Tiere können sich an sie
nicht anpassen», erklärte Temple. «Tiefe Rumpeltöne stören sie dagegen nicht. Auch starke visuelle Kontraste,
Schatten oder plötzliche Bewegungen verwirren sie. Einer
leichten Berührung entziehen sie sich, eine kräftige Berührung beruhigt sie. Ich entziehe mich Berührungen genauso
wie eine wilde Kuh – mich an Berührungen zu gewöhnen
ist so ähnlich, wie eine wilde Kuh zu zähmen.» Eben dieses
Gespür für das, was Tiere und Menschen (auf der Ebene
grundlegender Empfindungen und Gefühle) gemeinsam
haben, ermöglichte es ihr, eine solche Sensibilität für Tiere
zu entwickeln, und motivierte sie, sich so nachdrücklich
für einen humanen Umgang mit ihnen einzusetzen.

Zum Teil, sagte sie, sei sie durch die Erfahrung des Autismus auf dieses Wissen vorbereitet worden, zum Teil aber
auch dadurch, daß sie aus einer alten Farmerfamilie
stamme und als Kind viel Zeit in landwirtschaftlichen Be-

trieben verbracht habe. Und ihre Art zu denken mache ihr die Flucht vor diesen Realitäten unmöglich. «Wenn man visuell denkt, fällt es leichter, sich mit Tieren zu identifizieren», erklärte sie, als wir zur Farm fuhren. «Wie soll sich jemand, dessen Gedanken nur aus Worten und Sätzen bestehen, vorstellen, daß Rinder denken? Aber wenn man in Bildern denkt...»

Temple besitzt seit jeher ein großes Visualisierungsvermögen. Sie war sehr erstaunt, als sie entdeckte, daß nicht alle Menschen über ihre beinahe halluzinatorische Fähigkeit verfügen, sich Dinge bildhaft vorzustellen – daß es Menschen gibt, die offensichtlich auf andere Weise denken. Es verwirrt sie immer noch. «Wie denkt man eigentlich?» fragte sie mich mehrfach. Dennoch hatte sie bis zu ihrem achtundzwanzigsten Lebensjahr, als sie zum erstenmal einen technischen Zeichner bei der Arbeit beobachtete, keine Ahnung, daß sie Konstruktionszeichnungen entwerfen konnte. «Ich sah, wie er es machte», erzählte sie mir. «Ich ging los und besorgte mir genau die gleichen Instrumente und Bleistifte, die er benutzte – einen 0,5 HB Pentel –, und fing an, so zu tun, als sei ich er. Der Entwurf zeichnete sich wie von selbst, und als er fertig war, konnte ich nicht glauben, daß er von mir stammte. Ich brauchte nicht zu lernen, wie man zeichnet oder konstruiert, ich tat so, als sei ich David – ich habe mir ihn, das Zeichnen und alles andere angeeignet.»[6]

6 Als Temple mir dies erzählte, hatte ich zuerst den Eindruck, als habe sie den «angeeigneten» David und seine Zeichenfertigkeiten als ganzen Bissen geschluckt, als habe beides nur als eine Art Implantat oder Fremdkörper in ihr existiert, bis es in einem allmählichen Integrationsprozeß Teil ihrer selbst wurde. Eine andere begabte (und dichterisch veranlagte) Autistin hatte sich mit einer Boa constrictor verglichen, die sich Tiere als ganzes einverleibt, sie aber nur sehr langsam assimilieren kann. Zuweilen scheint die einverleibte Rolle oder Fähigkeit nicht angemessen assimiliert oder integriert zu werden und

Temple sagt, sie lasse ständig «Simulationen» in ihrem Kopf ablaufen: «Ich stelle mir aus verschiedenen Winkeln, verschiedenen Entfernungen, aus Zoom- oder Weitwinkelperspektive, ja sogar als Blick aus dem Hubschrauber vor, wie das Tier den Kasten betritt – oder ich verwandle mich selbst in ein Tier und fühle, was das Tier fühlt, wenn es in die Box getrieben wird.»

Aber wer ausschließlich in Bildern denkt, so kam es mir in den Sinn, versteht vielleicht gar nicht, was nichtvisuelles Denken ist, und ihm entgehen der Reichtum und die Mehrdeutigkeit der Sprache, ihre kulturellen Wurzeln, ihre Tiefe. Alle Autisten, hatte Temple einmal gesagt, seien überwiegend visuelle Denker wie sie. Ich fragte mich, ob dies nicht, wenn es sich wirklich so verhielt, mehr als ein Zufall war. War Temples ausgeprägte Visualität ein Schlüssel zu ihrem Autismus?

Eine Rinderfarm, selbst eine große, ist zumeist ein stiller Ort, doch diesmal hörten wir schon von weitem ein tu-

geht ebenso plötzlich, wie sie erworben wurde, wieder verloren, wird gleichsam abgestoßen – daher die (besonders bei jüngeren autistischen Idiots savants auffällige) Tendenz, komplexe Fertigkeiten oder Rollen oder ungeheure Mengen von Information als ganzes zu verschlingen, eine Weile damit zu jonglieren, um sie dann plötzlich so vollständig aufzugeben oder zu vergessen, als seien sie durch sie hindurchgewandert, ohne auch nur die geringste Spur zu hinterlassen (solche nichtintegrierten Verhaltensweisen und konvulsiven Mimikrys findet man manchmal auch bei Menschen mit schwerem Touretteschem Syndrom).

Sehr viel komplexer sind Situationen, in denen Verhaltensweisen und sogar eine ganze Persona als eine Art Pseudopersönlichkeit beibehalten werden. Manchmal nehmen junge Autisten ein übertriebenes, stereotypes, fast witzblattartiges sexuelles Gebaren an (das sie in Comics oder Seifenopern sehen und dann nachahmen oder karikieren). Donna Williams schildert in ihren faszinierenden autobiographischen Berichten, wie sie in den langen Jahren, als sie nur eine rudimentäre Identität besaß, zwei Personae, Carol und Willie, «angenommen» und *durch* sie gedacht und gesprochen hat.

multhaftes Gebrüll. «Offenbar haben sie heute morgen die Kälber von den Kühen getrennt», sagte Temple, und genau das war geschehen. Wir sahen eine Kuh, die unruhig außerhalb der Einfriedung umherstriff und blökend nach ihrem Kalb suchte. «Das ist keine glückliche Kuh», sagte Temple. «Das ist eine traurige, unglückliche, verwirrte Kuh. Sie möchte ihr Junges wiederhaben. Sie ruft nach ihm, sucht es. Eine Weile wird sie es vergessen, dann fängt sie wieder an. Es ist, als ob sie sich grämt, als ob sie trauert – ist noch nicht viel drüber geschrieben worden. Menschen scheuen sich, ihnen Gedanken oder Gefühle zuzugestehen. Skinner gesteht sie ihnen überhaupt nicht zu.»

Während ihrer Studienzeit in New Hampshire hatte sie an B. F. Skinner, den großen Behavioristen, geschrieben und ihn schließlich auch besucht. «Es war wie eine Audienz beim lieben Gott», erzählte sie. «Und für mich eine Enttäuschung. Er war ein ganz normaler Mensch. ‹Wir brauchen nicht zu wissen, wie das Gehirn arbeitet›, sagte er, ‹es geht einzig und allein um konditionierte Reflexe.› *Mir* konnte niemand weismachen, daß dieses Reiz-Reaktions-Schema alles sein sollte.» Die Skinner-Ära, schloß Temple, sei eine Zeit gewesen, in der man Tieren jegliches Gefühl abgesprochen und sie als Automaten betrachtet habe, eine Zeit außerordentlicher Grausamkeit sowohl bei Tierexperimenten als auch im Umgang mit Tieren auf Farmen und in Schlachthäusern. Irgendwo hatte sie gelesen, der Behaviorismus sei eine lieblose Wissenschaft, und genauso empfand sie es auch. Ihr Bestreben war es, wieder Gespür und Aufmerksamkeit für die Gefühle von Tieren in die Landwirtschaft einzuführen.

Der Anblick der trauernden Kuh und ihr schmerzvolles Brüllen machten Temple zornig, und sie mußte an die Unmenschlichkeiten des Schlachtgeschäftes denken. Sie habe kein besonderes Verhältnis zu Hühnern, sagte sie, aber die Massenschlachtung von Hühnern sei besonders abscheu-

lich. «Wenn die Hühner reif sind für McNuggetland, pak-
ken sie sie, hängen sie mit dem Kopf nach unten auf,
schneiden ihnen die Kehle durch.» Ähnlich verfahre man
mit Rindern in alten koscheren Schlachthäusern; man fes-
sele sie und hänge sie kopfüber auf, damit ihnen das Blut in
den Kopf ströme, bevor man ihnen die Kehle durch-
schneide: «Manchmal brechen ihre Beine, sie brüllen vor
Schmerz und Angst.» Glücklicherweise änderten sich diese
Praktiken allmählich. Angemessen durchgeführt, fuhr sie
fort, sei «Schlachten humaner als die Natur. Acht Sekunden nach dem Durchschneiden der Kehle werden Endor-
phine freigesetzt; das Tier stirbt ohne Schmerzen. In der
Natur ist es ähnlich, wenn zum Beispiel ein Schaf von
einem Kojoten gerissen wird. Die Natur hat das so eingerichtet, um die Schmerzen eines sterbenden Tieres zu lindern.» Schrecklich, und das um so mehr, als es vermeidbar
sei, finde sie Schmerz und Grausamkeit, die Angst und den
Streß, in die man die Tiere vor dem tödlichen Schnitt ver-
setze, und ihr größtes Anliegen sei es, das zu verhindern.
«Ich möchte die fleischverarbeitende Industrie reformieren. Die Tierschutzaktivisten wollen den ganzen Industrie-
zweig stillegen», sagte sie und fügte hinzu: «Ich bin gegen
alles Radikale, ob von links oder von rechts. Ich habe eine
radikale Abneigung gegen Radikale.»

Fern vom Brüllen der getrennten Kühe und Kälber, deren Kummer und Unglück für Temple eine unumstößliche
Tatsache zu sein schien, fanden wir einen ruhigen, be-
schaulichen Platz auf der Farm, wo das Vieh friedlich wei-
dete. Temple kniete nieder und hielt etwas Heu in der ausgestreckten Hand. Eine Kuh kam, nahm das Heu und
stupste dabei ihr weiches Maul auf Temples Hand. Ein
sanfter, glücklicher Ausdruck erschien auf ihrem Gesicht.
«Jetzt bin ich zu Hause», sagte sie. «Wenn ich mit den Tieren zusammen bin, brauche ich nicht nachzudenken. Ich
weiß einfach, was die Kuh fühlt.»

Die Tiere schienen das zu spüren, spürten ihre Ruhe und ihr Vertrauen und näherten sich ihrer Hand. Zu mir kamen sie nicht, vielleicht witterten sie das Unbehagen des Großstädters, der fast ausschließlich in einer Welt der kulturellen Konventionen und Signale lebt und nicht recht weiß, wie er sich gegenüber riesigen Tieren, mit denen er nicht sprechen kann, verhalten soll.

«Mit Menschen ist das anders», fuhr sie fort und sprach erneut davon, sich wie eine Anthropologin auf dem Mars zu fühlen: «Die Leute dort zu studieren, bemüht, hinter die Regeln zu kommen, nach denen die Bewohner leben. Wenn ich mit Tieren zusammen bin, habe ich dieses Gefühl nicht.»

Ich war betroffen von dem gewaltigen Unterschied, dem Abgrund zwischen Temples unmittelbarem, intuitivem Zugang zu den Stimmungen und Zeichen der Tiere und ihren enormen Schwierigkeiten, Menschen zu verstehen, ihre Regeln und Signale, ihre Verhaltensweisen. Man kann nicht sagen, daß es ihr grundsätzlich an Gefühlen oder an Einfühlungsvermögen mangelt. Im Gegenteil, ihr Gespür für die Stimmungen und Gefühle von Tieren ist so stark, daß sie fast von ihr Besitz ergreifen, sie zuweilen überwältigen. Sie spürt, daß sie mit allem, was physisch oder physiologisch ist, mitfühlen und mitleiden kann – mit dem Schmerz und der Todesangst eines Tieres –, doch fehlt ihr die Empathie für den Geisteszustand oder die Sehweisen von Menschen.[7] In jüngeren Jahren war sie kaum in der

---

7 Sie war tief bewegt, physisch schockiert, als ich bei unserem Gespräch einen jungen Mann mit extrem schwerem Touretteschem Syndrom nachahmte – wie er sich mit gewaltsamen Tics die Augen ausgestoßen hatte. Auf den Ausdruck von rohen Impulsen, von Gewalt und Schmerz reagierte sie unmittelbar. Mich erinnerte das daran, wie Shane, ein anderer Freund mit Touretteschem Syndrom, auf gutartige, liebevolle Weise zu den autistischen Kindern in Camp Winston durchgedrungen war, auf einer Ebene von Intuition und im-

Lage gewesen, auch nur die einfachsten Formen emotionalen Ausdrucks zu deuten; später gelang es ihr immer
besser, sie zu «dekodieren», ohne dabei zwangsläufig ein
Gefühl für sie zu entwickeln. (In einem ähnlichen Zusammenhang hatte mir Dr. Hermelin in London von einem
intelligenten, zwölfjährigen autistischen Mädchen erzählt,
das einmal zu ihr kam und ihr über eine Mitschülerin berichtete: «Joanie macht ein lustiges Geräusch.» Hermelin
ging der Sache nach und stieß auf eine bitterlich weinende
Joanie. Die Bedeutung des Weinens war dem autistischen
Mädchen völlig entgangen: Es hatte es lediglich als etwas
Physisches registriert, als «lustiges Geräusch». Ich mußte
auch an Jessy Park denken und daran, wie faszinierend sie
es fand, daß Zwiebeln einen zum Weinen bringen können,
der aber zugleich jegliches Verständnis dafür fehlte, daß
man auch vor Freude weinen kann.) [8]

«Ich kann erkennen, ob ein Mensch zornig ist», erzählte
mir Temple, «oder ob er lächelt.» Auf der Ebene des Senso-
motorischen, des Konkreten, des Unvermittelten, des Animalischen hat sie keinerlei Schwierigkeiten. Aber wie sei es
mit Kindern, fragte ich sie. Nehmen sie nicht eine Zwischenstellung zwischen Tieren und Erwachsenen ein?
Ganz im Gegenteil, sagte Temple, mit Kindern habe sie die
größten Probleme – mit ihnen ins Gespräch zu kommen,

pulsivem Mitgefühl, einer Ebene, die elementarer ist und sich direkter vermittelt als die komplexer geistig-seelischer Zustände und Sehweisen.

8 Manche Autisten halten sich, wie Blinde oder Gehörlose, Hunde,
die ihnen beim Wahrnehmen, in diesem Fall bei der sozialen Wahrnehmung, helfen sollen. Die Hunde «lesen» dann für sie die Stimmungen und Absichten von Besuchern, für die sie selbst kein Gespür
haben. Ich kenne zwei Autisten, die ihren Hunden «telepathische»
Fähigkeiten zuschreiben, aber in Wirklichkeit handelt es sich natürlich um Fähigkeiten, wie sie normalerweise jeder Hund – und auch
jeder Mensch – besitzt, und die ihnen selbst fehlen.

mit ihnen zu spielen –, und diese Probleme habe sie schon gehabt, als sie selbst noch ein Kind gewesen sei. Kinder, so glaubt sie, haben bereits im Alter von drei oder vier Jahren große Stücke eines Wegs zurückgelegt, auf dem sie als Autistin nicht weit gekommen ist. Schon diese Kleinen «verstünden» andere Menschen auf eine Weise, wie es ihr wohl nie möglich sein werde.

Was sei es denn genau, forschte ich weiter, was da zwischen normalen Menschen vorgehe und von dem sie sich ausgeschlossen fühle? Temple ist zu dem Schluß gekommen, daß es mit einem impliziten Wissen um soziale Konventionen und Regeln zu tun hat, um all die unausgesprochenen kulturellen Präsuppositionen. Dieses implizite Wissen, das jeder normale Mensch sein ganzes Leben hindurch auf der Grundlage von Erfahrungen und Begegnungen mit anderen ansammelt und anderen vermittelt, scheint Temple weitgehend zu fehlen. Sie muß Intentionen und Stimmungen der anderen «berechnen», muß versuchen, algorithmisch – explizit – zu machen, was für uns andere zweite Natur ist. Sie selber, so schließt sie, habe die normalen sozialen Erfahrungen, aus denen sich normales soziales Wissen aufbaut, wahrscheinlich nie gemacht.

Und möglicherweise haben ihre Schwierigkeiten mit Gestik und Sprache unter anderem hier ihren Ursprung – Schwierigkeiten, die verheerend waren für das Kind, das praktisch ohne Sprache war und das, als es zu sprechen begann, alle Pronomina verwechselte, unfähig, die je nach Kontext unterschiedlichen Bedeutungen von «du» und «ich» zu begreifen.

Es ist eine ungewöhnliche Erfahrung, Temple über diese Zeit erzählen zu hören oder in ihrem Buch darüber zu lesen. Mit drei Jahren schickte man sie – als letzte Chance und obwohl sich ihre Familie nicht viel davon versprach – in einen Sonderkindergarten für verhaltensgestörte und behinderte Kinder. Dort schlug man vor, es mit einer

Sprachtherapie zu versuchen. Irgendwie gelang es der Schule und der Sprachtherapeutin, Temple zu erreichen, sie (so sah sie es später) vor dem Abgrund zu retten und auf einen Weg zu bringen, auf dem sie sich langsam weiterentwickeln konnte. Sie blieb eindeutig autistisch, doch ihre neuen Sprach- und Kommunikationsfähigkeiten gaben ihr Halt, ermöglichten ihr, in gewissem Umfang zu meistern, was zuvor ein heilloses Chaos gewesen war. Ihr Sinnesapparat mit seinen starken Schwankungen zwischen weit überhöhter und kaum vorhandener Empfindlichkeit stabilisierte sich etwas. Es gab Rückschritte und Rückfälle, doch mit sechs Jahren konnte sie recht gut sprechen und hatte damit den Rubikon überschritten, der Menschen, die auf hoher Funktionsebene agieren, von den auf einer niedrigen Funktionsebene verharrenden Autisten scheidet, die es ihr Leben lang nicht zu angemessener Sprache oder Autonomie bringen. Mit dem Spracherwerb begann sich auch die schreckliche Triade der Behinderungen – den sozialen Umgang, die Kommunikation und Imagination betreffend – etwas zu lockern. Temple hatte jetzt einen gewissen Kontakt zu anderen, vor allem zu zwei, drei Lehrern, die ihre Intelligenz, ihre Besonderheiten würdigten und ihren pathologischen Verhaltensweisen – ihrem jetzt unaufhörlichen Sprechen und Fragen, ihren seltsamen Fixierungen, ihren Wutausbrüchen – standhielten. Nicht weniger wichtig war, daß sie in dieser Zeit auch echte Spielfreude und Kreativität entwickelte – sie malte, zeichnete, modellierte Skulpturen, baute Modelle aus Pappe und fand «einzigartige kreative Möglichkeiten, ungezogen zu sein». Mit acht Jahren entdeckte Temple das Als-ob-Spiel, zu dem normale Kinder bereits im Kleinkindalter fähig sind, während es ein autistisches Kind auf niedrigerer Funktionsebene nie lernt.

Entscheidenden Anteil an ihrer Entwicklung hatten ihre Mutter, eine Tante und einige Lehrer, doch ebenso entscheidend auf diesem langen Weg war auch jene allmähliche Entwicklung, die viele Autisten durchlaufen; in solchen Fällen verliert der Autismus, der ja eine Entwicklungsstörung ist, mit zunehmendem Alter an Intensität, und die Betroffenen lernen, besser damit umzugehen.

In der Schule hatte Temple sich nach Freundschaft gesehnt und wäre einer Freundin vollkommen und leidenschaftlich ergeben gewesen (zwei, drei Jahre lang hatte sie eine imaginäre Freundin), aber irgend etwas an ihrer Art zu sprechen, an ihrem Benehmen schien die anderen zu befremden, so daß sie zwar ihre Intelligenz bewunderten, sie aber nie wirklich als Mitglied ihrer Gemeinschaft akzeptierten. «Ich wußte einfach nicht, was ich falsch machte. Mir war seltsamerweise nicht bewußt, daß ich anders war. Ich dachte, die Mitschüler seien anders. Ich konnte nie herausbekommen, warum ich nicht zu ihnen paßte.» Da ging etwas vor zwischen den anderen Kindern, etwas Flüchtiges, Subtiles, etwas, das sich ständig änderte – ein Austausch von Bedeutungen, ein so blitzschnelles Verstehen, daß sie sich manchmal fragte, ob sie alle in telepathischer Verbindung stünden. Jetzt weiß sie, daß es diese sozialen Signale gibt. Sie könne sie mit dem Verstand erschließen, sagt sie, doch selbst wahrnehmen könne sie sie nicht, könne selbst an dieser magischen Kommunikation nicht unmittelbar teilhaben, auch nicht die vielschichtigen, kaleidoskopartig wechselnden Geisteszustände dahinter begreifen. Intellektuell weiß sie das, und so tut sie ihr Bestes, es zu kompensieren, und verwendet ungeheure intellektuelle Anstrengung und Rechenkapazität auf Dinge, die andere mit gedankenloser Leichtigkeit verstehen. Und genau darum fühlt sie sich so oft ausgeschlossen, als Fremde.

Als sie fünfzehn war, geschah etwas, das für ihr Leben eine weitreichende Bedeutung haben sollte. Sie hatte die Druckkästen zum Festhalten von Vieh kennengelernt und war fasziniert von dieser Vorrichtung. Ein Lehrer für naturwissenschaftliche Fächer machte sich nicht, wie andere, über diese Fixierung lustig, sondern nahm sie ernst und schlug ihr vor, sich einen eigenen Kasten zu bauen. Von diesem Zeitpunkt an begann er, ihr Interesse, ausgehend von besonderen Aspekten der Tierzucht und Farmanlagen, auf die Biologie und die Naturwissenschaften im allgemeinen zu lenken. Und Temple, deren Verständnis der Umgangssprache bei weitem noch nicht der Norm entsprach − Anspielungen, unausgesprochene Voraussetzungen, Ironie, Metaphern, Witze blieben ihr weiterhin unverständlich −, stellte fest, daß ihr die Sprache von Naturwissenschaft und Technik erheblich leichter fiel. Sie war viel klarer, viel expliziter, weit weniger abhängig von stillschweigend vorausgesetzten Annahmen. Die technische Sprache erwarb sie so mühelos, wie ihr die soziale Sprache Schwierigkeiten bereitete, und sie eröffnete ihr den Zugang zur Wissenschaft.

Doch wenn es auch auf dieser Ebene eine Lösung für sie gab und sie einen großen Teil ihrer intellektuellen und emotionalen Energie auf die Wissenschaft richten konnte, blieben andere Spannungen, Ängste − ja sogar Seelenqualen − bestehen. Mit Beginn der Adoleszenz wurde Temple zunehmend bewußt, daß sie vielleicht nie ein «normales» Leben würde führen können, mit den «normalen» Befriedigungen und Freuden − Liebe und Freundschaft, Freizeitaktivitäten und Geselligkeit −, die zu einem solchen Leben gehören. Diese Erkenntnis kann für begabte junge Autisten verheerend sein und hat manche in die Depression, einige sogar in den Suizid geführt. Temple reagierte auf diese Erkenntnis mit Verzicht und Hingabe an den Beruf: Sie beschloß, allein zu leben und die Wissenschaft zu ihrem Lebensinhalt zu machen.

Die Adoleszenz lehrte sie auch, daß nicht nur ihr emotionales System, sondern auch ihr gesamtes geistiges und körperliches Sein höchst empfindlich reagierten und durch bestimmte Sinnesreize, Streß, Erschöpfung oder Konflikte leicht aus dem Gleichgewicht gerieten.[9] Vor allem die hormonellen Turbulenzen der Adoleszenz machten ihr zu schaffen. Doch es gab auch Leidenschaft und Intensität in dieser bewegten Zeit; und erst nach Beendigung des College und mit Beginn ihrer beruflichen Laufbahn, erzählte sie, sei es ihr gelungen, ruhiger zu werden. Tatsächlich fühlte sie, daß sie ruhiger werden mußte, sonst hätte sich ihr Körper selbst zerstört. Seit dieser Zeit nimmt sie in niedriger Dosierung Imipramin, ein Antidepressivum. In ihrem Buch schildert Temple die Vor- und Nachteile des Medikaments:

Vorbei ist die manische Suche nach dem Sinn des Lebens. Ich bin nicht mehr auf eine Sache fixiert, weil der innere Drang sich gelegt hat. In den letzten vier Jahren habe ich nur sehr selten Tagebuch geführt, da das Antidepressivum mir viel von der inneren Glut genommen hat. Seit diese Leidenschaft gedämpft ist, geht es mit Beruf und ... Geschäft gut. Da ich entspannter bin, komme ich besser mit Menschen zurecht, und auch die streßbedingten gesundheitlichen Probleme, etwa die Colitis, sind verschwunden. Doch hätte man mir das Medikament schon mit zwanzig verschrieben, wäre ich wahrscheinlich nicht da, wo ich heute bin. Die «Nervereien» und die Fixierungen waren starke Antriebskräfte, bis sie meinen Körper mit streßbedingten Symptomen zu zermürben begannen.

9 Die kritischen Reize können von Person zu Person sehr verschieden sein: Der eine Autist erträgt hochfrequente Geräusche nicht, der andere niederfrequente; der eine reagiert auf einen Ventilator empfindlich, der andere auf eine Waschmaschine. Auch unterschiedlichste visuelle, taktile und olfaktorische Überempfindlichkeiten sind möglich.

Mich erinnerte diese Schilderung an das, was Robert Lowell mir einmal über die Wirkung von Lithium erzählte, das er wegen seiner manisch-depressiven Störungen nahm: «In gewisser Weise fühle ich mich viel ‹besser›, ruhiger, stabiler – aber meine Lyrik hat viel von ihrer Kraft verloren.» Auch Temple ist sich des Preises, den sie für die Ruhigstellung zahlt, sehr bewußt, doch nimmt sie ihn in dieser Phase ihres Lebens gern in Kauf. Doch vermißt sie manchmal die Emotionen, die Leidenschaften, die sie früher empfand.

Die positive Kehrseite einer stark verzögerten Entwicklung kann der nie versiegende Antrieb sein, sich in soziale Interaktion und Wahrnehmung einzuüben, und tatsächlich waren die letzten zwanzig Jahre für Temple eine Zeit stetigen Lernens. Als sie vor zehn Jahren anfing, Vorträge zu halten, so hatte man mir erzählt, schien sie oft gar nicht das Publikum anzusprechen – sie suchte keinerlei Blickkontakt und sah manchmal sogar in eine andere Richtung –, und sie konnte nach dem Vortrag keine Fragen beantworten. Jetzt verbringt sie neunzig Prozent ihrer Zeit auf Reisen, hält Vorträge auf der ganzen Welt, manchmal über Autismus, manchmal über das Verhalten von Tieren. Ihr Vortragsstil ist sehr viel flüssiger geworden, sie hat mehr Blickkontakt mit ihren Zuhörern, macht sogar scherzhafte Randbemerkungen und improvisiert. Mühelos beantwortet sie – pariert sie, wenn nötig – Fragen aus dem Publikum. Auch in ihren sozialen Kontakten scheint sich Temple entwickelt zu haben: Vor kurzem, erzählte sie, habe sie es genießen können, Zeit mit zwei, drei Freundinnen zu verbringen. Doch wirkliche Freundschaften zu schließen, andere Menschen um ihres Andersseins, ihres eigenen Fühlens und Denkens willen zu schätzen, ist vielleicht das Schwierigste für einen Autisten. Uta Frith schreibt in *Autism and Asperger Syndrome*: «Menschen mit Aspergerschem Syndrom scheinen es nicht zu verstehen, eine ver-

traute, persönliche Beziehung einzugehen und aufrecht-
zuerhalten, während sie die soziale Alltagsroutine gut beherrschen.» Ihr Kollege Peter Hobson erzählt von einem
intelligenten, autistischen Mann, der nicht verstehen
konnte, was das bedeutet – «ein Freund». Doch wenn ich
Temple zuhörte, schien es mir, als habe sie jetzt – in ihren
Vierzigern – zumindest ein wenig vom Wesen der Freundschaft begriffen.

An diesem Punkt unseres Gesprächs – wir streunten jetzt
fast zwei Stunden umher und redeten – beendeten wir unseren Besuch auf der Universitätsfarm und gingen essen.
Mir schien, daß sich Temple darüber freute, eine Zeitlang
nicht sprechen und nicht denken zu müssen; die Selbst-
analyse, die ich ihr abverlangt hatte, war von fast grausa-
mer Intensität gewesen (obwohl die Selbstbeobachtung, zu
der sie sich selbst in ihrem täglichen Kampf zwingt, als
Autistin eine nichtautistische Welt zu verstehen und in ihr
zu leben, gewiß nicht weniger intensiv ist). «Normalität»,
so hatte sich während des Gesprächs herauskristallisiert,
war für sie eine Art Vorderseite, eine – wenn auch ansehn-
liche und oft brillante – Fassade, hinter der sie in gewisser
Weise ebenso «draußen», ebenso ohne Verbindung zu anderen blieb wie eh und je. «Zu Data habe ich wirklich eine
Beziehung», sagte sie, als wir zurückfuhren. Sie ist ein Fan
der Fernsehserie «Star Trek», und ihre Lieblingsfigur ist
der Androide Data, der – wenn auch unfähig zu Gefühlen –
allem Menschlichen mit großer Neugier, ja mit Sehnsucht
begegnet. Er beobachtet das Verhalten von Menschen aufs
Genaueste und übernimmt es manchmal wie eine Thea-
terrolle, doch vor allem sehnt er sich danach, ein Mensch
zu *sein*. Es ist erstaunlich, wie viele Autisten sich mit Data
oder seinem Vorgänger Mr. Spock identifizieren.
    So war es auch bei den B.s., der autistischen Familie, die

ich in Kalifornien besucht hatte – der ältere Sohn, wie die Eltern, mit Aspergerschem Syndrom, der jüngere mit klassischem Autismus. Als ich sie zu Hause besuchte, war die ganze Atmosphäre zunächst so «normal», daß ich mich fragte, ob man mich falsch informiert hatte oder ob ich bei der falschen Familie gelandet war. Weder an ihnen noch in ihrer Umgebung war auf den ersten Blick etwas «Autistisches» zu entdecken. Erst als ich saß, fiel mir das abgenutzte Trampolin ins Auge, auf dem die ganze Familie von Zeit zu Zeit umhersprang und mit den Armen flatterte; dazu die umfangreiche Science-fiction-Bibliothek[10]; die seltsamen Cartoons an der Badezimmerwand; die lächerlich ausführlichen Anweisungen in der Küche – Anweisungen fürs Kochen, Tischdecken und Geschirrspülen –, die vermuten ließen, daß diese Handlungen auf starre, stets gleiche Weise auszuführen waren (das ganze war, wie ich später erfuhr, ein autistischer Insider-Witz). Mrs. B. sagte während unseres Gesprächs, sie wandere «an der Grenze zur Normalität», und erläuterte dann, was eine solche «Grenzwanderung» bedeutet: «Wir kennen die Regeln und Konventionen des ‹Normalen›, aber ein wirkliches

10 Viele auf hohem Funktionsniveau lebende Autisten begeistern sich in geradezu suchthafter Manie für alternative Welten, wie C. S. Lewis und Tolkien sie geschaffen haben, oder für Welten, die sie selbst ersinnen. Die beiden B.s und ihr älterer Sohn sind seit Jahren damit beschäftigt, eine imaginäre Welt mit eigenen Landschaften und einer eigenen Geographie zu ersinnen (endlos kartiert und gezeichnet), mit eigenen Sprachen, Währungen, Gesetzen und Sitten – eine Welt, in der Phantasie und Rigidität gleichrangig ihre Wirkung entfalten. Sie können Tage damit zubringen, die gesamte Getreideproduktion oder die Silberreserven von Leutheria zu berechnen, eine neue Flagge zu entwerfen oder die komplexen Faktoren zu berechnen, die den Wert eines Thog bestimmen. Stundenlang sitzen sie so in ihrer Freizeit zusammen, Mrs. B. ist verantwortlich für Wissenschaft und Technik, Mr. B. für Politik, Sprachen und Brauchtum und ihr Sohn für die landschaftlichen Gegebenheiten der häufig kriegführenden Länder.

Überschreiten der Grenze gibt es nicht. Man kann normal handeln, die Regeln lernen und sie befolgen, aber…»

«Man lernt, menschliches Verhalten nachzuäffen», ergänzte ihr Mann. «Ich verstehe immer noch nicht, was hinter den gesellschaftlichen Konventionen steckt. Man sieht die Fassade – aber…»

Die B.s hatten sich also eine Normalitätsfassade angeeignet, ohne die es nicht ging, denn sie mußten den Anforderungen gerecht werden, die sich ihnen stellten – dem Beruf, dem Leben in der Vorstadt, der Notwendigkeit, mit dem Auto zu fahren, den Problemen, die die Ausbildung des einen Sohnes an einer normalen Schule mit sich brachte, und so weiter. Aber sie machten sich keine Illusionen über sich. Sie erkannten ihren eigenen Autismus, und sie hatten einander erkannt, damals auf dem College, und das mit einem solchen Gefühl der Wesensverwandtschaft und einer solchen Freude, daß ihre Heirat selbstverständlich war. «Es war, als hätten wir einander seit Millionen Jahren gekannt», sagte Mrs. B. Obwohl sie sich vieler Probleme ihres Autismus sehr wohl bewußt waren, respektierten sie ihr Anderssein, ja waren sogar stolz darauf. Tatsächlich ist bei manchen Autisten dieses Gefühl, sich auf unüberbrückbare und durch nichts zu verändernde Weise von anderen zu unterscheiden, so tief verwurzelt, daß sie sich, nur halb im Scherz, einer anderen Spezies zurechnen («Man hat uns alle miteinander auf dem Transporter runtergebeamt» ist eine Redewendung der B.s), und sie glauben, daß man den Autismus nicht nur als pathologischen Zustand sehen und als Syndrom diagnostizieren dürfe, sondern darüber hinaus als ein ganz eigenes Sein, als vollkommen andere Lebensart oder Identität betrachten müsse, die sich ihrer selbst (mit Stolz) bewußt sein sollte.

Temple scheint ähnlich zu denken: Sie ist sich (wenn auch nur intellektuell, deduktiv) sehr wohl bewußt, was ihr im Leben fehlt, doch sie weiß zugleich (und unmittelbar) um ihre Stärken – ihre Konzentrationsfähigkeit, die Intensität ihres Denkens, ihre Zielstrebigkeit und Hartnäckigkeit, ihre Unfähigkeit zu heucheln, ihre Direktheit und Aufrichtigkeit. Sie argwöhnt – und auch ich hatte zunehmend den Verdacht –, daß diese Stärken, die positiven Aspekte ihres Autismus, mit den negativen Hand in Hand gehen. Und doch gibt es Zeiten, in denen sie vergessen muß, daß sie autistisch ist, sich eins fühlen muß mit anderen, nicht als Außenseiterin, nicht anders.

Da wir den Vormittag mit Rindvieh verbracht hatten und nachmittags ein Schlachthaus (oder, wie es die Industrie euphemistisch nennt, eine «Fleischverpackungsanlage») besuchen wollten, stand uns nicht der Sinn nach Fleisch, und wir aßen ein mexikanisches Reisgericht mit Bohnen. Nach dem Mittagessen fuhren wir zum Flughafen, nahmen eine winzige Pendlermaschine und fuhren dann weiter zum Schlachthaus. Temple war stolz auf die Einrichtung und wollte sie mir zeigen. Solche Anlagen sind für die Öffentlichkeit nicht zugänglich und haben einen hohen Sicherheitsstandard. Temple hatte vor einigen Jahren das technische Design geplant, und es lagen dort noch immer ihre Overalls und ihre Zugangserlaubnis mit den Firmeninsignien bereit. Das Problem war, mich in das Gebäude einzuschleusen. Temple hatte am Morgen darüber nachgedacht und aus ihrer Sammlung einen leuchtendgelben Klempner-Schutzhelm ausgewählt. Sie gab ihn mir und sagte: «Das wird gehen. Er steht Ihnen gut. Er paßt zu Ihren Khakihosen und Ihrem Khakihemd. Sie sehen genau wie ein Klempner aus.» (Ich errötete; so etwas hatte mir noch niemand ins Gesicht gesagt.) «Alles was Sie zu tun haben, ist, sich wie einer zu benehmen und wie einer zu denken.» Ich war verblüfft, denn Autisten, heißt es, ist das «So tun, als ob»-Spiel fremd, und hier hatte Temple kaltblütig und ohne das geringste Zögern ein Täuschungsmanöver beschlossen und alles vorbereitet, um mich in die Fabrik einzuschmuggeln.

Wir gelangten schließlich ohne Schwierigkeiten hinein. Temple fuhr – die Vertrauenswürdigkeit selbst – durch das Tor, winkte dem Pförtner munter zu und wurde ebenso munter aufs Gelände gewunken. «Behalten Sie den Helm auf», sagte sie, als wir das Auto parkten. «Behalten Sie ihn die ganze Zeit auf. Sie sind hier ein Klempner.»

Wir hielten an, um einen Blick über den Zaun zu werden, wo das Vieh außerhalb des weitläufigen Fabrikgebäudes eingepfercht war, und folgten dann dem Weg, den das Vieh nahm, wenn es seine letzte Reise antrat, weit hinauf über eine kurvenreiche Rampe, die ins Hauptgebäude der Fabrik führte – «die Himmelstreppe», wie Temple sie nannte. Ich war einmal mehr verwirrt. Autisten, so heißt es, haben Probleme mit Metaphern und bedienen sich nie der Ironie. Doch ein Blick in Temples offenes, ernsthaftes Gesicht ließen mich zweifeln, daß sie es ironisch oder metaphorisch meinte. Sie hatte den Ausdruck irgendwann gehört – vielleicht schien er ihr buchstäblich der Wahrheit zu entsprechen. In ihrer Autobiographie erzählt sie von einem ähnlichen buchstabengetreuen Verständnis eines Symbols: Als junges Mädchen hörte sie einen Geistlichen Johannes 10, Vers 9 zitieren – «Ich bin die Tür. Wenn jemand durch mich hineingeht, wird er selig werden» –, und der Geistliche fügte hinzu: «Ihr alle steht vor einer Tür, die in den Himmel führt. Öffnet sie und seid gerettet.» Temple schreibt:

Wie für viele autistische Kinder hatte auch für mich alles buchstäbliche Bedeutung. Mein Denken war jeweils auf *eine* Sache konzentriert. Tür. Eine Tür, die in den Himmel führt... Ich mußte diese Tür finden... Die Toilettentür, die Badezimmertür, die Haustür, die Stalltür – sie alle wurden gründlich überprüft und als «die» Tür verworfen. Dann eines Tages... entdeckte ich, daß unser Schlafzimmer einen Anbau besaß... eine kleine Plattform, die über das Haus hinausragte, und ich kletterte hinauf. Und da war die Tür! Eine kleine Holztür, die hinaus aufs Dach führte... Ein Gefühl der Befreiung durchströmte mich... Ein Gefühl von Liebe und Freude... Ich hatte sie gefunden! Die Tür zu meinem Himmel.

Später erzählte mir Temple, daß sie an ein Leben nach dem Tod glaube (auch wenn es nur eine «Energiespur» im Universum sei). Und da sie zutiefst von der Gefühlsfähigkeit der Tiere, ihrer «Menschlichkeit», überzeugt war, mußte sie auch ihnen irgendeine Form der Unsterblichkeit zugestehen.

Wir gingen langsam hinauf, entlang der sanft geschwungenen, hochwandigen Rampe, auf der die Tiere einzeln hintereinander munter, nicht spürend, was sie erwartete, der Betäubungsmaschine mit ihrem tödlichen Bolzen entgegentrotteten. Temple hatte bei der Konstruktion solcher Rampen Pionierarbeit geleistet, und in der Fachwelt ist ihr Name verbunden mit der Einführung der kurvigen Laufrinnen. Während wir den Viehsteig hinaufgingen und über die Rampenwände schauten, erläuterte mir Temple die Vorteile der Anlage: Die kurvige Laufrinne sorgt dafür, daß die Tiere das, was sie am Ende der Rampe erwartet, erst sehen, wenn sie schon fast dort sind, so daß sie vorher keine Angst bekommen, und trägt gleichzeitig der natürlichen Neigung der Kühe Rechnung, sich im Kreis zu bewegen. Die hohen Wände schützen vor störenden Ablenkungen und dienen dazu, die Tiere auf ihren Trott zu konzentrieren.

Am oberen Ende der Rampe, innerhalb des Gebäudes, werden die Tiere – für sie fast unmerklich – mit dem Bauch auf Transportgurte geschoben. (Diese «Doppelgurthalterung» war eine weitere Erfindung Temples.) Ein paar Sekunden später wird dem Tier ein Bolzen durchs Gehirn geschossen, der es auf der Stelle tötet. Ein sehr ähnliches System, erzählte mir Temple, könne man auch bei Schweinen verwenden, wenn diese auch gewöhnlich nicht durch Bolzen, sondern durch Stromstöße getötet würden. Und sie fügte eine interessante Bemerkung hinzu: «Eine Elektroschockmaschine» – wie sie in manchen psychiatrischen Einrichtungen verwendet wird – «und eine solche Vorrichtung zur Tötung von Schweinen haben nahezu identische Parameter: etwa ein Ampere bei dreihundert Volt.» Man brauche die Elektroden nur ein wenig ungenau anzulegen, fügte sie hinzu, und der Patient würde getötet, totgeschockt wie ein Schwein. Es habe sie doch etwas erschreckt, als ihr dies bewußt geworden sei.

Mich überlief es kalt, als Temple mir das Tötungsgerät zeigte, aber das Tier, so versicherte sie mir, erkenne an nichts, begreife nicht, was da gleich mit ihm geschehe; tatsächlich sei ihr ganzes Bemühen darauf gerichtet, alles zu vermeiden, was die Tiere in Angst oder Spannung versetzen könnte, damit sie friedlich, ruhig und unwissend in den Tod gingen. Doch mein Unbehagen legte sich nicht. Was für ein Gefühl war es für sie, für andere, an solchen Plätzen zu arbeiten?

Temple ist auch dieser Frage nachgegangen und hat einen klassischen Aufsatz darüber geschrieben.[11] Manche der Schlachthofarbeiter, stellte sie fest, entwickeln rasch eine schützende Härte, und das Töten wird für sie zu einem rein mechanischen Vorgang: «Die Person, die die Tötungsmaschine bedient, erledigt ihren Job, als hefte sie Schach-

11 Ihr Aufsatz «Behavior of Slaughter Plant and Auction Employees Towards the Animals» ist erschienen in *Anthrozoos: A Multidisciplinary Journal on the Interactions of People, Animals, and Environment*, Frühjahr 1988.

teln zusammen, die das Fließband an ihr vorbeiführt. Sie verbindet mit diesem Akt keinerlei Gefühl.» Andere dagegen «finden mit der Zeit Freude daran, zu töten... und die Tiere mit Absicht zu quälen». In diesem Zusammenhang fiel Temple eine Parallele ein: «Ich finde, es gibt eine sehr enge Wechselbeziehung zwischen der Behandlung von Tieren und der von Behinderten... Georgia ist eine Schlangengrube – sie behandeln [behinderte Menschen] schlimmer als Tiere... Staaten mit Todesstrafe sind die schlimmsten für Tiere und die schlimmsten für Behinderte.»

All das erfüllt Temple mit leidenschaftlichem Zorn und mit leidenschaftlichem Engagement für humane Reformen: Sie möchte die Behandlung der Behinderten, insbesondere der Autisten unter ihnen, ebenso reformieren wie die Behandlung von Tieren in der Fleischindustrie. (Der einzig angemessene Rahmen, um Tiere zu töten, der einzige Rahmen, der den Tieren Respekt zollt, so glaubt Temple, sei der rituelle oder «heilige».)

Es war eine ungeheure Erleichterung, aus dem Schlachthaus herauszukommen, fort von dem entsetzlichen Geruch, der das Gebäude bis in die letzten Winkel zu durchdringen schien. Ich hatte manchmal den Magen pressen und den Atem anhalten müssen, um nicht zu erbrechen. Welch eine ungeheure Erleichterung, draußen die scharfe, klare Luft zu atmen, nicht verdorben durch den Geruch von Blut und Eingeweide; welch ungeheure moralische Erleichterung, der Vorstellung, dem Gedanken des Tötens zu entkommen. Auf der Rückfahrt fragte ich Temple danach. «Niemand sollte ständig Tiere töten», sagte sie und erzählte mir, daß sie viel darüber geschrieben habe, wie wichtig es sei, das Personal rotieren zu lassen, so daß nicht einzelne ständig damit beschäftigt seien, zu töten, die Tiere auszunehmen, sie in den Tod zu treiben. Sie selbst brauche es, die Atmosphäre und die Beschäftigung zu wechseln, und dieses ständige Umsatteln sei ein vitaler und insgesamt erfreulicherer Teil ihres Lebens. Ihr Wissen über Psychologie und Verhalten von Herdentieren ist nicht nur in Viehzüchtereien und Schlachthäusern auf der ganzen Welt begehrt, sondern wird auch von Schafscherern im fernen Neuseeland, von Freizeitparks und Zoos in Anspruch genommen. Ich hatte das Gefühl, sie würde gern eine Zeitlang in der afrikanischen Steppe arbeiten, als Beraterin für den Umgang mit Elefantenherden oder für den Schutz von Antilopen und Gnus. Doch würde sie, so fragte ich mich, Affen (die in gewisser Weise über eine «Theorie des Geistes» verfügen) ebensogut verstehen wie Zuchtvieh? Oder würde sie sie so verwirrend und unergründlich finden wie Kinder und andere Menschen? («Das Verhalten von Farmtieren fühle ich», sagte sie später. «Die Interaktionen von Primaten verstehe ich intellektuell.»)

Temples tiefste Empfindungen gelten den Rindern. Ihre Zärtlichkeit und ihr Mitgefühl für diese Tiere kommt der Liebe sehr nahe. Auf dem Weg zu unserem nächsten Ziel, einer Viehweide, sprach sie ausführlich darüber – wie sie sich beim Halten der Tiere in der Laufrinne um Sanftheit bemühe, wie sie bestrebt sei, ihnen Ruhe zu vermitteln, ihnen Frieden zu geben in den letzten Augenblicken ihres Lebens. Für sie ist es etwas halb Körperliches und halb Geheiligtes, dieses Liebkosen eines Tieres in seinen letzten Lebensmomenten, und sie versucht unermüdlich, es dem Personal beizubringen, das die Laufrinnenapparatur in den Schlachthöfen bedient. Sie erzählte mir, wie der Leiter eines solchen Betriebes, dem es widerstrebte, sich von ihr beraten zu lassen, gleichwohl fasziniert war von ihrer Fähigkeit, aufgeregte Tiere zu beruhigen, und sie heimlich durch ein Loch in der Decke bei der Arbeit beobachtete. Sie hatte damals als Beraterin in einem Schlachthaus im Süden gearbeitet, und die ganze Szene und die äußeren Umstände kamen ihr immer wieder in den Sinn: Sie erzählte mir die Geschichte an diesem Nachmittag wohl ein halbes dutzendmal, jedesmal in aller Ausführlichkeit und in nahezu denselben Worten.

Ich war beeindruckt von der Lebendigkeit des Wiedererlebens, des Erinnerns – alles schien sich außerordentlich detailgetreu in ihrem Kopf abzuspielen –, und von seiner Beharrlichkeit.[12] Es war, als werde die Originalszene (mit allen dazugehörigen Gefühlen) nahezu ohne Modifikation

12 Der Psychologe Frederic Bartlett spricht von der Erinnerung als «Rekonstruktion», doch für Temple (wie für Stephen) trifft dies offenbar nicht oder nur in sehr geringem Maße zu. Ebensowenig ist Erinnerung für Temple ein vollkommen internalisierter Teil des Selbst – daher ihre häufigen Anspielungen auf «Videobänder», «Computerdateien» und andere externale Formen der Speicherung von Erinnerungen.

Temples Selbstbeschreibung widerspricht in diesem Aspekt auf interessante Weise einigen jüngeren Theorien über innere Bilder und Gedächtnis, wie sie etwa Damasio, Edelman und andere formuliert haben. So schreibt zum Beispiel Damasio in *Descartes' Error:*

Bilder werden nicht als Faksimiles von Dingen, Ereignissen, Wörtern oder Sätzen gespeichert. Das Gehirn bewahrt die Erinnerung an Menschen, Gegenstände, Landschaften nicht als Polaroidfotos auf, noch speichert es Tonbandaufnahmen von Musik und Sprache; es speichert keine Filme von Szenen unseres Lebens... Kurz, überdauernde Bilder scheint es nicht zu geben, auch nicht im Miniaturformat, keine Mikrofiches oder Mikrofilme, keine Hartkopien.

Doch dies, betont Damasio, «muß in Einklang gebracht werden mit dem Gefühl», daß wir solche Reproduktionen oder Faksimiles «heraufbeschwören *können*». Wenn es sich so verhält, müssen wir uns fragen, ob Temple, Franco und Stephen (und Lurijas Gedächtniskünstler) lediglich – wie wir anderen auch – einer *Illusion* von Reproduktion unterliegen oder ob ihre Wahrnehmungssysteme (wie Jerome Bruner vermutet) nur unvollkommen mit höheren integrativen Funktionen und dem Selbstkonzept verkoppelt sind, so daß in ihrem Gedächtnis Bilder *relativ* unbearbeitet, uninterpretiert und ungeprüft überdauern.

reproduziert, immer wieder aufs neue abgespielt. Diese Art von Erinnerung (in gewisser Weise der Stephen Wiltshires so ähnlich) schien mir wunderbar und pathologisch zugleich – wunderbar in ihrer Detailtreue und pathologisch in ihrer Starrheit, die der eines Datensatzes im Computer glich. Den Vergleich mit dem Computer zieht Temple häufig selbst: «Mein Gehirn ist wie eine CD-ROM in einem Computer – wie eine Videoaufnahme, auf die ich blitzschnellen Zugriff habe. Aber was ich einmal aufgerufen habe, muß ich vollständig abspielen.» Sie könne sich zum Beispiel nicht auf das Liebkosen eines Tieres kurz vor seinem Tod beschränken, sie müsse die ganze Szene durchlaufen lassen, von dem Moment an, wo das Tier die Laufrinne betritt, immer weiter («kein Schnelldurchlauf, es dauert etwa zwei Minuten»), bis es stirbt und nach dem Durchschneiden der Kehle zusammenbricht. «Ich kann alles, was die Computer in *Jurassic Park* können», fuhr sie fort. «Ich kann das alles im Kopf... ich habe wirklich diese Maschine in meinem Kopf. Ich bediene sie in meinem Gehirn. Ich spiele das Band ab – es ist eine langsame Art zu denken.» Aber eine ideale Art zu denken für einen großen Teil ihrer Arbeit. Sie entwirft die kompliziertesten technischen Anlagen im Kopf, stellt sich jede Komponente des Systems bildhaft vor, kombiniert sie auf unterschiedliche Weise, betrachtet sie aus verschiedenen Blickwinkeln, von nahem und weitem. Ist der Entwurf fertig, macht sie im Kopf einen «Simulationsdurchlauf», das heißt, sie setzt in ihrer Vorstellung die ganze Anlage in Betrieb. Tritt bei dieser Simulation, wie es zuweilen geschieht, ein unerwartetes Problem auf, sucht sie den Fehler, ändert den Entwurf, macht einen weiteren Probelauf – wenn nötig, auch mehrere –, bis der Entwurf stimmt. Erst jetzt, wenn im Kopf alles klar ist, zeichnet sie den eigentlichen Plan. Besonderer Aufmerksamkeit bedarf es jetzt nicht mehr, der Rest ist eine rein mechanische Tätigkeit. «Wenn der Entwurf einmal steht, übertrage ich ihn einfach aufs Papier. Ich kann dabei fernsehen. Es ist keinerlei Gefühl dabei. Ich schalte meine Sun-Workstation ein und mach es.»

Doch sehr viel weniger angemessen ist diese Art der Simulation oder konkret-bildhaften Vorstellung, wenn es um andere Formen des Denkens geht, um symbolisches, begriffliches oder abstraktes Denken. Um das Sprichwort «Ein rollender Stein setzt kein Moos an» zu verstehen, «muß ich», erklärte sie, «das Video eines rollenden und Moos verlierenden Steins ablaufen lassen, bevor ich darüber nachdenken kann, was es ‹bedeutet›». Sie muß konkretisieren, bevor sie generalisieren kann. In der Schule verstand sie das Vaterunser erst, als sie es in konkreten Bildern «sah»: «‹Die Kraft und die Herrlichkeit› (‹the power and the glory›) als elektrische Hochspannungsleitungen und als flammende Sonne, das Wort ‹Schuld› (‹trespass›) als Schild mit der Aufschrift ‹Betreten verboten› (‹No trespassing›) an einem Baum.»[13] In ihrer Autobiographie und, prägnanter, in dem dreißigseitigen Aufsatz «My Experiences as an Autistic Child», den sie kurze Zeit vor Erscheinen ihres Buches 1984 im *Journal of Orthomolecular Psychiatry* veröffentlichte, erzählt Temple, wie sie, sogar schon als Kind, in Tests zu räumlichen und visuellen Wahrnehmungen Spitzenwerte erreichte, aber bei abstrakten und sequentiellen Aufgaben recht schlecht abschnitt. (Solche «Profile» sind typisch für Autisten: Ihre Ergebnisse in sogenannten Intelligenztests zeichnen sich zumeist durch

13 Bei Vorträgen mischt sie häufig eigenartige Dias unter die üblichen Diagramme und Schaubilder – Dias, die keine erkennbare Beziehung zum Thema haben und ihren Zuhörern nichts sagen, und in der Tat sind sie auch nicht für ihr Publikum bestimmt, sondern für sie selbst, es sind private Notizen oder Erinnerungshilfen für ihren eigenen Gedankengang. Ein ulkiges Dia von einer aus Sandpapier bestehenden Rolle Toilettenpapier erinnert sie zum Beispiel daran, über die taktile Sensitivität von Autisten zu sprechen.

«Streuung» oder extreme Unterschiedlichkeit aus.) In manchen Fällen, schreibt Temple, seien die Testergebnisse irreführend gewesen, da ihr Aufgaben, die sehr schwer für sie gewesen wären, wenn sie sie auf «normale» Weise ausgeführt hätte, leichtgefallen seien, weil sie sie auf idiosynkratische, visuelle Art gelöst habe: So riefen Sätze, Gedichte und Zahlenreihen unverzüglich Bilder hervor, und diese blieben ihr im Gedächtnis, nicht die Wörter oder Zahlen als solche. Komplexe Berechnungen, die sie auf normale Weise nicht bewältigen kann, gelingen ihr, wenn sie sie in Bilder umsetzt.[14] Visuelles Denken als solches ist nicht abnorm, und Temple wies auch sofort darauf hin, daß sie etliche nichtautistische Menschen – Ingenieure, Konstrukteure – kenne, die zu «sehen» schienen, was sie zu tun hatten, die ihre Konstruktionen offenbar ebenfalls im Kopf entwerfen und, genau wie sie, in Simulationen überprüfen konnten.[15] Tatsächlich versteht sie sich mit solchen Men-

14 Als Temple mir dies erzählte und mit Beispielen illustrierte, mußte ich an den Gedächtniskünstler denken, den A. R. Lurija (in «Kleines Porträt eines großen Gedächtnisses») beschreibt, an dessen bizarre, rein visuelle Art und Weise, Wörter und Zahlen in Bilder zu transformieren. Der Gedächtniskünstler dachte tatsächlich ausschließlich in Bildern – und das manchmal in überwältigender Fülle; allein das Vorlesen eines einzigen Absatzes oder eines kurzen Gedichtes konnte in ihm Hunderte solcher Bilder erzeugen.

Das Denken in Bildern bot ihm, um mit Lurija zu sprechen, eine «enorme Stütze», die es ihm ermöglichte, «Manipulationen im Kopf durchzuführen, die wir nur an realen Gegenständen vornehmen könnten». Aber es führte auch zu seltsamen, manchmal absurden Schwierigkeiten, wenn es sich nicht in verbal-logisches Denken übersetzen ließ. Lurijas Gedächtniskünstler war nicht im geringsten autistisch, doch seine visuellen Denkprozesse – zumindest seine konkreten Bilder – waren denen Temples bemerkenswert ähnlich und besaßen vielleicht auch eine ähnliche physiologische Grundlage. Temple war fasziniert, als ich ihr von dem Gedächtniskünstler erzählte, und glaubte ebenfalls, daß ihr Denken dem seinen sehr nahe kam.

15 Genauso arbeitete auch der Verstand des großen Erfinders Ni-

schen, insbesondere mit ihrem Freund Tom, sehr gut. Er besitzt, wie sie, die Fähigkeit, effektiv und kreativ zu visualisieren, und ist, ebenfalls wie sie, unorthodox und stets zu Schelmereien und Streichen bereit. «Tom und ich sind auf einer Wellenlänge», sagte Temple, «auch wenn es eine kindische Wellenlänge ist.» Doch vor allem arbeitet sie gern mit ihm – auch dabei sind sie «kindisch», aber auf eine zutiefst kreative Art. «Tom und ich sind kleine Kinder», erzählte sie. «Beton ist erwachsener Baggermatsch, Stahl ist erwachsene Pappe, Bauen ist erwachsenes Spielen.»

Ich war bewegt von Temples Worten, ihrer Gleichsetzung von Kreativität und Kinderspiel, und dachte, was für eine gesunde Entwicklung das für sie war. Bewegt auch, als sie mir von ihrer Beziehung zu Tom erzählte. Ich überlegte im stillen, ob sie ihn wohl liebte und ob sie jemals an eine sexuelle Beziehung oder eine Ehe mit ihm gedacht hatte. Ich fragte sie danach, fragte, ob sie jemals sexuelle Beziehungen oder Rendezvous gehabt habe oder verliebt gewesen sei.

Nein, sagte sie. Kein Sex – keine Verabredung mit einem Mann. Sie finde derartige Interaktionen höchst verwirrend und zu komplex, um damit umgehen zu können; sie sei nie sicher, was eigentlich gerade gesagt oder impliziert, gefragt oder erwartet werde. Sie wisse bei solchen Gelegenheiten nicht, woher die Leute stammten, wisse nicht, welche stillschweigenden Voraussetzungen sie machten, welche Absichten sie hätten. Das sei häufig so bei Autisten, fügte sie hinzu, und ein Grund dafür, warum sie, trotz sexueller Ge-

kola Tesla: «Wenn ich eine Idee habe, fange ich in meiner Phantasie sofort an, sie in die Tat umzusetzen. Ich ändere und verbessere die Konstruktion und lasse das Endprodukt im Kopf probelaufen. Es ist absolut bedeutungslos für mich, ob ich meine Turbine in meiner Vorstellung in Gang setze oder in meiner Werkstatt teste. *Ich merke sogar, wenn sie nicht rundläuft.*»

fühle, nur selten Verabredungen hätten oder sexuelle Beziehungen eingingen.

Doch das Problem war nicht das Verabreden oder das Eingehen einer Beziehung. «Ich habe mich noch nie verliebt», erzählte sie mir. «Ich weiß nicht, wie das ist, sich leidenschaftlich zu verlieben.»

«Wie stellen Sie sich das vor – ‹sich verlieben› (‹falling in love›)?» fragte ich.

«Vielleicht ist es wie in Ohnmacht fallen – wenn nicht, ich weiß nicht.»

Möglicherweise, dachte ich, hatte ich mit «falling in love», das unwillkürlich die Vorstellung von überwältigenden Gefühlen und Leidenschaft heraufbeschwört, für sie den falschen Ausdruck gewählt. Also fragte ich statt dessen: «Was ist lieben?»

«Jemanden gern haben, sich um ihn kümmern… Ich glaube, Sanftheit hat etwas damit zu tun.»

«Haben Sie schon einmal jemanden auf diese Weise gern gehabt?» fragte ich sie.

Sie zögerte einen Moment. «Ich denke oft, daß bestimmte Dinge in meinem Leben fehlen.»

«Ist das schmerzlich für Sie?»

«Ja… Ich glaube schon.» Dann fügte sie hinzu: «Als ich anfing mit den Haltekästen für das Vieh, dachte ich, was geschieht da mit mir? Fragte mich, ob das Liebe ist… das hatte nichts mehr mit Intellekt und Verstand zu tun.»

In gewissem Sinne sehnt sie sich nach Liebe, kann sich aber nicht vorstellen, wie das ist, Leidenschaft für einen anderen Menschen zu fühlen. «Es war mir ein Rätsel, wie meine Zimmergenossin derart für unseren Physik- und Chemielehrer schwärmen konnte», erinnerte sie sich. «Sie war förmlich überwältigt von Gefühlen. Er ist ein netter Kerl, dachte ich, ich kann verstehen, warum sie ihn mag. Aber das war's dann auch für mich.»

Die Fähigkeit zu «schwärmen», zu einer leidenschaftlichen emotionalen Reaktion, scheint bei Temple nicht nur in der Beziehung zu Menschen, sondern auch in anderen Bereichen eingeschränkt. Denn gleich nach der Bemerkung über ihre Zimmergenossin sagte sie: «Mit Musik ist es ähnlich – ich schwärme nicht.» Sie besitze das absolute Gehör, fügte sie hinzu (eine normalerweise recht seltene, bei Autisten aber relativ häufige Fähigkeit), und ein sehr genaues und gutes Musikgedächtnis, aber insgesamt löse Musik in ihr keinerlei Gefühle aus. Sie finde Musik «hübsch», doch sie berühre nichts Tiefes in ihr, löse allenfalls nüchterne Assoziationen aus: «Wenn ich die *Fantasia*-Musik höre, sehe ich nur diese blödsinnigen tanzenden Nilpferde.» Musik scheine sie nicht «anzusprechen», sagte sie. Sie «kapiere» sie nicht – verstehe nicht, worum es dabei gehe. Man könnte meinen, Temple sei – trotz ihres absoluten Gehörs und ihres Ohres für Musik – einfach nicht «musikalisch». Doch ihr Unvermögen, aus der Tiefe heraus, emotional und subjektiv zu reagieren, ist nicht auf Musik beschränkt. Auch bildhafte Szenen rufen bei ihr kaum je eine emotionale oder äthetische Reaktion hervor: Sie kann sie in allen Einzelheiten schildern, doch scheinen sie mit keinerlei intensiv empfundenen inneren Zuständen zu korrespondieren.

Temple hat dafür eine einfache mechanische Erklärung: «Der emotionale Strom ist nicht angeschlossen – das ist es, was nicht stimmt.» Aus demselben Grund habe sie auch kein Unbewußtes. Sie verdränge keine Erinnerungen und Gedanken wie normale Menschen. «In meinem Gedächtnis gibt es keine verdrängten Dateien», behauptete sie. «Sie haben Dateien, zu denen der Zugang blockiert ist. Bei mir gibt es nichts so Schmerzhaftes, daß es blockiert wäre. Es gibt keine Geheimnisse, keine geschlossenen Türen – nichts ist verborgen. Die Logik sagt mir, daß es bei anderen Menschen verborgene Bereiche gibt, so daß sie es nicht ertragen können, über bestimmte Dinge zu sprechen. Der

Mandelkern hält die Dateien des Hippocampus verschlossen. Bei mir erzeugt er nicht genug Gefühl, um sie abzuriegeln.»

Ich war verblüfft und sagte: «Entweder irren Sie sich, oder es gibt einen fast unvorstellbaren Unterschied in der psychischen Struktur. Verdrängung ist ein universales Merkmal von Menschen.» Doch kaum hatte ich das gesagt, war ich mir nicht mehr sicher. Ich konnte mir organische Zustände vorstellen, die es nicht zulassen, daß sich Verdrängung einstellt, oder die den Verdrängungsmechanismus zerstören oder außer Kraft setzen. Das schien bei Lurijas – nichtautistischem – Gedächtniskünstler der Fall gewesen zu sein, der über derart lebendige Erinnerungen verfügte, daß sie unauslöschlich blieben, obwohl einige davon so schmerzhaft waren, daß er sie sicher verdrängt hätte, wäre das (physiologisch) möglich gewesen. Ich selbst hatte einen Patienten, bei dem eine Schädigung der Stirnlappen des Gehirns einige der am tiefsten verdrängten Erinnerungen – Erinnerungen an einen Mord, den er begangen hatte – «freigab» und seinem schreckerfüllten Bewußtsein aufzwang.

Einen anderen Patienten von mir, einen Ingenieur mit massiver, durch eine Blutung verursachter Stirnlappenschädigung, sah ich oft im *Scientific American* lesen. Er verstand zwar noch das meiste von dem, was er las, aber es wecke, wie er sagte, kein Staunen mehr in ihm, jenes Gefühl, das vordem seine Leidenschaft für die Naturwissenschaft im tiefsten bestimmt hatte.

Ein anderer Mann, ein ehemaliger Richter, über den in der neurologischen Fachliteratur berichtet wurde, litt unter einer durch Granatsplitter verursachten Stirnlappenläsion, die dazu führte, daß ihn emotional nichts mehr berührte. Man könnte meinen, das Fehlen von Emotionen und der mit ihnen einhergehenden Wahrnehmungsverzerrungen und Voreingenommenheiten hätten ihn unpar-

teiischer gemacht – ja auf geradezu einzigartige Weise zum
Richter prädestiniert. Doch er selbst war aus eigenem Ent-
schluß von seinem Richteramt zurückgetreten, mit der Begründung, er könne sich nicht mehr in die Beweggründe
der Beteiligten einfühlen, und da zur Rechtsfindung nicht
nur Verstand, sondern auch Gefühl gehöre, glaube er, daß
ihn seine Verletzung für eine derartige Aufgabe völlig un-
geeignet mache.[16]

Solche Fälle zeigen uns, wie ein Leben durch eine neurologische Schädigung seine gesamte affektive Grundlage
einbüßen kann. Doch beim Autismus sind die affektiven
Probleme selektiverer Natur. Autisten sind, Temples Bemerkungen über den «emotionalen Strom» oder den
Mandelkern zum Trotz, keineswegs unterschiedslos ausge-
glichen oder sanftmütig. Ein autistischer Mensch kann heftige Leidenschaften haben, stark gefühlsgeladene Fixierungen und Faszinationen oder, wie Temple, in bestimmten
Bereichen eine fast überwältigende Zärtlichkeit und
Fürsorglichkeit empfinden. Beim Autismus ist nicht das
Affektempfinden im allgemeinen gestört, sondern Affekte
in Beziehung zu komplexen menschlichen Erfahrungen.
Betroffen sind vor allem soziale, aber auch damit verbun-
dene – ästhetische, poetische, symbolische etc. – Erfahrungen. Temple selbst ist dafür ein klares Beispiel.

Sowohl als Mensch, der darum kämpft, sich selbst zu verstehen, als auch als Wissenschaftlerin, die das Verhalten
von Tieren erforscht, wird sie ständig von ihrem Autismus
in Bewegung gehalten, sucht fortwährend nach Modellen
oder Vergleichen, um ihn zu verstehen. Sie fühlt, daß ihr
Geist etwas Mechanisches hat, und vergleicht ihn oft mit
einem Computer mit vielen parallelen Elementen (einem
Parallelprozessor, wie es in der Fachsprache heißt), sieht

16 Daß Vernunft auf Fühlen gründet, ist eines der zentralen Themen von Antonio Damasios Buch *Descartes' Error*.

ihr eigenes Denken als «Rechenoperation» und ihr Gedächtnis als Computerdateien. Sie vermutet, daß ihrem
Denken etwas von der «Subjektivität», der Innerlichkeit,
fehlt, die andere zu haben scheinen. Sie sieht die Elemente
ihres Denkens als konkrete Bilder, die auf unterschiedliche
Weise miteinander vertauscht oder verbunden werden
müssen.[17] Sie glaubt, daß die visuellen Regionen ihres Gehirns und die Teile, in denen große Datenmengen simultan
verarbeitet werden, hoch entwickelt sind und daß dies bei
Autisten ganz allgemein der Fall ist, während – ebenfalls
typisch für Autisten – die verbalen Bereiche des Gehirns
und jene, die Daten sequentiell verarbeiten, vergleichs-
weise unterentwickelt sind.[18] Sie ist sich der «Klebrigkeit»
ihrer Aufmerksamkeit bewußt, Klebrigkeit in dem Sinne,

17 Temples Selbstbeschreibung ließ mich an Coleridges Charakte-
risierung von «Einbildung» denken: «[Sie] hat als Spielmarken nur
Unveränderliches und Definitives zur Verfügung... [Sie] muß ihr
ganzes Material gebrauchsfertig vom Gesetz der Verknüpfung über-
nehmen.» Ich glaube, daß die überwältigende Neigung zu fixen, konkreten bildhaften Vorstellungen und der Impuls, sie quasimechanisch
mit ihnen zu verknüpfen, umzustellen, mit ihnen zu spielen – wie
man es beim Autismus und manchmal auch beim Touretteschen Syndrom findet –, zwar zu lebendiger und aktiver Einbildung (im Sinne
von Coleridge) disponieren, aber auch der Imagination (die Coleridge
der Einbildung entgegensetzt) entgegenwirken können, «die auflöst,
vermischt, zerstreut, um Neues zu schaffen». Die Kreativität und
«Rekreativität» der Imagination verlangt ein Loslassen von Unverän-
derlichem und Definitivem, um immer wieder neu zu sichten und
umzubauen – und genau das scheint dem übergenauen und rigiden
Verstand des Autisten so schwerzufallen.
18 Russell Hurlbut von der University of Nevada hat untersucht,
wie Menschen ihre inneren Erfahrungen, den Fluß ihres Denkens,
schildern oder darstellen. Während normale (und neurotische oder
schizophrene) Menschen, so stellte er fest, verschiedene Modalitäten
– inneres Sprechen und Hören, Gefühle, Körperempfindungen und
Vorstellungsbilder – zu kombinieren scheinen, bedienen sich Menschen mit Aspergerschem Syndrom offenbar vorrangig oder ausschließlich der inneren Bilder.

daß sie in ihrem Denken einerseits sehr hartnäckig, andererseits aber wenig beweglich und geschmeidig ist; dies
schreibt sie einem Defekt ihres Kleinhirns zu, der Tatsache,
daß seine Größe (wie eine Untersuchung gezeigt hat) deutlich unter dem Durchschnitt liegt. Sie glaubt, solche Klein-
hirndefekte seien ein signifikantes Merkmal des Autismus,
eine Auffassung, die unter Wissenschaftlern umstritten ist.

Sie hält den Autismus in den meisten Fällen für genetisch determiniert und vermutet, daß auch ihr Vater – ein
distanzierter, pedantischer und sozial gehemmter Mann –
ein Aspergersches Syndrom oder zumindest autistische
Züge hatte und daß solche Züge bei Eltern und Großeltern
autistischer Kinder mit signifikanter Häufigkeit auftreten.[19]
Nach ihrer Überzeugung spielt die frühe Umgebung für die
psychische Entwicklung (von Schweinen wie von Menschen) eine entscheidende Rolle, doch glaubt sie nicht (wie
Bruno Bettelheim), daß das Verhalten der Eltern für den
Autismus verantwortlich ist. Wahrscheinlicher sei es, daß
der Autismus als solcher Kontakt- und Kommunikations-
barrieren mit sich bringe, die für die Eltern unüberwindbar
seien, so daß der gesamte Bereich der sensorischen und sozialen Erfahrungen (insbesondere Halten und inniges
Drücken) verarme.

Temples Beschreibungen und Erklärungen entsprechen
im großen und ganzen den bisher vorliegenden wissenschaftlichen Erkenntnissen, mit Ausnahme der großen Bedeutung, die sie dem Bedürfnis nach innigem Gehalten-
und Gedrücktwerden in früher Kindheit beimißt – das ja
seit ihrem fünften Lebensjahr eine Hauptantriebsquelle ihres Denkens und Handelns war. Doch sie bedauert, daß die
Aufmerksamkeit bis heute vor allem den negativen Aspekten des Autismus gilt, während seine positiven Seiten zu-

19 Daß dies in der Tat zutrifft, haben Ed und Riva Ritvo von der
University of California in Los Angeles kürzlich nachgewiesen.

wenig Beachtung oder Respekt erfahren. Mögen auch einige Teile des Gehirns Mängel und Defekte aufweisen, seien doch andere, so glaubt sie, hoch entwickelt – spektakulär bei Autisten mit Idiot-savant-Syndromen, in gewissem Maße und auf unterschiedliche Weise bei ihnen allen. Mögen auch sie selbst und andere autistische Menschen in manchen Bereichen große Probleme haben, könnten sie doch auf anderen Gebieten über außerordentliche und sozial wertvolle Fähigkeiten verfügen, vorausgesetzt, sie dürften sie selbst sein – Autisten.

Ihr Wissen darum, was sie so überreichlich besitzt und was ihr so unübersehbar fehlt, veranlaßt Temple, sich das Gehirn modulartig organisiert vorzustellen, als eine Vielfalt einzelner, unabhängiger Rechenkapazitäten oder «Intelligenzen» – wie es sehr ähnlich auch der Psychologe Howard Gardner in seinem Buch *Abschied vom IQ* vorschlägt. Während zum Beispiel, so vermutet er, die visuellen, musikalischen und logischen Intelligenzen beim Autismus hoch entwickelt sein können, bleiben die «personalen Intelligenzen» – die Fähigkeit, den eigenen Geisteszustand und den anderer wahrzunehmen – weit zurück.

Zweierlei Antriebskräfte bestimmen Temple: ein theoretisierender Teil in ihr treibt sie dazu, nach einer allgemeinen Erklärung des Autismus zu suchen, nach einem Schlüssel, der zu all seinen Phänomenen und zu jedem Einzelfall paßt, während ein praktischer, empirischer Teil in ihr sie in jedem Augenblick mit der Vielfalt und unveränderbaren Komplexität und Unvorhersagbarkeit ihrer eigenen Störung und der großen Vielfalt von Phänomenen bei anderen Autisten konfrontiert. Sie ist fasziniert von den kognitiven und existentiellen Aspekten des Autismus und ihrer möglichen biologischen Grundlage, auch wenn sie sich zutiefst bewußt ist, daß diese Aspekte nur ein Teil des Syndroms sind. Sie selbst ist nahezu tagtäglich mit extremen Variationen ihres Sinnesapparates, von Überreaktion bis hin zu gar keiner Reaktion, konfrontiert, die sich, so glaubt sie, im Rahmen einer «Theorie des Geistes» nicht erklären lassen. Sie war bereits im Alter von sechs Monaten asozial und wurde steif in den Armen ihrer Mutter, und auch für solche bei Autismus üblichen Reaktionen findet sie im Rahmen einer Theorie des Geistes eine Erklärung. (Auch von normalen Kindern erwartet niemand, daß sie vor ihrem dritten oder vierten Lebensjahr eine Vorstellung von ihrer eigenen Geistestätigkeit entwickeln.) Und trotz dieser Vorbehalte fühlt sie sich angezogen von Uta Frith und anderen Vertretern einer kognitiven Theorie; von Hobson und anderen, die den Autismus in erster Linie als Störung des Affekts, der Empathie verstehen; und von Gardner und seiner Theorie der multiplen Intelligenzen. Vielleicht geht es in all diesen Modellen trotz ihrer unterschiedlichen Schwerpunkte im Grunde um dasselbe.

Temple hat sich auch in Forschungsarbeiten über Chemie, Physiologie und Hirn-Imaging des Autismus vertieft und gewann dabei den Eindruck, daß diese Forschung derzeit noch sehr bruchstückhaft und wenig überzeugend ist. Doch hält sie an ihrer Theorie eines beschädigten «Emotionskreislaufs» im Gehirn fest, der, so stellt sie es sich vor, dazu dient, die phylogenetisch alten Teile des Gehirns – die Mandelkerne und das limbische System – mit den phylogenetisch jüngsten, spezifisch menschlichen Regionen des vorderen Stirnhirns zu verbinden. Solche Kreisläufe, meint sie, seien möglicherweise notwendig, um eine neue, «höhere» Form des Bewußtseins zu ermöglichen, einen expliziten Begriff des eigenen Selbst, des eigenen Geistes, und des Selbst und des Geistes anderer Menschen – genau das, was im Autismus unzureichend ist.

Vor kurzem schloß Temple einen Vortrag mit den Worten: «Wenn ich mit den Fingern schnippen und den Autismus verschwinden lassen könnte, ich würde es nicht tun – denn ich wäre nicht mehr ich selbst. Der Autismus ist ein untrennbarer Teil von mir.» Und weil sie davon überzeugt ist, daß der Autismus auch wertvolle Seiten hat, beunruhigt es sie, wenn über seine mögliche «Ausrottung» nachgedacht wird. 1990 schrieb sie in einem Aufsatz:

Sich ihres Autismus bewußte Erwachsene und ihre Eltern sind oft zornig auf den Autismus. Sie fragen vielleicht, warum die Natur oder Gott so schreckliche Störungen wie Autismus, manische Depression oder Schizophrenie geschaffen hat. Doch eine Eliminierung der Gene, die solche Störungen hervorbringen, könnte entsetzliche Folgen haben. Möglicherweise sind Menschen mit nur einigen solcher Merkmale kreativer, ja vielleicht sogar genial... Würde die Wissenschaft diese Gene beseitigen, regierten vielleicht bald Buchhalter die Welt.

Als Temple mich am Sonntag morgen um Punkt acht im Hotel abholte, brachte sie wieder einige ihrer Aufsätze und Artikel mit. Ich hatte den Eindruck, daß sie ununterbrochen arbeitete, jeden verfügbaren Augenblick nutzte, kaum Zeit «vergeudete», daß ihr gesamtes waches Leben fast ausschließlich aus Arbeit bestand. Sie schien weder Zerstreuung noch Muße zu kennen. Selbst das Wochenende, das sie für mich «terminiert» hatte, betrachtete sie keineswegs als geselliges Beisammensein, es waren achtundvierzig Stunden, bereitgestellt für einen besonderen Zweck, achtundvierzig Stunden für eine kurze, intensive Erforschung eines autistischen Lebens, ihres Lebens. So wie sie sich zuweilen wie eine Anthropologin auf dem Mars vorkam, konnte sie auch in mir eine Art Anthropologen sehen, einen Anthropologen des Autismus, ihrer selbst. Sie begriff, daß ich sie in allen möglichen Zusammenhängen und Situationen beobachten, mir eine hinreichende Datengrundlage verschaffen mußte, damit ich Korrelationen herstellen, zu allgemeinen Schlußfolgerungen gelangen konnte. Daß ich sie nicht nur mit anthropologischen, sondern auch mit teilnehmenden und freundschaftlichen Blicken betrachten könnte, war ihr nicht in den Sinn gekommen. Also sah sie unser Zusammentreffen als Arbeit, und zwar als Arbeit, die genauso gewissenhaft und präzise zu erledigen war wie alles, was sie tat. Sie lädt zwar auch im normalen Alltag Leute zu sich ein, würde aber nie einem Besucher ihr Schlafzimmer zeigen und noch viel weniger die Drückmaschine neben ihrem Bett vorführen – doch in meinem Fall war es Teil der Arbeit.

Und obwohl sie sich normalerweise nie gestatten würde, in die traumhaft schönen Berge des Rocky-Mountain-Nationalparks zu fahren, zwei Autostunden in südwestlicher Richtung, um Muße und Erholung zu finden, glaubte sie, ein solcher Ausflug könnte mir Spaß machen und mir Gelegenheit geben, sie in einem völlig anderen Kontext zu beobachten – einem Kontext, in dem wir uns vielleicht zwanglos und frei fühlten.

Wir verstauten unser Gepäck in Temples Auto – mit seinem Vierradantrieb ideal für gebirgiges Gelände, besonders wenn wir querfeldein fuhren – und machten uns gegen neun auf den Weg zum Nationalpark. Es war eine spektakuläre Fahrt: Eine schmale Straße mit furchterregenden Haarnadelkurven führte höher und höher hinauf, wir sahen hochaufragende Felsen mit ringförmigen Gesteinsschichten, vernebelte Schluchten weit unter uns und eine herrliche Vielfalt von Immergrün, Moosen und Farnen. Ich hielt den Feldstecher ständig bereit und brach angesichts der Wunder, die sich hinter jeder Kurve auftaten, in Entzückensrufe aus.

Als wir in den Park hineinfuhren, öffnete sich die Landschaft zu einem ungeheuren Bergplateau, wo der Blick rundum ins Unendliche schweifen konnte. Wir verließen die Straße und blickten auf die Rockies – schneebedeckt erstreckten sie sich gegen den Horizont, leuchtendklar und doch fast hundert Meilen entfernt. Ich fragte Temple, ob sie nicht beeindruckt sei von ihrer Erhabenheit. «Sie sind schön, ja. Erhaben – ich weiß nicht.» Als ich nachfragte, sagte sie, solche Wörter verwirrten sie und sie habe viel Zeit über dem Wörterbuch verbracht, um sie zu verstehen. Sie habe «erhaben», «geheimnisvoll», «göttlich» und «Ehrfurcht» nachgeschlagen, aber eines scheine durch das andere definiert zu sein.

«Die Berge sind schön», wiederholte sie, «aber sie vermitteln mir kein besonderes Gefühl, nicht das Gefühl, das Sie so zu genießen scheinen.» In den dreieinhalb Jahren, die sie jetzt in Fort Collins lebe, sei sie – abgesehen von heute – erst einmal hier gewesen.

Mir schien, daß in Temples Worten Trauer und Wehmut, ja sogar Schmerz mitschwangen. Auf dem Weg hinauf zum Park hatte sie etwas Ähnliches geäußert – «Sie betrachten den Bach, die Blumen, ich sehe, welche Freude Ihnen das bereitet – mir ist das versagt» –, und solche Bemerkungen wiederholten sich während des ganzen Wochenendes. Am Abend zuvor hatten wir einen prachtvollen Sonnenuntergang beobachtet, und auch das fand sie «schön», nichts weiter. «Sie haben soviel Freude an dem Sonnenuntergang», sagte sie. «Ich wollte, mir ginge es auch so. Ich weiß, daß er wunderschön ist, aber ich spüre es irgendwie nicht.» Ihr Vater, fügte sie hinzu, habe oft von ähnlichen Empfindungen erzählt.

Ich dachte an das, was Temple am Freitag abend gesagt hatte, als wir unter dem Sternenhimmel spazierengingen. «Wenn ich nachts zu den Sternen hinaufblicke, weiß ich, ich sollte ‹Ehrfurcht› verspüren, aber ich fühle nichts dergleichen. Ich würde es so gern fühlen. Ich verstehe es intellektuell. Ich denke über den Urknall nach und die Entstehung des Universums und über die Frage, warum wir hier sind: Ist es endlich oder geht es ewig weiter?»

«Aber haben Sie eine Idee von seiner Unermeßlichkeit?» fragte ich.

«Intellektuell verstehe ich seine Unermeßlichkeit», antwortete sie und fuhr fort: «Wer sind wir? Ist der Tod das Ende? Es muß Kräfte im Universum geben, die es immer wieder neu ordnen. Ist es nur ein Schwarzes Loch?»

Das waren große Worte, große Gedanken, und ich merkte, daß ich Temple mit immer tieferer Achtung vor der Weite ihres Geistes und ihrem Mut betrachtete. Oder waren das für sie nichts als Worte, nichts weiter als Begriffe? Waren ihre Fragen rein geistiger, rein kognitiver, intellektueller Natur oder entsprachen sie wirklicher Erfahrung, irgendeiner Leidenschaft oder einem Gefühl?

Wir fuhren weiter, höher und höher hinauf, die Luft wurde dünner, die Bäume kleiner, je näher wir dem Gipfel kamen. Nahe dem Park gab es einen See, den Grand Lake, in dem ich gern schwimmen wollte (die Aussicht auf ein Bad in einem exotischen, entlegenen See versetzt mich in Hochstimmung: ich träume vom Bajkal- und vom Titicaca-See), doch leider blieb uns dazu keine Zeit, da ich mein Flugzeug erreichen mußte.

Auf der Rückfahrt hielten wir zu einem kurzen Spaziergang an, um verschiedene Pflanzen, Vögel und geologische Formationen zu betrachten – Temple kannte sie alle, ohne, wie sie sagte, «besonderes Feeling» dafür zu haben –, und starteten dann zur langen Abfahrt. Auf einmal, wir hatten gerade den Nationalpark hinter uns gelassen, sah ich eine riesige, einladende, glatte Wasserfläche. Ich bat Temple, am Straßenrand zu halten, und kletterte ungestüm zum Wasser hinunter: Ich wollte mein Bad haben, das ich mir in den Bergen versagt hatte.

Erst als Temple «Stop!» schrie und auf irgend etwas zeigte, unterbrach ich meinen Abstieg, blickte auf und sah, daß meine glatte Wasserfläche, mein «See», der so ruhig vor mir lag, ein paar Meter weiter links eine furchterregende Strömung entwickelte, bevor er, nur einige hundert Meter entfernt, über den Damm eines Wasserkraftwerks in die Tiefe stürzte. Ich hätte hilflos den Staudamm hinuntergeschwemmt werden können. Ich las die Erleichterung in Temples Gesicht, als ich haltmachte und umkehrte. Später rief sie ihre Freundin Rosalie an und erzählte ihr, sie habe mir das Leben gerettet.

Wir sprachen über vieles auf der Fahrt zurück nach Fort Collins. Temple erwähnte einen autistischen Komponisten, den sie kannte («Er nimmt größere und kleinere Musikfragmente, die er gehört hat, und arrangiert sie um»), ich erzählte von Stephen Wiltshire, dem autistischen Künstler. Wir machten uns Gedanken über autistische Schriftsteller, Dichter, Wissenschaftler und Philosophen. Hermelin, der sich lange Jahre mit autistischen Idiots savants beschäftigt hat, glaubt, daß diese auf niedrigem Funktionsniveau lebenden Menschen zwar unter Umständen über enorme Talente, aber gleichzeitig über so wenig Subjektivität und Innerlichkeit verfügen, daß wirkliche künstlerische Kreativität jenseits ihrer Möglichkeiten liegt. Christopher Gillberg zufolge, einem der besten und schärfsten klinischen Beobachter des Autismus, sind dagegen Autisten mit Aspergerschem Syndrom durchaus zu bedeutender Kreativität fähig, und er fragt sich, ob nicht Bartók und Wittgenstein Autisten gewesen seien. (Viele Autisten zählen inzwischen gern Einstein zu den ihren.)

Temple hatte zuvor davon gesprochen, daß sie es manchmal genieße, boshaft oder ungezogen zu sein, und daß es ihr Spaß gemacht habe, mich in das Schlachthaus zu schmuggeln. Sie liebe es, kleine Ordnungswidrigkeiten zu begehen — «Manchmal gehe ich auf dem Flughafen einen halben Meter außerhalb der Begrenzungslinie, ein kleiner Akt der Unbotmäßigkeit» —, doch mit «wirklicher Bösartigkeit» hätten diese kleinen Streiche nichts gemein. Täte sie etwas wirklich Schlechtes, hätte das schreckliche, unmittelbar tödliche Folgen. «Ich habe das Gefühl, daß Gott mich bestrafen würde, täte ich etwas wirklich Böses – die Lenkung würde ausfallen auf dem Weg zum Flughafen», sagte sie auf der Rückfahrt. Mich bestürzte diese Verbindung von göttlicher Vergeltung und einer defekten Lenkung. Ich hatte nie darüber nachgedacht, wie ein autistischer Mensch mit einem durch und durch kausalen, naturwissenschaftlichen Weltbild und einem mangelhaft ausgeprägten Sinn für Wirkung oder Zweck über Dinge wie göttliches Urteil oder göttlichen Willen sprechen würde.

Temple ist ein zutiefst moralischer Mensch. Hinsichtlich der Behandlung von Tieren hat sie zum Beispiel ein leidenschaftliches Gespür für richtig und falsch, und das Gesetz ist für sie eindeutig mehr als nur das Gesetz eines Landes; es ist in einem viel tieferen Sinne ein göttliches oder kosmisches Gesetz, dessen Verletzung schreckliche Folgen haben kann – scheinbare Störungen im natürlichen Lauf der Dinge. «Sie haben über Fernwirkung oder Quantentheorie gelesen», sagte sie. «Ich habe immer das Gefühl gehabt, daß ich sehr vorsichtig sein muß, wenn ich in einen Schlachthof gehe, weil Gott mich beobachtet. Die Quantentheorie wird mich kriegen.»

Temple wurde immer erregter. «Das muß noch raus, bevor wir am Flughafen sind», sagte sie fast drängend.

Sie sei im episkopalischen Glauben erzogen worden, erzählte sie mir dann, habe aber ziemlich früh «den orthodoxen Glauben aufgegeben» – den Glauben an eine persönliche Gottheit oder Fügung – und sich einer wissenschaftlicheren Vorstellung von Gott zugewandt. «Ich glaube, daß es im Universum eine letzte, die Dinge zum Guten ordnende Kraft gibt – kein persönliches Wesen, keinen Buddha oder Jesus, vielleicht so etwas wie Ordnung aus der Unordnung. Ich stelle mir gern vor, daß – selbst wenn es kein persönliches Weiterleben nach dem Tod gibt – irgendeine Energiespur im Universum zurückbleibt... die meisten Menschen können Gene weitergeben – ich gebe Gedanken oder das, was ich schreibe, weiter.»

«Das beunruhigt mich sehr...» Temple, am Steuer sitzend, stammelte plötzlich nur noch und weinte. «Ich habe gelesen, die Unsterblichkeit liege in den Bibliotheken... Ich will nicht, daß meine Gedanken mit mir sterben... Ich will etwas geleistet haben... Macht und Geld interessieren mich nicht. Ich will etwas hinterlassen. Ich möchte einen positiven Beitrag leisten – wissen, daß mein Leben einen Sinn hat. Ich spreche jetzt über Dinge, die den Kern meiner Existenz betreffen.»

Ich war verblüfft. Als ich aus dem Auto stieg, um mich zu verabschieden, sagte ich: «Ich werde Sie jetzt umarmen. Ich hoffe, Sie haben nichts dagegen.» Ich umarmte sie – und (ich glaube) sie umarmte mich ebenfalls.

Dank

Ich danke an erster Stelle den «Helden» der Fallgeschichten: Jonathan I., Greg F., Carl Bennett, Virgil, Franco Magnani, Stephen Wiltshire und Temple Grandin. Ihnen, ihren Familien, Freunden, Ärzten und Therapeuten bin ich
zutiefst verpflichtet.

Zwei außergewöhnliche Kollegen, Bob Wasserman (der
an der Urfassung der Geschichte «Der farbenblinde Maler»
mitgewirkt hat) und Ralph Siegel (der an anderen meiner
Bücher mitgearbeitet hat), taten sich mit mir gewissermaßen zu einer Arbeitsgruppe für die Fälle Jonathan I. und
Virgil zusammen.

Dankbarkeit schulde ich Freunden und Kollegen (die ich
an dieser Stelle nicht alle erwähnen kann) für Auskünfte,
Informationen, Hilfe und anregende Gespräche. Mit einigen entspann sich eine jahrelange, nicht abbrechende Dis-
kussion, so mit Jerry Bruner und Gerald Edelman; mit an-
deren führte ich bei gelegentlichen Treffen dieses oder
jenes Gespräch, oder wir tauschten Gedanken in Briefform
aus. Zu nennen sind: Ursula Bellugi, Peter Brook, Jerome
Bruner, Elizabeth Chase, Patricia und Paul Churchland,
Joanne Cohen, Pietro Corsi, Francis Crick, Antonio und
Hanna Damasio, Merlin Donald, Freeman Dyson, Gerald
Edelman, Carol Feldman, Shane Fistell, Allen Furbeck,
Frances Futterman, Elkhonon Goldberg, Stephen Jay
Gould, Richard Gregory, Kevin Halligan, Lowell Handler,
Mickey Hart, Jay Itzkowitz, Helen Jones, Eric Korn, Debo-
rah Lai, Skip und Doris Lane, Sue Levi-Pearl, John MacGre-

gor, John Marshall, Juan Martinez, Jonathan und Rachel Miller, Arnold Modell, Jonathan Mueller, Jock Murray, Knut Nordby, Michael Pearce, V. S. Ramachandran, Isabelle Rapin, Bob Rodman, Israel Rosenfield, Carmel Ross, Yolanda Rueda, David Sacks, Marcus Sacks, Dan Schachter, Murray Schane, Herb Schaumburg, Susan Schwartzenberg, Robert Scott, Richard Shaw, Leonard Shengold, Larry Squire, John Steele, Richard Stern, Deborah Tannen, Esther Thelen, Connie Tomaino, Russell Warren, Ed Weinberg, Ren und Joasia Weschler, Andrew Wilkes, Jerry Young und Semir Zeki.

Mehrere Personen haben mich an ihrem Fachwissen über Autismus teilhaben lassen — vor allem meine liebe Freundin und Kollegin Isabelle Rapin, dann aber auch Doris Allen, Howard Bloom, Marlene Breitenbach, Uta Frith, Denise Fruchter, Beate Hermelin, Patricia Krantz, Lynn McClannahan, Clara und David Park, Jessy Park, Sally Ramsey, Ginger Richardson, Bernard Rimland, Ed und Riva Ritvo, Mira Rothenberg und Rosalie Winard. Für Unterstützung bei der Bearbeitung der Geschichte von Stephen Wiltshire möchte ich Lorraine Cole, Chris Marris und vor allem Margaret und Andrew Hewson danken.

Ich bin den ungezählten Menschen, die mir Briefe geschickt haben (auch dem bis heute anonym gebliebenen, der mir eine Kopie des *Fayetteville Observer* von 1862 zusandte), dankbar, von denen einige in dem vorliegenden Buch zitiert werden. Viele «Expeditionen» wurden in der Tat durch Briefe oder Anrufe — angefangen mit Mr. I.s Brief vom März 1986 — angeregt.

Wie Menschen, so haben auch Orte durch Gewährung von Schutz, Ruhe und Anregungen zur Entstehung dieses Buches beigetragen. Zu nennen sind zuerst der Botanische Garten in New York (und besonders das inzwischen geschlossene Farntreibhaus), mein Lieblingsort, der zu Spaziergängen einlädt und das Denken stimuliert; weiterhin:

das Lake Jefferson Hotel und sein See, das Blue Mountain Center (und Harriet Barlow), das New York Institute for the Humanities, an dem einige Tests an I. durchgeführt wurden, die Bibliothek des Albert Einstein College of Medicine, deren Bibliothekare bei Literaturrecherchen mitgewirkt haben – und Seen, Flüsse und Schwimmbäder überall, denn fürs Nachdenken ziehe ich mich zumeist ins Wasser zurück.

Die Guggenheim-Stiftung gewährte mir 1989 ein Stipendium für neuroanthropologische Forschungen über das Tourettesche Syndrom; dadurch unterstützte sie die Arbeit an der Fallgeschichte «Das Leben eines Chirurgen».

Frühere Fassungen des «Farbenblinden Malers» und des «Letzten Hippies» sind in *The New York Review of Books*, die der anderen Geschichten in *The New Yorker* erschienen. Es war mir eine Ehre, mit Robert Silvers *(New York Review of Books)*, John Bennet *(The New Yorker)* und den Redaktionen beider Zeitschriften zu arbeiten. Viele andere haben an der Bearbeitung des Manuskripts und an der Veröffentlichung dieses Buches mitgewirkt, darunter Dan Frank und Claudine O'Hearn (Knopf), Jacqui Graham (Picador), Jim Silberman, Heather Schroder, Susan Jensen und Suzanne Gluck. Schließlich danke ich Kate Edgar, meiner Assistentin, Lektorin, Mitarbeiterin und Freundin, die alle in diesem Buch behandelten Themen kennt und an der Gestaltung des Textes tatkräftig mitgewirkt hat.

Um an den Anfang zurückzugehen: Alle klinischen Studien – egal wie weit sie sich vorwagen und wie tief sie dringen – müssen sich auf die konkreten Menschen beziehen, auf die Individuen, von denen sie handeln. So widme ich dieses Buch den sieben Menschen, die mir ihr Vertrauen geschenkt, ihr Leben mit mir geteilt und sich mir mit ihren Erfahrungen geöffnet haben.

Zur Lektüre empfohlen

Jede Auswahl ist persönlich und subjektiv; so folgen hier einige Quellen, die ich für unterhaltsam, interessant und informativ halte und dem Leser zur näheren Prüfung empfehlen möchte. Ein vollständiges Literaturverzeichnis wird im nächsten Abschnitt nachgeliefert. Es enthält auch einige von mir geschätzte oder wichtige Bücher, auf die ich nicht im Text verwiesen habe.

Vorwort

L. S. Wygotskijs frühe Schriften, die viele Jahre als verschollen galten, sind vor kurzem wiederentdeckt und unter dem Titel *The Fundamentals of Defectology* ins Englische übersetzt worden.

In seiner Autobiographie *Romantische Wissenschaft* stellt A. R. Lurija eine Beziehung zwischen seiner geistigen Entwicklung und den wechselnden Launen der Neurologie im Laufe seines langen Lebens her; vor allem im Schlußkapitel macht er deutlich, daß er Fallgeschichten für unentbehrlich hält und daß der narrative Aspekt entscheidend für die Medizin ist. Seine eigenen beiden «romantischen» Fallgeschichten – «Kleines Porträt eines großen Gedächtnisses» und «Der Mann, dessen Welt in Scherben ging» – sind die gelungensten zeitgenössischen Beispiele für solche narrativen Darstellungen. Ein schöner kritischer Essay über «von innen» geschilderte Krankheitsverläufe ist Anne Hunsakers Hawkins' *Reconstructing Illness: Studies in Pathography*.

Eine allgemeine Erörterung seiner Auffassung von neurologischer Gesundheit, Störung und Rehabilitation liefert Kurt Goldstein in seinem bemerkenswerten Buch *Der Aufbau des Organismus* aus dem Jahre 1934.

Die rationalistische Einstellung zu Gesundheit und Krankheit haben in der Nachkriegszeit vor allem Georges Canguilhem und Michel Foucault vertreten. Dabei sind von zentraler Bedeutung die Bücher *Das Normale und das Pathologische* von Canguilhem und *Psychologie und Geisteskrankheit* von Foucault.

Gerald Edelman hat fünf Bücher über seine Theorie der Selektion neuronaler Gruppen veröffentlicht. Das letzte und lesbarste ist *Göttliche Luft, vernichtendes Feuer*. In *The Invention of Memory* faßt Israel Rosenfield die Geschichte der klassischen, lokalisationistischen Neurologie übersichtlich zusammen und vermittelt einen Eindruck davon, wie radikal die Neurologie im Lichte von Edelmans Theorie überdacht werden müßte. Ich empfinde Edelmans Ideen als außerordentlich faszinierend, liefern sie doch erklärtermaßen eine neuronale Grundlage für den gesamten Bereich der mentalen Prozesse von der Wahrnehmung bis zum Bewußtsein und für das, was es heißt, Mensch und ein Selbst zu sein. Augenscheinlich bringen sie eine vollkommen neue theoretische Neurowissenschaft hervor. In der *New York Review of Books* habe ich selbst zwei Aufsätze über Edelmans Arbeit veröffentlicht: «Neurology and the Soul» (deutsch: «Neurologie und Seele») und «Making Up the Mind».

Zu den Büchern allgemeineren Inhalts, die ich mit großem Genuß gelesen habe, gehört *Infinite in All Directions* von Freeman Dyson (ursprünglich als Gifford-Vorlesungen unter dem Titel «In Praise of Diversity»). Einen Eindruck von der Mannigfaltigkeit, Komplexität und Kreativität der Natur vermitteln auch Ilya Prigogine in allen seinen Büchern – *Vom Sein zum Werden* ist mir das liebste – und Murray Gell-Mann in *Das Quark und der Jaguar: Vom Einfachen zum Komplexen*, einem Buch mit einem außergewöhnlich weiten Horizont.

Der farbenblinde Maler

Eine ergreifende frühe Zusammenstellung (sie enthält den Bericht über den farbenblinden Chirurgen, der vom Pferd fiel, und andere kostbare Dokumente) ist Mary Collins' Buch *Colour-Blindness* aus dem Jahre 1925. *Die gemeinsame Geschichte von Licht und*

Bewußtsein von Arthur Zajonc ist ein wunderbar recherchiertes und geschriebenes Buch, sehr interessant vor allem in den Ausführungen über Goethes Farbenlehre und ihre Beziehung zu Edwin Lands Ideen. (Zajonc berichtet auch über Jonathan I.).

Die Abhandlung *Über das Sehn und die Farben* von Schopenhauer wirkt noch sehr jugendlich. Doch es gibt in seinem Hauptwerk *Die Welt als Wille und Vorstellung* viele Passagen, in denen er sich über das Farbensehen Gedanken macht, und mit jeder Ausgabe zu seinen Lebzeiten sind es mehr geworden.

Einen lebhaften Eindruck von der Auseinandersetzung, die im neunzehnten Jahrhundert von den Vertretern verschiedener Theorien des Farbensehens ausgetragen wurde, gewinnt der Leser aus Steven Turners Buch *In the Eye's Mind: Vision and the Helmholtz-Hering Controversy* sowie aus einer klugen und ausführlichen Besprechung dieses Buches von C. R. Cavonius.

Als erster hat Semir Zeki die Mechanismen der Farbwahrnehmung beim Affen erforscht; diese Arbeit und ihre Beziehung zur aktuellen Neurowissenschaft faßt er in dem Buch *A Vision of the Brain* zusammen. Einen eindrucksvollen Überblick auf höherer Ebene, der des visuellen Bewußtseins, liefert Francis Crick in *Was die Seele wirklich ist: Die naturwissenschaftliche Erforschung des Bewußtseins*. Beide Bücher sind auch von Lesern ohne besondere Vorkenntnisse leicht zu verstehen. (Und beide gehen ausführlich auf den Fall Jonathan I. ein.)

Antonio und Hanna Damasio haben zusammen mit ihren Kollegen viele eingehende klinische Studien über zerebrale Achromatopsie veröffentlicht. Einen sehr vollständigen, wenn auch etwas wissenschaftlich gehaltenen, Bericht über diese und andere Sehstörungen hat Antonio Damasio in dem von ihm verfaßten Kapitel des Werks *Principles of Behavioral Neurology* geliefert, während er diese Sachverhalte in seinem neuen Buch *Descartes' Error* etwas allgemeinverständlicher erläutert und mit Reflexionen über die theoretische und philosophische Bedeutung solcher Beobachtungen verbindet.

Vor kurzem sind Edwin Lands Schriften vollständig veröffentlicht worden; einer seiner lebendigsten Aufsätze ist «The Retinex Theory of Color Vision», der in der Zeitschrift *Scientific American* erschien. Ein ausgezeichneter Aufsatz über Land ist «I am a

413

Camera» von Jeremy Bernstein (auch er bezieht sich auf den Fall Jonathan I.). Ein faszinierender Film, der zeigt, was für ein Chaos entstünde, wenn unsere visuelle Wahrnehmung keine Farbkonstanz hätte, ist *Colorful Notions*, erstmals 1984 in der BBC-Reihe *Horizon* gesendet.

The Oxford Companion to the Mind, herausgegeben von Richard Gregory, ist ein unentbehrliches Nachschlagewerk für alle Arten neurologischer und psychologischer Themen. Das Werk enthält eine Reihe sehr guter Artikel: unter anderen «Colour Vision: Brain Mechanisms» von Tom Troscianko; «Colour Vision: Eye Mechanisms» von W. A. H. Rushton; und «Retinex Theory and Colour Constancy» von J. J. McCann.

Ein interessanter Bericht über die Anfänge der Farbfotografie, «The First Color Photographs» von Grant B. Romer und Jeannette Delamoir, ist im Dezember 1989 in der Zeitschrift *Scientific American* erschienen (deutsch: «Malen mit Licht», *Spektrum der Wissenschaft*, Februar 1990). In der Märzausgabe 1990 habe ich einen Brief mit Erinnerungen an die Farbfotografie der vierziger Jahre veröffentlicht. Zum hundertjährigen Gedenken erschien 1961 im Novemberheft des *Scientific American* der Artikel «Maxwell's Color Photograph» von Ralph M. Evans.

Die persönlichen Erfahrungen eines Menschen mit angeborener Achromatopsie (der zugleich Sehtheoretiker ist) beschreibt Knut Nordby sehr anschaulich in dem Bericht *Vision in a Complete Achromat: A Personal Account*.

Schließlich hat Frances Futterman, die farbenblinde Frau, deren Briefe ich hier auszugsweise wiedergegeben habe, mit der Herausgabe des *Achromatopsia Network Newsletter* begonnen, in der Hoffnung, mit farbenblinden Menschen rund um den Globus Verbindung aufzunehmen. Sie ist zu erreichen unter: Box 214, Berkeley, CA 94701-0214.

Der letzte Hippie

Hervorragende Beschreibungen des Stirnlappen- und des Amnesiesyndroms gibt A. R. Lurija in den Büchern *Human Brain and Psychological Processes* und *The Neuropsychology of Memory*. Beide sind allerdings etwas akademisch gehalten; Lurijas letzter Wunsch war es, sie durch «romantische» Fallgeschichten zu ergänzen. Einen lebhaften Eindruck von seinem einfühlsamen und natürlichen Umgang mit solchen Patienten vermittelt François Lhermitte in zwei langen Artikeln mit dem Titel «Human Autonomy and the Frontal Lobes».

Dagegen wird die Rücksichtslosigkeit der Lobotomie-Zeit in Elliot Valensteins erschreckendem Buch *Great and Desperate Cures* geschildert. Dazu hat Macdonald Critchley im *New York Review of Books* eine hervorragende Besprechung veröffentlicht.

Seit fast hundertfünfzig Jahren stößt der Fall Phineas Gage auf das ungeminderte Interesse der Neurologen und wird jetzt sogar mit Hilfe modernster Verfahren des Neuro-Imaging rekonstruiert (vgl. den *Science*-Artikel von Damasio *et al.*). Die eingehendsten Untersuchungen des Falls und seiner Bedeutung für alle Theoriebildungen des neunzehnten Jahrhunderts über das Nervensystem von Gall bis Freud finden sich in Malcolm MacMillans Artikel «Phineas Gage: A Case for All Reasons» und in Antonio Damasios Buch *Descartes' Error*.

Zwei eigene frühere Gedächtnisstudien, auf die ich in diesem Kapitel verweise – «Der verlorene Seemann» und «Eine Frage der Identität» – sind in dem Buch *Der Mann, der seine Frau mit einem Hut verwechselte* abgedruckt.

Gegenwärtig sind die Gedächtnisforscher äußerst aktiv, so daß es fast unfair wäre, einzelne Namen herauszugreifen. Larry Squire und Nelson Butters sind zweifellos Leitfiguren auf diesem Gebiet; sie haben im Laufe der Jahre einzeln und gemeinsam unzählige Arbeiten geschrieben und den Band *The Neuropsychology of Memory»* herausgegeben. Andere Lektürehinweise zum Thema Gedächtnis findet der Leser in den Literaturempfehlungen zum Kapitel «Die Landschaft seiner Träume».

Explosionsartig wächst auch das Interesse an der Neurologie der Musik und der Vielzahl ihrer therapeutischen Einflüsse auf

Patienten mit neurologischen Störungen. Der Psychiater Anthony Storr behandelt in seinem wunderbaren Werk *Music and the Mind* alle Aspekte der menschlichen Reaktion auf Musik. In dem Buch *Music and Neurological Rehabilitation*, das demnächst erscheinen wird, gehe ich in dem Kapitel «Music and the Brain» näher darauf ein, wie Musik auf das Gehirn einwirken kann.

Über die Bedeutung von Schlaginstrumenten und Rhythmus in vielen Kulturen schreibt Mickey Hart in seinem Buch *Die magische Trommel.*

Das Leben eines Chirurgen

Gilles de la Tourettes zweiteilige Arbeit «Étude sur une affection nerveuse» erschien 1885, und eine kommentierte Teilübersetzung ins Englische ist enthalten in «Gilles de la Tourette on Tourette Syndrome» von C. G. Goetz und H. L. Klawans. 1902 erschien Meiges und Feindels großartiges Werk *Les Tics et leur traitement*, das 1907 von Kinnier Wilson ins Englische übersetzt wurde. Bemerkenswert ist dieses Buch nicht nur wegen seiner Gründlichkeit, sondern auch wegen des Tons, den die Autoren treffen – der Achtung, die sie ihren Probanden entgegenbringen, und des Ernstes, mit dem sie die Gespräche zwischen ihnen und ihren Ärzten wiedergeben. Darin enthalten ist auch ein einzigartiges, frühes Dokument – die autobiographische Erzählung «Les Confidences d'un ticqueur».

Erst in den letzten Jahren sind mehr Berichte Betroffener erschienen, die einen Eindruck davon vermitteln, was es bedeutet, mit dem Touretteschen Syndrom zu leben. Unter dem Titel *Don't Think About Monkeys* haben Adam Seligman und John Hilkevich eine Reihe solcher Berichte herausgegeben.

Ich selbst habe zahlreiche Artikel über das Tourettesche Syndrom verfaßt: so «Witty Ticcy Ray», eine Arbeit, die ursprünglich 1981 erschienen ist, und «Die Besessenen», beide abgedruckt in *Der Mann, der seine Frau mit einem Hut verwechselte*. Einen allgemeinen Überblick zu diesem Thema bietet «Neuropsychiatry and Tourette's», 1989 erschienen, und, knapper und jüngeren Datums, «Tourette's Syndrome: A Human Condition». Mit einem besonderen Aspekt des Touretteschen Syndroms, der mich stets fasziniert hat, setzte ich mich in «Tourette's and Creativity» auseinander; Forschungsergebnisse zu Geschwindigkeit und Exaktheit der Touretteschen Bewegungen finden sich in «Movement Perturbations Due to Tics», 1993 als Society for Neuroscience Abstract veröffentlicht.

Die 1971 gegründete Tourette Syndrome Association, 42-40 Bell Boulevard, Bayside, NY 11361, gibt Informationen heraus, empfiehlt Ärzte und finanziert Forschungsarbeiten. Unter der Nummer (718) 224-2999 oder (800) 237-0717 bekommt man dort Informationen über regionale Verbände.

Sehen oder nicht sehen

Die seltenen Fälle, in denen das Sehvermögen von frühzeitig erblindeten Menschen wiederhergestellt worden ist, sind seit Cheseldens Bericht aus dem Jahre 1728 sorgfältig dokumentiert worden. Alle bis 1930 bekannt gewordenen Fälle sind in Marius von Sendens enzyklopädischem Werk *Die Raumauffassung bei Blindgeborenen vor und nach ihrer Operation* zusammengefaßt. Zahlreiche Fälle daraus analysiert Hebb in seinem Buch *The Organization of Behavior* und weist mit ihnen sowie anderen Beobachtungs- und Experimentaldaten überzeugend nach, daß «Sehen» – visuelle Wahrnehmung – gelernt werden muß.

Die detaillierteste Fallstudie stammt von Richard Gregory und Jean Wallace. Später hat sie, in erweiterter Form und durch einen Briefwechsel mit von Senden ergänzt, Gregory in seinem Buch *Concepts and Mechanisms of Perception* abgedruckt. Sehr schön beschreibt er auch den Hintergrund der Molyneux-Frage und den Einfluß des Cheselden-Falls in seinem Artikel «Recovery from Blindness» in *The Oxford Companion to the Mind*.

In dem Buch *Sight Restoration after Long-Term Blindness* erläutert Alberto Valvo einige sorgfältig ausgesuchte Fälle von Patienten, die einem neuartigen chirurgischen Eingriff zur Wiederherstellung der Hornhaut unterzogen wurden.

Die Auswirkungen später Blindheit – vor allem ihr Einfluß auf das visuelle Vorstellungsvermögen und Gedächtnis, auf visuelle

Orientierung und Einstellungen – hat John Hull meisterhaft in seiner Autobiographie *Im Dunkeln sehen* geschildert. Und schließlich berichtet Robert Hine in *Second Sight,* wie es ist, wenn nach später Erblindung das Sehvermögen wiederhergestellt wird.

Mit der Frage, was es in Hinblick auf die Identität für den einzelnen und die Menschen, mit denen er zu tun hat, bedeuten kann, blind zu sein, setzt sich auf eine äußerst intensive und grundlegende Art Diderot in seinem wunderbaren *Lettre sur les avengles* auseinander (und ganz ähnlich mit Problemen der Gehörlosen in seiner Schrift *Lettre sur les sourds et muets*).

Diese Themen haben nicht nur als Gegenstand für philosophische Debatten und Fallgeschichten gedient, sondern auch, seit Diderot seine Vermutungen über Nicholas Saunderson auf dem Totenbett angestellt hat, die Phantasie von Roman- und Theaterautoren beflügelt. 1909 hat sich Wilkie Collins in seinem Roman *Lucilla* mit dieser Frage beschäftigt, und auch in Gides frühem Roman *Die Pastoralsymphonie* spielt das Thema eine zentrale Rolle. Sehr viel neueren Datums ist die vorzügliche Rekonstruktion, die Brian O'Doherty in *Der merkwürdige Fall der Mademoiselle P.* liefert, wobei er sich sehr eng an den Originalbericht von Mesmer aus dem Jahre 1770 hält.

Die Landschaft seiner Träume

Der ursprüngliche Bericht über Franco Magnani, geschrieben von Michael Pearce und parallel bebildert mit Reproduktionen von Francos Gemälden und Susan Schwartzenbergs Fotos, ist erschienen in *Exploratorium Quarterly,* Sommer 1988.

Esther Salaman legt in dem Band *A Collection of Moments* eine sehr schöne literarische und psychologische Untersuchung über «unwillkürliche Erinnerungen» bei Proust, Dostojewskij und anderen Schriftstellern vor. Auszüge aus dieser Studie, den größten Teil von Schachtels Arbeit über Gedächtnis und Kindheitsamnesie, Strohmeyers klassischen Bericht über Eidetiker, einen Abschnitt aus Lurijas «Kleinem Porträt eines großen Gedächtnisses» und vieles andere findet der Leser in dem unschätzbaren Quellenbuch *Memory Observed* von Ulrich Neisser.

In seinem Klassiker *Remembering* berichtet Frederic Bartlett über die Experimente, mit denen er die konstruktiven und imaginativen Fähigkeiten des Gedächtnisses demonstriert hat.

In dem langen Artikel «The Brain's Record of Visual and Auditory Experience» für die Zeitschrift *Brain* hat Wilder Penfield (in Zusammenarbeit mit seinem Kollegen Perot) in fast romanhaften Einzelheiten beschrieben, wie es während epileptischer Anfälle (und durch direkte Stimulation bei chirurgischen Eingriffen) zu einem Ausbruch «gelebter» Erinnerungen kommt. In der gleichen Ausgabe der Zeitschrift ist eine eindrucksvolle Beschreibung der Dostojewskijschen Epilepsie von Alajouanine enthalten. Eine lesbare und gut verständliche Beschreibung von Schläfenlappenepilepsie und Dostojewskij-Syndrom, bei normalen Menschen wie bei berühmten Künstlern und Denkern, bietet Eve LaPlante in ihrem Buch *Seized: Temporal Lobe Epilepsy as a Medical, Historical and Artistic Phenomenon*.

In David Wermans Aufsatz «Normal and Pathological Nostalgia» findet der Leser eine sehr lesenswerte historische Darstellung und eine scharfsinnige psychoanalytische Erörterung der Nostalgie.

Wunderkinder

Darold Trefferts Buch *Extraordinary People* ist eine ausgezeichnete Einführung zum Thema Idiots savants, wobei sich der Autor gleichermaßen auf historische Berichte (von Séguin, Down, Tregold und anderen) wie auf die eigene klinische Erfahrung stützt.

Wissenschaftlicher gehalten, faßt das Werk *The Exceptional Brain*, herausgegeben von Loraine Obler und Deborah Fein, eine Vielzahl von Forschungsdaten über menschliche Begabungen im allgemeinen und Savant-Begabungen im engeren Sinne zusammen.

Die vollständigste Zusammenstellung von Beobachtungen über Rechenbegabungen bei normalen wie bei retardierten und autistischen Menschen findet der Leser in dem Buch *The Great Mental Calculators* von Stephen Smith.

Eines meiner Lieblingsbücher, das von zeitgenössischen Autoren allerdings nie erwähnt wird, ist *Human Personality* von F. W. H. Myers. Myers selbst war ein Genie, und das zeigt jeder Satz seines großartigen (wenn auch häufig absurden) zweibändigen Werkes. Das Kapitel «Genius» ist eine scharfsinnige und hellsichtige Erklärung von Rechenbegabungen in ihrer Beziehung zum kognitiven Unbewußten.

Zwar ist Lorna Selfes Schrift *Nadia: A Case of Extraordinary Drawing Ability in an Autistic Child* leider vergriffen, doch in dem Buch *Art, Mind, and Brain* von Howard Gardner steht ein wichtiger Aufsatz über Nadia, der für den Autor zu einer Art Ausgangspunkt seiner weitverzweigten Untersuchungen über Intelligenz und Kreativität geworden ist. Eine besonders eindringliche Analyse dieses Falls legt Clara Clairborne Park in *Nadia* vor, wo sie Nadias Arbeiten mit denen ihrer Tochter Jessy und anderer autistischer Künstler vergleicht.

Die gründlichste kognitionspsychologische Studie über einen musikalischen Idiot savant (Eddie) findet der Leser in dem Buch *Musical Savants* von Leon K. Miller.

Die umfassenden Untersuchungen von Beate Hermelin und ihren Kollegen (darunter Neil O'Connor und Linda Pring) liegen größtenteils als Einzelschriften vor, wozu eingehende Studien über Stephen Wiltshire und andere Savants gehören. In einem frühen Artikel − «Visual and Graphic Abilities of the Idiot Savant Artist» − zeigen und erörtern O'Connor und Hermelin einige von Stephens ersten Arbeiten.

In einer Monographie aus dem Jahre 1945 über den Savant L., «A Case of ‹Idiot Savant›: An Experimental Study of Personality Organization», werfen Martin Scheerer, Eva Rothman und Kurt Goldstein einige grundlegende Fragen auf, die bis heute unbeantwortet bleiben. Für mich ist das die tiefste und eindringlichste Analyse, der je ein Idiot savant (und Autist) unterzogen worden ist. L. ist eindeutig autistisch, obwohl dieses Wort nie fällt, denn die Originalfassung des Artikels ist 1941 erschienen, also bevor Kanner den Autismus beschrieben hat. In der späteren, erweiterten Fassung von 1945 vergleichen Goldstein *et al.* ihre Formulierungen mit Kanners Ausführungen.

Das Buch *Origins of Modern Mind*, in dem Merlin Donald Überlegungen zu den mimetischen Fähigkeiten des primitiven Menschen anstellt und dabei erstaunliche historische Einblicke vermittelt, ist eine der schlüssigsten und phantasievollsten Rekonstruktionen unserer bisherigen (und vielleicht künftigen) geistigen Evolution, die ich kenne. Jerome Bruner hat viele Jahre die Entwicklung des Denkens beim Kind untersucht; eine sehr überzeugende Beschreibung des «figurativen» Stadiums legt er in *Studies in Cognitive Growth* vor.

Eine faszinierende und reich bebilderte Studie über einen hochbegabten, retardierten Maler von achtzig Jahren stellt das Buch *Dwight Macintosh: The Boy Whom Time Forgot* von John Mac-Gregor dar.

Ich habe drei weitere Fallgeschichten zum Savant-Syndrom geschrieben, alle erschienen in *Der Mann, der seine Frau mit einem Hut verwechselte*: «Der autistische Künstler», «Die Zwillinge» und «Ein wandelndes Musiklexikon».

Schließlich, und vor allem, ist auf Stephens eigene Bücher zu verweisen: *Drawings, Cities, Floating Cities* und *Stephen Wiltshire's America*.

Zu weiteren Büchern über Autismus und autismusverwandte Phänomene vgl. die Literaturempfehlungen zu «Eine Anthropologin auf dem Mars».

Eine Anthropologin auf dem Mars

Die Beschreibung des Autismus als medizinische Erkrankung geht auf die bahnbrechenden Arbeiten von Kanner, Asperger und Goldstein in den vierziger Jahren zurück. Während Bruno Bettelheim den Autismus in den fünfziger Jahren (und später in *Die Geburt des Selbst*) psychiatrisch definiert hat (mit der irreführenden Annahme einer Familien-Ätiologie) und er in den sechziger Jahren (als *Infantile Autism* von Bernard Rimland erschien) auf biologische Ursachen zurückgeführt wurde, hat er als menschliche Verfassung erst erkennbare Züge angenommen, nachdem man begann, biographische und schließlich autobiographische Berichte zu veröffentlichen.

Eines der ersten (und immer noch besten) Bücher dieser Art ist *The Siege: The First Eight Years of an Autistic Child* von Clara Clairborne Park. Der Band *Children with Emerald Eyes* von Mira Rothenberg ist eine – zugleich klinische, analytische, einfühlsame und poetische – Sammlung von Porträts von einem Dutzend Kindern, ausgewählt aus jenen vielen hundert, die sie in ihren wegweisenden Blueberry Treatment Centers betreut. Über die Erfahrungen, die er zuerst mit einem autistischen älteren Bruder und dann mit einem autistischen Sohn gemacht hat, berichtet Charles Hart in seinem Buch *Without Reason*. Das wunderbar geschriebene Buch *News from the Border* von Jane Taylor McDonnell enthält ein Nachwort ihres autistischen Sohns Paul.

Seit 1990 hat die Zahl der Bücher, die über und von Autisten geschrieben worden sind, explosionsartig zugenommen (wobei sich viele auf die komplexen Fragen der gestützten Kommunikation konzentrieren), und man kann nur schwer eines erwähnen, ohne den anderen Unrecht zu tun. Und doch, was Direktheit, Kraft, Gründlichkeit und Tiefe anbelangt (ganz abgesehen von seiner Bedeutung – denn dieses Buch hat zum erstenmal unmittelbaren, persönlichen Einblick in die autistische Welt gewährt), kommt keines Temple Grandins eigenem Buch *Emergence: Labeled Autistic* gleich.

Mit *Autismus: Ein kognitionspsychologisches Puzzle* legt Uta Frith eine sehr klare und ausgewogene Darstellung vor, wenn sie sich vielleicht auch ein bißchen zu ausschließlich an einer «Theorie des Geistes» orientiert. Außerdem hat Frith *Autism and Asperger Syndrome* herausgegeben, einen Reader, der eine Anzahl wichtiger Artikel, unter anderem klinische Berichte von Christopher Gilberg, Digby, Tautam und Margaret Dewey enthält. Ferner findet sich dort ein Aufsatz von Francesca Happé über autobiographische Schriften von Asperger-Erwachsenen, darunter auch Temple, und die erste englische Übersetzung von Aspergers Aufsatz aus dem Jahr 1944 im Anhang zu einem gründlichen Artikel von Frith über Aspergers Leistungen. In gewissem Sinn wurde Asperger von Lorna Wing «entdeckt», und ihr Aufsatz, der seine Ansätze und Einsichten mit Kanners Ergebnissen vergleicht, ist ebenfalls in diesem Band enthalten.

Die Autism Society of America hat regionale Gruppen überall in den Vereinigten Staaten und Puerto Rico. Der amerikanische Hauptsitz hat die Adresse 7910 Woodmont Avenue, Suite 650,

Bethesda, MD 20814, Telefon (301) 565-0433 oder (800) 328-8476. In England hat die National Autistic Society ihren Sitz in 276 Willesdane Lane, London NW2 5RB, Telefon 081-451-1114. More Able Autistic People (MAAP), Box 524, Crown Point, IN 46307, gibt einen Newsletter über Autisten mit überdurchschnittlichen Funktionen heraus. Die Autism Society of Canada hat die Adresse 129 Yorkville Avenue, Suite 202, Toronto, Ontario M5R 1C4, Telefon (416) 922-0302.

Bibliographie

Alajouanine, T.: «Dostoevki's epilepsy», *Brain* 86, 1963, S. 209 bis 221.

Alkon, Daniel L.: *Memory's Voice: Deciphering the Brain-Mind Code*, HarperCollins, New York 1992.

Asperger, Hans: «Die ‹Autistischen Psychopathen› im Kindesalter», *Archiv für Psychiatrie und Nervenkrankheiten* 117 (1944), S. 76–136.

Bartlett, Frederic C.: *Remembering: A Study of Experimental and Social Psychology*, Cambridge University Press, Cambridge 1932.

Bear, David: «The Neurology of Art: Artistic Creativity in Patients with Temporal Lobe Epilepsy», Vortrag auf dem Symposium «The Neurology of Art», Art Institute of Chicago und Michael Reese Hospital, Chicago 1988.

Ders.: «Temporal Lobe Epilepsy: A Syndrome of Sensory-Limbic Hyperconnection», *Cortex* 15, 1979, S. 357–384.

Bergh, Sidney van den; McClure, Robert D.; Evans, Robert: «The Supernova Rate in Shapley-Ames Galaxies», *The Astrophysical Journal* 323 (1. Dezember 1987), S. 44–53.

Berkeley, George: *Versuch über eine neue Theorie des Sehens*, Meiner, Hamburg 1987.

Bernstein, Jeremy: «I Am a Camera», in ders., *Cranks, Quarks, and the Cosmos*, Basic Books, New York 1993.

Bettelheim, Bruno: *Die Geburt des Selbst: Erfolgreiche Therapie autistischer Kinder*, Fischer Taschenbuch, Frankfurt a. M. 1983.

Borges, Jorge Luis: «Das unerbittliche Gedächtnis», in ders., *Fiktionen*, Fischer Taschenbuch, Frankfurt a. M. 1992, S. 95–104.

Boyd, Brian: *Vladimir Nabokov: The Russian Years*, Princeton University Press, Princeton 1990, speziell S. 70 f.

Brann, Eva T. H.: *The World of the Imagination: Sum and Substance*, Roman and Littlefield, Savage 1991.

Bruner, Jerome: *Acts of Meaning*, Harvard University Press, Cambridge 1990.

Bruner, Jerome; Feldman, Carol: «Theories of Mind and the Problem of Autism», in S. Baron-Cohen, H. Tager-Flusberg und D. J. Cohen (Hg.), *Understanding Other Minds*, Oxford Medical, New York 1993, S. 267–291.

Bruner, Jerome S.; Olver, Rose R.; Greenfield, Patricia M.; et al.: *Studies in Cognitive Growth*, Wiley, New York 1966.

Cahan, David (Hg.): *Hermann von Helmholtz and the Foundations of Nineteenth-Century Science*, University of California Press, Berkeley 1993.

Calvin, William H.: *Die Symphonie des Denkens: Wie aus Neuronen Bewußtsein entsteht*, Hanser, München / Wien 1993.

Calvin, William H.; Ojemann, George A.: *Conversations with Neil's Brain: The Neural Nature of Thought and Language*, Addison-Wesley, New York 1994.

Canguilhem, Georges: *Das Normale und das Pathologische*, Hanser, München 1974.

Cavonius, C. R.: «Not Seeing Eye to Eye», *Nature* 370, 28. Juli 1994, S. 259 f.

Chesterton, G. K.: *Father Browns Geheimnis*, Haffmans, Zürich 1992.

Churchland, Patricia S.: *Neurophilosophy: Toward a Unified Science of the Brain-Mind*, Bradford Books / MIT Press, Cambridge 1986.

Coleridge, Samuel Taylor: *Biographia Literaria* (1817), Reprint, Oxford University Press, Oxford 1907.

Collins, Mary: *Colour-Blindness*, Harcourt, Brace & Co., New York 1925.

Collins, Wilkie: *Lucilla*, Fischer Taschenbuch, Frankfurt a. M. 1985.

Crick, Francis: *Was die Seele wirklich ist: Die naturwissenschaftliche Erforschung des Bewußtseins*, Artemis & Winkler, München 1994.

Critchley, E. M. R. (Hg.): *The Neurological Boundaries of Reality*, Farrand Press, New York 1994.

Critchley, Macdonald: «Unkind Cuts», *The New York Review of Books*, 24. April 1986.

Diderot, Denis: *Lettre sur les avengles*, Durand, Paris 1749.

Ders.: *Lettre sur les sourds et muets*, Paris 1751.

Damasio, A.; Yamada, T.; Damasio, H.; Corbett, J.; McKee, J.: «Central Achromatopsia: Behavioral, Anatomic, and Physiologic Aspects», *Neurology* 30, Nr. 10 (Oktober 1980), S. 1064–1071.

Damasio, Antonio R.: «Disorders of Complex Visual Processing», in M. Marsel Mesulam (Hg.): *Principles of Behavioral Neurology*, F. A. Davis, Philadelphia 1985, S. 259–288.

Ders.: *Descartes' Error: Emotion, Reason, and the Human Brain*, Grosset / Putnam, New York 1994.

Damasio, Hanna; Grabowski, Thomas; Frank, Randall; Galaburda, Albert M.; Damasio, Antonio: «The Return of Phineas Gage: Clues about the Brain from the Skull of a Famous Patient», *Science* 264, 20. Mai 1994, S. 1102–1105.

Dennett, Daniel C.: Philosophie des menschlichen Bewußtseins, Hoffmann und Campe, Hamburg 1994.

Donald, Merlin: *Origins of Modern Mind: Three Stages in the Evolution of Culture and Cognition*, Harvard University Press, Cambridge 1991.

Donaldson, Margaret: *Human Minds: An Exploration*, Allen Lane, London 1992.

Down, J. Langdon: *Mental Affections of Childhood and Youth* (1887), Reprint, MacKeith Press / Blackwell Scientific Publications, Oxford 1990.

Dyson, Freeman J.: *Infinite in All Directions*, Harper & Collins, New York 1988.

Edelman, Gerald M.: *Unser Gehirn – ein dynamisches System: Die Theorie des neuronalen Darwinismus und die biologischen Grundlagen der Wahrnehmung*, Piper, München 1993.

Ders.: *Göttliche Luft, vernichtendes Feuer: Wie der Geist im Gehirn entsteht*, Piper, München 1995.

Ders.: *The Remembered Present: A Biological Theory of Consciousness*, Basic Books, New York 1989.

Ders.: *Topobiology: An Introduction of Molecular Embryology*, Basic Books, New York 1988.

Edelman, Gerald M.; Mountcastle, Vernon B.: *The Mindful Brain*, MIT Press, Cambridge 1978.

Evans, Ralph M.: «Maxwell's Color Photograph», *Scientific American*, November 1961.

Feldman, David H.; Goldsmith, Lynn T.: *Nature's Gambit: Child Prodigies and the Development of Human Potential*, Basic Books, New York 1986.

Feuerbach, Anselm Ritter von: *Kaspar Hauser: Beispiel eines Verbrechens am Seelenleben des Menschen*, Dollfuß, Ansbach 1832.

Foucault, Michel: *Psychologie und Geisteskrankheit*, Suhrkamp, Frankfurt a. M. 1968.

Freud, Sigmund: «Konstruktionen in der Analyse», in: *Gesammelte Werke*, Band 16, Imago, London 1950, S. 41–56.

Frith, Uta: *Autismus: Ein kognitionspsychologisches Puzzle*, Spektrum Akademischer Verlag, Heidelberg 1992.

Dies. (Hg.): *Autism and Asperger Syndrome*, Cambridge University Press, New York 1991.

Fuller, G. N.; Gale, M. V.: «Migraine Aura as Artistic Inspiration», *British Medical Journal* 297, S. 1670–1672 (24. Dezember 1988).

Gardner, Howard: *Art, Mind, and Brain: A Cognitive Approach to Creativity*, Basic Books, New York 1982.

Ders.: *Abschied vom IQ: Die Rahmentheorie der vielfachen Intelligenzen*, Klett-Cotta, Stuttgart 1991.

Gastaut, Henri: «Mémoires originaux: La maladie de Vincent van Gogh envisagée à la lumière des conceptions nouvelles sur l'epilepsie psychomotrice», *Annales medico-psychologiques* 114 (1956), S. 196–238.

Gazzaniga, Michael S.: *Nature's Mind: The Biological Roots of Thinking, Emotions, Sexuality, Language, and Intelligence*, Basic Books, New York 1992.

Gell-Mann, Murray: *Das Quark und der Jaguar: Vom Einfachen zum Komplexen*, Piper, München 1994.

Geschwind, Norman: «Epilepsy in the Life and Writings of Dostoievsky», Vortrag, Boston Society of Psychiatry and Neurology, 16. März 1961.

Gide, André: *Die Pastoralsymphonie*, Manesse, Stuttgart 1987.

Gillberg, Christopher: «Clinical and Neurobiological Aspects of Asperger Syndrome in Six Familiy Studies», in: Uta Frith (Hg.),

Autism and Asperger Syndrome, Cambridge University Press, New York 1991.

Gillberg, Christopher; Coleman, Mary: *The Biology of the Autistic Syndromes*, 2. Aufl., Cambridge University Press / MacKeith Press, New York 1992.

Goethe, Johann Wolfgang von: *Zur Farbenlehre*, in: *Goethes Werke*, Band XIII/XIV, Christian Wegner Verlag, Hamburg 1955.

Goldberg, Elkhonon; Barr, William B.: «Three Possible Mechanisms of Unawareness of Deficit», in: G. P. Prigatano und D. L. Schachter (Hg.), *Awareness of Deficit after Brain Injury: Clinical and Theoretical Issues*, Oxford University Press, New York 1991.

Goldstein, Kurt: *Language and Language Disturbances: Aphasic Symptom Complexes and their Significance for Medicine and Theory of Language*, Grune & Stratton, New York 1948.

Ders.: *Der Aufbau des Organismus: Einführung in die Biologie unter besonderer Berücksichtigung der Erfahrungen am kranken Menschen*, fotomechanischer Nachdruck (mit neuem Vorwort) der Ausgabe 1934, Martinus Nijhoff, Den Haag 1963.

Gowers, W. R.: *Subjective Sensations of Sight and Sound: Abiotrophy, and Other Lectures*, P. Blakiston's Son & Co., Philadelphia 1904.

Grandin, Temple: «My Experiences as an Autistic Child and Review of Selected Literature», *Journal of Orthomolecular Psychiatry* 13, Nr. 3 (drittes Quartal 1984), S. 144–174.

Dies.: «Behavior of Slaughter Plant and Auction Employees toward the Animals», *Anthrozoos* 1, Nr. 4 (Frühling 1988), S. 205–213.

Dies.: «Needs of High Functioning Teenagers and Adults with Autism», *Focus on Autistic Behavior* 5, Nr. 1 (April 1990), S. 1–16.

Dies.: «An Inside View of Autism», in: Eric Schopler und Gary B. Mesibov (Hg.), *High-Functioning Individuals with Autism*, Plenum Press, New York 1992, S. 105–126.

Grandin, Temple; Scariano, Margaret: *Emergence: Labeled Autistic*, Arena Press, Novato 1986.

Gregory, Richard L.: «Blindness, Recovery from», in Richard L. Gregory (Hg.), *The Oxford Companion to the Mind*, Oxford University Press, Oxford 1987, S. 94–96.

Gregory, Richard L.; Wallace, Jean G.: «Recovery from Early Blindness: A Case Study», *Quarterly Journal of Psychology* (1963), Nachdruck in: Richard L. Gregory, *Concepts and Mechanisms of Perception*, Duckworth, London 1974.

Happé, Francesca G. E.: *Autism: An Introduction to Psychological Theory*, UCL Press, London 1994.

Dies.: «The Autobiographical Writings of Three Asperger Syndrome Adults», in Uta Frith (Hg.), *Autism and Asperger Syndrome*, Cambridge University Press, New York 1991.

Hart, Charles: Without Reason: *A Family Copes with Two Generations of Autism*, Harper & Row, New York 1989.

Hart, Mickey: *Die magische Trommel: Eine Reise zu den Quellen des Rhythmus*, Goldmann, München 1991.

Hawkins, Anne Hunsaker: *Reconstructing Illness: Studies in Pathography*, Purdue University Press, W. Lafayette 1993.

Hebb, Donald O.: *The Organization of Behavior*, Wiley, New York 1949.

Helmholtz, Hermann von: «Über das Sehen des Menschen» (1855), in ders., *Natur und Naturwissenschaft*, Albert Langen, München o. J., S. 72–106.

Ders.: *Handbuch der Physiologischen Optik*, Verlag von Leopold Voss, Hamburg / Leipzig 1896.

Hermelin, Beate; O'Connor, Neil: «Art and Accuracy: The Drawing Ability of Idiot-Savants», *Journal of Child Psychology and Psychiatry* 31, Nr. 2 (1990), S. 217–228.

Hine, Robert V.: *Second Sight*, University of California Press, Berkeley 1993.

Hull, John M.: *Im Dunkeln sehen: Erfahrungen eines Blinden*, Verlag C. H. Beck, München 1992.

Hurlburt, R. T.; Happé, F.; Frith, U.: «Sampling the Form of Inner Experience in Three Adults with Asperger Syndrome», *Psychological Medicine* 24 (1994), S. 385–395.

Jackson, John Hughlings: «On a Particular Variety of Epilepsy (‹Intellectual Aura›)», *Brain* 3 (1880), S. 179–207.

Jamison, Kay Redfield: *Touched with Fire: Manic-Depressive Illness and the Artistic Temperament*, Free Press, New York 1993.

Kanner, L.: «Autistic Disturbances of Affective Contact», *Nervous Child* 2, S. 217–250.

Kierkegaard, Søren: *Stadien auf des Lebens Weg*, Band 1, Gesammelte Werke, 15. Abteilung, Gütersloher Verlagshaus Gerd Mohn, Gütersloh 1991.

Kosslyn, Stephen M.; Koenig, Olivier: *Wet Mind: The New Cognitive Neuroscience*, The Free Press, New York 1992.

Kremer, Richard L.: «Innovation through Synthesis: Helmholtz and Color Research», in David Cahan (Hg.), *Hermann von Helmholtz and the Foundation of Nineteenth-Century Science*, University of California Press, Berkeley 1993.

Land, Edwin H.: «The Retinex Theory of Color Vision», *Scientific American*, Dezember 1977, S. 108–128.

Lane, Harlan: *The Mask of Benevolance: Disabling the Deaf Community*, Alfred A. Knopf, New York 1992.

La Plante, Eve: *Seized: Temporal Lobe Epilepsy as a Medical, Historical, and Artistic Phenomenon*, HarperCollins, New York 1993.

Lashley, Karl: «In Search for the Engram», *Symp. Soc, Exp. Biol.* 4 (1950), S. 454–482.

Lhermitte, F.: «Human Autonomy and the Frontal Lobes», *Annals of Neurology* 19, Nr. 4 (April 1986), S. 326–343.

Llinás, R. R.; Paré, D.: «On Dreaming and Wakefulness», *Neuroscience* 44, Nr. 3 (1991), S. 521–535.

Locke, John: *Versuch über den menschlichen Verstand*, Felix Meiner, Leipzig 1913.

Lowell, Robert: «Erinnerungen an West Street und Lephe», in ders., *Gedichte*, deutsch von Manfred Pfister, Klett-Cotta, Stuttgart 1982.

Lucci, Dorothy; Fein, Deborah; Holevas, Adele; Kaplan, Edith: «Paul: A Musically Gifted Autistic Boy», in Loraine Obler / Deborah Fein (Hg.), *The Exceptional Brain*, Guilford Press, New York 1988, S. 310–324.

Lurija, A. R.: *Human Brain and Psychological Processes*, Harper & Row, New York 1966.

Ders.: *The Neuropsychology of Memory*, John Wiley & Sons, New York 1976.

Ders.: «Der Mann, dessen Welt in Scherben ging», in ders., *Der*

Mann, dessen Welt in Scherben ging: Zwei neurologische Geschichten, Rowohlt, Reinbek 1991.

Ders.: «Kleines Porträt eines großen Gedächtnisses», in ders., *Der Mann, dessen Welt in Scherben ging*, Rowohlt, Reinbek 1991.

Ders.: *Romantische Wissenschaft: Forschungen im Grenzbezirk von Seele und Gehirn*, Rowohlt, Reinbek 1993.

McCann, J. J.: «Retinex Theory and Colour Constancy», in Richard L. Gregory (Hg.), *The Oxford Companion to the Mind*, Oxford University Press, Oxford 1987, S. 684 f.

McDonnell, Jane Taylor: *News from the Border: A Mother's Memoir of Her Autistic Son*, mit einem Nachwort von Paul McDonnell, Ticknor & Fields, New York 1993.

MacGregor, John: *Dwight Macintosh: The Boy Whom Time Forgot*, Creative Growth Art Center, Oakland 1992.

McKendrick, John Gray: *Hermann Ludwig Ferdinand von Helmholtz*, T. Fisher Unwin, London 1899.

McKenzie, Ivy: «Discussion of Epidemic Encephalitis», *British Medical Journal*, 24. September 1927, S. 632–634.

Macmillan, Malcolm: «Inhibition and the Control of Behavior: From Gall to Freud via Phineas Gage and the Frontal Lobes», *Brain and Cognition* 19 (1992), S. 72–104.

Ders.: «Phineas Gage: A Case for All Reasons», in C. Code, C. W. Wallesch, A. R. Lecours, Y. Joanette (Hg.), *Classic Cases in Neuropsychology*, Erlbaum, London 1995.

Meige, H.; Feindel, E.: *Les Tics et leur traitment*, Masson, New York 1902 (engl. Ausgabe: *Tics and Their Treatment*, William Wood & Co., New York 1907).

Mesulam, M.-Marsel: *Principles of Behavioral Neurology*, F. A. Davis & Co., Philadelphia 1985.

Miller, Leon K.: *Musical Savants: Exceptional Skill in the Mentally Retarded*, Erlbaum, Hilldale 1989.

Modell, Arnold H.: *Other Times, Other Realities: Toward a Theory of Psychoanalytic Treatment*, Harvard University Press, Cambridge 1990.

Ders.: *The Private Self*, Harvard University Press, Cambridge 1993.

Mollon, J. D.; Newcombe, F.; Polden, P. G.; Ratcliff, G.: «On the Presence of Three Cone Mechanisms in a Case of Total Achromatopsia», in G. Verriest (Hg.), *Colour Vision Deficiencies*, Hilger, Bristol 1980, S. 130–135.

Moreau, J.-J., *Hashish and Mental Illness* (1845), Reprint, Raven Press, New York 1973.

Murray, T. J.: «Illness and Healing: The Art of Robert Pope», *Humane Medicine* 10, Nr. 3, Juli 1994, S. 199–208.

Myers, Frederic W. H.: *Human Personality and Its Survival of Bodily Death*, 2 Bde., Longmans, Green & Co., New York 1903.

Neisser, Ulrich: *Memory Observed: Remembering in Natural Contexts*, Freeman, San Francisco 1982.

Neisser, Ulrich; Winograd, Eugene (Hg.), *Remembering Reconsidered: Ecological and Traditional Approaches to the Study of Memory*, Cambridge University Press, Cambridge 1988.

Nordby, Knut: «Vision in a Complete Achromat: A Personal Account», in R. F. Hess, L. T. Sharpe, K. Nordby (Hg.), *Night Vision: Basic, Clinical and Applied Aspects*, Cambridge University Press, Cambridge 1990.

Nuland, Sherwin B.: *Im Dienste des Hippokrates: Der Fortschritt in der Medizin*, Droemer Knaur, München 1994.

Obler, Loraine, K.; Fein, Deborah (Hg.), *The Exceptional Brain: Neuropsychology of Talent and Special Abilities*, Guilford Press, New York 1988.

O'Connor, N.; Hermelin, B.: «Visual and Graphic Abilities of the Idiot Savant Artist», *Psychological Medicine* 17 (1987), S. 79–90.

O'Doherty, Brian: *Der merkwürdige Fall der Mademoiselle P.*, Knaus, München 1993.

Park, Clara C.: *Eine Seele lernt leben: Der erfolgreiche Kampf einer Mutter um ihr autistisches Kind*, DTV, München 1993.

Dies.: Rezension zu *Nadia* von Lorna Selfe, *Journal of Autism and Childhood Schizophrenia* 8 (1978), S. 457–472.

Pawlow, Iwan P.: «Vorlesungen über die Arbeit der Großhirnhemisphären», in: *Sämtliche Werke*, Band IV, Akademie-Verlag, Berlin 1953.

Pearce, Michael: «A Memory Artist», *Exploratorium Quarterly* 12, Ausgabe 2: «Memory» (Sommer 1988), S. 12–17.

Penfield, W.; Perot, P.: «The Brain's Record of Visual and Auditory Experience: A Final Summery and Discussion», *Brain* 86 (1963), S. 595–696.

Pöppel, Ernst: *Grenzen des Bewußtseins: Über Wirklichkeit und Welterfahrung*, DVA, Stuttgart 1985.

Posner, Michael I.; Raichle, Marcus E.: *Images of Mind*, Scientific American Library, New York 1994.

Prigogine, Ilya: *Vom Sein zum Werden*, 5. Aufl., Piper, München / Zürich 1988.

Prigogine, Ilya; Stengers, Isabelle: *Dialog mit der Natur: Neue Wege naturwissenschaftlichen Denkens*, 7. Aufl., Piper, München / Zürich 1993.

Pring, Linda; Hermelin, Beate: «Bottle, Tulip and Wineglass: Semantic and Structural Picture Processing by Savant Artists», *Journal of Child Psychology and Psychiatry*, in Vorbereitung.

Proust, Marcel: *Auf der Suche nach der verlorenen Zeit*, Band 11: *Die Entflohene*, Suhrkamp, Frankfurt a. M. 1969.

Ramachandran, V. S.: «Behavioral and Magnetoencephalographic Correlates of Plasticity in the Adult Human Brain», *Proceedings of the National Academy of Science* 90 (1993), S. 10413–10420.

Rimland, Bernard: *Infantile Autism: The Syndrome and Its Implications for a Neural Theory of Behavior*, Appleton-Century-Crofts, New York 1964.

Rimland, Bernard; Fein, Deborah: «Special Talents of Autistic Savants», in Loraine Obler und Deborah Fein (Hg.), *The Exceptional Brain*, Guilford, New York 1988, S. 474–492.

Ritvo, Edward; Brothers, Anne M.; Freeman, B. J.; Pingrel, Carmen: «Eleven Possibly Autistic Parents», *Journal of Autism and Developmental Disorders* 18, Nr. 1 (1988), S. 139.

Ritvo, Edward; Ritvo, Rita; Freeman, B. J.; Mason-Brothers, Anne: «Clinical Characteristics of Mild Autism in Adults», *Comprehensive Psychiatry* 35, Nr. 2 (März / April 1994), S. 149–156.

Rizzo, M.; Nawrot, M.; Blake, R.; Damasio, A.: «A Human Visual Disorder Resembling Area V4 Dysfunction in the Monkey», *Neurology* 42 (Juni 1992), S. 1175–1180.

Romer, Grant B.; Delamoir, Jeannette: «Malen mit Licht», *Spektrum der Wissenschaft*, Februar 1990, S. 82–91.

Rose, Steven: *The Conscious Brain*, Alfred A. Knopf, New York 1973; revidierte Ausgabe 1989.

Rosenfield, Israel: *The Invention of Memory: A New View of the Brain*, Basic Books, New York 1988.

Ders.: *Das Fremde, das Vertraute und das Vergessene: Anatomie des Bewußtseins*, S. Fischer, Frankfurt a. M. 1992.

Rothenberg, Mira: *Children with Emerald Eyes: Histories of Extraordinary Boys and Girls*, Dial Press, New York 1977.

Rushton, W. A. H.: «Colour Vision: Eye Mechanisms», in Richard L. Gregory (Hg.), *The Oxford Companion to the Mind*, Oxford University Press, Oxford 1987, S. 152–154.

Sacks, Oliver: *Der Mann, der seine Frau mit einem Hut verwechselte*, Rowohlt, Reinbek 1987.

Ders.: «Der verlorene Seemann», in *Der Mann, der seine Frau mit einem Hut verwechselte*, a. a. O., S. 42–68.

Ders.: «Eine Frage der Identität», in *Der Mann, der seine Frau mit einem Hut verwechselte*, a. a. O., S. 151–161.

Ders.: «Witty Ticcy Ray», in *Der Mann, der seine Frau mit einem Hut verwechselte*, a. a. O., S. 130–142.

Ders.: «Neuropsychiatry and Tourette's» in J. Mueller (Hg.), *Neurology and Psychiatry*, S. Karger, Basel 1989.

Ders.: *Der Tag, an dem mein Bein fortging*, Rowohlt, Reinbek 1989 (Ausgabe mit Nachwort: Rowohlt Taschenbuch Verlag, Reinbek 1992).

Ders.: «Color Photography in the Forties», Leserbrief, *Scientific American*, März 1990.

Ders.: «Neurologie und Seele», *Lettre international* 12 (1. Quartal 1991), S. 54–60.

Ders.: *Awakenings – Zeit des Erwachens*, Rowohlt Taschenbuch Verlag, Reinbek 1991.

Ders.: «Tourette's and Creativity», *British Medical Journal* 305 (19. Dezember 1992), S. 1515 f.

Ders.: «Making up the Mind», *New York Review of Books*, 8. April 1993.

Ders.: «Tourette's Syndrome: A Human Condition», in Roger Kurlau (Hg.), *Handbook of Tourette's Syndrome and Related Tic and Behavioral Disorders*, Marcel Dekker, New York 1993.

Ders.: *Migräne*, überarbeitete und erweiterte Fassung, Rowohlt, Reinbek 1994.

Ders.: «Music and the Brain», in Concetta Tomaino (Hg.), *Music and Neurologic Rehabilitation*, MMB Music, St. Louis, in Vorbereitung.

Sacks, O.; Fookson, O.; Berkenblit, M.; Smetanin, B.; Siegel, R. M.; «Movement Perturbations due to Tics», *Society for Neuroscience Abstracts* (1993).

Sacks, Oliver; Wasserman, Robert: «Der farbenblinde Maler», *Lettre international* 2 (Herbst 1988).

Sacks, O.; Wassermann, R. L.; Zeki, S.; Siegel, R. M.: «Sudden Color-blindness of Cerebral Origin», *Society for Neuroscience Abstracts* (1988).

Salaman, Esther: *A Collection of Moments: A Study of Involuntary Memories*, Longman, London 1970.

Dies.: *The Great Confession: From Aksakov and De Quincey to Tolstoy and Proust*, Allen Lane, London 1973.

Schachtel, Ernest G.: «On Memory and Childhood Amnesia», *Psychiatry* 10 (1947), S. 1–26.

Scheerer, Martin; Rothman, Eva; Goldstein, Kurt: «A Case of ‹Idiot Savant›: An Experimental Study of Personality Organization», in John F. Dashiell (Hg.), *Psychological Monographs* 58, Nr. 4, American Psychological Association, Evanston 1945, S. 1–63.

Schopenhauer, Arthur: *Die Welt als Wille und Vorstellung* (1818/19), 4 Bde., Diogenes, Zürich 1977.

Schopler, Eric; Mesibov, Gary B. (Hg.), *High-Functioning Individuals with Autism*, Plenum Press, New York 1992.

Séguin, Edouard: *Idiocy and Its Treatment by the Physiological Method* (1866), Reprint, Kelley, New York 1971.

Selfe, Lorna: *Nadia: A Case of Extraordinary Drawing Ability in an Autistic Child*, Academic Press, London 1977.

Seligman, Adam; Hilkevich, John (Hg.), *Don't Think about Monkeys*, Hope Press, Duarte 1992.

Senden, Marius von: *Die Raumauffassung bei Blindgeborenen vor und nach ihrer Operation*, Inaugural-Dissertation, Kiel 1931.

Sharpe, Lindsay T.; Nordby, Knut: «Total Colorblindness: An Introduction», in R. F. Hess, L. T. Sharpe und K. Nordby (Hg.),

Night Vision: Basic, Clinical and Applied Aspects, Cambridge University Press, Cambridge 1990.

Smith, Steven B.: «Calculating Prodigies», in Loraine Obler und Deborah Fein (Hg.), *The Exceptional Brain*, Guilford Press, New York 1988, S. 19–47.

Ders.: *The Great Mental Calculators: The Psychology, Methods, and Lives of Calculating Prodigies, Past and Present*, Columbia University Press, New York 1983.

Squire, L. R.: *Memory and Brain*, Oxford University Press, New York 1987.

Squire, L. R.; Butters, N. (Hg.): *The Neuropsychology of Memory*, Guilford Press, New York 1984.

Stern, Daniel N.: *Die Lebenserfahrung des Säuglings*, Klett-Cotta, Stuttgart 1992.

Storr, Anthony: *Music and the Mind*, Free Press, New York 1992.

Strachey, Lytton: «The Life, Illness, and Death of Dr. North», in ders., *Portraits in Miniature*, Chatto & Windus, London 1931, S. 29–39.

Thelen, Esther; Smith, Linda B.: *A Dynamics System Approach to the Development of Cognition and Action*, MIT Press, Cambridge 1994.

Tourette, Georges Gilles de la: «Etude sur une affection nerveuse caractérisée par de l'incoordination motrice accompagnée d'écholalie et de copralalie», *Arch. Neur.* 9, Paris 1885. Englische Teilübersetzung in C. G. Goetz und H. L. Klawans, «Gilles de la Tourette on Tourette syndrome», in A. J. Friedhoff und T. N. Chase (Hg.), *Advances in Neurology*, Band 35, *Gilles de la Tourette Syndrome*, Raven Press, New York 1982.

Tredgold, A. F.: *A Text-Book of Mental Deficiency* (1908), Reprint, Bailliere, Tindall & Cox, London 1952.

Treffert, Darold A.: *Extraordinary People: An Exploration of the Savant Syndrome*, Bantam, New York 1989.

Troscianko, Tom: «Colour Vision: Brain Mechanisms», in Richard L. Gregory (Hg.), *The Oxford Companion to the Mind*, Oxford University Press, Oxford 1987, S. 150–152.

Turner, R. Steven: «Consensus and Controversy: Helmholtz on the Visual Perception of Space», in David Cahan (Hg.), *Her-*

mann von Helmholtz and the Foundations of Nineteenth-Century Science, University of California Press, Berkeley 1993.

Ders.: *In the Eye's Mind: Vision and the Helmholtz-Hering Controversy*, Princeton University Press, Princeton 1994.

Valenstein, Elliot S.: *Great and Desperate Cures: The Rise and Decline of Psychosurgery and Other Radical Treatments for Mental Illness*, Basic Books, New York 1986.

Valvo, Alberto: *Sight Restoration after Long-Term Blindness: The Problems and Behavior Patterns of Visual Rehabilitation*, American Foundation for the Blind, New York 1971.

Vygotsky [Wygotskij], L. S.: *The Fundamentals of Defectology*, in Robert W. Rieber und Aaron S. Carton (Hg.), *The Collected Works of L. S. Vygotsky*, Plenum, New York 1993.

Wai-Ching Ho (Hg.), *Yani: The Brush of Innocence*, Hudson Hills Press, New York 1989.

Waterhouse, Lynn: «Extraordinary Visual Memory and Pattern Perception in an Autistic Boy», in Loraine Obler und Deborah Fein (Hg.), *The Exceptional Brain*, Guilford Press, New York 1988, S. 325–338.

Waxman, Stephen G.; Geschwind, Norman: «Hypergraphia in Temporal Lobe Epilepsy», *Neurology* 24 (1974), S. 629–636.

Dies.: «The Interictal Behavior Syndrome Associated with Temporal Lobe Epilepsy», *Archives of General Psychiatry* 32 (1975), S. 1580–1586.

Wells, H. G.: «Das Land der Blinden», in ders., *Der gestohlene Bazillus und acht andere Erzählungen*, Diogenes, Zürich 1969, S. 7–68.

Werman, David S.: «Normal and Pathological Nostalgia», *Journal of the American Psychoanalytical Association* 25 (1977), S. 387 bis 395.

Williams, Donna: *Ich könnte verschwinden, wenn du mich berührst: Erinnerungen an eine autistische Kindheit*, Hoffmann und Campe, Hamburg 1992.

Dies.: *Somebody Somewhere*, Times Books, New York 1994.

Wiltshire, Stephen: *Drawings*, J. M. Dent, London 1987.

Ders.: *Cities*, J. M. Dent, London 1989.

Ders.: *Floating Cities*, Michael Joseph, London 1991.

Ders.: *Stephen Wiltshire's American Dream*, Michael Joseph, London 1993.

Wing, Lorna: «The Relationship between Asperger's Syndrome and Kanner's Autism», in Uta Frith (Hg.), *Autism and Asperger Syndrome*, Cambridge University Press, New York 1991.

Yates, Frances A.: *Gedächtnis und Erinnern: Mnemotechnik von Aristoteles bis Shakespeare*, Deutscher Verlag der Wissenschaften, Berlin 1990.

Young, Thomas: «The Bakerian Lecture: On the Theory of Lights and Colours», *Philosophical Transactions of the Royal Society* (London) 92, S. 12–48.

Zajonc, Arthur: *Die gemeinsame Geschichte von Licht und Bewußtsein*, Rowohlt, Reinbek 1994.

Zeki, Semir: *A Vision of the Brain*, Blackwell, Oxford 1993.

Zihl, J.; Cramon, D. von; Mai, N.: «Selective Disturbance of Movement Vision after Bilateral Brain Damage», *Brain* 106 (1983), S. 313–340.

Zuckerkandl, Victor: *Sound and Symbol*, 2 Bde., Princeton University Press, Princeton 1973.

Register

442

444

446